中国科学院科学出版基金资助出版

数学与现代科学技术丛书 5

非连续正交函数

——U-系统、V-系统、多小波及其应用

齐东旭 宋瑞霞 李 坚 著

科 学 出 版 社
北 京

内 容 简 介

本书聚焦于非连续正交函数及其在工程中的应用. 共 9 章. 前 3 章介绍 Walsh 函数、Haar 函数、正交样条函数; 第 4 章与第 5 章分别介绍 U-系统与 V-系统; 第 6 章谈三角域上非连续正交函数的构造; 后 3 章以数字几何与数字图像处理中的实际问题为背景, 详细阐述利用 U、V-系统的解决途径.

本书读者对象为应用数学专业的本科生、研究生和教师, 以及信号处理、数字几何、图像处理、计算机图形学等领域的研究人员及工程师.

图书在版编目(CIP)数据

非连续正交函数：U-系统、V-系统、多小波及其应用/齐东旭, 宋瑞霞, 李坚著. —北京：科学出版社, 2011

(数学与现代科学技术丛书；5)

ISBN 978-7-03-032594-5

I. ①非… Ⅱ. ①齐… ②宋… ③李… Ⅲ. ①正交函数 Ⅳ. ①O174.21

中国版本图书馆 CIP 数据核字(2011) 第 215284 号

责任编辑：赵彦超 / 责任校对：陈玉凤
责任印制：徐晓晨 / 封面设计：耕者设计工作室

科学出版社 出版
北京东黄城根北街 16 号
邮政编码：100717
http://www.sciencep.com

北京京华虎彩印刷有限公司 印刷
科学出版社发行　各地新华书店经销
*

2011 年 11 月第 一 版　开本: B5(720 × 1000)
2018 年 3 月第二次印刷　印张: 21
字数: 403 000

定价: 149.00 元

(如有印装质量问题, 我社负责调换)

《数学与现代科学技术丛书》序

当代数学在向纵深发展的同时，被空前广泛地应用于几乎一切领域. 一方面，它与其他学科交汇，形成了许许多多交叉学科(例如，信息科学、计算机科学、系统科学、数学物理、数学化学、生物数学、数学语言学、数量经济学、金融数学、复杂性科学、科学计算等)；另一方面，它又被应用于高新技术的开发(例如，信息安全、信息传输、图像处理、语音识别、网络、海量数据处理、网页搜索、遥测遥感、交通管理、医疗诊断、手术方案、药物检验、商业广告等方面)，成为一些高新技术的核心. 应用数学的这种发展趋势急剧地扩展了数学的疆界，也深刻地改变了数学的面貌.

中国的经济正在迅猛发展，其中的科技含量也与日俱增. 为了提高自主创新能力，我国已经有不少数学工作者投身于这类应用数学的研究中，还有更多的数学工作者则正在密切关注这方面的进展，看好它的前景. 愈来愈多的人希望了解这类应用数学的现状，寻找入门之径.

《数学与现代科学技术丛书》是力图反映这个发展趋势的一套应用数学丛书，它将较全面地向我国读者介绍当今数学在现代科学技术各个领域中应用的状况，通过必要的准备知识，逐步把读者引向相关的研究前沿.

从事交叉学科研究和高新技术开发的应用数学家，除了要精通所需的数学知识外，还必须深入了解其所研究问题的来龙去脉. “建模”是应用数学研究实际问题的关键. 这也是一门数学艺术：从复杂的实际问题中抽象出关键的“量的关系”，使得既能反映出问题的基本特征，又能用现阶段的数学工具加以处理. 有鉴于此，这套丛书的一个特点就是：不但要介绍有关的数学理论和方法，还必须介绍问题的来源与背景、数学建模以及如何运用数学工具来解决实际问题.

本丛书适用于数学及相关专业的大学生和研究生，以及与数学有关的各专业科技工作者.

张恭庆

2009 年 11 月

前　言

来龙去脉

非连续正交函数的研究，兴起于 20 世纪初期. 历史上，为了回答“是否存在非连续的完备正交函数系”的问题，美国数学家 Walsh 构造了后人称呼的 Walsh 函数 (1923 年)①，初衷仅作为数学上的“反例”. 然而，70 年代，半导体技术的进步与大规模集成电路的出现，这类只取值 1 或 -1 的二值函数，显示了独特的功效，以至于在信号处理领域一度掀起 Walsh 函数的研究热潮，甚至有人预言“Walsh 分析将导致一场革命，就像十七八世纪牛顿的微积分那样”②. Walsh 在他的论文中强调 Walsh 函数与 Haar 函数③的等价性，给出互相线性表示的简洁关系. 而 Haar 函数，成为后来小波分析的典型代表.

再往前回溯 100 年，Fourier 的《热传导的解析理论》(1822 年) 给出“最大胆、最辉煌的概念”：任意函数，无论怎样复杂，均可表示为三角级数的形式

$$f(x) \sim \frac{a_0}{2} + \sum_{k=1}^{\infty}(a_k \cos 2\pi kx + b_k \sin 2\pi kx), \quad 0 \leqslant x < 1.$$

对此断言的严密化及深入发展形成的 Fourier 分析，在数学史上被誉为“一首数学的诗”.

值得强调一点，无论是三角函数系，还是 Walsh 函数系，都可以看作是从一个简单函数 (或区间上的常数) 经过压缩与平移变换加工生成的. 这一看来平凡无奇的数学手法，竟然引发令人惊叹的后效：从 Fourier 到 Haar，从频率分析演变到尺度分析，进而从 Haar 函数导致 Daubechies 等建立的小波理论，一系列的变革，其影响波及的领域包括数学、物理学、电子工程、图像处理等学科.

本书聚焦于非连续的正交函数理论及其应用，在 Walsh 与 Haar 函数这类分段为常数的正交系的基础上，研究分段为 $k(k \geqslant 1)$ 次多项式的正交函数. 我们强调在有限区域上定义的这类正交函数保持间断性的特点，这与通常更关注连续性的研究有所不同，原因在于具有丰富的、包含函数本身及其导数各种层次间断性的正交函数，会在非连续几何信息处理中展现其独特的优势，而这类问题如此之多，以至于处处可见.

① Walsh J L. A closed of normal orthogonal functions. *Amer. J. Math.*, 1923, 45: 5–24.

② Harmuth H F. *Sequency Theory Foundations and Applications*. New York: Academic Press, 1977.

③ Haar A. Zur theorei der orthogonalen funktionen systeme. *Math. Ann.*, 1910, 69: 331–371.

为了构造这类正交函数, 本书首先考虑区间 $[0,1]$ 上单变量情形, 进而延展到三角域上的多变量情形. 沿用我们自 1982 年以来的研究论文习惯使用的符号与简称, 这类正交函数称为 $L^2[0,1]$ 或 $L^2(\Delta)$ 上的正交 U-系统及 V-系统. 如果说 Walsh 函数与 Haar 函数是一对孪生兄弟, 那么 U-系统与 V-系统就像是同胞姊妹. 在 U-系统与 V-系统的研究中, 将导致一类预小波 (pre-wavelets) 与有限区间上一类特殊的多小波, 于是与小波分析建立了密切的联系.

关于 U、V-系统

U-系统、V-系统与小波分析有着密切联系. 在小波分析中, 一般说来, 直接给出实用小波的数学表达式并不总能办到, 而寻求有限区间上多小波的数学表达式更有难度.

U-系统与 V-系统容易推广定义到三角域上, 并因此获得三角域上一类多小波的简明数学表达, 这是 U、V-系统带来的好处. 迄今为止, 信号处理领域似乎很少关注三角域上正交函数的作用. 作为信号处理极其重要的内容, 几何信号的数据分析与综合, 在近年来蓬勃发展的数字几何领域, 成为众所关注的核心热点问题之一. 数字几何信息处理的对象是曲线曲面造型, 以离散点及分片多项式描述几何对象是主流做法, 并已经取得应用上的成功. 进一步的研究, 包括几何数据压缩、模型编辑、对象检索, 乃至分类识别等, 都涉及几何对象的重构问题. 一个有基本重要意义的重构方式, 是将几何对象重新表达在正交函数支撑的空间中, 从而获得对象的频谱. 几何对象的正交分解及综合, 带来的直接好处是形成对象特征的量化数字结果. 鉴于复杂曲面的三角片描述是目前广泛采用的方法, 那么 U、V-系统推广到三角域上将有独特的用处.

再者, k 次 U、V-系统是非连续正交函数, 它们既包含连续可微的多项式和 k 次多项式样条函数, 也包含各阶导数出现间断的函数. 正因如此, k 次 U、V-系统对连续及非连续信号都具有很强的整体表达能力, 特别对分片多项式给出的几何曲线与曲面, 采用 U、V-系统可以做到精确重构, 然而在 Fourier 及其他连续小波基下的正交展开, 都不能保证做到.

这里还要强调指出几何对象以群组形式出现的情形. 所谓群组, 是指由若干可能是互相分离的子图构成的图组, 诸如由若干条河流及道路显示的地图或轮廓线、若干零件组成的机械部件、若干架飞机的飞行编队等. 群组中每个元素都是一个造型, 但元素之间会出现分离、重叠、穿插, 因而所研究的目标是各种层次的间断与连续光滑交织在一起的复杂几何对象. 人们自然关心这类对象的全局特征表现如何. 为了研究群组整体的性质, 必须跨越的第一个障碍是如何准确地将群组整体统一地表达出来, 而这种表达方式要有利于全局的频谱分析, U、V-系统提供了一种可行途径.

本书的写作

如前所述，本书沿着通常数值逼近的途径来阐述 k 次 U-系统与 V-系统，首先介绍 Walsh 函数与 Haar 函数，相当于 $k=0$ 的情形．接着，对 $k>0$，建立区间 $[0,1]$ 上的 U、V-系统；继而，将 U、V-系统从单变量情形引申到三角域的情形．虽然本书论及 V-系统恰是一类特殊的多小波，但这不是关于小波分析的论著，而是关于非连续正交函数的数学理论及其应用的阐述．并不要求读者必须具备系统的小波分析基础．这样做，希望有助于从事实际应用的研究者使用．

本书设置了数值逼近基础这一章．显然，这章的内容只是若干必备的知识，我们采用松散列写方式，其好处在于读者可以任意挑选阅读．

每章最后有“问题与讨论”，包含在正文中想说而又恐说多了影响主线的内容，其中有练习性的，更多是相应正文部分的补充、发挥、扩展之类，也有尚未解决的探讨性问题．

本书试图做到让工程人员多了解数学，让数学工作者多了解相关应用，据此，相关的数学内容尽量完整，当给出必要的定理时，尽量采用“初等”的证明方法；相关的应用，见章节中的举例及第 7 章之后的专题介绍．前面章节中的举例比较简单，服务于对方法的理解；第 8、第 9 章给出应用研究的新成果举例，比较具体，是具有实用背景的大例题．尽管我们想尽量提供大例题的完整数据，但限于篇幅，难免还要请有兴趣的读者按书中提供的线索追查引文．第 8 章是本书关于应用方面的重点内容，讲的是利用 U、V-系统对几何造型群组信息重构的具体实现及有效性显示，属于新探索的报告，期望在 2D 及 3D 复杂几何群组模型检索、几何对象分类识别等问题上有所作为，这是目前尚属少见的研究方向．

本书归纳总结了齐东旭教授带领的研究小组多年积累的成果．齐东旭负责本书内容全面规划和写作详细纲要，并对全书作最终统稿；宋瑞霞撰写前 6 章；李坚除了完成第 7~9 章写作之外，还负责了全部实验检测内容．

本书仅是相关研究的阶段性总结，不足与欠妥之处在所难免，希望对本书有兴趣的读者提出宝贵意见，我们诚恳欢迎任何批评与建议．

致谢

本书的内容源于 k 次 U-系统的建立．在 1980—1982 年间，本书第一作者与中国科技大学的冯玉瑜教授在美国 Wisconsin (Madson) 大学数学研究中心 (MRC) 访问期间，合作完成了 U-系统基础理论研究．没有这个起点就不可能有后来的进展．

de Boor 教授、Micchelli 教授和许跃生教授，从 U-系统的研究早期开始一直热情关注本书研究内容，在与他们的交流中受益甚多，特表谢忱!

作者多年来连续获得的科研资助项目有国家重点基础研究发展规划项目 (973) (2004CB318006, 2011CB302400)；国家自然科学基金项目 (60133020,60475042,

10771002,10631080); 北京市自然科学基金项目 (1102017); 北京市自然科学基金重点项目暨北京市教育委员会科技发展计划重点项目 (KZ 201210009011). 这里要特别提到, 澳门回归后, 作者的研究工作得到澳门科技发展基金连续三项资助(045/2006/A, 008/2008/A1, 006/2011/A1), 对特区政府的强力支持, 表示衷心的感谢!

我们非常感谢多年来热心帮助我们的学术界老师与朋友, 其中周礼杲教授、唐泽圣教授与黄达人教授一直关心我们课题的进展, 并在应用基础研究方面提出了宝贵建议; 国家自然科学基金委员会的许忠勤先生、张文岭先生、肖连华先生、刘克先生等在研究方向上给予宝贵的指导意见和建议; 我们在与高小山、王文平、李华、陈发来、鲍虎军、徐迎庆、胡事民、汪国昭、邓建松、杨力华、邹建成、孙伟、王小春等各位教授的学术讨论中, 得到很多有益的帮助, 他们的具体改进意见都被吸收在本书的写作之中, 在此一并表示感谢!

参与本书内容相关研究的博士及硕士研究生有丁玮、闫伟齐、孙伟、蔡占川、许君一、马辉、梁延研、余建德、熊刚强、黄静、郭芬红、熊昌镇、叶梦杰、陈伟、欧梅芳、赵朝霞、张巧霞、李亚楠、姚东星、陈曦、孙红磊等, 他们所做的大量实验检测工作, 以及提出的大胆有趣的新颖想法, 极大地丰富了本书的内容, 在此感谢他们的帮助.

李岳生先生是我们的导师, 他在学术见解与思想方法方面的教导使我们受益终生. 若没有他的指导与鼓励, 便不会顺利完成本书预期的研究内容。

我们衷心感谢本套丛书主编、北京大学张恭庆院士, 他对本书写作给予热情支持与肯定; 本书出版得到中国科学院科学出版基金的资助, 在此表示感谢; 同时对科学出版社的赵彦超先生表示诚挚的谢意, 他为本书出版付出了辛勤的劳动.

作　者
2011 年 5 月 15 日

目　录

绪　论

0.1 什么是 Gibbs 现象

熟知, 用有限项 Fourier 级数表达间断信号时, 在间断点处会出现波动, 并且这种波动不能因求和的项数增大而彻底消失, 这就是著名的 Gibbs 现象. Wilbraham于 1848 年首先观察到这一现象, 后来 Gibbs (1839—1903) 做了深入细致的研究. 在正交函数理论及其应用的研究中, Gibbs 现象的消减问题一直倍受重视.

首先考察下面例子.

例 0.1.1 设有简单函数

$$f(x)=\begin{cases}-1, & -\pi\leqslant x<0\\ 0, & x=0\\ +1, & 0<x\leqslant\pi\end{cases}\tag{0.1.1}$$

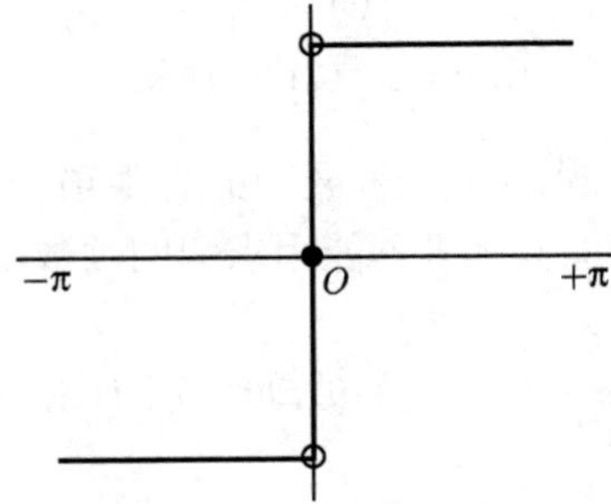

容易计算, 它的 Fourier 级数

$$\frac{a_0}{2}+\sum_{n=1}^{\infty}(a_n\cos nx+b_n\sin nx)$$

中, 系数

$$a_n=0\quad(n\geqslant 0),\qquad b_n=2\frac{1-(-1)^n}{n\pi}\quad(n\geqslant 1)$$

Fourier 级数的部分和为

$$S_{2n-1}(x)=\frac{4}{\pi}\left(\sin x+\frac{\sin 3x}{3}+\cdots+\frac{\sin(2n-1)x}{2n-1}\right),\qquad n\geqslant 1\tag{0.1.2}$$

我们来分析部分和在间断点 $x=0$ 附近的性质.

在计算机上, 按照 (0.1.2) 式绘制出 Fourier 级数部分和函数 $S_{2n-1}(x)$, $n = 1, 2, 3, 10, 50, 100$ 的图形如图 0.1.1 所示.

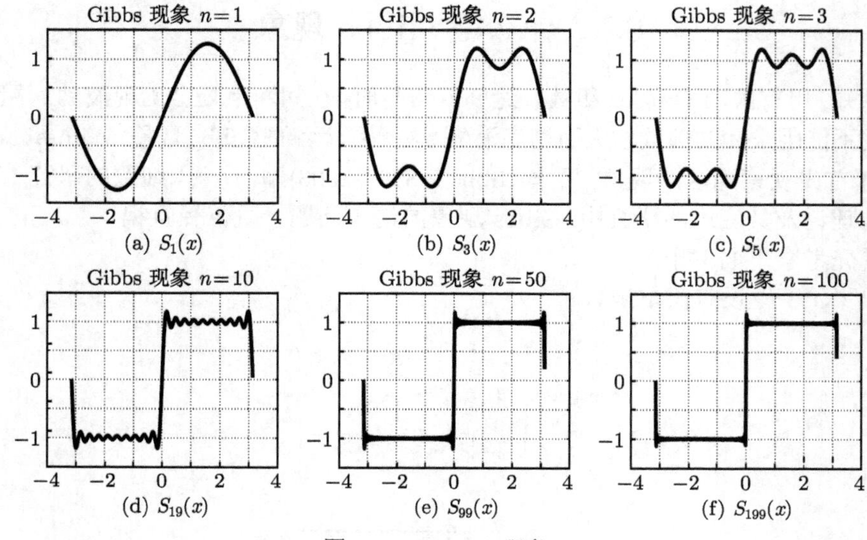

图 0.1.1　Gibbs 现象

正如本节的第一句话所说, Fourier 展开的有限项表示在函数 $f(x)$ 的间断点 $x = 0$ 附近出现了明显的波动. 至于"不能因求和的项数增大而彻底消失", 可从下面的计算结果得到解释.

要想知道 $S_{2n-1}(x)$ 在 $x = 0$ 附近的波动情况, 计算导数

$$S'_{2n-1}(x) = \frac{4}{\pi}(\cos x + \cos 3x + \cdots + \cos(2n-1)x), \qquad n \geqslant 1$$

利用三角恒等式, 得

$$S'_{2n-1}(x) = \frac{2\sin(2nx)}{\pi \sin x}$$

由于 $S_{2n-1}(x)$ 为奇函数, 只需注意大于 0 的情形, 此时最接近 0 的极值点为 $x = \dfrac{\pi}{2n}$ 并有

$$S_{2n-1}\left(\frac{\pi}{2n}\right) = \frac{4}{\pi}\left(\sin\frac{\pi}{2n} + \frac{\sin\dfrac{3\pi}{2n}}{3} + \cdots + \frac{\sin\dfrac{(2n-1)\pi}{2n}}{2n-1}\right), \qquad n \geqslant 1$$

为了研究 n 增大时 $S_{2n-1}\left(\dfrac{\pi}{2n}\right)$ 的渐近性态, 我们借助函数

$$F(x) = \frac{\sin x}{x}, \quad x \in [0, \pi]$$

在区间 $[0,\pi]$ 的分划 $\left\{\frac{k\pi}{n}, k=1,2,3,\cdots,n\right\}$ 之下，函数 $F(x)=\frac{\sin x}{x}$ 的积分和式

$$\frac{\pi}{n}\left(\frac{\sin\frac{\pi}{2n}}{\frac{\pi}{2n}}+\frac{\sin\frac{3\pi}{2n}}{\frac{3\pi}{2n}}+\cdots+\frac{\sin\frac{(2n-1)\pi}{2n}}{\frac{(2n-1)\pi}{2n}}\right)$$

收敛到

$$\int_0^\pi F(x)\mathrm{d}x$$

易见和式等于

$$\frac{\pi}{2}S_{2n-1}\left(\frac{\pi}{2n}\right)$$

因此

$$\lim_{n\to\infty}S_{2n-1}\left(\frac{\pi}{2n}\right)=\frac{2}{\pi}\int_0^\pi\frac{\sin x}{x}\mathrm{d}x$$

对被积函数中的 $\sin x$ 作泰勒展开得到

$$\frac{2}{\pi}\int_0^\pi\frac{\sin x}{x}\mathrm{d}x=2-\frac{\pi^2}{9}+\frac{\pi^4}{300}-\frac{\pi^6}{17640}+\cdots\approx 1.17898$$

即

$$\lim_{n\to\infty}S_{2n-1}\left(\frac{\pi}{2n}\right)=1.17898\cdots$$

这说明无论 n 多么大，总有 $\frac{\pi}{2n}$ 使 $S_{2n-1}\left(\frac{\pi}{2n}\right)$ 达到峰值，而 $f\left(\frac{\pi}{2n}\right)=1$，即高出 $0.17898\cdots$.

这一推理适于一般情况. 对 $[-\pi,\pi]$ 上以某 x_0 为间断点的分段光滑函数 $f(x)$，其 Fourier 级数的部分和在间断点 x_0 处波动的大小约为

$$0.09[f(x_0^+)-f(x_0^-)]$$

无论理论还是应用，Gibbs 现象都是一个引人注目的研究问题①.

① David G and Shu C W. On the Gibbs phenomenon and its resolution. *SIAM Rev.*, 1997, 39(4): 644–668; Jerri A J. *The Gibbs Phenomenon in Fourier Analysis, Splines and Wavelet Approximations.* Kluwer Academic Publishers, 1998.

0.2 Gibbs 现象严重影响信息重构

Gibbs 现象的研究之所以引起关注, 在于它的出现造成数据偏差. 在数字图像、语音处理, 以及用 Fourier 方法求解微分方程等问题中, 人们都要设法消减它的影响. 这里特别强调指出, 在几何信息重构的问题中, Gibbs 现象的影响更应引起重视.

在二维及三维几何造型中, 几何对象往往包含许多部件和零件. 作为几何图组, 其子图互相分离 (强间断) 以及非光滑连接 (弱间断) 的情况不可避免. 几何造型的精度要求很高, 如果说信号处理的某些实际问题中 Gibbs 现象的出现尚可接受的话, 那么在几何信息表达中则是不可容忍的.

在计算机辅助几何设计中, 广泛应用分片多项式对几何形状的控制数据作插值或拟合. 用样条曲线及 Bézier 曲线 (曲面) 等方法表达几何对象的造型, 理论上是完美的, 应用上是成功的. 然而, 表达样条曲线及 Bézier 曲线 (曲面) 所采用的基函数, 即 B- 样条基及 Bernstein 基 (本书第 1 章将有介绍), 都不是正交基.

计算几何学中, 人们为什么不用正交基去做几何造型? 对已有的分片多项式表达的几何造型, 为什么不做正交重构? 回答是明确的：正交表示与正交重构不是没意义, 恰恰相反, 它们十分有用, 这一点将在后面的相关章节进一步解说其意义所在. 先要说采用已有的、连续的正交函数作几何造型的正交重构, 将严重地受 Gibbs 现象影响.

考虑简单的几何图形, 看看在几何造型中用正交的 Fourier 三角级数作为表达工具将会产生怎样的结果.

例 0.2.1 设有平面上的一个图组, 它由互相分离的两个正方形的边界构成. 其中一个正方形的四个顶点为

$$P_0=(0,0),\quad P_1=(1,0),\quad P_2=(1,1),\quad P_3=(0,1)$$

另一正方形的顶点为

$$P_4=\left(\frac{3}{2},1\right),\quad P_5=(2,1),\quad P_6=\left(2,\frac{3}{2}\right),\quad P_7=\left(\frac{3}{2},\frac{3}{2}\right)$$

闭折线

$$P_0P_1P_2P_3P_0 \quad 与 \quad P_4P_5P_6P_7P_4$$

放在一起构成一个图组 (图 0.2.1(a)).

以参数形式给出该图组的表达式 $x=x(t), y=y(t), 0\leqslant t\leqslant 1$(图 0.2.1(b), (c)), 其中

$$x(t)=\begin{cases}8t, & 0\leqslant t\leqslant \dfrac{1}{8},\\ 1, & \dfrac{1}{8}\leqslant t\leqslant \dfrac{2}{8},\\ -8t+3, & \dfrac{2}{8}\leqslant t\leqslant \dfrac{3}{8},\\ 0, & \dfrac{3}{8}\leqslant t\leqslant \dfrac{4}{8},\\ 4t-\dfrac{1}{2}, & \dfrac{4}{8}\leqslant t\leqslant \dfrac{5}{8},\\ 2, & \dfrac{5}{8}\leqslant t\leqslant \dfrac{6}{8},\\ -4t+5, & \dfrac{6}{8}\leqslant t\leqslant \dfrac{7}{8},\\ \dfrac{3}{2}, & \dfrac{7}{8}\leqslant t\leqslant 1,\end{cases}\qquad y(t)=\begin{cases}0, & 0\leqslant t\leqslant \dfrac{1}{8}\\ 8t-1, & \dfrac{1}{8}\leqslant t\leqslant \dfrac{2}{8}\\ 1, & \dfrac{2}{8}\leqslant t\leqslant \dfrac{3}{8}\\ -8t+4, & \dfrac{3}{8}\leqslant t\leqslant \dfrac{4}{8}\\ 1, & \dfrac{4}{8}\leqslant t\leqslant \dfrac{5}{8}\\ 4t-\dfrac{3}{2}, & \dfrac{5}{8}\leqslant t\leqslant \dfrac{6}{8}\\ \dfrac{3}{2}, & \dfrac{6}{8}\leqslant t\leqslant \dfrac{7}{8}\\ -4t-5, & \dfrac{7}{8}\leqslant t\leqslant 1\end{cases}$$

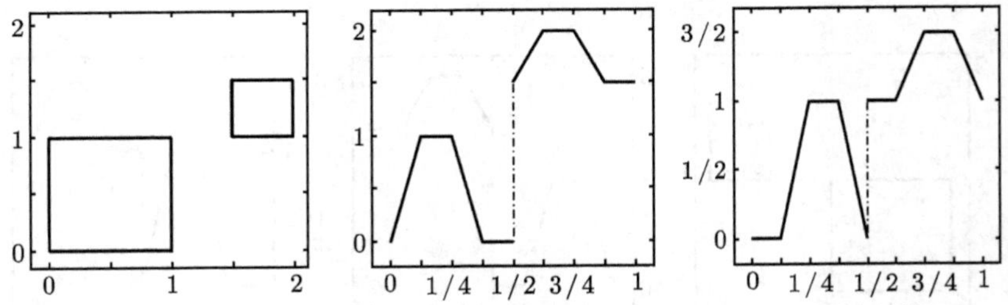

(a) 原图　(b) $x(t)$　(c) $y(t)$

图 0.2.1　简单图组及其参数表示 $x=x(t),y=y(t)$

用 Fourier 级数前 n 项的部分和对 $x=x(t)$, $y=y(t)$ 进行重构, 当 $n=32$, 96, 256, 768 时, 得到如图 0.2.2～ 图 0.2.5 所示的结果.

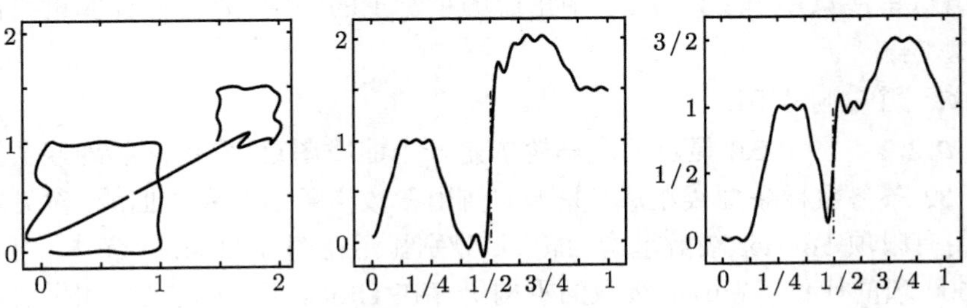

图 0.2.2　对原图以及 $x(t)$ 与 $y(t)$ 各用 32 项 Fourier 级数的重构

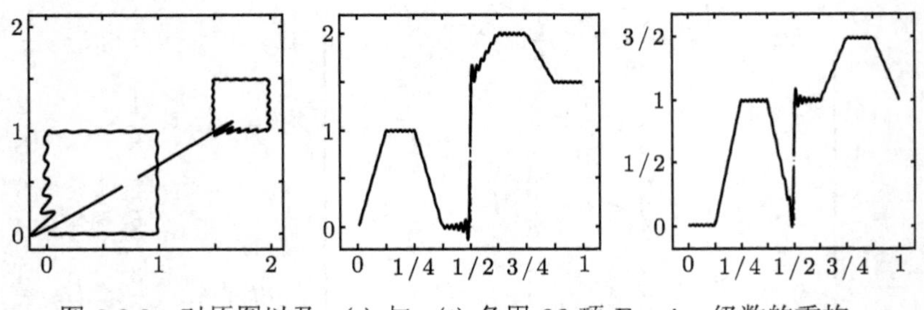

图 0.2.3　对原图以及 $x(t)$ 与 $y(t)$ 各用 96 项 Fourier 级数的重构

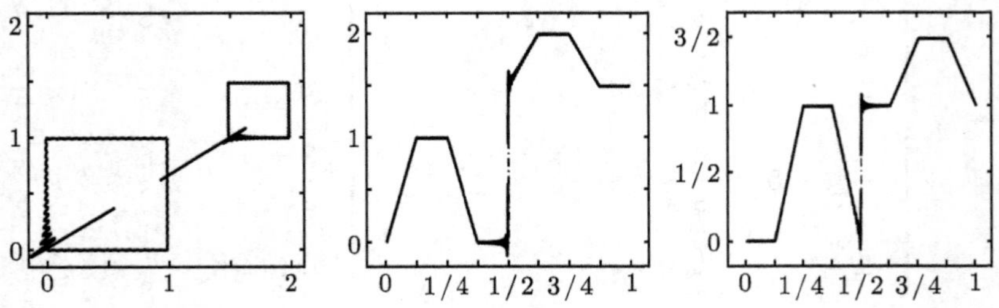

图 0.2.4　对原图以及 $x(t)$ 与 $y(t)$ 各用 256 项 Fourier 级数的重构

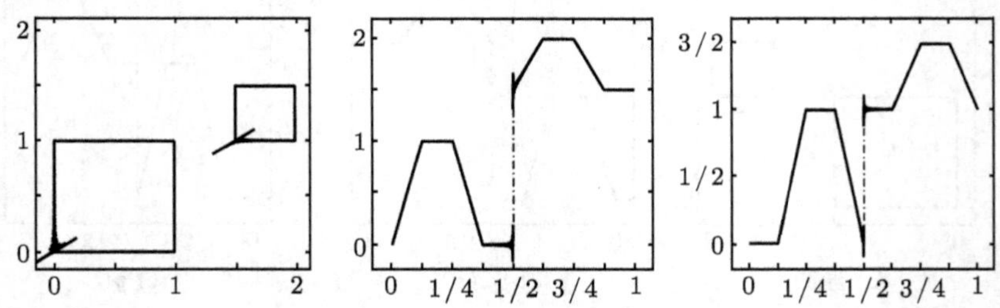

图 0.2.5　对原图以及 $x(t)$ 与 $y(t)$ 各用 768 项 Fourier 级数的重构

由于两个正方形是分离的, 因此图组出现了强间断. 有限项 Fourier 级数重构的结果严重地歪曲了原图的形象, 尤其产生了不该有的连线, 在几何造型中是决不允许的 (这里注意图 0.2.3—0.2.5 中出现的视觉上的间断, 是由于计算机绘图中分辨率的影响).

再看一个实际图例.

例 0.2.2　图 0.2.6 显示的汽车轮廓是一个曲线图组, 它由互相连接及互相不连接的 32 条参数样条曲线组成 (关于如何用参数样条曲线表达曲线, 参见本书第 1 章). 用有限项 Fourier 级数重构的轮廓, 分别显示在图 0.2.6(c)—(f) 中. 可见即或花费 1500 项的代价, Fourier 级数的重构仍存在 Gibbs 现象的影响. 如果要求与原图的峰值信噪比不低于 30, 并且视觉上看上去可被接受, 至少需用 2500 项.

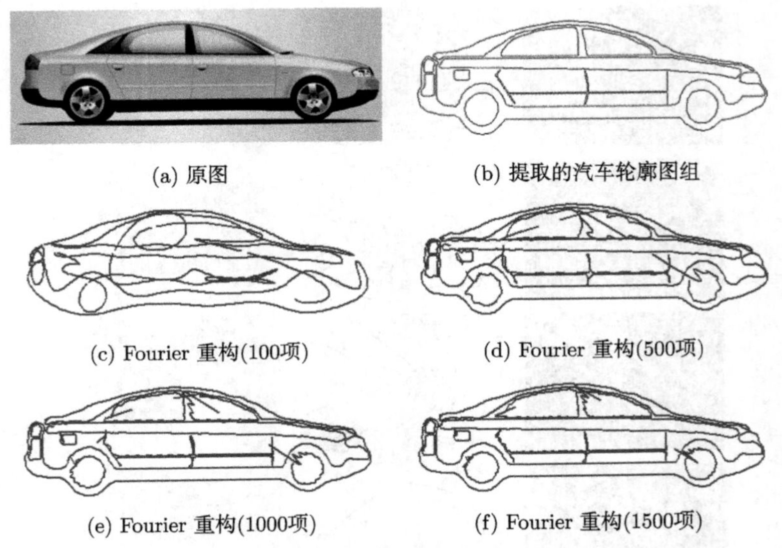

(a) 原图　(b) 提取的汽车轮廓图组

(c) Fourier 重构(100项)　(d) Fourier 重构(500项)

(e) Fourier 重构(1000项)　(f) Fourier 重构(1500项)

图 0.2.6　汽车轮廓：几何图组的正交重构受 Gibbs 现象影响

如果采用连续小波级数, 情形大同小异, 仍然受到 Gibbs 现象的干扰.

0.3　为什么研究用正交函数表达几何造型

上面的例子表明, 用有限项 Fourier 级数 (或连续小波级数) 逼近几何造型是不成功的. 事实上, 只要是连续的正交函数系, 其有限个基函数的线性组合不可能表达间断函数. 实际应用上, 不可能采用无限计算, 那么, 如果表达间断信息, 只有采用非连续的函数才有可能.

针对前面几何图组的正交表达失败的例子, 不禁发问：既然计算几何学中已经对几何造型有比较完整成熟的数学表达方法, 并在实际中得到广泛的应用, 为什么研究用正交函数表达几何造型? 也就是前面说的“几何造型的正交表示与重构”的意义何在?

众所周知, 在图像、语音等信号处理中, 正交函数理论是频谱分析与综合的数学基础, 由此发展一系列强有力的实用算法, 有利于生成或提取对象的特征, 从而在“分类”, 乃至“识别”问题里得到应用.

图 0.3.1 所示几组平面或立体示意图, 每组由 4 个图组成, 其中每幅图又由若干不连续的子图 (曲线或曲面) 构成. 对不同类别的图组, 它们之间的差别是什么? 对已经被认定的同类图组中的几何图形 (图中给出 4 个, 可以设想是很多个), 彼此相近的程度如何度量?

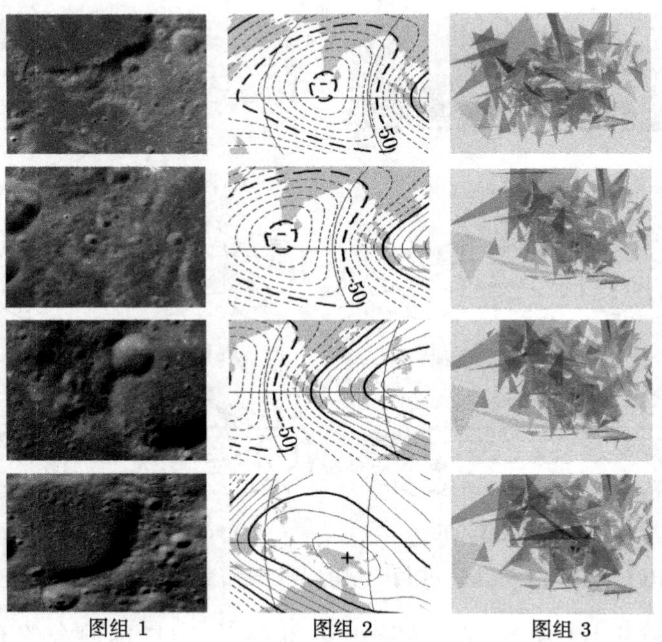

图 0.3.1　如何判读几何图组之间的差别示意图例

正交函数与正交变换在数字信号处理领域的成功应用, 有必要扩大到几何信息特别是几何造型的领域. 几何图组的特征分析研究, 对图形编辑、计算机检索, 以及模式识别问题大有帮助. 将频谱分析方法引入几何造型, 首先是正交重构问题; 而正交重构的关键是思考采用什么样的正交函数才能避免 Gibbs 现象. 具有好的连续性的正交函数, 在这里反而派不上用场. 于是, 研究既能用于通常的信号处理问题又能适应几何图组整体表达与分析需要的非连续的正交函数, 无论理论还是实用, 都是十分重要的. 基于此, 本书的核心内容将聚焦于富有各种层次间断性的 U-系统与 V- 系统理论与应用. 为了说明非连续正交函数的优势, 让我们回顾前面的例 0.2.1 与例 0.2.2. 那里给出了用有限项 Fourier 级数表达的结果. 如果采用本书第 5 章阐述的 V-系统, 例 0.2.1 中的闭折线 $P_0P_1P_2P_3$ 与 $P_4P_5P_6P_7$ 构成的图组, 用 3 次 V- 级数只用 32 项就做到了精确重构. 例 0.2.2 中的汽车轮廓, 用 3 次 V- 级数精确重构原图, 所用项数 $n = 128$.

0.4　什么是 U-系统　什么是 V-系统

为了给读者一个直观的印象, 先把 U-系统与 V-系统的图形开列出来 (表 0.4.1 和表 0.4.2), 详细的讨论见本书第 4 章之后的介绍.

表 0.4.1 区间 [0, 1] 上的 k 次完备正交 U-系统

$k=0$(Walsh 函数)	$k=1$	$k=2$	$k=3$	注释
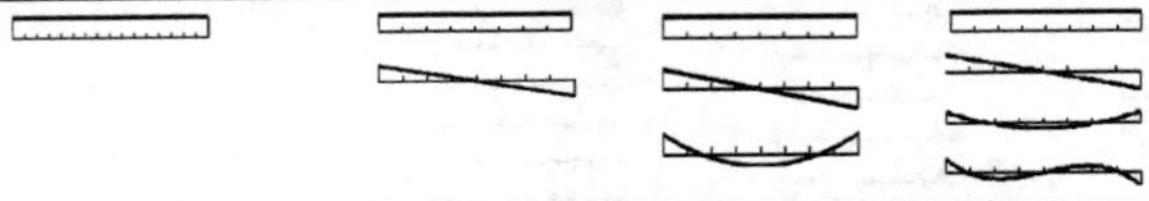				Legendre 多项式的前 $k+1$ 个
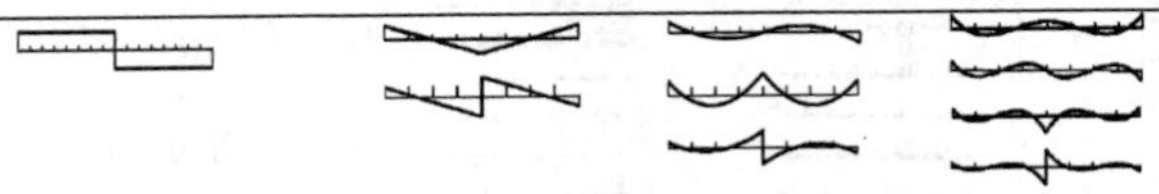				2 等分区间 [0, 1]
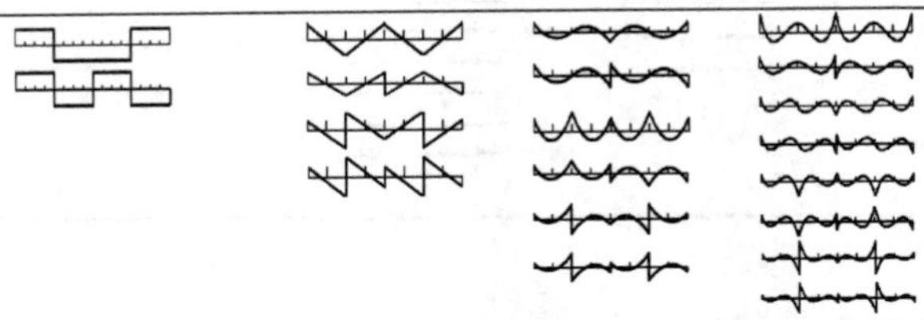				4 等分区间 [0, 1]
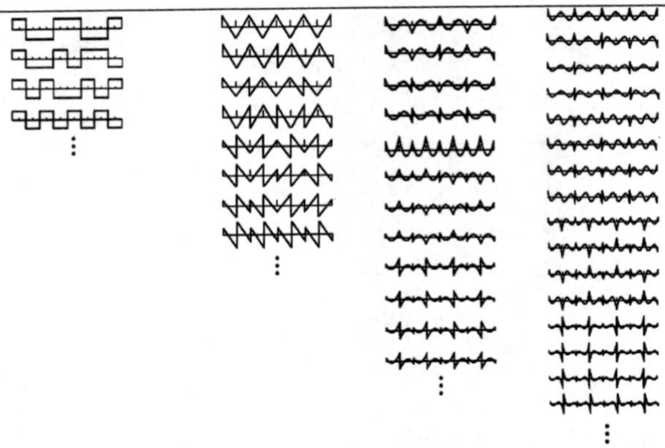 ⋮	⋮	⋮	⋮	8 等分区间 [0, 1]

表 0.4.2 区间 [0, 1] 上的 k 次完备正交 V-系统

$k=0$(Haar 函数)	$k=1$	$k=2$	$k=3$	注释
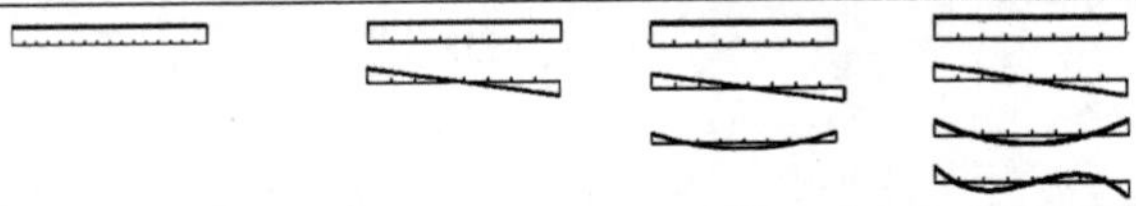				Legendre 多项式的前 $k+1$ 个
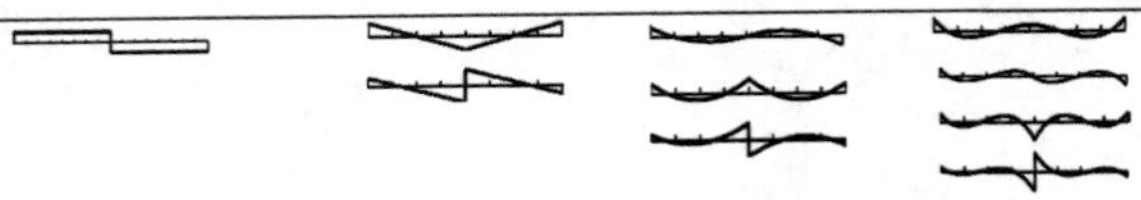				2 等分区间 [0, 1]
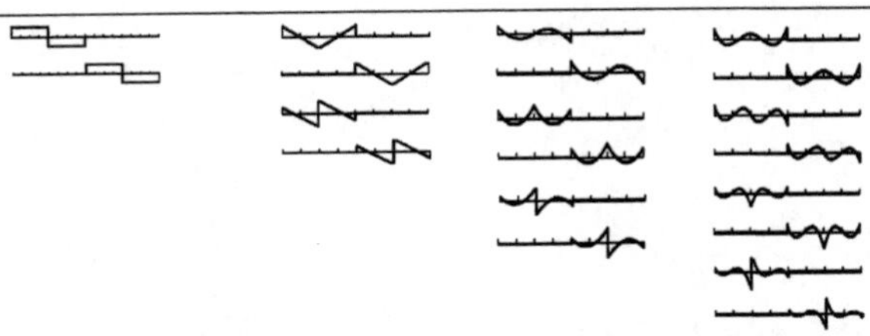				4 等分区间 [0, 1]

续表

$k=0$(Haar 函数)	$k=1$	$k=2$	$k=3$	注释
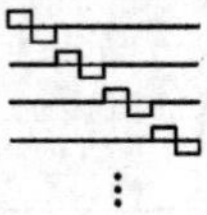 ⋮	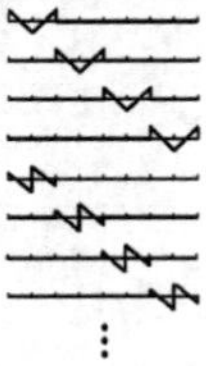 ⋮	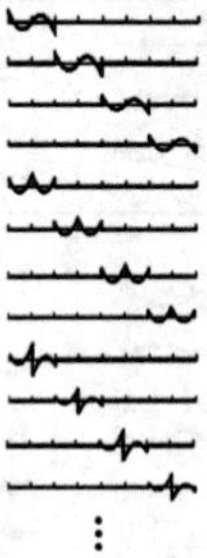 ⋮	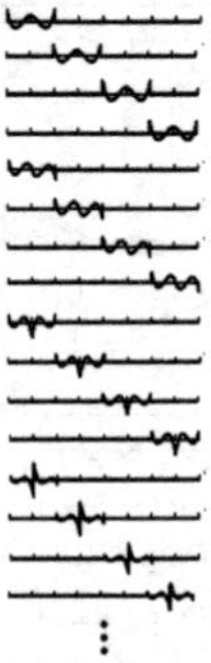 ⋮	8 等分区间 $[0,1]$

第 1 章　数值逼近基础

本章列写数值逼近的某些基本概念和基本知识, 给出线性空间、内积、正交、$L^2[a,b]$、分形的自相似的解释; 介绍正交多项式、三角级数、样条函数、小波函数的基本内容, 以及插值与逼近、面积坐标等必要的数值方法. 这些概念与知识是本书后面章节的基础, 有大量著作可以查阅, 如文献 [1]–[3].

1.1　线 性 空 间

设 K 是复 (或实) 数域, V 是一个非空集合, 在这个集合中定义了两种运算“加法”和“数乘”, 对 V 中元素 x, y, z, 及任意 α, $\beta \in K$, 若有

(1) $x+y=y+x$.

(2) $(x+y)+z=x+(y+z)$.

(3) 存在零元素 θ, $\theta+x=x$.

(4) 存在 x 的负元素 $-x$, $x+(-x)=\theta$.

(5) $1\cdot x=x$.

(6) $(\alpha\beta)x=\alpha(\beta x)$.

(7) $\alpha(x+y)=\alpha x+\alpha y$.

(8) $(\alpha+\beta)x=\alpha x+\beta x$.

则称集合 V 为复 (或实) 线性空间.

线性空间的概念是三维几何向量空间和 n 维向量空间进一步推广而抽象化的概念. 线性空间的元素也称为向量, 通常把线性空间也叫做向量空间.

若 V 是线性空间, W 是 V 的一个非空子集. 如果 W 对 V 中的线性运算也构成线性空间, 则称 W 为 V 的一个线性子空间.

所谓在实线性空间 V 上定义了内积, 指的是: 如果对每一对向量 $x, y \in V$ 及任意实数 λ, 都有一个实数与它对应, 把这个实数记为 $\langle x,y\rangle$, 并且这一对应具有如下性质:

(1) $\langle x,y\rangle=\langle y,x\rangle$, 即对称性.

(2) $\langle \lambda x,y\rangle=\lambda\langle x,y\rangle$, λ 为任一实数.

(3) $\langle x+y,z\rangle=\langle x,z\rangle+\langle y,z\rangle$, 即服从分配律.

(4) $\langle x,x\rangle\geqslant 0$, 当且仅当 x 是 V 中的零元素时, 有 $\langle x,x\rangle=0$.

这时, 称 $\langle x,\, y\rangle$ 是 V 上定义的内积, 称所讨论的线性空间为内积空间, 也称欧氏空间.

特别, 当 V 是 n 维实向量空间时, 其中向量

$$x=(x_1,x_2,\cdots,x_n)^{\mathrm{T}},\quad y=(y_1,y_2,\cdots,y_n)^{\mathrm{T}}$$

定义内积为

$$\langle x,y\rangle=x_1y_1+x_2y_2+\cdots+x_ny_n$$

容易验证它具备上述 4 个性质.

内积空间里向量 x 的长度(或称为 x 的模) 定义为 $\sqrt{\langle x,x\rangle}$, 记作

$$\|x\|=\sqrt{\langle x,x\rangle}$$

x,y 之间的夹角为

$$\theta=\arccos\frac{\langle x,y\rangle}{\|x\|\|y\|}$$

若夹角 $\theta=\dfrac{\pi}{2}$, 便称 $x,\, y$ 是**正交**的. 就是说, 若 $\langle x,y\rangle=0$, 则称 x,y 互相正交(垂直).

线性空间的基. 如果线性空间 V 中存在一组向量 $\{e_k,k=1,2,\cdots,n\}$ 使得 V 中任意一个向量都可以由这组向量来唯一线性表示, 则称向量组 $\{e_k,k=1,2,\cdots,n\}$ 为线性空间 V 的一组基, 此时称 V 是一个 n 维线性空间.

如果 $\{e_k,k=1,2,3,\cdots,n\}$ 构成 n 维向量空间的一组基, 进而, 它们还满足条件

$$\langle e_n,e_m\rangle=\delta_{mn}=\begin{cases}1, & m=n\\ 0, & m\neq n\end{cases}$$

则称之为 n 维向量空间的一组标准正交基, 任何 n 维向量空间都存在正交基. 这一事实可以通过正交化过程来证明 (1.2 节).

如果线性空间中的元素 (向量) 都是定义在某个区间 $[a,b]$ 上的函数, 则称这个空间为函数空间.

作为函数空间的代表, 下面介绍 $L^2[a,b]$ 空间. 设 f 是一个定义在 $[a,b]$ 区间的函数, 如果

$$\sqrt{\int_a^b f^2(x)\mathrm{d}x}<+\infty$$

则称 f 在 $[a,b]$ 区间平方可积. 区间 $[a,b]$ 上全体平方可积的函数构成的集合记作 $L^2[a,b]$. 易知它依函数的加法和数乘构成线性空间.

在 $L^2[a,b]$ 上定义内积为

$$\forall f(x), g(x) \in L^2[a,b], \quad \langle f(x), g(x)\rangle = \int_b^a f(x)g(x)\mathrm{d}x$$

则 $L^2[a,b]$ 依上述内积构成内积空间, 它是一个无穷维空间. $L^2[a,b]$ 中函数的长度 (范数) 为

$$\|f(x)\| = \sqrt{\int_a^b f^2(x)\mathrm{d}x}$$

如果 $L^2[a,b]$ 的一组标准正交基为 $\{\varphi_i\}, i=1,2,\cdots$, 且

$$\forall f(x), \quad f(x) = \sum_i c_i\varphi_i$$

则称 $\{\varphi_i\}, i=1,2,\cdots$ 为 $L^2[a,b]$ 的一组完备标准正交基, 且容易验证

$$c_i = \langle f, \varphi\rangle, \quad i=1,2,\cdots$$

因此 $\{\varphi_i\}, i=1,2,\cdots$ 可以看成是 $L^2[a,b]$ 中的直角坐标系.

关于 $L^2[a,b]$ 的完备正交基 $\{\varphi_i\}, i=1,2,\cdots$, 还有下面的性质:

(1) Parseval 等式: $\|f\|^2 = \sum\limits_i \langle f, \varphi\rangle^2 = \sum\limits_i c_i^2, \forall f \in L^2[a,b]$.

(2) $\langle f, g\rangle = \sum\limits_i \langle f, \varphi_i\rangle\langle g, \varphi_i\rangle, \forall f, g \in L^2[a,b]$.

(3) 记 $f_n = \sum\limits_{i=1}^n \langle f, \varphi_i\rangle\varphi_i$, $\Gamma_n = \{c_i\varphi_i, c_i \in \mathbb{R}, 1 \leqslant i \leqslant n\}$, 则 f_n 是 Γ_n 中对 f 的最佳平方逼近

$$\|f_n - f\| = \min_{g\in\Gamma_n} \|f - g\|$$

若把 Γ_n 看作 $L^2[a,b]$ 中由向量 $\varphi_1, \varphi_2, \cdots, \varphi_n$ 张成的 n 维平面, 则性质 (3) 说明 f_n 是 Γ_n 上离 f 最近的点.

1.2 Gram-Schmidt 正交化过程

首先, 按 n 维向量空间的定义, 存在一组基 $f_1, f_2, \cdots, f_n$. 从这组基出发, 按下面的步骤可以构造出两两正交的另一组基 $e_1, e_2, \cdots, e_n$.

令 $e_1 = f_1$, 记 $e_2 = f_2 + \lambda e_1$, 选择 λ 使 $\langle e_2, e_1\rangle = 0$, 即 $\langle f_2 + \lambda e_1, e_1\rangle$, 因而有

$$\lambda = -\frac{\langle f_2, e_1\rangle}{\langle e_1, e_1\rangle}$$

假设已经构造出来 $e_1, e_2, \cdots, e_{k-1}$, 它们皆为非零向量, 并且两两正交, 欲得 e_k, 则需选择 $\lambda_1, \lambda_2, \cdots, \lambda_{k-1}$, 使 $e_k = f_k + \lambda_1 e_{k-1} + \lambda_2 e_{k-2} + \cdots + \lambda_{k-1}e_1$ 与 $e_1, e_2, \cdots, e_{k-1}$ 中的每一个都正交, 即有

$$\langle f_k + \lambda_1 e_{k-1} + \lambda_2 e_{k-2} + \cdots + \lambda_{k-1} e_1, e_j \rangle = 0, \quad j = 1, 2, \cdots, k-1$$

由于 $e_1, e_2, \cdots, e_{k-1}$ 皆为非零向量, 并且两两正交, 于是

$$\lambda_{k-1} = -\frac{\langle f_k, e_1 \rangle}{\langle e_1, e_1 \rangle},\ \lambda_{k-2} = -\frac{\langle f_k, e_2 \rangle}{\langle e_2, e_2 \rangle},\ \cdots,\ \lambda_1 = -\frac{\langle f_k, e_{k-1} \rangle}{\langle e_{k-1}, e_{k-1} \rangle}$$

由于 e_k 是 $f_k, f_1, f_2, \cdots, f_{k-1}$ 的线性组合. 由 $\{f_j\}$ 的线性无关得知 e_k 不是零向量, 并且这一过程可以一直进行下去, 直至得出两两正交且异于零的向量 $e_1, e_2, \cdots, e_n$.

将上述存在正交基的事实推广到 $[a,b]$ 上的函数空间. 设 $\rho(x)$ 是定义在 $[a,b]$ 上的非负可积函数, 如果它满足条件 $\int_b^a \rho(x)\,\mathrm{d}x > 0$, 则 $\rho(x)$ 可以作为一个权函数. 该空间的两个函数 $f(x), g(x)$ 的内积定义为

$$\langle f(x), g(x) \rangle = \int_a^b \rho(x) f(x) g(x)\,\mathrm{d}x$$

并有 $\langle f(x), f(x) \rangle = \|f(x)\|^2$. 如果定义在 $[a,b]$ 上的函数 $f(x)$ 与 $g(x)$ 满足等式 $\langle f(x), g(x) \rangle = 0$, 则称它们在 $[a,b]$ 上关于权函数 $\rho(x)$ 是正交的, 并称 $[a,b]$ 为它们的正交区间. 特别当 $\rho(x) = 1$ 时, 就简单地说这两个函数是正交的.

如果 $\varphi_0(x), \varphi_1(x), \cdots, \varphi_k(x), \cdots$ 满足条件

$$\langle \varphi_n(x), \varphi_m(x) \rangle = A\delta_{nm} = \begin{cases} A_n, & m = n, \\ 0, & m \neq n, \end{cases} \quad A_n > 0$$

则称 $\varphi_0(x), \varphi_1(x), \cdots, \varphi_k(x), \cdots$ 是正交函数系; 如果 $A_n = 1$, 则称这个函数系为标准化的正交函数系, 否则, 称它为非标准化的. 如果 $\{\varphi_n(x)\}$ 是一个非标准化的正交函数系, 则

$$\left\{ \frac{\varphi_n(x)}{\sqrt{A_n}} \right\}$$

便是标准化的正交函数系.

任何一个线性无关的函数系总可通过 Gram-Schmidt 正交化过程, 使之成为一个正交的函数系. 上述正交化过程也可以用下面的方式表达.

设给定一个线性无关函数系为

$$\varphi_0(x), \varphi_1(x), \varphi_2(x), \cdots, \varphi_n(x), \cdots, \quad x \in [a,b]$$

记正交化之后的函数系为

$$\psi_0(x), \psi_1(x), \psi_2(x), \cdots, \psi_n(x), \cdots, \quad x \in [a,b]$$

令

$$\psi_0(x)=\varphi_0(x) \quad (\text{简写为}\psi_0=\varphi_0\text{, 下同})$$

当 $j>0$ 时, 令

$$\psi_j(x)=\begin{vmatrix} \langle\varphi_0,\varphi_0\rangle & \langle\varphi_0,\varphi_1\rangle & \cdots & \langle\varphi_0,\varphi_{j-1}\rangle & \varphi_0(x) \\ \langle\varphi_1,\varphi_0\rangle & \langle\varphi_1,\varphi_1\rangle & \cdots & \langle\varphi_1,\varphi_{j-1}\rangle & \varphi_1(x) \\ \langle\varphi_2,\varphi_0\rangle & \langle\varphi_2,\varphi_1\rangle & \cdots & \langle\varphi_2,\varphi_{j-1}\rangle & \varphi_2(x) \\ \vdots & \vdots & & \vdots & \vdots \\ \langle\varphi_j,\varphi_0\rangle & \langle\varphi_j,\varphi_1\rangle & \cdots & \langle\varphi_j,\varphi_{j-1}\rangle & \varphi_j(x) \end{vmatrix}, \quad j=1,2,3,\cdots$$

用 $\varphi_k(x)$ 乘等式的两端, 再做积分, 由行列式的性质, 有

$$\langle\psi_j,\varphi_k\rangle=\begin{cases} 0, & k<j, \\ G_j, & k=j, \end{cases} \quad j=1,2,3,\cdots$$

其中 G_j 表示 $k=j$ 时右端行列式的值. 把表达式 $\psi_j(x)$ 的行列式按最后一列展开, 有

$$\psi_j(x)=a_0\varphi_0(x)+a_1\varphi_1(x)+\cdots+a_{j-1}\varphi_{j-1}(x)+G_{j-1}\varphi_j(x)$$

由

$$\langle\psi_j,\psi_k\rangle=\begin{cases} 0, & k\neq j \\ G_{j-1}G_j, & k=j \end{cases}$$

得出正交函数系 $\{\psi_j(x),\ j=0,1,2,3,\cdots\}$.

显然, 从一个线性无关的函数系出发, 通过 Gram-Schmidt 正交化过程获得的正交函数系, 与事先选定的线性无关的函数有关.

1.3 正交多项式

正交多项式的研究有长久的历史. 最典型的例子是 Legendre 多项式, 此外还有 Chebyshev 多项式、Laguerre 多项式、Hermite 多项式、Jacobi 多项式等, 它们在微分方程、函数逼近等研究中都是非常有用的工具.

1.3.1 Legendre 多项式

Legendre 多项式创建于 1785 年. 为了得到区间 $[-1,1]$ 上的 Legendre 多项式系, 利用前面介绍的 Gram- Schmidt 正交化方法, 从线性无关的函数系

$$1,x,x^2,\cdots,x^n,\cdots,\quad x\in[-1,1]$$

出发, 即取 $\varphi_j(x)=x^j$, $j=0,1,2,\cdots$, 权函数 $\rho(x)=1$ 即可得到.

不难发现, 通过对线性无关的函数系进行正交化, 求得正交函数组的过程, 要耗费一定的计算量. 可以不通过正交化过程, 直接给出 Legendre 多项式的表达式, 这就是 1841 年给出的 Rodrigul 公式:

$$P_0(x)=1, \quad P_n(x)=\frac{1}{2^n n!}\frac{\mathrm{d}^n}{\mathrm{d}x^n}[(x^2-1)^n], \quad n=1,2,\cdots \tag{1.3.1}$$

由于 $(x^2-1)^n$ 是 $2n$ 次多项式, 求 n 阶导数之后得到

$$P_n(x)=\frac{1}{2^n n!}(2n)(2n-1)\cdots(n+1)x^n+Q_{n-1}(x)$$

这里 $Q_{n-1}(x)$ 表示一个 $n-1$ 次的多项式. 通常以最高次项 x^n 的系数除原来的多项式, 得出最高次项系数为 1 的 Legendre 多项式. 可以证明对这样的首项系数为 1 的 n 次 Legendre 多项式而言, 它是所有首项系数为 1 的 n 次多项式中, 在 $[-1,1]$ 上与零的平方误差最小者. Legendre 多项式还有许多优良的性质, 其证明可在有关书籍中查到 (例如文献 [1], [2]), 这里仅给出几个结论:

正交性

$$\langle P_n(x),P_m(x)\rangle=\begin{cases}0, & m\neq n\\ \dfrac{2}{2n+1}, & m=n\end{cases}$$

奇偶性

$$P_n(-x)=(-1)^n P_n(x), \quad n=0,1,2,\cdots$$

递推关系

$$(k+1)P_{k+1}(x)=(2k+1)xP_k(x)-kP_{k-1}(x), \quad k=1,2,\cdots$$

$$P_0(x)=1, \quad P_1(x)=x$$

从递推关系容易算得

$$\begin{aligned}
P_2(x)&=\frac{1}{2}(3x^2-1)\\
P_3(x)&=\frac{1}{2}(5x^3-3x)\\
P_4(x)&=\frac{1}{8}(35x^4-30x^2+3)\\
P_5(x)&=\frac{1}{8}(63x^5-70x^3+15x)\\
P_6(x)&=\frac{1}{16}(231x^6-315x^4+105x^2-5)
\end{aligned}$$

$$\cdots\cdots\cdots$$

1.3.2 第一类 Chebyshev 多项式

俄国数学家 Chebyshev 给出如下定义的函数:

$$T_n(x) = \cos(n\arccos x), \quad n = 0, 1, 2, \cdots, \quad x \in [-1, 1] \tag{1.3.2}$$

称为第一类 Chebyshev 多项式. 若记 $\cos\theta = x$, 则有 $T_n(x) = \cos n\theta$, $\theta \in [0, \pi]$. 它可以由序列 $\{1, x, x^2, \cdots, x^n, \cdots\}$ 取权函数 $\rho(x) = \dfrac{1}{\sqrt{1-x^2}}$ 经正交化过程得到.

Chebyshev 多项式的重要性质 (略去证明) 如下:

正交性: Chebyshev 多项式是 $[-1, 1]$ 上带权 $\rho(x)$ 的正交多项式, 即

$$\int_{-1}^{1} T_m(x)T_n(x)\rho(x)\mathrm{d}x = \begin{cases} \pi, & m = n = 0 \\ \dfrac{\pi}{2}, & m = n \neq 0 \\ 0, & m \neq n \end{cases}$$

奇偶性: 当 n 为奇 (偶) 数时, $T_n(x)$ 为奇 (偶) 函数, 即

$$T_n(-x) = (-1)^n T_n(x), \quad n = 0, 1, 2, \cdots$$

递推关系:

$$T_{k+1}(x) = 2xT_k(x) - T_{k-1}(x), \quad k = 1, 2, \cdots$$

$$T_0(x) = 1, \quad T_1(x) = x$$

零点性质: $T_n(x)$ 在 $[-1, 1]$ 中有 n 个不同实根

$$x_k = \cos\frac{(2k-1)\pi}{2n}, \quad k = 1, 2, \cdots, n$$

交错点组: $T_n(x)$ 在 $[-1, 1]$ 中的 $n+1$ 个不同的点

$$x_k^* = \cos\frac{k\pi}{n}, \quad k = 0, 1, 2, \cdots, n$$

处, 轮流达到最大值 1 和最小值 -1.

最小零偏差: 在 $[-1, 1]$ 上, x^n 的系数为 1 的所有 n 次多项式 $P_n(x)$ 中,

$$\omega_n(x) = 2^{1-n}T_n(x)$$

对 0 的偏差最小, 即

$$\max_{-1\leqslant x\leqslant 1}|\omega_n(x) - 0| \leqslant \max_{-1\leqslant x\leqslant 1}|P_n(x) - 0|$$

以下是 $n \leqslant 6$ 的 Chebyshev 多项式:

$$T_0(x) = \cos 0 = 1$$
$$T_1(x) = \cos\theta = x$$
$$T_2(x) = \cos 2\theta = 2x^2 - 1$$
$$T_3(x) = \cos 3\theta = 4x^3 - 3x$$
$$T_4(x) = \cos 4\theta = 8x^4 - 8x^2 + 1$$
$$T_5(x) = \cos 5\theta = 16x^5 - 20x^3 + 5x$$
$$T_6(x) = \cos 6\theta = 32x^6 - 48x^4 + 12x^2 - 1$$

1.3.3 其他重要的正交多项式

不同的权函数导致不同的正交多项式. 除了权函数有所区别, 定义区间也可能不同. 例如:

第二类 Chebyshev 多项式: 如果权函数取作 $\rho(x) = \sqrt{1-x^2}$, 定义

$$U_n(x) = \frac{\sin((n+1)\arccos x)}{\sqrt{1-x^2}}, \quad n = 0, 1, 2, \cdots$$

那么, 这就是所谓第二类 Chebyshev 多项式.

正交性:

$$\int_{-1}^{1} \sqrt{1-x^2}U_n(x)U_m(x)\mathrm{d}x = \begin{cases} 0, & m \neq n \\ \dfrac{\pi}{2}, & m = n \end{cases}$$

递推关系:

$$U_0(x) = 1, \quad U_1(x) = 2x$$
$$U_{k+1}(x) = 2xU_k(x) - U_{k-1}(x), \quad k = 1, 2, \cdots$$

Laguerre 多项式: 定义区间为 $[0, \infty)$, 权函数为 $\rho(x) = \mathrm{e}^{-x}$,

$$L_n(x) = \mathrm{e}^x \frac{\mathrm{d}^n(x^n \mathrm{e}^{-x})}{\mathrm{d}x^n}, \quad n = 0, 1, 2, \cdots$$

正交性:

$$\int_0^{\infty} \mathrm{e}^{-x} L_m(x)L_n(x)\mathrm{d}x = \begin{cases} 0, & m \neq n \\ (n!)^2, & m = n \end{cases}$$

递推关系:

$$L_0(x) = 1, \quad L_1(x) = 1 - x$$
$$L_{k+1}(x) = (1 + 2k - x)L_k(x) - k^2L_{k-1}(x), \quad k = 1, 2, 3, \cdots$$

Hermite 多项式：定义区间为 $(-\infty,\infty)$ ，权函数为 $\rho(x)=\mathrm{e}^{-x^2}$，

$$H_n(x)=(-1)^n\mathrm{e}^{x^2}\frac{\mathrm{d}^n(\mathrm{e}^{-x^2})}{\mathrm{d}x^n},\quad n=0,1,2,\cdots$$

正交性：

$$\int_{-\infty}^{\infty}\mathrm{e}^{-x^2}H_m(x)H_n(x)\mathrm{d}x=\begin{cases}0, & m\neq n\\ 2^n n!\sqrt{\pi}, & m=n\end{cases}$$

递推关系：

$$H_0(x)=1,\quad H_1(x)=2x$$

$$H_{k+1}(x)=2xH_k(x)-2kL_{k-1}(x),\quad k=1,2,3,\cdots$$

Jacobi 多项式：

$$P_n^{\alpha,\beta}(x)=2^{-n}\sum_{j=0}^{n}\begin{pmatrix}n+\alpha\\ j\end{pmatrix}\begin{pmatrix}n+\beta\\ n-j\end{pmatrix}(x-1)^{n-j}(x+1)^j$$

$$\alpha>-1,\quad \beta>-1,\quad n=0,1,2,\cdots$$

定义在区间 $[-1,1]$ 上, 关于权函数 $(1-x)^\alpha(1+x)^\beta$ 正交. Jacobi 多项式的其他表达形式及进一步讨论可参阅文献 [2], [3]. 这里指出 Jacobi 多项式概括了三类重要的正交多项式：当 $\alpha=\beta=0$ 时, 为 Legendre 多项式; 当 $\alpha=\beta=-\dfrac{1}{2}$ 时, 为第一类 Chebyshev 多项式; 当 $\alpha=\beta=\dfrac{1}{2}$ 时, 为第二类 Chebyshev 多项式.

1.4 Fourier 级数

如果 $y=f(x)$ 定义为在 $[a,b]$ 上的函数, 并假定它可以用正交函数 $\{\varphi_k(x),k=0,1,2,\cdots\}$ 表示成无穷级数：

$$f(x)=c_0\varphi_0(x)+c_1\varphi_1(x)+\cdots+c_n\varphi_n(x)+\cdots=\sum_{n=0}^{\infty}c_n\varphi_n(x)\tag{1.4.1}$$

其中 $c_n(n=0,1,2,\cdots)$ 为待求系数. 那么, 将 (1.4.1) 式两边同乘 $\varphi_m(x)$, 从 a 到 b 逐项做积分, 并利用正交函数彼此内积为零的性质, 可求出系数：

$$c_n=\frac{\displaystyle\int_a^b f(x)\varphi_n(x)\mathrm{d}x}{\displaystyle\int_a^b\varphi_n^2(x)\mathrm{d}x}=\frac{\displaystyle\int_a^b f(x)\varphi_n(x)\mathrm{d}x}{\|\varphi_n(x)\|^2},\quad n=0,1,2,\cdots\tag{1.4.2}$$

于是得到了 $f(x)$ 的正交级数展开式 (1.4.1). 这里, 特别要留意的是, 我们事先的假设是函数 $y=f(x)$ 能够以 $\{\varphi_k(x)\}$ 的线性组合来表达, 这就涉及 $\varphi_0(x),\varphi_1(x),\cdots,\varphi_k(x),\cdots$ 是否"完备"等问题. 以上是关于用正交函数系 $\{\varphi_k(x)\}$ 将给定的函数按它展开成正交级数的内容.

如果把上述的正交函数具体地取为三角函数系, 就是所谓 Fourier 级数.

容易验证, 三角函数系

$$1,\cos x,\sin x,\cos 2x,\sin 2x,\cdots,\cos nx,\sin nx,\cdots \tag{1.4.3}$$

在区间 $[-\pi,\pi]$ 上正交.

设 $f(x)$ 是以 2π 为周期的周期函数, 将它展开成三角级数

$$f(x)\sim\frac{a_0}{2}+\sum_{k=1}^{\infty}(a_k\cos kx+b_k\sin kx) \tag{1.4.4}$$

其中

$$\begin{aligned}a_n&=\frac{1}{\pi}\int_{-\pi}^{\pi}f(x)\cos nx\mathrm{d}x,\quad n=0,1,2,3,\cdots\\ b_n&=\frac{1}{\pi}\int_{-\pi}^{\pi}f(x)\sin nx\mathrm{d}x,\quad n=1,2,3,\cdots\end{aligned} \tag{1.4.5}$$

如果式 (1.4.5) 中的积分都存在, 则式 (1.4.4) 叫做函数 $f(x)$ 的 Fourier 级数, a_0, a_n, b_n 叫做函数 $f(x)$ 的 Fourier 系数.

一个定义在 $(-\infty,\infty)$ 上周期为 2π 的函数 $f(x)$, 如果它在一个周期上可积, 则一定可以作出 $f(x)$ 的 Fourier 级数, 但不一定收敛; 即使它收敛, 也不一定收敛到 $f(x)$, 它的细致讨论见文献 [4]. 如果 $f(x)$ 在区间 $[-\pi,\pi]$ 上平方可积, 那么 $f(x)$ 的 Fourier 级数 (1.4.4) 平方收敛到 $f(x)$, 即有

$$\lim_{n\to\infty}\|f-f_n\|=0$$

其中

$$f_n=\frac{a_0}{2}+\sum_{k=1}^{n}(a_k\cos kx+b_k\sin kx)$$

为 Fourier 级数的部分和, 也叫做 n 次三角多项式.

在实际问题中, $f(x)$ 的表达式可能太复杂, 或者给出的是离散数值. 这时需要在离散的情形寻求最佳逼近. 为此, 将区间 $2N$ 等分, 节点 x_k 处对应的函数值 $y_k=f(x_k)$ 视为观测值, 也叫 $f(x)$ 的一组样本,

$$y_k=f(x_k),\quad k=0,1,\cdots,2N-1$$

排成的 $2N$ 维向量

$$F=(y_0,y_1,\cdots,y_{2N-1})$$

称为 $f(x)$ 的样本向量. 再将 $\cos kx, \sin kx$ 的离散形式排成向量

$$\begin{aligned}\phi_{2k}&=(\cos kx_0,\cos kx_1,\cdots,\cos kx_{2N-1})\\ \phi_{2k-1}&=(\sin kx_0,\sin kx_1,\cdots,\sin kx_{2N-1})\end{aligned}$$

易证 $\{\phi_{2k}\},k=0,1,\cdots,N$ 与 $\{\phi_{2k-1}\},k=1,2,\cdots,N-1$ 共计 $2N$ 个向量构成 $2N$ 维空间的正交基. 所要做的事情就是在子空间

$$\operatorname{span}\{\phi_0,\phi_2,\cdots,\phi_{2p},\phi_{2p+2},\phi_1,\phi_3,\cdots,\phi_{2p-1}\},\quad p\leqslant N-1$$

中, 寻求 $A_0,A_1,\cdots,A_{p+1},B_1,B_2,\cdots,B_p$, 使

$$F_p=\frac{A_0}{2}\phi_0+\sum_{k=1}^{p}(A_k\phi_{2k}+B_k\phi_{2k-1})+\frac{A_{p+1}}{2}\phi_{2p+2}$$

为 F 的最佳逼近. 根据 $\{\phi_j\}$ 的正交性, 用向量内积的符号, 有

$$\begin{aligned}A_k&=\frac{\langle F,\phi_{2k}\rangle}{\langle\phi_{2k},\phi_{2k}\rangle},\quad k=0,1,\cdots,p+1\\ B_k&=\frac{\langle F,\phi_{2k-1}\rangle}{\langle\phi_{2k-1},\phi_{2k-1}\rangle},\quad k=1,2,\cdots,p\end{aligned}\tag{1.4.6}$$

另一方面, 如果给定 $2N$ 维样本向量 $F=(y_0,y_1,\cdots,y_{2N-1})$, 寻求形如

$$T(x)=\frac{A_0}{2}+\sum_{k=1}^{N-1}(A_k\cos kx+B_k\sin kx)+\frac{A_N}{2}\cos Nx\tag{1.4.7}$$

的 N 次三角多项式, 使之满足插值要求: $T(x_j)=f(x_j),j=0,1,2,\cdots,2N-1$, 这就是三角插值问题. 容易证明三角插值问题的解存在且唯一, 并且使我们明确 (1.4.7) 式中按插值条件确定的 A_k, B_k 与前述 (1.4.6) 式是和谐一致的. 两者的区别仅在于: 离散逼近得到的解是 $2N$ 维空间中的一个向量, 而插值问题的解是一个连续变量 x 的三角多项式.

从三角级数发展到正交级数的理论成果, 可见孙永生与王昆扬两位教授翻译的 Kashin 与 Saakian 近著[5], 其中有专门章节阐述 Haar 函数、Walsh 函数、Franklin 函数, 这些内容与本书的内容密切相关.

1.5 小波函数

小波分析是目前数学中一个迅速发展的新领域，它同时具有理论深刻和应用广泛的双重价值与意义. 从时间序列到数字图像，乃至本书重点关心的几何造型的正交重构，小波分析都是强有力的数学工具.

小波的概念引起数学家的认可与关注，并以小波为主题的集中而正式的研究，是在 20 世纪 80 年代后期[6],[7]. 近年来，有关小波的专著陆续出版，读者不难查阅所关心的内容. 这里只简述小波最基本的概念.

所谓小波，顾名思义，它是相对于“大波”而言的函数. 大波的一个例子是 $y=\sin x, x\in(-\infty,\infty)$，这个函数的图形在整个实数轴上保持上下波动. 为了说明相对于这样的“大波”函数而言，小波的含义是什么，我们考虑整个实数轴上具有如下两个基本性质的实值函数 $\psi(x)$：

(i) 积分为零：

$$\int_{-\infty}^{\infty}\psi(x)\mathrm{d}x=0$$

(ii) 平方积分为 1：

$$\int_{-\infty}^{\infty}\psi(x)^2\mathrm{d}x=1$$

如果具有性质 (ii)，那么对于任意给定的 $\varepsilon\in(0,1)$，一定存在 $T>0$，使

$$\int_{-T}^{T}\psi(x)^2\mathrm{d}x>1-\varepsilon$$

现在把 ε 视为非常接近 0 的正数，那么 $\psi(x)$ 在区间 $[-T,T]$ 之外的图形偏离实数轴将是很不显著的，也就是说，$\psi(x)$ 的波动范围主要在一个有限区间 $[-T,T]$. 另一方面，无论 T 有多么大，相对于整个实数轴的长度来说，区间 $[-T,T]$ 的长度是很小的，因此可以认为 $\psi(x)$ 的波动范围被限制在一个相对较小的区间上. 总之，由 (ii) 知 $\psi(x)$ 相对于实数轴必须有偏离，而由 (i)，$\psi(x)$ 的正向偏离量一定等于负偏离量，所以 $\psi(x)$ 的图形必然像一个波. 那么在 (i), (ii) 制约之下，就导致了“小的波形”或者“小波”这样的命名[7].

具有性质 (i), (ii) 的 $\psi(x)$ 是存在的，例如：

Haar 小波函数 (图 1.5.1(a))：

$$\psi^{(\mathrm{H})}(x)=\begin{cases}\dfrac{-1}{\sqrt{2}}, & -1<x\leqslant 0\\ \dfrac{1}{\sqrt{2}}, & 0<x\leqslant 1\\ 0, & \text{其他}\end{cases}$$

Maar 小波函数 (图 1.5.1(b))：标准正态分布的概率密度函数为

$$\phi(x)=\frac{1}{\sqrt{2\pi}}\mathrm{e}^{-x^2/2}$$

计算其二阶导数, 再将 $-\phi''(x)$ 规范化, 使之满足 (ii), 得到 Marr 小波函数 (也称墨西哥帽小波函数)

$$\psi^{(\mathrm{M})}(x)=\frac{1-x^2}{\sqrt{2\pi}}\mathrm{e}^{-x^2/2}$$

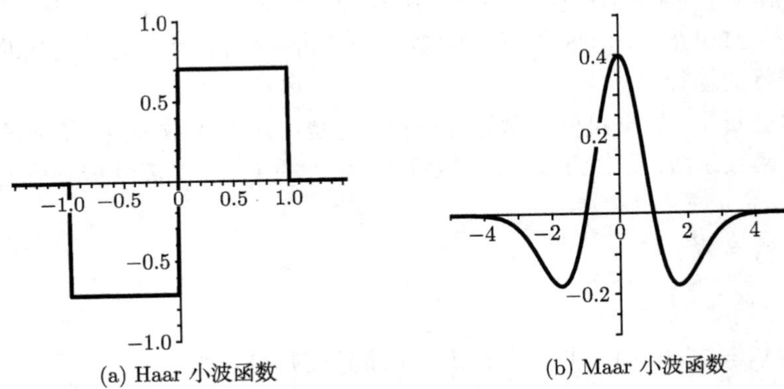

(a) Haar 小波函数　　(b) Maar 小波函数

图 1.5.1　小波函数例图

以上给出了小波直观的概念. 为了实用, 关心能否及如何利用这样的小波将给定的函数 $f(x)$ 表示成类似于 Fourier 级数的形式, 这就要了解什么是基本小波. 一个小波函数 $\psi(x)$, 如果满足下面的容许条件：

$$\int_{-\infty}^{\infty}\frac{|\hat{\psi}(\omega)|^2}{|\omega|}\mathrm{d}\omega<+\infty$$

其中 $\hat{\psi}(\omega)$ 为 $\psi(\omega)$ 的 Fourier 变换, 这时称 $\psi(x)$ 为基本小波 (或小波母函数). 容易验证上述 $\psi^{(\mathrm{H})}(x)$, $\psi^{(\mathrm{M})}(x)$ 满足容许条件. 在实际应用中, 假设 $\psi(x)$ 是一个基本小波, 并且

$$\psi_{j,k}(x)=2^{j/2}\psi(2^jx-k),\quad j,k=0,1,2,\cdots$$

构成 $L^2(\mathbb{R})$ 的一个标准正交基, 则称 $\{\psi_{j,k}(x)\}$ 是 $L^2(\mathbb{R})$ 的正交小波基. 若如此, $f(x)$ 便可以按这个正交小波基表达为类似于 Fourier 级数的展开式. 现在假定有了 $\varphi(x)\in L^2(\mathbb{R})$ 及闭子空间序列 $\{V_j\}$, 具有性质：

(1) $\cdots\subseteq V_{-1}\subseteq V_0\subseteq V_1\subseteq\cdots\subseteq V_j\subseteq\cdots\subseteq L^2(\mathbb{R})$.

(2) $f(x)\in V_{j-1}\Leftrightarrow f(2x)\in V_j$.

(3) $\bigcap\limits_{j\in\mathbb{Z}}V_j=\{0\}$.

(4) $\overline{\bigcup_{j\in\mathbb{Z}} V_j} = L^2(\mathbb{R})$.

并且由此可以构造另一个闭子空间序列 $\{W_j\}_{j\in\mathbb{Z}}$ 及函数 $\psi(x)$, 使得 $L^2(\mathbb{R})$ 可分解为 $\{W_j\}_{j\in\mathbb{Z}}$ 的正交和：

$$L^2(\mathbb{R}) = \bigoplus_{j\in\mathbb{Z}} W_j$$

其中, 当 $i \neq j$ 时 $W_i \perp W_j$. 由 $\psi(x)$ 的平移与缩放得到的函数系 $\{2^{j/2}\psi(2^j x - k)\}_{j,k\in Z}$ 构成 W_j 的标准正交基, 于是 $\{2^{j/2}\psi(2^j x - k)\}_{j,k\in\mathbb{Z}}$ 构成 $L^2(\mathbb{R})$ 的标准正交基. 这就是 Mallat 于 1988 年提出的多分辨分析, 依此, 为正交小波基的构造提供了切实可行的途径[8],[9].

在小波分析中, 如果尺度函数不止一个, 而是由多个函数构成, 相应的小波函数也由多个函数组成, 称之为多小波. 区间 $[0,1]$ 上的 $k+1$ 重多分辨分析的概念如下：如果

(1) $\overline{\bigcup_{j\geqslant 0} V_j} = L^2[0,1]$.

(2) $V_0 \subset V_1 \subset V_2 \subset \cdots$.

(3) $\dim V_j = 2^j(k+1)$, 并且存在 $k+1$ 个正交尺度函数

$$f_0(x), f_1(x), f_2(x), \cdots, f_k(x)$$

使得

$$\{2^{j/2} f_i(2^j x - m), m = 0,1,2,\cdots,2^j-1; i = 0,1,2,\cdots,k\}$$

构成 V_j 的标准正交基, 则称 $L^2[a,b]$ 中的闭子空间序列

$$V_0, V_1, V_2, V_3, \cdots$$

为 $L^2[a,b]$ 的 $k+1$ 重正交多分辨分析. 本书后面关于 V-系统的论述 (第 5, 6 章) 与多小波紧密相关. 关于如何选取尺度函数来构造出一个多分辨分析的理论基础, 可参考有关著作, 例如文献 [4],[10] 中有很好的阐述.

1.6 多项式插值及逼近

多项式插值及逼近方法, 被广泛应用在大量的数据处理实际问题中. 如下介绍的 Lagrange 插值多项式是数值逼近的基本内容, 其理论意义更超过其实用价值, 接着讨论的 Bézier 逼近方法, 其实用价值已经突出体现在计算机辅助几何设计的应用中.

Lagrange 多项式

设区间 $[a,b]$ 的分划为 $a=x_0<x_1<x_2<\cdots<x_n=b$, 并有对应数据

$$y_0,y_1,y_2,\cdots,y_n$$

把待定的多项式写成

$$L_n(x)=a_nx^n+a_{n-1}x^{n-1}+\cdots+a_1x+a_0 \tag{1.6.1}$$

其中 $a_n,a_{n-1},\cdots,a_1,a_0$ 为待定系数. 插值问题要求满足条件

$$L_n(x_i)=y_i, \quad i=0,1,2,\cdots,n \tag{1.6.2}$$

于是由 (1.6.1) 式, 有

$$a_nx_i^n+a_{n-1}x_i^{n-1}+\cdots+a_1x_i+a_0=y_i, \quad i=0,1,2,\cdots,n \tag{1.6.3}$$

这是关于 $a_n,a_{n-1},\cdots,a_1,a_0$ 的线性方程组, 写成矩阵形式:

$$\begin{bmatrix} x_0^n & x_0^{n-1} & x_0^{n-2} & \cdots & x_0 & 1 \\ x_1^n & x_1^{n-1} & x_1^{n-2} & \cdots & x_1 & 1 \\ x_2^n & x_2^{n-1} & x_2^{n-2} & \cdots & x_2 & 1 \\ \vdots & \vdots & \vdots & & \vdots & \vdots \\ x_{n-1}^n & x_{n-1}^{n-1} & x_{n-1}^{n-2} & \cdots & x_{n-1} & 1 \\ x_n^n & x_n^{n-1} & x_n^{n-2} & \cdots & x_n & 1 \end{bmatrix} \begin{bmatrix} a_n \\ a_{n-1} \\ a_{n-2} \\ \vdots \\ a_1 \\ a_0 \end{bmatrix} = \begin{bmatrix} y_0 \\ y_1 \\ y_2 \\ \vdots \\ y_{n-1} \\ y_n \end{bmatrix}$$

由 Vandermonde 行列式的计算及条件 $x_0<x_1<x_2<\cdots<x_n$，立即断定存在唯一的一组数 $a_n,a_{n-1},\cdots,a_1,a_0$ 满足方程组. 也就是说, 满足条件 (1.6.2) 的 n 次多项式存在且唯一. 这个事实告诉我们, 无论把 n 次多项式写成什么样子, 只要满足 (1.6.2), 那么一定是同一个多项式.

现在, 考虑特殊的插值条件:

$$y_i=\begin{cases} 1, & i=j, \\ 0, & i\neq j, \end{cases} \quad j=0,1,2,\cdots,n$$

容易验证特殊的 n 次多项式:

$$l_i(x)=\frac{(x-x_0)(x-x_1)\cdots(x-x_{i-1})(x-x_{i+1})\cdots(x-x_n)}{(x_i-x_0)(x_i-x_1)\cdots(x_i-x_{i-1})(x_i-x_{i+1})\cdots(x_i-x_n)}, \quad i=0,1,2,\cdots,n \tag{1.6.4}$$

满足

$$l_i(x_j) = \delta_{ij} = \begin{cases} 1, & i = j \\ 0, & i \neq j \end{cases} \tag{1.6.5}$$

这样一来, 由存在唯一性定理, 满足条件 (1.6.5) 的 n 次多项式只有这个 $l_i(x)$, 如果还有另外不同的, 那也只是同一个多项式写法上的差别而已. 当 $i = 0, 1, 2, \cdots, n$, $\{l_i(x)\}$ 共有 $n+1$ 个. 有了这样的 $n+1$ 个特殊的多项式, 就可以直接写出

$$L_n(x) = \sum_{k=0}^{n} y_k l_k(x) \tag{1.6.6}$$

显然, $L_n(x)$ 是 n 次多项式, 且容易验证它满足条件 (1.6.2), 称为 Lagrange 插值多项式. 图 1.6.1 显示了 $l_i(x)$, 这里 $n = 5, x_i = \dfrac{i}{5}, i = 0, 1, 2, 3, 4, 5$.

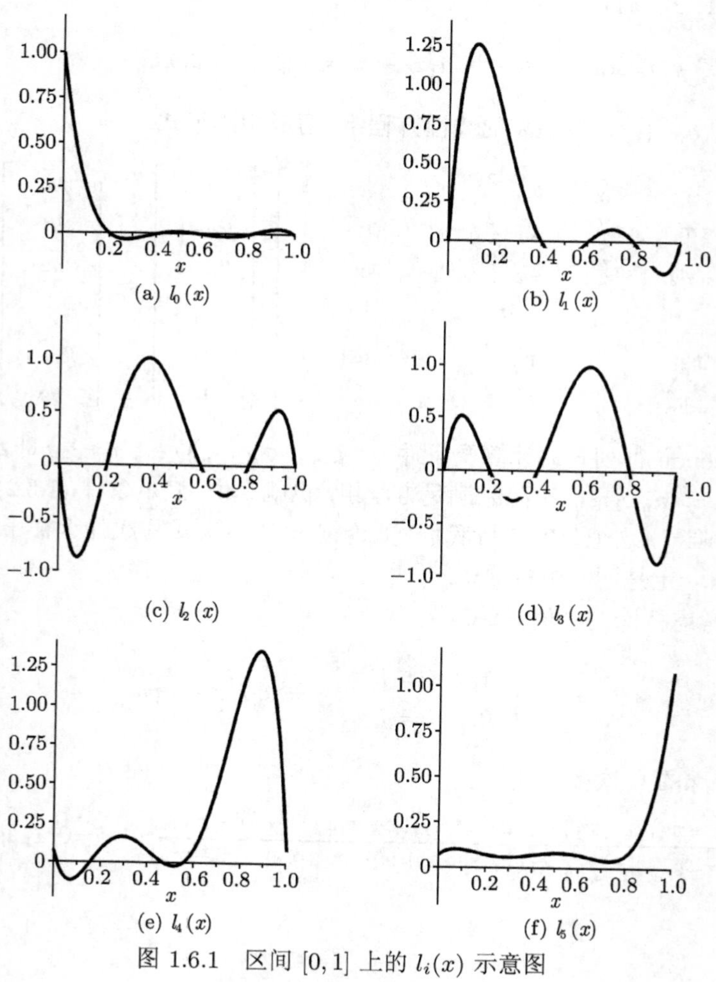

图 1.6.1　区间 $[0, 1]$ 上的 $l_i(x)$ 示意图

通常人们说到 n 次多项式, 习惯上总把它写成 (1.6.1) 式的形式, 也就是说, 把 n 次多项式写成 $1, x, x^2, \cdots, x^n$ 这 $n+1$ 个单项式的线性组合, 称 $1, x, x^2, \cdots, x^n$ 为 n 次多项式的一组基函数. n 次多项式的基函数并不唯一. 在上述 Lagrange 插值方法中, $n+1$ 个特殊的 n 次多项式 $l_i(x), i=0,1,2,\cdots,n$ 也是一组基函数, 叫做 Lagrange 基函数.

除了这两种基函数, 有必要寻求其他类型的基函数. 这要从实际需要考虑. Lagrange 插值多项式曲线, 其构作简单, 且通过给定的数据点 $\{x_i, y_i\}$. 但是, 在高次的情形可能会出现不令人满意的波动现象, 这使得 Lagrange 插值多项式的应用受到限制.

1.7 Weierstrass 逼近定理与 Bézier 曲线

针对数字几何及计算机辅助几何设计的实际问题, 本节及下一节将阐述 20 世纪 60 年代在工业界兴起的曲线 (面) 造型数学基础, 其中特别是 Bézier 技术与所谓 B- 样条技术. 回顾历史, 人们早就注意这样的问题:“是否存在多项式 $P(x)$, 使得在区间 $[0,1]$ 上它能任意逼近连续函数 $f(x)$”. 1885 年, 德国著名数学家 Weierstrass 指出了如下定理: 设 $f(x)$ 是区间 $[0,1]$ 上的连续函数, 则对任何 $\varepsilon>0$, 存在多项式 $P(x)$ 使 $|f(x)-P(x)|<\varepsilon$ 对 $0 \leqslant x \leqslant 1$ 一致成立 (这里, “一致性” 概念可参见任何一本微积分的教科书). 这一重要事实有许多证明方法. 其中, 值得注意的是 Bernstein 给出的证明, 他根据给定的连续函数 $f(x)$, 立即具体写出来一个多项式 (见式 (1.7.1)), 它就满足 Weierstrass 定理指出的结论 (证明过程从略, 有兴趣者可参阅文献 [11]).

设 $y=f(x)$ 在区间 $[0,1]$ 上连续, 那么, 下面的 n 次多项式叫做 $f(x)$ 的 Bernstein 多项式

$$\begin{aligned} B_n(f;x) = & f\left(\frac{0}{n}\right) b_0(x) + f\left(\frac{1}{n}\right) b_1(x) + \cdots \\ & + f\left(\frac{n-1}{n}\right) b_{n-1}(x) + f\left(\frac{n}{n}\right) b_n(x) \end{aligned} \tag{1.7.1}$$

这里

$$b_i(x) = \begin{pmatrix} n \\ i \end{pmatrix} (1-x)^i x^{n-i}, \quad \begin{pmatrix} n \\ i \end{pmatrix} = \frac{n!}{i!(n-i)!} \tag{1.7.2}$$

称为第 i 个 n 次 Bernstein 基函数, $i=0,1,2,\cdots,n$. 图 1.7.1 给出了 $n=4$ 的 5 个 Bernstein 基函数图形. 式 (1.7.1) 中的系数

$$y_i = f\left(\frac{i}{n}\right), \quad i=0,1,2,\cdots,n$$

来自给定函数 $f(x)$ 在区间 $[0,1]$ 的 n 等分点处的函数值.

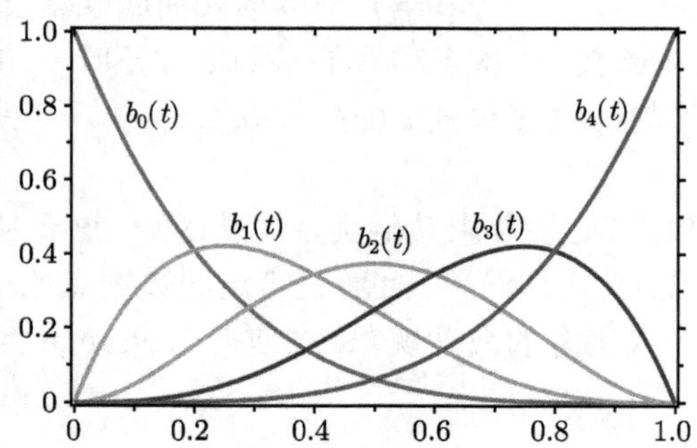

图 1.7.1 5 个 4 次 Bernstein 基函数

Bernstein 多项式的一个极为重要的性质是, 当 $n \to \infty$ 时, 有

$$B_n(f;x) \to f(x), \quad x \in [0,1]$$

注意, $B_n(f;x)$ 收敛到 $f(x)$ 很慢, 因此 Bernstein 多项式在函数逼近的具体应用中, 一度被人忽视. 然而, 当计算机辅助几何设计兴起之后, 以 Bernstein 多项式理论为基础的 Bézier 方法, 立即以其直观、简捷、灵便的特点, 赢得工程师的欢迎, 并迅速成为曲线曲面设计与绘图的不可缺少的工具.

采用 Bernstein 多项式 $\{b_i(t)\}, i = 0,1,2,\cdots,n$, 用参数形式表达的曲线

$$B_n(t) = \sum_{i=0}^{n} P_i b_i(t), \quad 0 \leqslant t \leqslant 1$$

称为 n 次 Bézier 曲线, 其中 $P_0, P_1, \cdots, P_n$ 为给定的平面或空间型值点. 由 (1.7.2) 式容易写出

$n=1$:

$$B_1(t) = (1-t)P_0 + tP_1, \quad 0 \leqslant t \leqslant 1$$

$n=2$:

$$B_2(t) = (1-t)^2 P_0 + 2(1-t)tP_1 + tP_2, \quad 0 \leqslant t \leqslant 1$$

$n=3$:

$$B_3(t) = (1-t)^3 P_0 + 3(1-t)^2 tP_1 + 3(1-t)t^2 P_2 + tP_3, \quad 0 \leqslant t \leqslant 1$$

等等.

通过简单的计算可知

$$B_n(0) = P_0, \quad B_n(1) = P_n$$

$$B_n'(0) = n(P_1 - P_0), \quad B_n'(1) = n(P_n - P_{n-1})$$

这就是说, 与折线 $P_0P_1P_2\cdots P_{n-1}P_n$ 相应的 n 次 Bézier 曲线, 通过折线的两个端点, 并在端点处与折线的首末两条线段相切. 折线 $P_0P_1P_2\cdots P_{n-1}P_n$ 与相应的 n 次 Bézier 曲线在形状上大体相近, 当改变折线 (即调整某型值点的位置) 的时候, 相应的 Bézier 曲线也跟着折线的形状作改变, 于是, 把折线称作控制多边形.

图 1.7.2 显示了不同型值点分布情况下的平面 Bézier 曲线, 可以看出 Bézier 曲线与其控制多边形的形状相近.

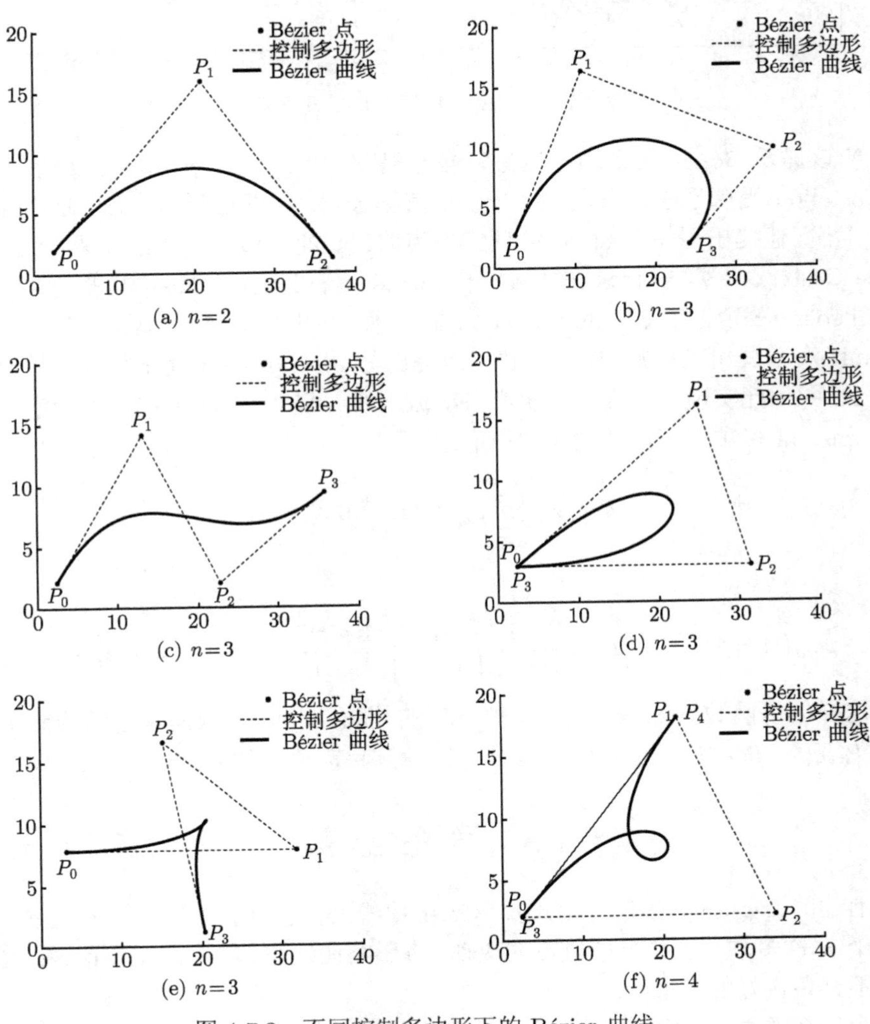

图 1.7.2 不同控制多边形下的 Bézier 曲线

利用 Bézier 曲线可以方便地绘制各种各样的造型. 图 1.7.3 显示图案绘制的样例.

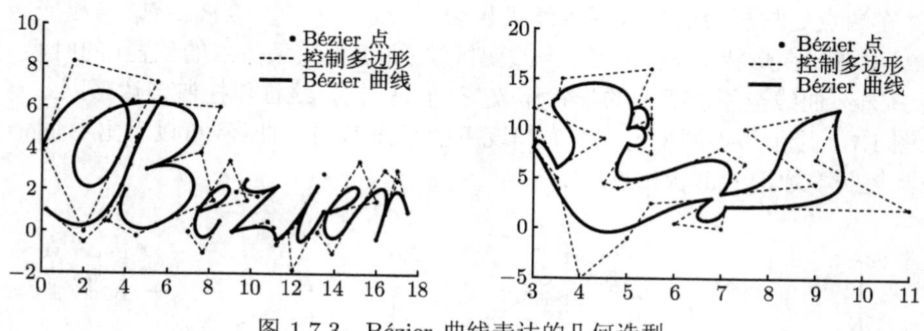

图 1.7.3　Bézier 曲线表达的几何造型

应该提及 Bézier 技术的产生与发展过程[12]–[14]. 1959 年, 年轻的数学家 Paul de Casteljou 受聘于法国著名的 Citroën 汽车公司, 从事与曲线、曲面造型相关的设计工作. 他提出用 Bernstein 多项式作为曲线、曲面造型的表达工具, 后人称之为 de Casteljou 算法, 记录在 1963 年 Citroën 公司的技术报告中[15]. 1971 年之前, Citroën 公司没有公开 de Casteljou 的技术. 几乎与此同时, 1962 年, 作为法国 Renault 汽车公司工程师, Bézier 独立地提出与 de Casteljou 几乎相同的控制多边形做法, 并由此实现了一套汽车生产自动流水线. 虽然 Bézier 开始时并没有直接使用 Bernstein 多项式基函数的表达, 而是采用

$$P(t)=\sum_{i=0}^{n}\varphi_{i,n}(t)a_i,\quad 0\leqslant t\leqslant 1$$

其中

$$\varphi_{0,n}(t)=1,\quad \varphi_{i,n}(t)=\frac{(-1)^i}{(i-1)!}\frac{\mathrm{d}}{\mathrm{d}t^{i-1}}\left[\frac{(1-t)^n-1}{t}\right],\quad i=1,2,\cdots,n$$

这样的基函数好像是 “从天上掉下来的”[13]. 实际上, 做向量之间的简单变换 $a_0=P_0, a_i=P_i-P_{i-1}, i=1,2,\cdots,n$, 即得到目前流行的 de Casteljou 算法.

1.8　样 条 函 数

前述的 Lagrange 插值多项式及 Bézier 曲线, 都是对给定的 $n+1$ 个型值点, 构造一个 n 次多项式. 某个型值点的改动, 将影响曲线整体形状. 换句话说, 这两种方法不具备良好的局部性.

为什么强调局部性呢? 人们在做几何设计时, 对大量型值点得到拟合曲线之后, 经常发现个别地方不令人满意, 而其他大部分地方是理想的. 用整体性很强的 (如高次多项式) 曲线作拟合, 一旦修改某一个型值点, 会影响已经满意的部分, 这自然不是我们希望的.

联想"方砖砌圆井"、"条石筑拱桥"的工程实践, 整体上的"曲", 是用分段的"直"实现的. 折线这种分段为直线段的曲线, 就是最简单的"样条"曲线. 但是现在得名的样条曲线并不仅指折线而言, 而是早年放样工人或绘图员借助样条 (一种软木或塑料的长条) 和压铁给出的那种曲线. 这种曲线, 从材料力学上看, 是小绕度弹性梁的形状, 数学上表达为分段三次多项式. 推而广之, 今天把分段多项式, 甚至分段解析函数统称为样条函数 (见图 1.8.1).

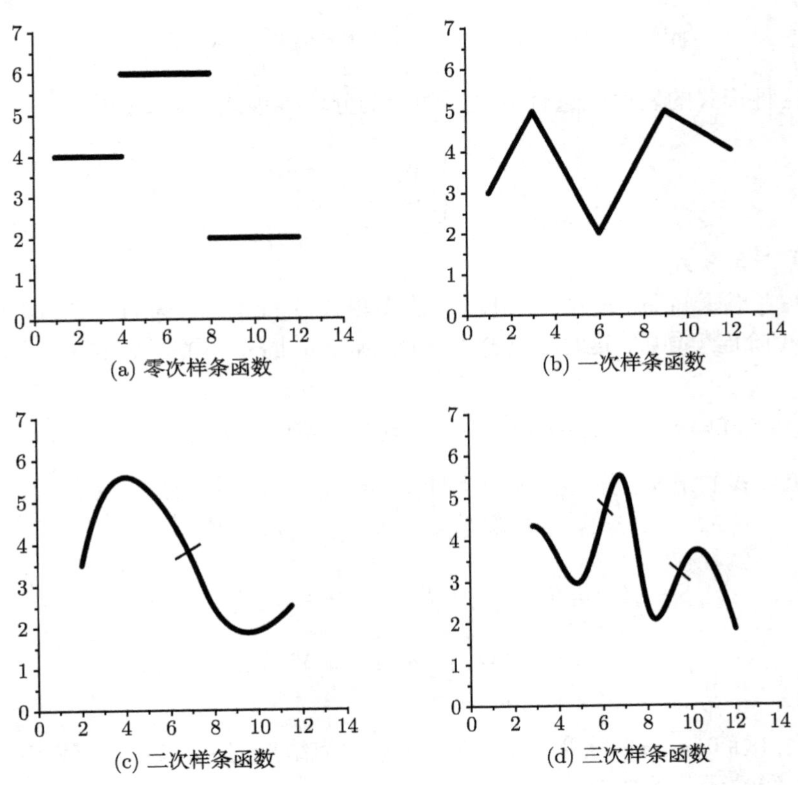

图 1.8.1 样条函数示例

样条函数理论基础的建立, 首见于 1946 年 Schoenberg 的著名论文[16]. 1947 年, Curry 在他关于样条函数的评论文章中阐述了非等距结点样条基本函数[17]; 1972 年, de Boor 和 Cox 分别独立地给出了 B- 样条函数的实用算法[18],[19]; 1974 年, Gordon 与 Riesenfeld 注意到参数 B- 样条曲线在几何设计中的作用, 并将它与 Bézier 曲线联系起来, 成为样条函数在计算机辅助几何设计实践中大显身手的开端[20],[21].

这里给出概述, 详见文献 [16], [22]–[26] 等.

通常人们所说的样条函数, 指的是分段 k 次多项式, 分段点处有 $k-1$ 阶连续导数. 详言之, 对于给定区间 $[a,b]$ 的划分 $a=x_0<x_1<x_2<\cdots<x_{N-1}<x_N=b$, 如果函数 $S(x)$ 满足:

(1) 在每个子区间 (x_i,x_{i+1}) 上, $i=0,1,2,\cdots,N-1$, $S(x)$ 是 k 次多项式.

(2) 在整个区间 $[a,b]$ 上, $S(x)$ 及其直到 $k-1$ 阶导数连续.

则称 $S(x)$ 为区间 $[a,b]$ 上以 $\{x_i\},i=1,2,3,\cdots,N-1$ 为结点的 k 次样条函数.

首先介绍样条函数的数学表达. 在区间 $[a,b]$ 上, k 次多项式写为

$$S_0(x)=a_0+a_1x+a_2x^2+\cdots+a_kx^k,\quad x\in[x_0,x_1]$$

为了使这种形式的表达能适合更大区间上的分段多项式, 引入记号

$$u_+^k=\begin{cases}u^k, & u>0\\ 0, & u\leqslant 0\end{cases}\tag{1.8.1}$$

称之为截断单项式.

现在考虑区间 $[x_0,x_2]$ 上的分段 k 次多项式 $S_1(x)$, 结点只有一个, 即在 $x=x_1$ 处有 $k-1$ 阶连续导数. 这时, $S_1(x)$ 在区间 $[x_0,x_2]$ 上的自由度为 $2(k+1)-k=k+2$. 记

$$S_1(x)=a_0+a_1x+a_2x^2+\cdots+a_kx^k+b_1(x-x_1)_+^k,\quad x\in[x_0,x_2]$$

由截断单项式的定义, 当 $x\in[x_0,x_1]$ 时, $S_1\equiv S_0$. 进而不难看出在区间 $[x_0,x_N]$ 上, 以 $x_1,x_2,\cdots,x_{N-1}$ 为结点的 k 次样条函数 $S_{N-1}(x)$ 可表为

$$\begin{aligned}S_{N-1}(x)&=S_{N-2}(x)+b_{N-1}(x-x_{N-1})_+^k\\&=S_0(x)+\sum_{j=1}^{N-1}b_j(x-x_j)_+^k,\quad x\in[x_0,x_N]\end{aligned}\tag{1.8.2}$$

这样看来, 区间 $[x_0,x_N]$ 上以 $x_1,x_2,\cdots,x_{N-1}$ 为结点的 k 次样条函数 $S_{N-1}(x)$ 可以表达为线性无关函数组

$$1,x,x^2,\cdots,x^k,(x-x_1)_+^k,(x-x_2)_+^k,\cdots,(x-x_{N-1})_+^k\tag{1.8.3}$$

的线性组合. 如果结点相同, 那么不同的样条函数仅是组合系数不同. 假若在区间 $[x_0,x_N]$ 上的 $\alpha_1<\alpha_2<\cdots<\alpha_{k+N}$ 处给定数据 $\beta_1,\beta_2,\cdots,\beta_{k+N}$, 那么为了得到满足条件

$$S_{N-1}=\beta_j,\quad j=1,2,\cdots,k+N$$

的样条函数 $S_{N-1}(x)$, 只需求解如下方程组:

$$\begin{bmatrix} 1 & \alpha_1 & \cdots & \alpha_1^k & (\alpha_1-x_1)_+^k & \cdots & (\alpha_1-x_{N-1})_+^k \\ 1 & \alpha_2 & \cdots & \alpha_2^k & (\alpha_2-x_1)_+^k & \cdots & (\alpha_2-x_{N-1})_+^k \\ 1 & \alpha_3 & \cdots & \alpha_3^k & (\alpha_3-x_1)_+^k & \cdots & (\alpha_3-x_{N-1})_+^k \\ \vdots & \vdots & & \vdots & \vdots & & \vdots \\ 1 & \alpha_{k+N} & \cdots & \alpha_{k+N}^k & (\alpha_{k+N}-x_1)_+^k & \cdots & (\alpha_{k+N}-x_{N-1})_+^k \end{bmatrix} \begin{bmatrix} a_0 \\ a_1 \\ \vdots \\ b_1 \\ \vdots \\ b_{N-1} \end{bmatrix} = \begin{bmatrix} \beta_1 \\ \beta_2 \\ \beta_3 \\ \vdots \\ \beta_{N-1} \end{bmatrix}$$

观察系数矩阵, 可见它的性质与样条函数结点及插值节点有关, 一般说来系数矩阵并不保证具有良好的条件数及稀疏性. 因此, 用 (1.8.3) 式给出的基函数表达 k 次样条函数, 在实用中目前已经少见. 但在理论研究上, 它有其特别的方便之处 (见第 3 章).

1.8.1 B-样条基函数

由于 (1.8.3) 式给出的基函数不便应用, 我们要寻找具有局部性的样条基函数, 称之为 B-样条基函数. 令结点序列

$$\cdots < t_{-2} < t_{-1} < t_0 < t_1 < t_2 < \cdots \tag{1.8.4}$$

记 0 次 B-样条基函数为

$$B_i^0(x) = \begin{cases} 1, & x \in [t_i, t_{i+1}) \\ 0, & \text{其他} \end{cases}$$

显然, $\{B_i^0(x)\}$ 构成其结点如 (1.8.4) 式所示的所有 0 次样条函数 (分段常数) 的基. 由此出发, 高次 B-样条基函数递推定义为

$$B_i^k(x) = \left(\frac{x-t_i}{t_{i+k}-t_i}\right) B_i^{k-1}(x) + \left(\frac{t_{i+k+1}-x}{t_{i+k+1}-t_{i+1}}\right) B_{i+1}^{k-1}(x), \quad k \geqslant 1$$

引入符号

$$\xi_i^k(x) = \frac{x-t_i}{t_{i+k}-t_i}$$

则上述递推关系改写为

$$B_i^k(x) = \xi_i^k(x) B_i^{k-1}(x) + (1-\xi_{i+1}^k(x)) B_{i+1}^{k-1}(x), \quad k \geqslant 1$$

易知 $B_i^k(x)$ 为分段 k 次多项式. 容易证明 $B_i^k(x)$ 有如下性质 (证明从略):

(1) 当 $k \geqslant 1, x \notin (t_i, t_{i+k+1})$, 有 $B_i^k(x) = 0$; 当 $k \geqslant 0, x \in (t_i, t_{i+k+1})$, 有 $B_i^k(x) > 0$.

(2) $\sum_{i=-\infty}^{\infty} c_i B_i^k(x) = \sum_{i=-\infty}^{\infty} [c_i \xi_i^k + c_{i-1}(1-\xi_i^k)] B_i^{k-1}(x)$. 这一等式有助于样条函数的递推计算.

(3) 对所有的 k 及任意 x , 有

$$\sum_{i=-\infty}^{\infty} B_i^k(x) = 1$$

如果 $x \in [t_k, t_{k+n}]$, 则 $\sum_{0}^{n} B_i^k(x) = 1$.

(4) 计算导数:

$$\frac{\mathrm{d}B_i^k(x)}{\mathrm{d}x} = \left(\frac{k}{t_{i+k} - t_i}\right) B_i^{k-1}(x) - \left(\frac{k}{t_{i+k+1} - t_{i+1}}\right) B_{i+1}^{k-1}(x), \quad k \geqslant 2$$

(5) 计算积分:

$$\int_{-\infty}^{x} B_i^k(s)\mathrm{d}s = \frac{t_{i+k+1} - t_i}{k+1} \sum_{j=i}^{\infty} B_j^{k+1}(x), \quad \int_{-\infty}^{\infty} B_i^k(s)\mathrm{d}s = \frac{t_{i+k+1} - t_i}{k+1}$$

(6) Marsden 等式: 记 $\eta_i^k(s) = (t_{i+1} - s)(t_{i+2} - s)\cdots(t_{i+k} - s)$, 则有

$$(x-s)^k = \sum_{i=-\infty}^{\infty} \eta_i^k(s) B_i^k(x)$$

其中左端表示 k 次方幂.

对上面讨论的 B-样条基函数, 在 (1.8.4) 式中取 $t_i = i$, 这就是等距结点的情形, 它被广泛地应用在 CAD/CAM 中. 这里将针对等距结点的情形给出专门的讨论, 并把等距结点的 B-样条基函数用 "Ω" 表示.

首先看 $k = 0$. 零次样条也就是分段为常数的函数, 容易看出, 令

$$\Omega_0(x) = \begin{cases} 1, & -\dfrac{1}{2} \leqslant x \leqslant \dfrac{1}{2} \\ 0, & \text{其他} \end{cases} \tag{1.8.5}$$

于是, 以 $\pm\frac{1}{2}, \pm\frac{3}{2}, \pm\frac{5}{2}, \cdots$ 为结点的分段为常数的函数, 可表为 $S_0(x) = \sum c_j \Omega_0(x-j)$, 其中 c_j 为各分段的函数值. 换句话说, $\{\Omega_0(x-j)\}$ 可作为分段为常数的函数 (即零次样条函数) 集合的基函数.

为了得到任意 k 次样条函数的基函数 $\{\Omega_k(x-j)\}$, 只需构造 $\Omega_k(x)$. 从 $\Omega_0(x)$ 出发, 定义其 k 次磨光函数为

$$\Omega_k(x) = \int_{x-\frac{1}{2}}^{x+\frac{1}{2}} \Omega_{k-1}(s)\mathrm{d}s, \quad k = 1, 2, 3, \cdots \tag{1.8.6}$$

容易证明如下重要的结果:

$$\Omega_k(x) = \bar{\Delta}^{k+1}\left(\frac{x_+^k}{k!}\right), \quad k = 0, 1, 2, \cdots \tag{1.8.7}$$

其中 $\bar{\Delta}$ 表示一阶中心差分: $\bar{\Delta}f(x) = f\left(x+\frac{1}{2}\right) - f\left(x-\frac{1}{2}\right)$; $\bar{\Delta}^{k+1}$ 为 $k+1$ 阶中心差分记号.

事实上, 注意 $\Omega_0(x)$ 是单位方波函数, 用截断单项式的写法, 它可以表示为 $\Omega_0(x) = \bar{\Delta}x_+^0$. 容易检验 $\Omega_1(x) = \bar{\Delta}x_+$. 由数学归纳法

$$\Omega_k(x) = \int_{x-\frac{1}{2}}^{x+\frac{1}{2}} \Omega_{k-1}(s)\mathrm{d}s = \int_{x-\frac{1}{2}}^{x+\frac{1}{2}} \frac{\bar{\Delta}^k s_+^{k-1}}{(k-1)!}\mathrm{d}s = \bar{\Delta}^{k+1}\left(\frac{x^k}{k!}\right)$$

可知 (1.8.7) 式成立.

为了将高阶差分的表示转化成直接用函数值计算, 利用移位算子

$$E: E^{\lambda}f(x) = f(x+\lambda)$$

并注意

$$\bar{\Delta} = E^{1/2} - E^{-1/2} = (I - E^{-1})E^{1/2}$$

$$\bar{\Delta}^m = (I - E^1)^m E^{m/2} = \sum_{j=0}^{m}(-1)^j E^{m/2-j}$$

得到 $\Omega_k(x)$ 的简洁统一的公式:

$$\begin{aligned}\Omega_k(x) &= \bar{\Delta}^{k+1}\left(\frac{x_+^k}{k!}\right) \\ &= \frac{1}{k!}\sum_{j=0}^{k+1}(-1)^j \binom{k+1}{j}\left(x + \frac{k+1}{2} - j\right)_+^k\end{aligned} \tag{1.8.8}$$

当 $k = 1, 2, 3$ (图 1.8.2), 即为

$$\Omega_1(x) = \int_{x-\frac{1}{2}}^{x+\frac{1}{2}} \Omega_0(t)\mathrm{d}t = \begin{cases} 0, & |x| \geqslant 1 \\ 1+x, & -1 < x \leqslant 0 \\ 1-x, & 0 < x < 1 \end{cases}$$

$$\Omega_2(x)=\int_{x-\frac{1}{2}}^{x+\frac{1}{2}}\Omega_1(t)\mathrm{d}t=\begin{cases}0, & |x|\geqslant\dfrac{3}{2}\\ -x^2+\dfrac{3}{4}, & |x|\leqslant\dfrac{1}{2}\\ \dfrac{x^2}{2}-\dfrac{3|x|}{2}+\dfrac{9}{8}, & \dfrac{1}{2}<|x|<\dfrac{3}{2}\end{cases}$$

$$\Omega_3(x)=\int_{x-\frac{1}{2}}^{x+\frac{1}{2}}\Omega_2(t)\mathrm{d}t=\begin{cases}0, & |x|\geqslant 2\\ \dfrac{|x|^3}{2}-x^2+\dfrac{2}{3}, & |x|\leqslant 1\\ -\dfrac{|x|^3}{6}+x^2-2|x|+\dfrac{4}{3}, & 1<|x|<2\end{cases}\tag{1.8.9}$$

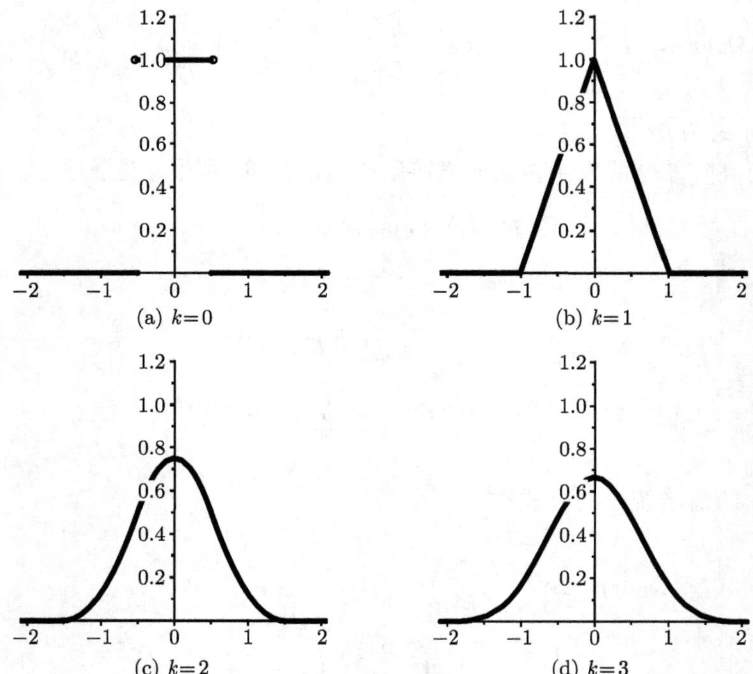

图 1.8.2　B-样条基函数

注意等距结点的 B-样条基函数为偶函数, 即有

$$\Omega_k(x)=\Omega_k(-x)=\Omega(-|x|)$$

$$\Omega_k(-|x|)=\frac{1}{k!}\sum_{j=0}^{k+1}(-1)^j\binom{k+1}{j}\left(-|x|+\frac{k+1}{2}-j\right)_+^k\tag{1.8.10}$$

由截断单项式的性质, (1.8.10) 式比 (1.8.8) 式简化许多. 这时, (1.8.9) 式成为

$$\begin{aligned}
\Omega_0(x) =& \left(\frac{1}{2} - |x|\right)_+^0 \\
\Omega_1(x) =& (1 - |x|)_+ \\
\Omega_2(x) =& \frac{1}{2}\left[\left(\frac{3}{2} - |x|\right)_+^2 - 3\left(\frac{1}{2} - |x|\right)_+^2\right] \\
\Omega_3(x) =& \frac{1}{6}[(2 - |x|)_+^3 - 4(1 - |x|)_+^3]
\end{aligned}$$

上面给出的性质 (1)~(6), 显然, 对等距结点的情形这些结论仍然成立, 并有更简单的表示, 例如

$$\int_{-\infty}^{\infty} \Omega_k(x)\mathrm{d}x = 1$$

$$\Omega_k'(x) = \Omega_{k-1}\left(x + \frac{1}{2}\right) - \Omega_{k-1}\left(x - \frac{1}{2}\right)$$

等等.

从 $\Omega_k(x)$ 经过平移得到的 $\{\Omega_k(x-j)\}$ 构成 k 次样条函数的基函数. 有了基函数, 一般的 k 次样条函数 $S_k(x)$ 就可以通过基函数来表达:

$$S_k(x) = \sum \alpha_j \Omega_k(x - j)$$

如果型值点 P_i(平面或空间向量) 给定, 依序连接的折线作为控制多边形, 那么相应的所谓"B-样条曲线", 其参数形式的表达式为

$$S_k(t) = \sum P_j \Omega_k(t - j), \quad \alpha \leqslant t \leqslant \beta$$

B-样条曲线, 是对控制多边形这种折线函数的"磨光", 虽然一般说来并不通过控制点, 但它保持控制多边形的形状特征. 与 Bézier 曲线相比, 后者是整体的多项式, 在几何造型方面, B-样条曲线有更多的优势.

如果寻找控制多边形的顶点 $\{Q_j\}$, 使之满足条件

$$S_k(i) = \sum_j Q_j \Omega_k(t - j) = P_i, \quad i = 0, 1, 2, \cdots, n$$

这就是 B-样条插值问题. 为得到插值问题的解, 需求解线性方程组. 由于 $\Omega_k(x)$ 有界支集是 $\left(-\frac{k+1}{2}, \frac{k+1}{2}\right)$, 所以线性方程组的系数矩阵为对角带状稀疏矩阵, 易于求解. 需注意, B-样条插值的结果, 不具有局部性, 也不一定保持原来的控制多边形

的形状特点. 事实上, B-样条插值是寻求一个新的控制多边形 $Q_0, Q_1, Q_2, \cdots, Q_n$, 这种反求控制点得到的插值曲线, 对新的控制多边形 $Q_0, Q_1, Q_2, \cdots, Q_n$ 保形, 而不是对原来的控制多边形. 假若兼顾 B-样条磨光与 B-样条插值两者各自的优势, 那么可以从 B-样条磨光出发, 采用 "盈亏修正" 方法实现数据的既保凸又有更好逼近效果的数据拟合[1],[26].

1.8.2 多结点样条基本函数

回顾 n 次 Lagrange 多项式, 插值节点为 $x_0 < x_1 < x_2 < \cdots < x_n$, 构造了 $n+1$ 个特殊的 n 次多项式 $l_i(x)$, 具有性质 $l_i(x_i) = \delta_{ij}$, $i = 0, 1, 2, \cdots, n$ ((1.6.4) 式、(1.6.5) 式) 的 n 次插值多项式立即写出 (见 (1.6.6) 式)

$$L_n(x) = \sum_{k=0}^{n} y_k l_k(x)$$

可见具有性质 $l_i(x_i) = \delta_{ij}$ 的 Lagrange 型基函数在插值逼近中带来很大的方便. 对于样条函数, 可以通过 B-样条基本函数的平移叠加实现 Lagrange 型基函数的构造. 考虑 $\Omega_k(x)$ 的结点集合:

$$\left\{-\frac{k+1}{2}, -\frac{k+1}{2}+1, \cdots, \frac{k+1}{2}-1, \frac{k+1}{2}\right\}$$

如果允许出现更多的结点, 例如, 结点集合为

$$\left\{\cdots, -\frac{k+1}{2}, -\frac{k}{2}, -\frac{k+1}{2}+1, -\frac{k}{2}+1, \cdots, \frac{k}{2}, \frac{k+1}{2}-1, \frac{k}{2}, \frac{k+1}{2}, \cdots\right\}$$

那么, 以 $k=2$ 的情形为例, 通过 $\Omega_2(x)$ 的平移叠加, 构造具有有界支集的 Lagrange 型基函数 $\phi_2(x)$, 为此, 令 $\mu f(x) = \dfrac{1}{2}\left[f\left(x+\dfrac{1}{2}\right) + f\left(x-\dfrac{1}{2}\right)\right]$,

$$\begin{aligned}\phi_2(x) =& \alpha\Omega_2(x) + \beta\mu\Omega_2(x)\\ =& \alpha\Omega_2(x) + \beta\frac{1}{2}\left[\Omega_2\left(x+\frac{1}{2}\right) + \Omega_2\left(x-\frac{1}{2}\right)\right]\end{aligned}$$

这里设定它是对称函数, 确定 α, β 使之满足条件:

$$\phi_1(0) = 1; \quad \phi_2(i) = 0, \quad i \neq 0$$

由于对任意 $|x| \geqslant \dfrac{3}{2}$, 有 $\phi_2(x) = 0$, 所以只考虑 $i = 1$. 这样一来, $\alpha = 2$, $\beta = -1$, 得到

$$\begin{aligned}\phi_2(x) =& 2\Omega_2(x) - \frac{1}{2}\left[\Omega_2\left(x+\frac{1}{2}\right) + \Omega_2\left(x-\frac{1}{2}\right)\right]\\ =& (2I - \mu)\Omega_2(x)\end{aligned}$$

其中 I 为单位算子, μ 为平均算子.

类似地, 令

$$\phi_3(x)=[\alpha I+\beta\mu+\gamma\mu^2]\Omega_3(x)$$

确定 α,β,γ 使之满足条件：$\phi_3(0)=1;\phi_3(i)=0,i\neq 0$. 由于对任意 $|x|\geqslant 2$, 有 $\phi_3(x)=0$, 所以只考虑 $i=1,2$. 解出 α,β,γ , 得

$$\phi_3(x)=\left[3I+\frac{8}{3}\mu+\frac{2}{3}\mu^2\right]\Omega_3(x)$$

多结点样条基本函数 $\phi_0(x),\phi_1(x),\phi_2(x),\phi_3(x)$ 如图 1.8.3 所示. 有关多结点样条更多的讨论见文献 [27]−[29].

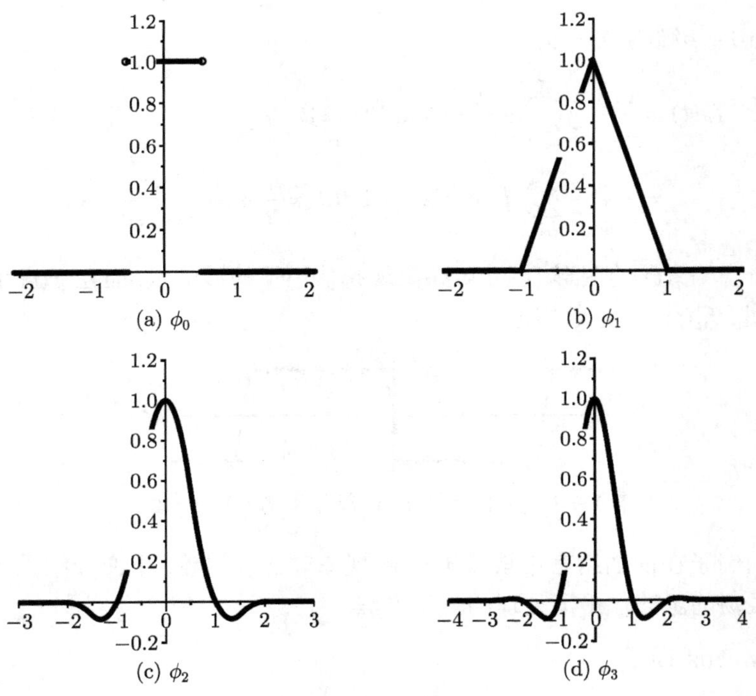

图 1.8.3 k 次多结点样条基本函数, $k=0,1,2,3$

1.9 函数的磨光与平滑

回顾 (1.8.6) 式, 表明从单位方波函数开始, 经过 $\bar{\Delta}D^{-1}$ (这里 D^{-1} 为积分运算), 使能得到一系列光滑性逐次提高且与方波在形状上相似的山形函数, $\bar{\Delta}D^{-1}$ 可

以叫做“磨光算子”，它在数据处理中有重要应用. 举例说, 以 2π 为周期的函数 $f(t)$ 在 $(-\pi,\pi)$ 上定义为 (如图 1.9.1 所示)

$$f(t)=\begin{cases}1, & 0<t<\pi\\ -1, & -\pi<t<0\end{cases}$$

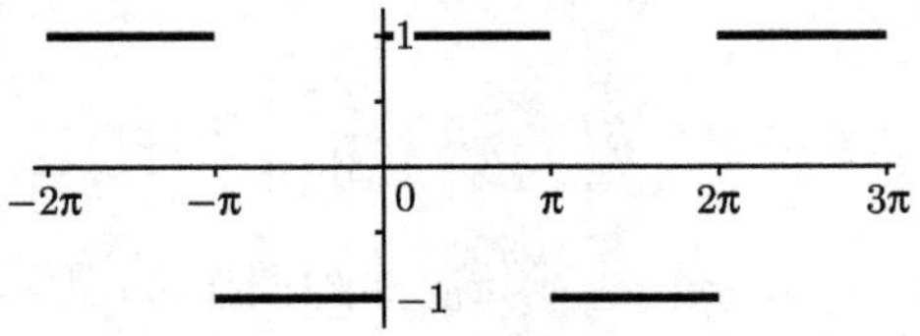

图 1.9.1　函数 $f(t)$

$f(t)$ 的 Fourier 级数部分和为

$$\begin{aligned}f_n(t)=&\frac{1}{2}+\frac{2}{\pi}\sum_{k=1}^{\pi}\frac{1}{2k-1}\sin(2k-1)t\\ =&\frac{1}{2}+\frac{2}{\pi}\sum_{k=1}^{n}\int_0^t\cos(2k-1)t\mathrm{d}t=\frac{1}{2}+\frac{1}{\pi}\int_0^t\frac{\sin 2nt}{\sin t}\mathrm{d}t\end{aligned}$$

可以看出, $f_n(t)$ 的图形 (图 1.9.2) 出现起伏不平的波浪状, 而在 $f(t)$ 的间断点 $t=-\pi,\pi$ 处, $f_n(t)$ 有较大的波动.

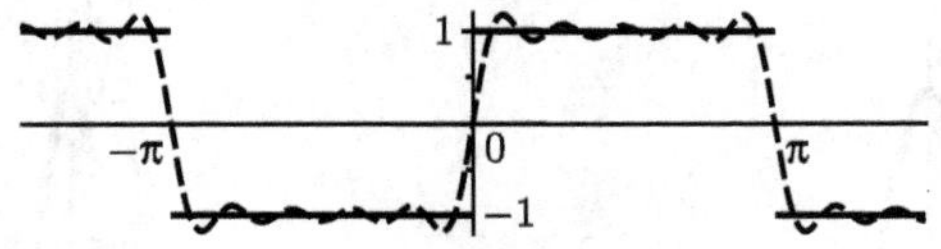

图 1.9.2　$f(t)$ 的 Fourier 部分和 $f_n(t)$, $n=9$

这样的例子在前面绪言中谈及 Gibbs 现象时已有讨论. 下面介绍采用磨光算子对波动振荡的函数作平滑处理的一个方法.

1.9.1　Lanczos 因子

磨光算子

$$(\bar{\Delta}D^{-1})f(t)=\int_{t-\frac{1}{2}}^{t+\frac{1}{2}}f(x)\mathrm{d}x$$

的一般情形为

$$\frac{\bar{\Delta}_h}{h}f(x)=\frac{1}{h}\int_{t-\frac{h}{2}}^{t+\frac{h}{2}}f(x)\mathrm{d}x \tag{1.9.1}$$

其中 h 称为磨光宽度.

假设函数 $f(t), t \in [0, 2\pi]$ 的周期为 2π, 其 Fourier 展开使得部分和为

$$f_n(t) = \frac{a_0}{2} + \sum_{k=1}^{n-1}(a_k \cos kt + b_k \sin kt) + \frac{a_n}{2}\cos nt \tag{1.9.2}$$

取磨光宽度为 $h = \dfrac{2\pi}{n}$, 得 $f_n(x)$ 的一次磨光函数为

$$\tilde{f}_n(t) = \frac{n}{2\pi}\int_{t-\frac{\pi}{n}}^{t+\frac{\pi}{n}} f_n(x)\mathrm{d}x \tag{1.9.3}$$

将 $f_n(t)$ 代入, 并逐项积分, 有

$$\begin{aligned}\tilde{f}_n(t) =& \frac{a_0}{2} + \frac{n}{2\pi}\left[\sum_{k=1}^{n-1}\left(\frac{a_k}{k}\cos kt \sin\frac{k\pi}{n} + \frac{b_k}{k} 2\sin kt \sin\frac{k\pi}{n}\right) + \frac{a_n}{n}\cos nt \sin\pi\right] \\ =& \frac{a_0}{2} + \sum_{k=1}^{n-1}\left(\frac{\sin k\pi/n}{k\pi/n}\right)(a_k \cos kt + b_k \sin kt)\end{aligned}$$

令

$$\sigma_k(n) = \frac{\sin(k\pi/n)}{k\pi/n} \tag{1.9.4}$$

称之为 Lanczos 因子. 显然有

$$\sigma_0(n) = \lim_{k\to 0}\frac{\sin(k\pi/n)}{k\pi/n} = 1, \quad \sigma_n(n) = 0 \tag{1.9.5}$$

于是 $f_n(t)$ 的一次磨光函数为

$$\tilde{f}_n(t) = \frac{n}{2\pi}\int_{t-\frac{\pi}{n}}^{t+\frac{\pi}{n}} f_n(x)\mathrm{d}x = \frac{a_0}{2} + \sum_{k=1}^{n-1}\sigma_k(n)(a_k \cos kt + b_k \sin kt)$$

与 $f_n(t)$ 的展开式 (1.9.2) 相比, 注意 (1.9.4) 式及 (1.9.5) 式, 立即看出这一结果恰好相当于将 (1.9.2) 式中的系数 a_k, b_k 乘以 $\sigma_k(n)$, 得到的就是磨光函数.

例 1.9.1 设 $f(x)$ 是周期为 2π 的锯齿脉冲信号, 其在 $(-\pi, \pi)$ 上定义为 (如图 1.9.3 所示)

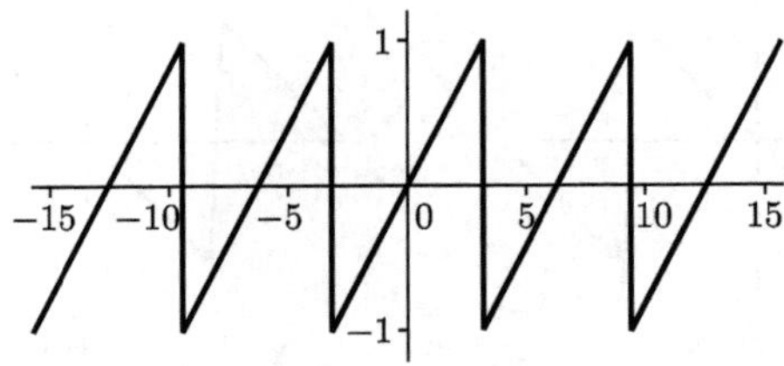

图 1.9.3 周期为 2π 的锯齿脉冲信号

$$f(t) = \frac{t}{\pi}, \quad t \in (-\pi, \pi)$$

它的 Fourier 级数部分和为

$$f_n(t) = \frac{2}{\pi} \sum_{k=1}^{n} (-1)^{k+1} \frac{1}{k} \sin kt$$

因此得到 $f_n(t)$ 的磨光函数

$$\widetilde{f}_n(t) = \frac{2}{\pi} \sum_{k=1}^{n-1} \sigma_k(n) (-1)^{k+1} \frac{1}{k} \sin kt$$

图 1.9.4~ 图 1.9.7 显示了 $n = 5, n = 10, n = 20, n = 50$ 这几种情形下 $f(t)$ 的 Fourier 级数部分和 $f_n(t)$ 以及对其进行一次磨光的结果.

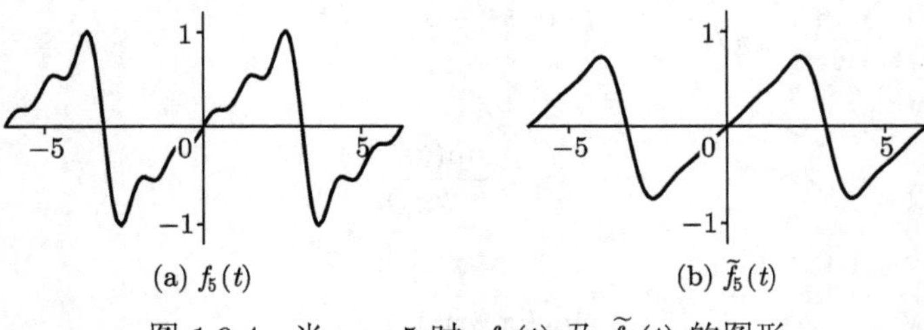

(a) $f_5(t)$　　(b) $\widetilde{f}_5(t)$

图 1.9.4　当 $n = 5$ 时, $f_5(t)$ 及 $\widetilde{f}_5(t)$ 的图形

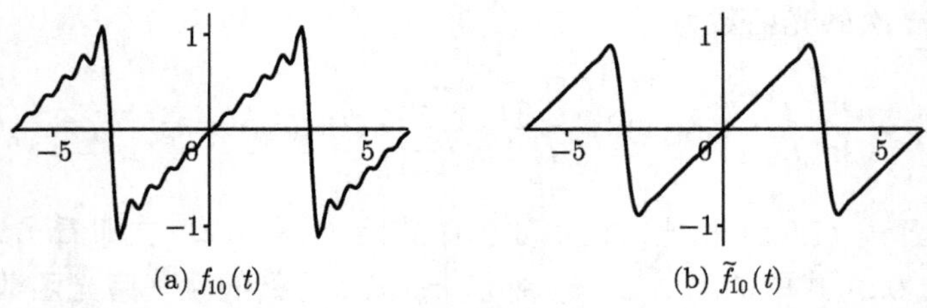

(a) $f_{10}(t)$　　(b) $\widetilde{f}_{10}(t)$

图 1.9.5　当 $n = 10$ 时, $f_{10}(t)$ 及 $\widetilde{f}_{10}(t)$ 的图形

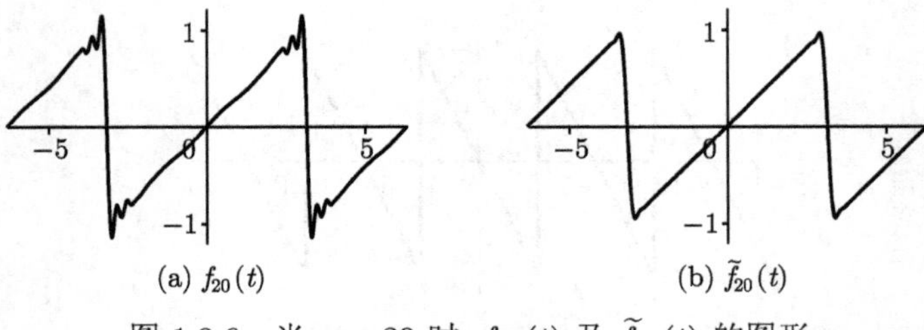

(a) $f_{20}(t)$　　(b) $\widetilde{f}_{20}(t)$

图 1.9.6　当 $n = 20$ 时, $f_{20}(t)$ 及 $\widetilde{f}_{20}(t)$ 的图形

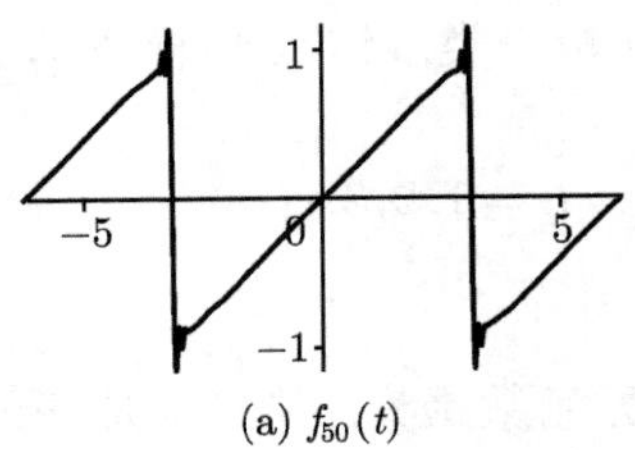

(a) $f_{50}(t)$

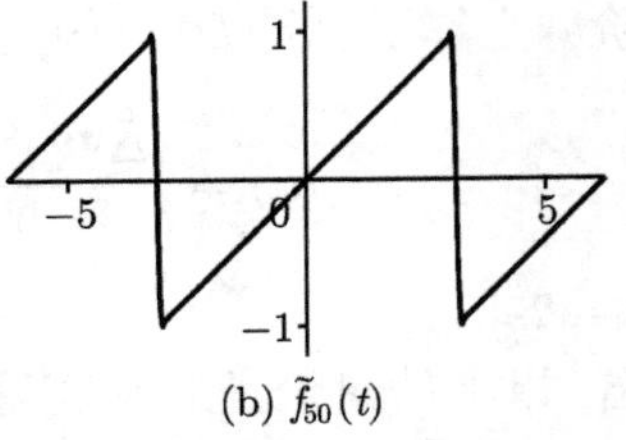

(b) $\widetilde{f}_{50}(t)$

图 1.9.7 当 $n=50$ 时, $f_{50}(t)$ 及 $\widetilde{f}_{50}(t)$ 的图形

1.9.2 磨光算子的推广

将 (1.9.1) 式中的 $\dfrac{\bar{\Delta}_h}{h}$ 换成高阶逼近的差分算子, 从而得到高阶磨光算子. 熟知, 中心差分算子 $\dfrac{\bar{\Delta}_h}{h}$ 的逼近阶为 $O(h^2)$. 为提高磨光精度, 例如考虑如下差分算子

$$\frac{\bar{\bar{\Delta}}_h}{h}f(t)=\frac{8\left[f\left(t+\dfrac{1}{2}h\right)-f\left(t-\dfrac{1}{2}h\right)\right]-[f(t+h)-f(t-h)]}{6h}$$

容易计算其逼近阶为 $O(h^4)$, 可见能够得到高阶磨光公式.

注意到算子之间的关系

$$E=\mathrm{e}^D,\quad \mu=\frac{1}{2}(E^{\frac{1}{2}}+E^{-\frac{1}{2}})=\frac{1}{2}(\mathrm{e}^{\frac{D}{2}}+\mathrm{e}^{-\frac{D}{2}})=\mathrm{ch}\frac{D}{2},\quad 2\mathrm{sh}\frac{D}{2}=\bar{\Delta}$$

利用展开式

$$x=\mathrm{sh}x\sum_{m=0}^{\infty}a_m(\mathrm{ch}x-1)^m$$

得

$$D=2\mathrm{sh}\frac{D}{2}\sum_{m=0}^{\infty}a_m\left(\mathrm{ch}\frac{D}{2}-I\right)^m=\sum_{m=0}^{\infty}a_m(\mu-I)^m\bar{\Delta}$$

其中

$$a_m=-\frac{m}{2m+1}a_{m-1}=(-1)^m\frac{m!}{(2m+1)!},\quad a_0=1$$

令

$$Q_n(x)=\sum_{m=0}^{n}a_m(x-1)^m,\quad \bar{\Delta}^{(n)}=Q_n(\mu)\bar{\Delta}$$

于是得到 n 阶磨光算子 $\bar{\Delta}^{(n)}D^{-1}$, 因而可以生成一类多结点 B-样条基函数

$$\Omega_{k,n}(x) = \frac{(\bar{\Delta}^{(n)})^{k+1}x_+^k}{k!}, \quad n = 1, 2, 3, \cdots$$

详见文献 [27]–[29].

这里指出, 以上的讨论是对单变量的一元函数磨光, 并且都是基于李岳生从 Dirac-δ 函数逼近的观点出发完成的. 从 δ 函数逼近的观点出发, 李岳生深入系统地阐述了多元函数的磨光算子理论, 其关键一步是针对一阶偏微分算子

$$L_{a,\lambda}(D) = aD - \lambda$$

构造与之相应的对称差分算子

$$\bar{\Delta}_{a,\lambda} = (\mathrm{e}^{\frac{-\lambda}{2}}E^{\frac{a}{2}} - \mathrm{e}^{\frac{\lambda}{2}}E^{\frac{-a}{2}})C$$

进而定义 n 元积分–差分型磨光算子 $\bar{\Delta}_{a,\lambda}(L_{a,\lambda}(D))^{-1}$, 其中 λ 为复数, C 为任一常数, E 为移位算子：$E^a f(x) = f(x + a)$, 并且

$$\begin{aligned} a =& (a_1, a_2, \cdots, a_n) \neq 0 \in \mathbb{R}^n, \quad D = \left(\frac{\partial}{\partial x_1}, \frac{\partial}{\partial x_2}, \cdots, \frac{\partial}{\partial x_n}\right) \\ aD =& a_1\frac{\partial}{\partial x_1} + a_2\frac{\partial}{\partial x_2} + \cdots + a_n\frac{\partial}{\partial x_n} \\ E =& (E_1, E_2, \cdots, E_n), \quad E^a = E_1^{a_1}E_2^{a_2}\cdots E_n^{a_n} \end{aligned}$$

进一步, 利用算子的因式分解思想, 将之推广到 m 阶偏微分算子, 详见文献 [30, 31].

1.10 面 积 坐 标

在计算机辅助几何曲面造型中广泛采用张量积型的曲面表达. 但三角曲面片更能适应具有任意拓扑的二维流形, 因此三角曲面片日益成为几何造型的重要工具. 表达三角曲面片, 采用面积坐标方便简洁. 为了第 6 章研究三角域上正交函数的需要, 这节介绍面积坐标的知识.

首先回顾一下熟知的实数轴. 在一条直线上取定一点作为原点, 规定一个方向为正向, 再规定一个长度单位, 于是任何实数都与这条直线上的点一一对应, 直线上的点所对应的数就是该点的坐标. 实际上, 还可以用另外的坐标来描述直线上的点.

在直线上取定线段 T_1T_2, 它的长度为 L. 如果规定直线上线段 P_1P_2(P_1, P_2 分别为始末两点) 的长度为正, 那么写成 P_2P_1 时, 该线段的长度便是负值.

如果 P 位于 T_1,T_2 之间, 记号 $\overline{PT_2},\overline{T_1P}$ 分别表示线段 PT_2,T_1P 长度, 且

$$\frac{\overline{PT_2}}{L}=r,\quad \frac{\overline{T_1P}}{L}=s$$

这里 $r>0,s>0$. 如果 P 位于 T_1T_2 之外, 那么按照长度的正负值规定, r 与 s 中有一个为负数. 不管 P 在哪里出现, 总有 $r+s=1$. 这样一来, 我们将点 P 与 (r,s) 这一对数对应起来, (r,s) 叫做点的 "长度" 坐标, 记为 $P=(r,s)$. 特别地, 有 $T_1=(1,0),T_2=(0,1)$.

平面上的 "面积" 坐标是上述 "长度" 坐标向平面情形的推广.

取平面上的一个三角形 $\triangle$, 其顶点为 $T_1T_2T_3$, $\triangle$ 的面积 $S_{T_1T_2T_3}=S$. 当 $\triangle$ 的顶点 $T_1\to T_2\to T_3$ 为反时针方向时, 规定 S 的值为正; 而顶点次序为顺时针方向时, 规定面积为负值. 对平面上的角度, 当 $T_1T_2T_3$ 为反时针次序, 规定 $\angle T_1T_2T_3$ 为正角, 否则为负角. 总之, 规定面积与角度都有正有负, 分别称之为有向面积与有向角.

任意给定平面上的一个点 P, 连接 PT_1,PT_2,PT_3 得到三个三角形 (如图 1.10.1(a), (b)), 其有向面积分别记为

$$S_{PT_2T_3}=S_1,\quad S_{T_1PT_3}=S_2,\quad S_{T_1T_2P}=S_3$$

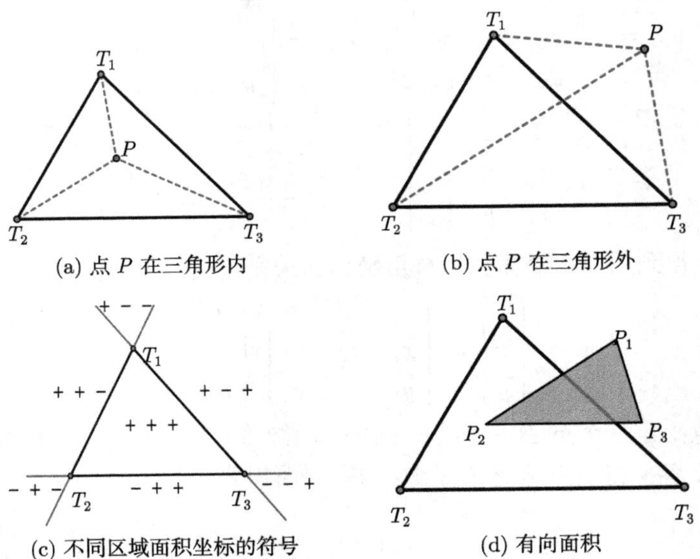

图 1.10.1　面积坐标

于是给出了三个数:

$$u=\frac{S_1}{S},\quad v=\frac{S_2}{S},\quad w=\frac{S_3}{S}\tag{1.10.1}$$

这时数组 (u,v,w) 叫做点 P 关于三角形 T 的面积坐标, $\triangle$ 叫做坐标三角形. 从上面的规定知, u,v,w 可能出现负值 (当 P 位于 $\triangle$ 之外), 但不论怎样, 总有

$$u+v+w=1$$

可见 u,v,w 并非完全独立, 任意指定两个值之后, 第三个值就确定了. 如果任意给定数组 (u,v,w), 且满足 $u+v+w=1$, 那么唯一确定了平面上的点 P, 于是将这种一一对应的关系记为 $P=(u,v,w)$, 容易看出如下事实:

(1) $T_1=(1,0,0),\quad T_2=(0,1,0),\quad T_3=(0,0,1)$.

(2) 记通过 T_2,T_3 的直线为 l_1 , 通过 T_1,T_3 及 T_1,T_2 的直线分别为 l_2 和 l_3, 那么

$$P\in l_1 \Leftrightarrow u=0,\quad P\in l_2 \Leftrightarrow v=0,\quad P\in l_3 \Leftrightarrow w=0$$

(3) 如果 P 位于坐标三角形 $\triangle$ 的内部, 则有 $u>0, v>0, w>0$. 平面上任给一个点, 它位于平面上图 1.10.1(c) 所示的七个区域中的某个区域, 不难看出, 在这七个区域中, 点 (u,v,w) 的面积坐标的符号呈现图中标出的规律.

如果点 P 的直角坐标为 (x,y) , T_1,T_2,T_3 的直角坐标分别为 (x_1,y_1), (x_2,y_2), (x_3,y_3), 则由

$$S=\frac{1}{2}\begin{vmatrix}1&1&1\\x_1&x_2&x_3\\y_1&y_2&y_3\end{vmatrix},\quad S_1=\frac{1}{2}\begin{vmatrix}1&1&1\\x&x_2&x_3\\y&y_2&y_3\end{vmatrix}$$

$$S_2=\frac{1}{2}\begin{vmatrix}1&1&1\\x_1&x&x_3\\y_1&y&y_3\end{vmatrix},\quad S_3=\frac{1}{2}\begin{vmatrix}1&1&1\\x_1&x_2&x\\y_1&y_2&y\end{vmatrix} \tag{1.10.2}$$

及式 (1.10.1) 得到用面积坐标表示直角坐标的关系式:

$$\begin{bmatrix}1\\x\\y\end{bmatrix}=\begin{bmatrix}1&1&1\\x_1&x_2&x_3\\y_1&y_2&x_3\end{bmatrix}\begin{bmatrix}u\\v\\w\end{bmatrix} \tag{1.10.3}$$

设平面上任意给定三个点 $P_i=(u_i,v_i,w_i), i=1,2,3$ (图 1.10.1(d)). 利用式 (1.10.1) 及式 (1.10.2), 容易得到三角形 $P_1P_2P_3$ 的有向面积公式:

$$S_{P_1P_2P_3}=S\begin{vmatrix}u_1&u_2&u_3\\v_1&v_2&v_3\\w_1&w_2&w_3\end{vmatrix}$$

特别以 $P=(u,v,w)$ 取代 P_3, 并令 P 位于通过 P_1,P_2 的直线上, 则得两点式的直线方程:

$$\begin{vmatrix} u & u_1 & u_2 \\ v & v_1 & v_2 \\ w & w_1 & w_2 \end{vmatrix} = 0$$

有了上面基本知识之后, 我们用面积坐标表达 Bézier 三角曲面片.

首先注意, 用数学归纳法容易证明, 对任意正整数 n, 有如下所谓"三项式"定理, 它可认为是熟知的二项式定理的推广:

$$(a+b+c)^n = \sum_{i+j+k=n} \frac{n!}{i!j!k!} a^i b^j c^k$$

设 (u, v, w) 是点 P 关于某坐标三角形 $\triangle$ 的面积坐标, 定义

$$b_{i,j,k}^n(P) = \frac{n!}{i!j!k!} u^i v^j w^k, \quad i+j+k=n$$

由于关于 u, v, w 的任何一个次数不超过 n 的多项式都可以唯一地表示成它们的线性组合, 所以称之为面积坐标下的 Bernstein 基函数. 由三项式展开式可知这样的基函数有下列性质:

$$b_{i,j,k}^n(P) \geqslant 0, \quad P \in \triangle, \quad i+j+k=n; \qquad \sum_{i+j+k=n} b_{i,j,k}^n(P) = 1$$

将坐标三角形 $\triangle$ 的每个边 n 等分之后, 得到自相似的剖分下的 n^2 个全等的子三角形, 这些子三角形的顶点有

$$\frac{(n+1)(n+2)}{2}$$

个, 子三角形顶点 (图 1.10.2(a) 中黑圆点所示) 的面积坐标为

$$P_{i,j,k} = \left(\frac{i}{n}, \frac{j}{n}, \frac{k}{n}\right), \quad i+j+k=n$$

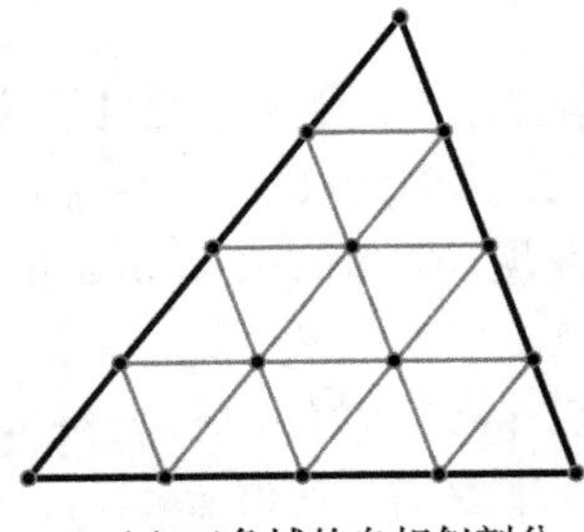

(a) 三角域的自相似剖分

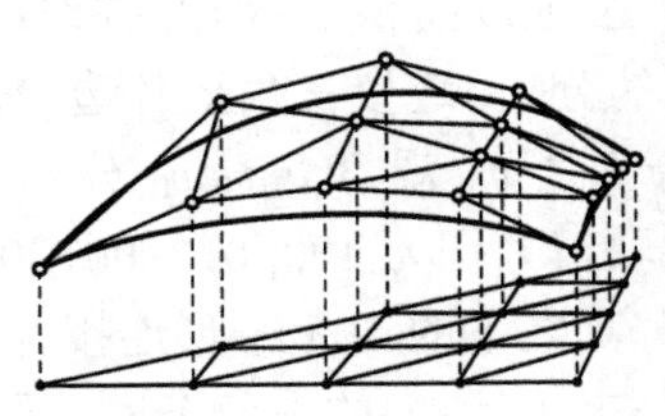

(b) Bézier 三角曲面片

图 1.10.2 三角域的自相似剖分及 Bézier 三角曲面片

对应于 $P_{i,j,k}$, 给定一个数组 $\{Q_{i,j,k}, i+j+k=n\}$, 那么将它们结合起来得到空间中的点

$$\boldsymbol{P}_{i,j,k} = (P_{i,j,k}, Q_{i,j,k}), \quad i+j+k=n$$

这组点称为**控制点**(图 1.10.2(b) 空圆点所示), 控制点形成的网称为**控制网**, 其上的 Bézier 三角曲面片为

$$B(P) = \sum_{i+j+k=n} Q_{i,j,k} b_{i,j,k}^n(P)$$

类似单变量的情形, 也有相应的升阶公式, 也就是说, 若

$$B(P) = \sum_{i+j+k=n+1} Q'_{i,j,k} b_{i,j,k}^{n+1}(P)$$

则有

$$Q'_{i,j,k} = \frac{iQ_{i-1,j,k} + jQ_{i,j-1,k} + kQ_{i,j,k-1}}{n+1}, \quad i+j+k=n+1$$

关于三角域上 Bernstein 基函数以及 Bézier 三角曲面片的研究可参考文献 [32],[33].

1.11 区域的自相似剖分

设 $\triangle$ 为坐标三角形, 平面上的点 $P=(u,v,w)\in\triangle$, 记

$$\begin{aligned} u &= 0.u_0u_1u_2u_3\cdots \\ v &= 0.v_0v_1v_2v_3\cdots \\ w &= 0.w_0w_1w_2w_3\cdots \\ &u_i, v_i, w_i \in \{0,1\} \end{aligned}$$

取 u,v,w 小数点后第 $j+1$ 位, 组成数组 u_j,v_j,w_j. 这种做法, 可称之为**面积坐标的按位分离**.

下面, 对 $\triangle$ 上以面积坐标 (对有理数取有限长) 表示的点, 经过按位分离之后, 观察 $u_jv_jw_j$ 的分布. 连接三角形各边中点, 将 $\triangle$ 分割为 4 个子形, 称之为 1 级分割. 在 1 级分割之下, 观察 $u_0v_0w_0$ 分布, 容易发现, 在标记 1, 2, 3, 4 的子形上, 数组 $u_0v_0w_0$ 的取值分别为 100, 010, 001, 000(图 1.11.1).

对 1 级分割之下的 4 个子形连接各边中点, 得到 2 级分割, 观察 u_1,v_1,w_1 的分布. 一般说来, 进行 $\triangle$ 的 j 级分割, 最小子形有 4^j 个, 观察 $u_{j-1}v_{j-1}w_{j-1}$. 设想这一过程无限进行下去, 图 1.11.2 分别给出 $u_1v_1w_1$ 和 $u_2v_2w_2$ 的分布图.

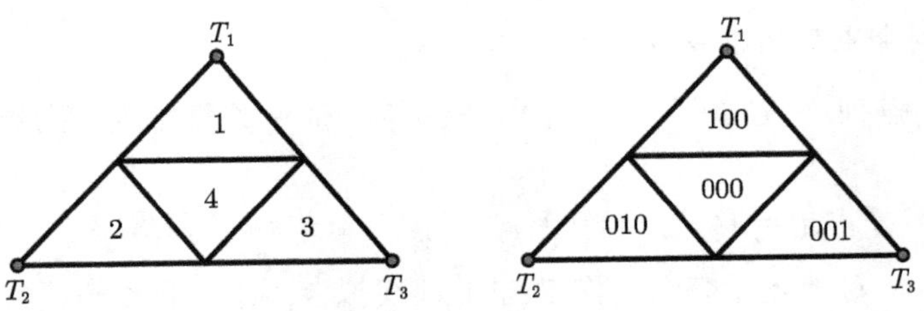

图 1.11.1 三角区域的二进分离结构 $(u_0v_0w_0)$

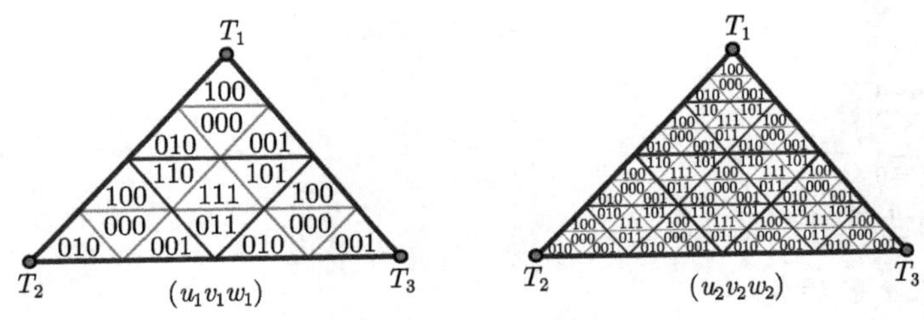

图 1.11.2 三角区域的二进分离结构 $(u_1v_1w_1)$ 及 $(u_2v_2w_2)$

以上内容是在面积坐标下将点的坐标以二进制表示之后的按位分离处理, 从而显现平面区域的自相似结构[14].

问题与讨论

1. *广义* Bézier *方法*

1992 年, Kirov 给出如下定理[34]: 假设 $y=f(x)$ 在区间 $[0,1]$ 上具有 r 阶连续导数, 对任意给定正整数 n, 定义

$$B_{n,r}(f;x)=\sum_{k=0}^{n}\sum_{i=0}^{r}\frac{1}{i!}f^{(i)}\left(\frac{k}{n}\right)\left(x-\frac{k}{n}\right)^{i}B_{n,k}(x)$$

其中

$$B_{n,k}(x)=\binom{n}{k}x^k(1-x)^{n-k}$$

$$\binom{n}{k}=\frac{n!}{k!(n-k)!}$$

那么, 当 $n\to\infty$ 时, 在区间 $[0,1]$ 上, 多项式序列 $B_{n,r}(f;x)$ 一致收敛于 $f(x)$.

显然, 当 $r=0$, $B_{n,r}(f;x)$ 就是通常人们了解的 Bernstein 多项式. 在 Kirov 逼近定理的基础上, 可以相应地建立广义 Bézier 方法. 特别对 $r=1$ 的情形, 广义 Bézier 方法有助于附加切线条件的曲线拟合问题[35],[36].

2. 关于周期点列的 Bézier 拟合

任意给定点列 $P_i \in \mathbb{R}^d, i = 0,1,2,\cdots,n$ ，并依序重复排列，形成无穷的周期点列

$$P_{j+kn} = P_j, \quad j = 0,1,2,\cdots,n-1; \quad k = 1,2,3,\cdots$$

定理 1.1 对上述无穷点列作 Bézier 曲线拟合，则对任意 $t \in (0,1)$ ，以及任意正整数 m，都有

$$\lim_{n\to\infty} B^n(P_m, P_{m+1},\cdots,P_{m+n};t) = P^*$$

其中 $P^* = \dfrac{1}{n}\displaystyle\sum_{j=0}^{n-1} P_j$.

进一步的性质可参见文献 [37].

3. 不同基函数的变换

给定函数空间，其基函数不是唯一的．不同的基函数会有不同的性质，因此在计算机实用系统中往往采用多种形式的基函数．于是必须研究不同基函数之间的转换．关于 n 次多项式空间，已经有很多研究成果，例如幂基 $\{1,x,x^2,\cdots,x^n\}$ 与 Bernstein 基 $\{b_0(x),b_1(x),\cdots,b_n(x)\}$ 之间的变换为

$$(b_0(x),b_1(x),\cdots,b_n(x)) = (1,x,x^2,\cdots,x^n)T$$
$$(1,x,x^2,\cdots,x^n) = (b_0(x),b_1(x),\cdots,b_n(x))T^{-1}$$

其中 T 为变换矩阵，T 与其逆变换 T^{-1} 矩阵的第 i 行第 j 列元素分别为

$$(T)_{i,j} = \begin{cases} 0, & i<j, \\ (-1)^{i+j}\dbinom{n}{i}\dbinom{i}{j}, & i \geqslant j, \end{cases} \qquad (T^{-1})_{i,j} = \begin{cases} 0, & i<j \\ \dbinom{n}{i}\dbinom{i}{j}\Big/\dbinom{n}{i}, & i \geqslant j \end{cases}$$

又如，为了得到 Legendre 多项式与 Bernstein 基之间的关系，将 Bernstein 基 $\{b_0(x), b_1(x), \cdots, b_n(x)\}$ 记为 $b_j^n(x)$，利用 Legendre 多项式表达的 Rodrigul 公式：

$$P_0(x) = 1, \quad P_n(x) = \frac{1}{2^n n!}\frac{\mathrm{d}^n}{\mathrm{d}x^n}[(x^2-1)^n], \quad n = 1,2,\cdots$$

注意 $(x^2-x)^n = (-1)^n(1-x)^n x^n$，作导数运算，得到

$$P_n(x) = \sum_{i=0}^{n}(-1)^{n+i}\binom{n}{i} b_i^n(x)$$

还有诸如 Bernstein 基与 Lagrange 基、Hermite 基、Legendre 正交基、Chebyshev 正交基等基函数之间的转换，可见文献 [38]．这里指出，1987 年，王国谨提出一种新颖

的广义 Ball 曲线 (称为 Wang-Ball 曲线), 继而胡事民、王国谨等给出从 Bernstein 基到 Wang-Ball 基的变换矩阵[39], 胡事民的研究结果表明 Wang-Ball 曲线在计算效率上明显优于 Bézier 曲线.

4. 关于重心坐标

类比平面情形的面积坐标, 自然可以得出空间情形的重心坐标. 对三维几何对象, 有时采用空间的重心坐标带来方便. 进一步, 基于 m 维单纯形的重心坐标无疑有其理论与应用上的重要价值.

在平面面积坐标下, 可以引入记号

$$I=(i,j,k),\quad |I|=i+j+k$$

及

$$U=(u,v,w),\quad |U|=(u,v,w)$$

记三角形 $\triangle$ 上的 Bézier 曲面片表达式为

$$P_n(U)=\sum_{|I|=n}B_I^n(U)P_I$$

其中 $B_I^n(U)$ 是 n 次 Bernstein 基函数

$$B_I^n(U)=\binom{n}{I}U^I=\frac{n!}{i!j!k!}u^iv^jw^k,\quad |I|=n,|U|=1$$

进而注意 n 项式展开式

$$(x_1+x_2+\cdots+x_m)^n=\sum_{n_1+n_2+\cdots+n_m=n}\frac{n!}{n_1!n_2!\cdots n_m!}x_1^{n_1}x_2^{n_2}\cdots x_m^{n_m}$$

可以一般性地研究 n 维单纯形上 Bézier“曲面”理论.

参 考 文 献

[1] 李岳生, 黄友谦. 数值逼近. 人民教育出版社, 1978.

[2] Davis P J. *Interpolation and Approximation*. New York: Dover, 1975.

[3] Watson G A. *Approximation Theory and Numerical Methods*. Chichester: Wiley, 1980.

[4] 樊启斌. 小波分析. 武汉大学出版社, 2008.

[5] (俄)Kashin B S, Saakian A A. 正交级数. 孙永生, 王昆扬译. 北京师范大学出版社, 2007.

[6] Meyer Y F. *Wavelets: Algorithm and Applications* (Translated and Revised by Robert D R). Philadelphia: SIAM, 1993.

[7] (美)Percival D B, Walden A T. 时间序列分析的小波方法. 程正兴等译. 机械工业出版社, 2006.

[8] Mallat S G. A theory for multiresolution signal decomposition: The wavelet representation. *IEEE Trans. Pattern Analysis and Machine Intelligence*, 1989, 11(7): 674–693.

[9] Mallat S G. Multiresolution approximations and wavelet orthonomal based of ^{12}(R). *Trans. The American Mathematical Society*, 1989, 315(1): 69–87.

[10] Micchelli C, Xu Y S. Using the matrix refinement equation for the construction of wavelets on invariant sets. *Appl. Comp. Harm. Anal.*, 1994, 1: 391–401.

[11] (苏) И. П. 纳唐松. 函数构造论. 徐家福, 郑维行译. 科学出版社, 1959.

[12] 苏步青, 刘鼎元. 计算几何. 上海科学技术出版社, 1981.

[13] 穗坂, 黑田满. CAD いおけろ曲线曲面の成しいて. 情报处理, 1976, 17.

[14] 齐东旭. 分形及其计算机生成. 科学出版社, 1994.

[15] de Casteljou P. Courbes et surfaces à pôles. Technical Report. Paris: Citröen, 1963.

[16] Schoenberg I J. Contributions to the problem of approximation of equidistant data by analytic functions. *Quat. Appl. Math.*, 1946, 4: 45–99, 112–141.

[17] Curry H B. Review. *Math. Tables Aids Comput*, 1947, 2: 167–169, 211–213.

[18] de Boor C. On calculating with B-splines. *Journal of Approximation Theory*, 1972, 16(1): 50–62.

[19] Cox M G. The numerical evaluation of B-spline. *Journal of Istitute of Mathematics and Its Approximation*, 1972, 10: 134–149.

[20] Gordon W J, Riesenfeld R F. Bernstein-Bézier methods for the computer auded design of free-form curves and surfaces. *Journal of the ACM*, 1974, 21(2): 293–310.

[21] Gordon W J, Riesenfeld R F. B-spline curves and surfaces. *Computer Aided Geometric Design*. Academic Press, 1974: 95–126.

[22] de Boor C. *A Practical Guide to Splines*. Springer-Verlag, 1978.

[23] 李岳生. 样条与插值. 上海科学技术出版社, 1983.

[24] 孙家昶. 样条函数与计算几何. 科学出版社, 1982.

[25] Kincaid D, Cheney W. *Numerical Analysis: Mathematics of Sci entific Computing*. Third edition. Thomson Learning, Inc., 2002.

[26] 李岳生, 齐东旭. 样条函数方法. 科学出版社, 1979.

[27] 齐东旭, 梁振珊. 多结点样条磨光 (i). 高等学校计算数学学报, 1979, (2): 196–209.

[28] 齐东旭, 梁振珊. 多结点样条磨光 (ii). 高等学校计算数学学报, 1981, (1): 65–74.

[29] Qi D X, Li H. Many-knot spline technique for approximation of data. *Science in China(Series E)*, 1999, 42(4): 383–387.

[30] Li Y S. Average of distribution and remarks on box-splines. *Northeast Math.*, 2001, 17(2): 241–252.

[31] Li Y S. The inversion of multiscale convolution approximation and average of distributions. *Advances in Computational Mathematics*, 2003, 19(1-3): 293–306.

[32] Farin G. Triangular Bernstein-Bézier patches. *Computer Aided Geometric Design*, 1986, 3(2): 83–127.

[33] 常庚哲. 曲面的数学. 湖南教育出版社, 1995.

[34] Kirov G H. A generalization of the Bernstain polynomials. *Math. Balk. New Ser.*, 1992, 6(2): 147–153.

[35] 宋瑞霞. 基于 Kirov 定理的曲线拟合方法. 北方工业大学学报, 2005, 17(1): 20–25.

[36] 宋瑞霞, 王小春, 马辉. 关于曲线拟合的广义 Bézier 方法. 计算机工程与应用, 2005, 41(20): 60–63.

[37] Qi D X, Schaback R. Limit of Bernstein-Bézier curves for periodic control nets. *Approximation Theory and its Applications*, 1994, 10(3): 5–16.

[38] 王国谨, 郑建民, 汪国昭. 计算机辅助几何设计. 高等教育出版社, 2001.

[39] Hu S M, Jin T G, Wang G Z. Properties of two types generalized ball curves. *Computer-Aided Design*, 1996, 28(2): 125–133.

第 2 章　Walsh 函数与 Haar 函数

Walsh 函数与 Haar 函数是非连续正交函数的典型代表. 在众所周知的 Fourier 三角函数系以及诸多正交多项式系中, 出现在正交系中的每一个函数不仅是连续的, 而且具有任意阶的连续导数. 历史上, 针对如此光滑的函数系, 为了回答"是否存在非连续的完备正交函数系"这样的反问, 匈牙利数学家 Haar 和美国数学家 Walsh 分别于 1910 年和 1923 年提出了后人称之为"Haar 函数"和"Walsh 函数"的两类完备正交函数系.

Walsh 函数是 $L^2[0,1]$ 上的完备正交系, Walsh 函数仅取值 1 或 -1; Haar 函数如果不考虑规范系数则仅取值 1, -1 或 0, 且这两类函数的跳跃间断出现在 $\frac{q}{2^p}$ 处 (p, q 为正整数)[1],[2]. 在那个年代, 相继出现关于非连续的正交函数的代表性成果, 除了 Walsh 函数与 Haar 函数, 还有 Radedacher 函数, 以及导数非连续的 Franklin 函数等[3].

像 Walsh 函数与 Haar 函数这类非连续的完备正交函数系, 从数学的角度看, 有其重要的理论意义. 在应用方面, 初期在无线电工程等方面的实用价值有所表现, 但尚显平凡, 直到 20 世纪 70 年代, 半导体技术及大规模集成电路技术突飞猛进, Walsh 函数受到极大的关注, 并连续召开国际会议, 使得这类非连续的 (特别是二值的) 完备正交系在信号处理的诸多方面取得成功的应用[4]. 继而, 与 Walsh 函数等价的 Haar 函数在小波 (wavelet) 分析中占有重要的地位, 成为小波变换中典型的波函数代表, 被视为最简单、最基本的小波.

本章介绍 Walsh 函数与 Haar 函数的定义, 更着重说明 Walsh 函数与 Haar 函数的关联与转化. 这为本书后续章节阐述的 U-系统与 V-系统及其联系作必要的准备.

2.1　什么是 Walsh 函数

通常说的 Walsh 函数, 指的是一个由可数无穷多个函数组成的函数集合, 或叫函数系, 其中的每个函数皆由区间 $[0,1]$ 上一系列方波构成. 我们先给出这个函数系的前 16 个函数的图形 (见图 2.1.1), 使初学者先有一个印象, 然后, 通过一种比较直观的方式说明 Walsh 函数的生成过程.

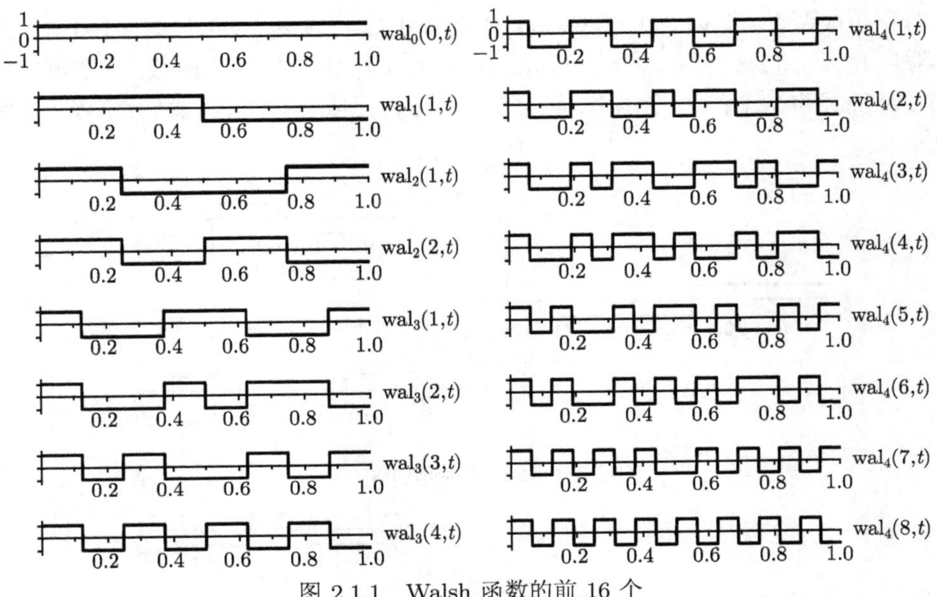

图 2.1.1 Walsh 函数的前 16 个

Walsh 在其论文中采用“squeeze repeat”方法定义 Walsh 函数, 也可以叫做“压缩与正、反复制”过程.

所谓“压缩与正、反复制”过程, 是将区间 $[0,1]$ 上选定的函数 (暂时称它为初始函数). 压缩到 $\left[0,\dfrac{1}{2}\right]$, 然后在区间 $\left[\dfrac{1}{2},1\right]$ 上采用两种复制方式给出函数的定义: 正复制是把已经压缩到区间 $\left[0,\dfrac{1}{2}\right]$ 上的函数平移到区间 $\left[\dfrac{1}{2},1\right]$; 反复制则是把已经压缩到区间 $\left[0,\dfrac{1}{2}\right]$ 上的函数反号之后平移到 $\left[\dfrac{1}{2},1\right]$. 于是从区间 $[0,1]$ 上一个选定的初始函数, 经复制手段生成了两个函数.

现在, 令

$$\begin{aligned}&\mathrm{wal}_0(0,t)=1,\quad t\in[0,1]\\&\mathrm{wal}_1(1,t)=\begin{cases}1, & t\in\left[0,\dfrac{1}{2}\right)\\-1, & t\in\left[\dfrac{1}{2},1\right]\end{cases}\end{aligned}\tag{2.1.1}$$

这里采用符号 $\mathrm{wal}_s(r,t)$, 是为了适应上述“压缩与正、反复制”过程生成函数的分组情况. 我们选定 $\mathrm{wal}_1(1,t)$ 为初始函数, 经过“压缩与正、反复制”过程, 由 $\mathrm{wal}_1(1,t)$ 生成的两个函数记为 $\mathrm{wal}_2(1,t)$, $\mathrm{wal}_2(2,t)$, 如图 2.1.2(a) 所示.

继而, 通过“压缩与正、反复制”过程, 由 $\mathrm{wal}_2(1,t)$, $\mathrm{wal}_2(2,t)$ 中的每一个函

数, 分别生成两个, 即 $\text{wal}_3(1,t)$, $\text{wal}_3(2,t)$ 及 $\text{wal}_3(3,t)$, $\text{wal}_3(4,t)$(见图 2.1.2(b)). 依此类推, 由 $\text{wal}_3(1,t)$, $\text{wal}_3(2,t)$, $\text{wal}_3(3,t)$, $\text{wal}_3(4,t)$ 中的每一个函数, 分别再生成两个, 从而又得到新的 8 个函数, 等等. 这个过程无限进行下去, 就得到 Walsh 函数系.

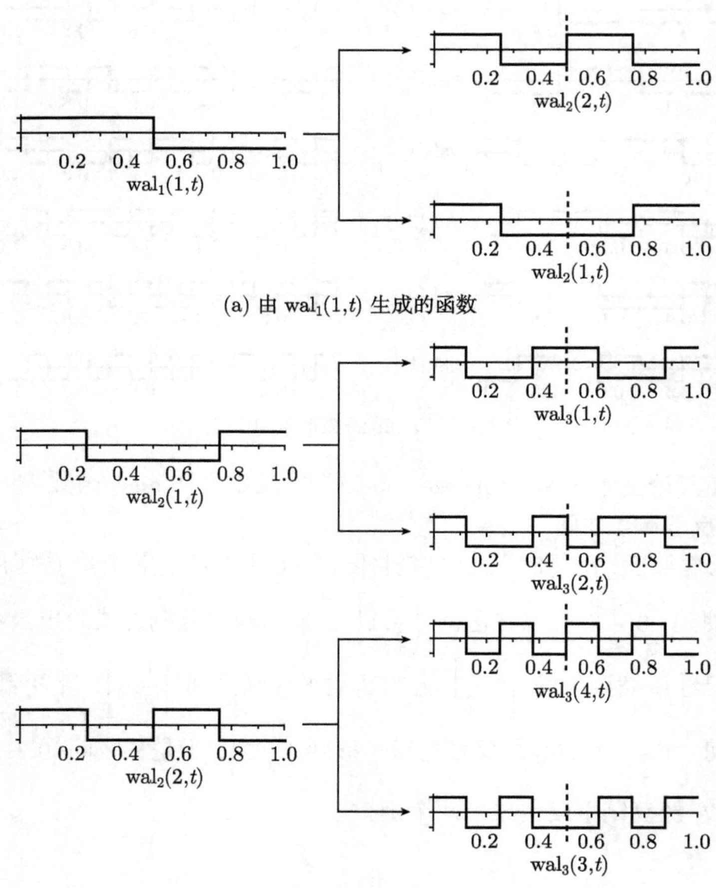

图 2.1.2 从一个初始函数出发的“压缩与正、反复制”过程

Walsh 函数系有许多种不同的排列次序, 构成 Walsh 函数系的各种不同的定义. 虽然都是同一个 Walsh 函数系, 但不同的定义会在不同的应用中显示它的方便.

Walsh 函数是一类取值 1 与 −1 的震荡函数. 观察上面所画图形, 其函数值变号的数目分别为 0, 1, 3, 2, 4, 5, 7, 6 . 函数符号的变化数目反映函数的频率性质, 所以人们希望从低频到高频排列 Walsh 函数系. 于是, 很自然想到按照函数变号次数递增的规律对 Walsh 函数系中的函数进行排序, 上面所画图形标出的 $\text{wal}_0(0,t)$,

$\text{wal}_1(1,t)$, $\text{wal}_2(1,t)$, $\text{wal}_2(2,t)$, $\text{wal}_3(1,t)$, $\text{wal}_3(2,t)$, $\text{wal}_3(3,t)$, $\text{wal}_3(4,t)$, 便是这种排序.

1969 年, Swick 用对称复制方法产生变号数递增次序的 Walsh 函数系[4]. 80 年代初期开始, 张其善等陆续发表关于桥函数的论文, 并于 1992 年出版了桥函数的专著[5]. 桥函数是在研究 Walsh 函数复制理论的基础上提出来的一套新的理论[6], 它研究了 Walsh 函数与方块脉冲函数之间的关系, 对二值与三值的正交函数给出了统一的处理, 便于实际应用. 王能超基于“二分演化”的思维, 提出 Walsh 函数生成的机理[7].

2.2 生成 Walsh 函数的信号复制方法

这里介绍两种信号复制方法: 对称复制和平移复制[5].

如果要求得到序号为 k 的 Walsh 函数, 首先将 k 写成二进制形式:

$$k = (k_n k_n \cdots k_2 k_1)_2, \quad k_j \in \{0,1\}, \quad j = n, n-1, \cdots, 2, 1 \tag{2.2.1}$$

复制的初始状态均为 +1(简记为 +). 如果 k 的二进制写法中数码个数是 n, 那么, 复制的总次数便是 n.

k 的二进制数码最左位 k_n 表示第一次复制信息, 次左位 k_{n-1} 表示第二次复制信息, 依次下去, k_1 表示第 n 次复制信息.

对称复制 对 k 的二进制数码 k_r, 要么 $k_r = 0$, 要么 $k_r = 1$. 如果 $k_r = 0$, 则用偶对称方式再现已有状态; 如果 $k_r = 1$, 则用奇对称方式再现已有状态.

表 2.2.1 列出了序号从 0 到 7 的 Walsh 函数的生成过程. 表中的字符 k_r 表示该次复制信息. 从表 2.2.1 看出, 初始序列均为 +. 第一次复制的信息为 k_3, 复制所得序

表 2.2.1 对称复制

序号	二进制	初始序列	第一次复制序列	第二次复制序列	第三次复制序列
k	$k_3k_2k_1$		k_3	k_2	k_1
0	0 0 0	+	+	++	++++
1	0 0 1	+	+	++	− − − −
2	0 1 0	+	+	−−	− − ++
3	0 1 1	+	+	−−	++ − −
4	1 0 0	+	−	−+	+ − −+
5	1 0 1	+	−	−+	− ++ −
6	1 1 0	+	−	+−	− + −+
7	1 1 1	+	−	+−	+ − + −

列只有一个元素, 写在右面; 第二次复制的信息为 k_2, 复制的原序列是初始序列接上第一次复制所得的序列, 共有两个元素, 因而第二次复制所得的元素有且仅有两个元素, 因此得到四个元素的序列; 第三次复制的信息为 k_1, 复制的原序列是初始序列接上前两次复制所得的序列, 共有 4 个元素, 因而第三次复制所得的元素有且仅有 4 个元素, 这样一来, 复制后的完整序列有 8 个元素. 表 2.2.1 中, "+" 表示偶对称复制, "−" 表示奇对称复制.

平移复制 平移复制是另一种复制方法 (见表 2.2.2), 其复制过程与对称复制有所不同. 当序号用二进制表示为 $k=(k_nk_{n-1}\cdots k_2k_1)_2$ 的形式之后, 便以其二进制数码为复制信息, 且以 k_r 在表 2.2.2 中的位置为参考轴 (不是对称轴). 如果复制信息 $k_r=0$, 则将参考轴左侧的序列平移复制至右侧; 如果复制信息 $k_r=1$, 则将参考轴左侧的序列改变符号之后, 再平移复制在参考轴的右侧. 表 2.2.2 中 "+" 表示直接平移复制, "−" 表示反号之后再平移复制.

显然, Walsh 函数既可以通过对称复制, 也可以通过平移复制得到.

表 2.2.2 平移复制

序号	二进制	初始序列	第一次复制序列	第二次复制序列	第三次复制序列
k	$k_3k_2k_1$		k_3	k_2	k_1
0	0 0 0	+	+	++	++++
1	0 0 1	+	+	++	−−−−
2	0 1 0	+	+	−−	++−−
3	0 1 1	+	+	−−	−−++
4	1 0 0	+	−	+−	+−+−
5	1 0 1	+	−	+−	−+−+
6	1 1 0	+	−	−+	+−−+
7	1 1 1	+	−	−+	−++−

2.3 Walsh 函数的其他定义

2.3.1 Gray 码与 Gray 变换

之所以介绍 Gray 码, 是因为 Walsh 函数的其他定义方式中要用到它. 为此, 从模 2 加法说起. 所谓模 2 加法, 与通常加法不同, 故用 $\oplus$ 表示, 定义 0 与 1 的加法运算遵循如下规则:

$$0\oplus 0=0,\quad 0\oplus 1=1\oplus 0=1,\quad 1\oplus 1=0$$

设非负整数 N 写成二进制的形式:

$$N = n_p 2^{p-1} + n_{p-1} 2^{p-2} + \cdots + n_2 2 + n_1$$

$$n_j \in \{0,1\}, \quad n_p = 1; \quad n_j = 0, \quad j > p$$

或简记为 $N = (n_p n_{p-1} \cdots n_2 n_1)_2$.

N 的 Gray 码[8],[9], 记为

$$G(N) = (g_p g_{p-1} \cdots g_2 g_1)_2$$

$$g_j \in \{0,1\}, \quad j = 1,2,3,\cdots,p$$

其中

$$g_j = n_{j+1} \oplus n_j, \quad j = 1,2,3,\cdots,p$$

例如, 当

$$N = 5 = (101)_2$$

$$p = 3, \quad n_1 = 1, \quad n_2 = 0, \quad n_3 = 1$$

这时

$$g_1 = 1, \quad g_2 = 1, \quad g_3 = 1$$

于是

$$G(5) = 7$$

一般地, $g = G(n)$, 称 G 为 Gray 变换, g 为 n 对应的 Gray 码. 表 2.3.1 中列出了 1 至 15 相应的 Gray 码. 有了这些关于 Gray 码及 Gray 变换的知识, 就可以了解 Walsh 函数的其他定义方式了. Gray 变换是一种数论变换, 它在二进制数据的纠错与校验中有重要应用, 因此, 对 Gray 变换稍作详述.

表 2.3.1 Gray 码变换表

0–7 对应的 Gray 码								
n	0	1	2	3	4	5	6	7
$(n)_2$	0	1	10	11	100	101	110	111
$G(n)_2$	0	1	11	10	110	111	101	100
$G(n)$	0	1	3	2	6	7	5	4
8–15 对应的 Gray 码								
n	8	9	10	11	12	13	14	15
$(n)_2$	1000	1001	1010	1011	1100	1101	1110	1111
$G(n)_2$	1100	1101	1111	1110	1010	1011	1001	1000
$G(n)$	12	13	15	14	10	11	9	8

令

$$\alpha = [a_1 a_2 \cdots a_{2^k-1} a_{2^k}]^{\mathrm{T}}, \quad \beta = G(\alpha) = [b_1 b_2 \cdots b_{2^k-1} b_{2^k}]^{\mathrm{T}}$$

这两个向量的分量都是 $0, 1, 2, 3, \cdots, 2^k - 1$ 的置换组成. 例如, 当

$$\alpha = [0 \quad 1 \quad 2 \quad 3 \quad 4 \quad 5 \quad 6 \quad 7]^{\mathrm{T}}$$

如表 2.3.1, 有

$$G(\alpha) = \beta = [0 \quad 1 \quad 3 \quad 2 \quad 6 \quad 7 \quad 5 \quad 4]^{\mathrm{T}}$$

如果将前 2^k 个非负整数的任意置换组成的向量作为输入, 则 Gray 变换相当于左乘以某个特别定义的矩阵 G_{2^k}, 可以证明:

$$G_1 = \tilde{G}_1 = 1$$

$$G_{2^k} = \begin{pmatrix} G_{2^{k-1}} & \\ & \tilde{G}_{2^{k-1}} \end{pmatrix}, \quad \tilde{G}_{2^k} = \begin{pmatrix} & G_{2^{k-1}} \\ \tilde{G}_{2^{k-1}} & \end{pmatrix}, \quad k = 1, 2, \cdots \tag{2.3.1}$$

矩阵 G_{2^k} 及 $\tilde{G}_{2^k}$ 分别为分块对角及反对角形式的矩阵, 并且每一个矩阵子块, 即 $G_{2^{k-1}}$ 及 $\tilde{G}_{2^{k-1}}$, 又可以再分成阶数取半的对角及反对角子块. 将 Gray 变换的结果以图 2.3.1 表示, 图 2.3.1(a) 为直角坐标系中表示的 Gray 变换 $g = G(n)$; (b) 为矩阵 G_{32}, 其中黑色表示 1, 空白表示 0, 可以看出, 矩阵具有分层细化的自相似特征.

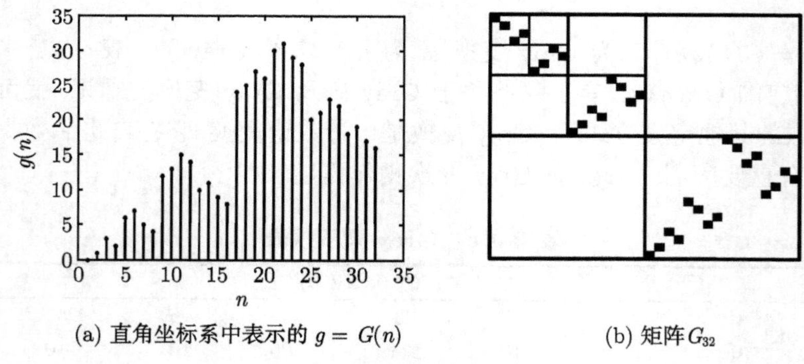

(a) 直角坐标系中表示的 $g = G(n)$　　(b) 矩阵 G_{32}

图 2.3.1　Gray 变换的自相似结构

为了考察 Gray 变换 $G(n)$ 的周期性, 记

$$G^0(n) = n, \quad G^k(n) = G \circ G^{k-1}(n), \quad k = 1, 2, \cdots$$

则当正整数 n 满足 $2^{k-1} \leqslant n \leqslant 2^k - 1$ 时, 注意 Gray 码的定义及递推关系 (2.3.1), 容易证明有 $G^{2^k}(n) = n$ 成立.

类比 (2.3.1) 式, 可以扩展 Gray 变换, 这里给出以下几种变换矩阵:

(1) $A_1 = \tilde{A}_1 = 1$,

$$A_{2^k} = \begin{pmatrix} & A_{2^{k-1}} \\ \tilde{A}_{2^{k-1}} & \end{pmatrix}, \quad \tilde{A}_{2^k} = \begin{pmatrix} A_{2^{k-1}} & \\ & \tilde{A}_{2^{k-1}} \end{pmatrix} \tag{2.3.2}$$

(2) $B_1 = \tilde{B}_1 = 1$,

$$B_{2^k} = \begin{pmatrix} B_{2^{k-1}} & \\ & \tilde{B}_{2^{k-1}} \end{pmatrix}, \quad \tilde{B}_{2^k} = \begin{pmatrix} & \tilde{B}_{2^{k-1}} \\ B_{2^{k-1}} & \end{pmatrix} \tag{2.3.3}$$

(3) $C_1 = \tilde{C}_1 = 1$,

$$C_{2^k} = \begin{pmatrix} & C_{2^{k-1}} \\ \tilde{C}_{2^{k-1}} & \end{pmatrix}, \quad \tilde{C}_{2^k} = \begin{pmatrix} \tilde{C}_{2^{k-1}} & \\ & C_{2^{k-1}} \end{pmatrix} \tag{2.3.4}$$

$$k = 1, 2, \cdots$$

不难看出还可以定义其他类似的变换, 不赘述.

2.3.2 Rademacher 函数

1922 年, 德国数学家 Rademacher 首先注意到一个简单直观的正交函数系. 这个后人称呼的“Rademacher 函数”, 它定义在区间 $[0,1]$ 上, 依序记为

$$R(0,t), R(1,t), R(2,t), \cdots, R(k,t), \cdots$$

其中前两个函数定义为

$$R(0,t) = 1, \quad t \in [0,1]$$

$$R(1,t) = \begin{cases} 1, & t \in \left[0, \dfrac{1}{2}\right) \\ -1, & t \in \left[\dfrac{1}{2}, 1\right] \end{cases}$$

从第二个函数起, 将前一个函数压缩两倍到区间 $\left[0, \dfrac{1}{2}\right]$, 并在区间 $\left[\dfrac{1}{2}, 1\right]$ 作复制:

$$R(k,t) = \begin{cases} R(k-1,t), & t \in \left[0, \dfrac{1}{2}\right), \\ R(k-1, 2t-1), & t \in \left[\dfrac{1}{2}, 1\right], \end{cases} \quad k = 2, 3, 4, \cdots$$

图 2.3.2 绘出了 Rademacher 函数系的前 7 个函数.

显然, Rademacher 函数系在区间 $[0,1]$ 上是正交的. 然而它并不完备, 也就是

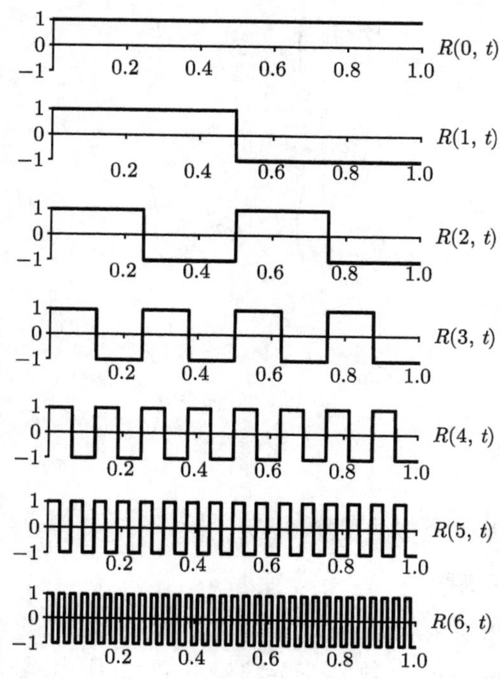

图 2.3.2　Rademacher 函数系的前 7 个

说, 需要补充进去若干函数才可能做成完备的正交系. 但增加些什么样的函数才恰当呢?

事实上, 增加所有有限个 Rademacher 函数的乘积, 就得到 Walsh 函数系中的全部函数 (见 2.3.3 节).

1985 年, 陈伟人、常迥在文献 [10] 中引入广义 Rademacher 函数的概念. 这种广义 Rademacher 函数仍是二值函数系, 它是线性无关的, 却不再是一个正交函数系. 文献 [10] 中证明了它们的线性无关性, 然后通过 Schmidt 正交化方法将它们正交化, 并证明了正交化之后的广义 Rademacher 函数系的完备性. 这种新的二值函数系在信号的分析与综合、识别、控制系统的计算机求解方面应用起来简单有效.

同 Rademacher 函数一样, 广义 Rademacher 函数可以通过三角函数的符号函数来定义, 表示为

$$\begin{aligned} F_0(\theta) =& F_c(0,\theta) = 1 \\ F_c(\theta) =& F_c(m_c,\theta) = \mathrm{sgn}[\cos(2\pi m_c\theta)] \\ F_s(\theta) =& F_s(m_s,\theta) = \mathrm{sgn}[\sin(2\pi m_s\theta)] \end{aligned}$$

其中 $0 \leqslant \theta \leqslant 1,\ m_c, m_s = 1, 2, 3, \cdots,$

$$\operatorname{sgn}(x)=\begin{cases}1, & x>0\\ 0, & x=0\\ -1, & x<0\end{cases}$$

相应于三角函数 $\cos\theta$, $\sin\theta$, 这里分别称 $F_c(m_c,\theta)$, $F_s(m_s,\theta)$ 为广义 Rademacher 偶函数与广义 Rademacher 奇函数. 它们的前 8 个函数如图 2.3.3 所示.

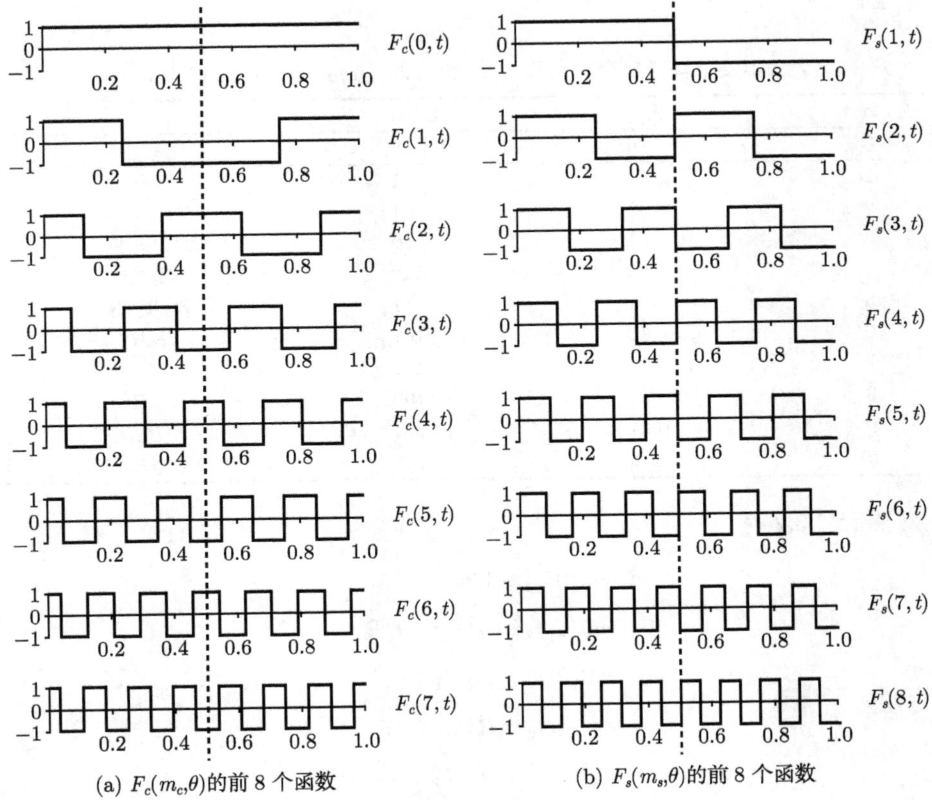

(a) $F_c(m_c,\theta)$的前 8 个函数　　(b) $F_s(m_s,\theta)$的前 8 个函数

图 2.3.3　广义 Rademacher 偶函数与奇函数

2.3.3　用 Rademacher 函数定义 Walsh 函数

Walsh 函数的变号数递增次序　利用 Gray 码与 Rademacher 函数, 有如下 Walsh 函数的定义:

$$\begin{aligned}&\operatorname{wal}(0,t)=1\\&\operatorname{wal}(n,t)=\prod_{k=1}^{\infty}[R(k,t)]\uparrow G(n)_k,\quad n=1,2,3,\cdots\end{aligned}\tag{2.3.5}$$

其中 $R(k,t)$ 为 Rademacher 函数系的第 k 个, $G(n)_k$ 表示 n 的 Gray 码二进制表示的第 k 位 (这里 $A\uparrow B$ 是 A^B 的方便写法, 下同). 实际上, 对给定的 n, (2.3.5) 式中的无穷乘积只有有限项, 至于这有限项是哪些, 就看 $G(n)$ 二进制表示中哪些位出现 1. 表 2.3.2 给出了前 11 个非负整数 n 相应的 $(n)_2$, $G(n)$, 及 $\prod\limits_{k=1}^{\infty} R_k$(表中简记 $\prod\limits_{k=1}^{\infty}$ 为 $\prod$, 简记 $R(k,t)$ 为 R_k, 下同).

表 2.3.2 前 11 个非负整数 n 相应的 $(n)_2, G(n)$ 及 $\prod R_k$

n	$(n)_2$	$G(n)$	$\prod R_k$
0	0	0	1
1	1	1	R_1
2	10	11	R_2R_1
3	11	10	R_2
4	100	110	R_3R_2
5	101	111	$R_3R_2R_1$
6	110	101	R_3R_1
7	111	100	R_3
8	1000	1100	R_4R_3
9	1001	1101	$R_4R_3R_1$
10	1010	1111	$R_4R_3R_2R_1$

对照表 2.3.2 有

$$\begin{aligned}
\mathrm{wal}(0,t) =&1\\
\mathrm{wal}(1,t) =&R(1,t) = R_1\\
\mathrm{wal}(2,t) =&R_2R_1\\
\mathrm{wal}(3,t) =&R_2\\
\mathrm{wal}(4,t) =&R_3R_2\\
\mathrm{wal}(5,t) =&R_3R_2R_1\\
\mathrm{wal}(6,t) =&R_3R_1\\
\mathrm{wal}(7,t) =&R_3\\
&\cdots\cdots
\end{aligned}$$

在这个定义之下, Walsh 函数具有变号次数递增的特点. 变号数递增次序的 Walsh 函数在图 2.1.1 中绘出.

Walsh 函数的 Poley 次序 在定义 (2.3.5) 式中, 把 $G(n)$ 换成 n, n_k 表示 n 的二进制的第 k 位数字, 就得到 Walsh 函数的 Poley 次序:

$$\mathrm{wal}_p(0,t) == R(0,t) = 1$$

$$\mathrm{wal}_p(n,t) = \prod_{k=1}^{\infty}[R(k,t)] \uparrow n_k, \quad n = 1,2,3,\cdots$$

其中

$$n = (\cdots n_k n_{k-1} \cdots n_2 n_1)$$

当 Walsh 函数系中的序号 n 被指定, 它的二进制表示中就有有限个 1 出现在确定的位置上, 那么按这些位置来取相应的 Rademacher 函数, 相乘起来就是第 n 个 Walsh 函数. 表 2.3.3 给出了前 11 个非负整数 n 相应的 $(n)_2$ 及 $\prod_{k=1}^{\infty} R_k$.

表 2.3.3 前 11 个非负整数 n 相应的 $(n)_2$ 及 $\prod R_k$

n	$(n)_2$	$\prod R_k$
0	0	1
1	1	R_1
2	10	R_2
3	11	R_2R_1
4	100	R_3
5	101	R_3R_1
6	110	R_3R_2
7	111	$R_3R_2R_1$
8	1000	R_4
9	1001	R_4R_1
10	1010	R_4R_2

对照表 2.3.3 有

$$\begin{aligned}
\mathrm{wal}_p(0,t) &=1\\
\mathrm{wal}_p(1,t) &=R_1\\
\mathrm{wal}_p(2,t) &=R_2\\
\mathrm{wal}_p(3,t) &=R_2R_1\\
\mathrm{wal}_p(4,t) &=R_3\\
\mathrm{wal}_p(5,t) &=R_3R_1\\
\mathrm{wal}_p(6,t) &=R_3R_2\\
&\cdots\cdots
\end{aligned}$$

Walsh 函数的 Poley 次序具有按本章开始介绍的“压缩与正、反复制”生成过程相同次序的特点. 如图 2.3.4 所示.

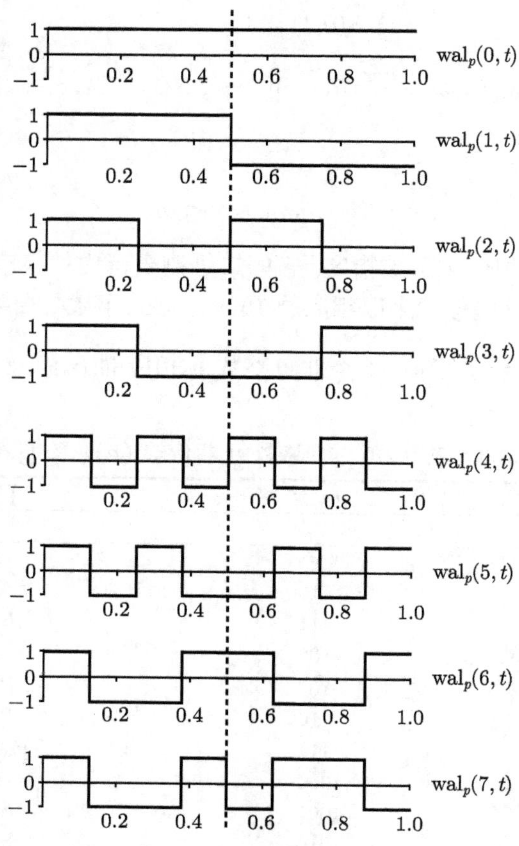

图 2.3.4　Poley 次序的 Walsh 函数

2.3.4　用 Hadamard 矩阵定义 Walsh 函数

Walsh 函数系的 Hadamard 次序定义是基于 Hadamard 矩阵的表达方式.

所谓 Hadamard 矩阵, 直观地说, 就是这样的矩阵：它的元素要么是 1, 要么是 −1; 其任意两行 (两列) 的对应元素互相对比, 符号相同与符号不同的个数各占一半.

回顾前面表 2.2.1 和表 2.2.2, 其中用 “+, −” 符号列出的 8 行 8 列表格, 若 “+” 表示 1, “−” 表示 −1, 那么, 这两个 8 行 8 列表格表示的都是 8×8-Hadamard 矩阵.

Hadamard 矩阵的任意两个行 (列) 向量都是正交的. 换句话说, 如果矩阵 $A=(a_{ij})$ 为 n 阶方阵, $a_{ij}\in\{-1,1\}$, 并且有 $AA^{\mathrm{T}}=nI$, 其中 I 为 n 阶单位方阵, 则称 A 为 n 阶 Hadamard 矩阵, 简称 n 阶 H 矩阵, 常记为 H_n.

显然, Hadamard 矩阵的阶数 N 不能是奇数. 当 $N=2$ 时, 有

$$\begin{bmatrix} 1 & 1 \\ 1 & -1 \end{bmatrix}, \quad \begin{bmatrix} 1 & 1 \\ -1 & 1 \end{bmatrix}, \quad \begin{bmatrix} -1 & 1 \\ -1 & -1 \end{bmatrix}$$

它们都是 2 阶 Hadamard 矩阵. 1933 年, Poley 证明了一个重要的事实：当 $N \geqslant 4$ 时, N 阶 Hadamard 矩阵存在的必要条件是 $N = 4k$, $k = 1, 2, 3, \cdots$.

然而, "$4k$ 阶的 Hadamard 矩阵一定存在" 这件事至今没有获得严格的证明. 但是, 这并不排除对某些 $4k$ 阶的特殊情形获得明确的存在性结论. 在诸多特殊情形下对 Hadamard 矩阵存在性的研究中, 值得注意 $N = 2^n$ 的特例, 因为 2^n 阶的 Hadamard 矩阵, 可与 Walsh 函数系建立联系, 这是 Hadamard 矩阵在信号处理领域的重要应用之一[11].

对 2^n 阶 Hadamard 矩阵, 可具体地用矩阵 Kronecker 乘法递推地生成.

给定两个矩阵

$$A = \begin{bmatrix} a_{11} & a_{12} & \cdots & a_{1q} \\ a_{21} & a_{22} & \cdots & a_{2q} \\ \vdots & \vdots & & \vdots \\ a_{p1} & a_{p2} & \cdots & a_{pq} \end{bmatrix}, \quad B = \begin{bmatrix} b_{11} & b_{12} & \cdots & b_{1s} \\ b_{21} & b_{22} & \cdots & b_{2s} \\ \vdots & \vdots & & \vdots \\ b_{r1} & b_{r2} & \cdots & b_{rs} \end{bmatrix}$$

定义 A 与 B 的乘法运算 $\otimes$：$C = A \otimes B$, 这里

$$C = \begin{bmatrix} a_{11}B & a_{12}B & \cdots & a_{1q}B \\ a_{21}B & a_{22}B & \cdots & a_{2q}B \\ \vdots & \vdots & & \vdots \\ a_{p1}B & a_{p2}B & \cdots & a_{pq}B \end{bmatrix}$$

于是 C 是 pr 行、qs 列的矩阵, 把它叫做 A 与 B 的 Kronecker 乘积.

与通常矩阵乘法的规则完全不同, 这里, 任何两个矩阵都可以进行这种乘法运算, 而且一般说来, 乘得的矩阵有更高的阶数.

如前所述, H_2 为 2 阶 Hadamard 矩阵, 易见

$$\begin{bmatrix} 1 & 1 \\ 1 & -1 \end{bmatrix} \otimes \begin{bmatrix} 1 & 1 \\ 1 & -1 \end{bmatrix} = \begin{bmatrix} 1 & 1 & 1 & 1 \\ 1 & -1 & 1 & -1 \\ 1 & 1 & -1 & -1 \\ 1 & -1 & -1 & 1 \end{bmatrix}$$

是一个 4 阶 Hadamard 矩阵, 记为 H_4 . 继而, 令

$$H_{2^{k+1}} = H_2 \otimes H_{2^k} = \begin{bmatrix} H_{2^k} & H_{2^k} \\ H_{2^k} & -H_{2^k} \end{bmatrix}, \quad k = 1, 2, 3, \cdots \tag{2.3.6}$$

由此容易写出 (后面讨论用到它)

$$H_8 = H_2 \otimes H_4 = \begin{bmatrix} 1 & 1 & 1 & 1 & 1 & 1 & 1 & 1 \\ 1 & -1 & 1 & -1 & 1 & -1 & 1 & -1 \\ 1 & 1 & -1 & -1 & 1 & 1 & -1 & -1 \\ 1 & -1 & -1 & 1 & 1 & -1 & -1 & 1 \\ 1 & 1 & 1 & 1 & -1 & -1 & -1 & -1 \\ 1 & -1 & 1 & -1 & -1 & 1 & -1 & 1 \\ 1 & 1 & -1 & -1 & -1 & -1 & 1 & 1 \\ 1 & -1 & -1 & 1 & -1 & 1 & 1 & -1 \end{bmatrix} \tag{2.3.7}$$

采用数学归纳法, 不难证明由 (2.3.6) 式确定的每一个 H_{2^k} 都是 Hadamard 矩阵.

现在将 Hadamard 矩阵与函数图示联系起来.

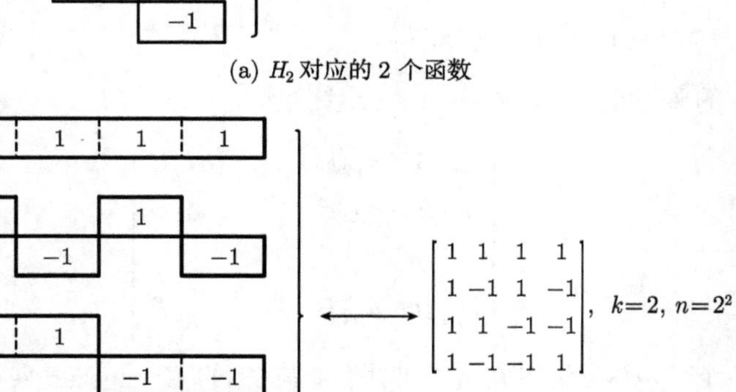

(a) H_2 对应的 2 个函数

(b) H_4 对应的前 4 个函数

图 2.3.5　H 次序的 Walsh 函数与 Hadamard 矩阵的对应关系

一方面, 当 $k=1$ 时, 取

$$H_2 = \begin{bmatrix} 1 & 1 \\ 1 & -1 \end{bmatrix}$$

另一方面, 将区间 $[0,1]$ 两等分, 分别取 H_2 第一行和第二行两个数, 分配给两个“半区间”, 则得到两个函数 (见图 2.3.5(a)). 当 $k=2$, 从 H_4 对应得到四个函数 (图 2.3.5(b)).

需要说明的是, 当已经确定了前 2^k 个 Hadamard 次序的 Walsh 函数, 进而考虑前 2^{k+1} 个 Walsh 函数的次序时, 并不意味着在前面 2^k 个的基础上, 接着再排出 2^k 个, 而是完全依照 $H_{2^{k+1}}$ 重新排列.

2.4 快速 Walsh 变换

快速 Walsh 变换, 因 Walsh 函数的排列次序不同而有不同的形式, 但算法的设计思想是一致的. 这里介绍快速 Walsh 变换的其中一种, 即所谓 Hadamard 变换, 采用文献 [7] 的叙述方式, 也可见文献 [8],[9],[12].

设 $x(0), x(1), x(2), \cdots, x(N-1)$ 为已知的输入数据; $X(0), X(1), X(2), \cdots, X(N-1)$ 为待求的输出数据. 从输入到输出的关系式

$$X(i) = \sum_{j=0}^{N-1} x(j)H_N(i,j), \quad i = 0, 1, 2, \cdots, N-1, \quad N = 2^n$$

为 Hadamard 次序的 Walsh 变换 (简称 Hadamard 变换). 其中, n 为正整数; 上式中的 $H_N(i,j)$ 是 N 阶 Hadamard 矩阵的第 i 行、第 j 列元素, 它要么为 1, 要么为 -1. 特别地, 当 $N = 8$ 时, 有式 (2.3.7) 所示的 Hadamard 矩阵 H_8. 记

$$\begin{aligned} x &= [x(0), x(1), x(2), \cdots, x(N-1)]^{\mathrm{T}} \\ X &= [X(0), X(1), X(2), \cdots, X(N-1)]^{\mathrm{T}} \end{aligned}$$

则由 Hadamard 矩阵的正交性质有

$$X = H_{2^n} x, \quad x = H_{2^n} X$$

将 $X = H_{2^n} x$ 右端求和拆成两个

$$\begin{aligned} X(i) &= \sum_{j=0}^{2^n-1} x(j)H_{2^n}(i,j) \\ &= \sum_{j=0}^{2^{n-1}-1} x(j)H_{2^n}(i,j) + \sum_{j=2^{n-1}}^{2^n-1} x(j)H_{2^n}(i,j) \\ &= \sum_{j=0}^{2^{n-1}-1} [x(j)H_{2^n}(i,j) + x(2^{n-1}+j)H_{2^n}(i, 2^{n-1}+j)] \\ & i = 0, 1, 2, \cdots, 2^n - 1 \end{aligned} \tag{2.4.1}$$

由 Hadamard 矩阵的递推式 (2.3.6), 左端四个分块矩阵中的左上、左下及右上三个是同一矩阵 H_{2^k}, 右下的矩阵为 $-H_{2^k}$, 因此矩阵元素按位置平移, 对 $0 \leqslant i, j \leqslant 2^{n-1}$

有

$$\begin{aligned} H_{2^n}(i,j) =& H_{2^n}(i,2^n+j) = H_{2^n}(2^n+i,j) \\ =& -H_{2^n}(2^n+i,2^n+j) = H_{2^{n-1}}(i,j) \end{aligned}$$

将式 (2.4.1) 的 $i=0,1,2,\cdots,2^n-1$ 改写为 $i=0,1,2,\cdots,2^{n-1}-1$, 而式 (2.4.1) 随之写成两个, 并化简得

$$\begin{aligned} X(i) =& \sum_{j=0}^{2^n-1}[x(j)+x(2^{n-1}+j)]H_{2^{n-1}}(i,j) \\ X(2^{n-1}+i) =& \sum_{j=0}^{2^n-1}[x(j)-x(2^{n-1}+j)]H_{2^{n-1}}(2^{n-1}+i,j) \\ & j=0,1,2,\cdots,2^{n-1}-1 \end{aligned} \tag{2.4.2}$$

如果记

$$\begin{aligned} x_1(j) =& x(j)+x(2^{n-1}+j) \\ x_1(2^{n-1}+j) =& x(j)-x(2^{n-1}+j), \quad j=0,1,2,\cdots,2^{n-1}-1 \end{aligned} \tag{2.4.3}$$

则式 (2.4.2) 可写为

$$\begin{aligned} X(i) =& \sum_{j=0}^{2^{n-1}} x_1(j)H_{2^{n-1}}(i,j) \\ X(2^{n-1}+i) =& \sum_{j=0}^{2^{n-1}} x_1(2^{n-1}+j)H_{2^{n-1}}(2^{n-1}+i,j) \\ & i=0,1,2,\cdots,2^{n-1}-1 \end{aligned}$$

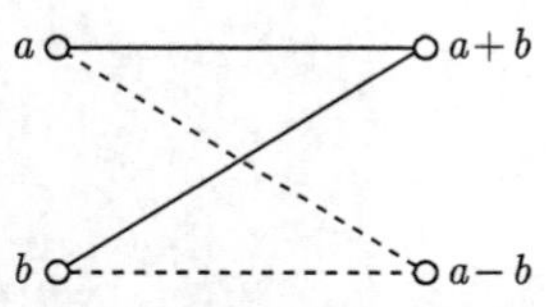

图 2.4.1 求和差得到两个新数据

这样一来, 就可以将 2^n 阶的矩阵计算转换成两个对 2^{n-1} 阶矩阵的计算, 这样的逐次减半的过程进行下去, 直到 1 阶矩阵的情形.

注意式 (2.4.3), 它表示对给定两个数的求和与求差, 得到两个新的数据, 示意如图 2.4.1.

因此, 针对 8 个原来数据, 首先计算

$$\begin{aligned} x_1(0) =& x(0)+x(4), \qquad x_1(4) = x(0)-x(4) \\ x_1(1) =& x(1)+x(5), \qquad x_1(5) = x(1)-x(5) \\ x_1(2) =& x(2)+x(6), \qquad x_1(6) = x(2)-x(6) \\ x_1(3) =& x(3)+x(7), \qquad x_1(7) = x(3)-x(7) \end{aligned}$$

由 $x_1(0), x_1(1), x_1(2), x_1(3)$, 以及 $x_1(4), x_1(5), x_1(6), x_1(7)$ 得到

$$\begin{cases} X(0) = x_1(0) + x_1(1) + x_1(2) + x_1(3) \\ X(1) = x_1(0) - x_1(1) + x_1(2) - x_1(3) \\ X(2) = x_1(0) + x_1(1) - x_1(2) - x_1(3) \\ X(3) = x_1(0) - x_1(1) - x_1(2) + x_1(3) \end{cases}$$

$$\begin{cases} X(4) = x_1(4) + x_1(5) + x_1(6) + x_1(7) \\ X(5) = x_1(4) - x_1(5) + x_1(6) - x_1(7) \\ X(6) = x_1(4) + x_1(5) - x_1(6) - x_1(7) \\ X(7) = x_1(4) - x_1(5) - x_1(6) + x_1(7) \end{cases}$$

按图 2.4.1 的算法, 实现下一步二分运算:

$$\begin{aligned} x_2(0) &= x_1(0) + x_1(2), \qquad & x_2(4) &= x_1(4) + x_1(6) \\ x_2(1) &= x_1(1) + x_1(3), & x_2(5) &= x_1(5) + x_1(7) \\ x_2(2) &= x_1(0) - x_1(2), & x_2(6) &= x_1(4) - x_1(6) \\ x_2(3) &= x_1(1) - x_1(3), & x_2(7) &= x_1(5) - x_1(7) \end{aligned}$$

这一步处理结果为

$$\begin{cases} X(0) = x_2(0) + x_2(1) \\ X(1) = x_2(0) - x_2(1) \end{cases} \qquad \begin{cases} X(4) = x_2(4) + x_2(5) \\ X(5) = x_2(4) - x_2(5) \end{cases}$$

$$\begin{cases} X(2) = x_2(2) + x_2(3) \\ X(3) = x_2(2) - x_2(3) \end{cases} \qquad \begin{cases} X(6) = x_2(6) + x_2(7) \\ X(7) = x_2(6) - x_2(7) \end{cases}$$

按接下去的二分运算:

$$\begin{aligned} x_3(0) &= x_2(0) + x_2(1), \qquad & x_3(4) &= x_2(4) + x_2(5) \\ x_3(1) &= x_2(0) - x_2(1), & x_3(5) &= x_2(4) - x_2(5) \\ x_3(2) &= x_2(2) + x_2(3), & x_3(6) &= x_2(6) + x_2(7) \\ x_3(3) &= x_2(2) - x_2(3), & x_3(7) &= x_2(6) - x_2(7) \end{aligned}$$

进一步的处理结果为

$$\begin{aligned} X(0) &= x_3(0), \qquad & X(4) &= x_3(4) \\ X(1) &= x_3(1), & X(5) &= x_3(5) \\ X(2) &= x_3(2), & X(6) &= x_3(6) \\ X(3) &= x_3(3), & X(7) &= x_3(7) \end{aligned}$$

上述计算过程可用图 2.4.2 作说明.

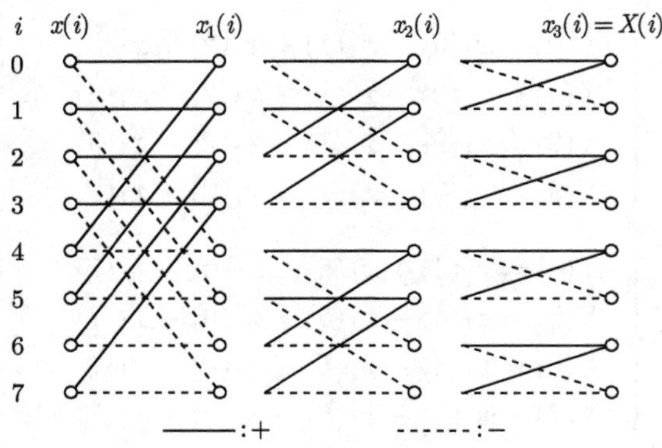

图 2.4.2　Hadamard 次序的快速 Walsh 变换流程

注意到以这种变换进行计算时, 计算的每一步都使计算规模比上一步减半, 从 $N=2^n$ 可见 $n=\log_2 N$, 每步计算要作 N 次加减法运算, 那么总计算量为 $N\log_2 N$.

2.5　Haar 函数

匈牙利数学家 Haar 于 1910 年提出了所谓的 Haar 函数, 它的定义如下[1]:

$$\mathrm{har}_0(0,t)=1,\quad 0\leqslant t\leqslant 1$$

$$\mathrm{har}_1(1,t)=\begin{cases}1, & 0\leqslant t<\dfrac{1}{2}\\ -1, & \dfrac{1}{2}\leqslant t\leqslant 1\end{cases}$$

$$\mathrm{har}_2(1,t)=\begin{cases}\sqrt{2}, & 0\leqslant t<\dfrac{1}{4}\\ -\sqrt{2}, & \dfrac{1}{4}\leqslant t\leqslant \dfrac{1}{2}\\ 0, & \text{在 } [0,1] \text{ 的其他点}\end{cases}$$

$$\mathrm{har}_2(2,t)=\begin{cases}\sqrt{2}, & \dfrac{1}{2}\leqslant t<\dfrac{3}{4}\\ -\sqrt{2}, & \dfrac{3}{4}\leqslant t\leqslant 1\\ 0, & \text{在 } [0,1] \text{ 的其他点}\end{cases}$$

一般地,

$$
\mathrm{har}_n(k,t)=\begin{cases}\sqrt{2^{n-1}}, & \dfrac{2k-2}{2^{n+1}}\leqslant t<\dfrac{2k-1}{2^{n+1}}\\ -\sqrt{2^{n-1}}, & \dfrac{2k-1}{2^{n+1}}\leqslant t\leqslant\dfrac{2k}{2^{n+1}}\\ 0, & \text{在 } [0,1] \text{ 的其他点}\end{cases}
$$

$$
n=1,2,\cdots,\quad k=1,2,3,\cdots,2^{n-1}
$$

按上述定义, Haar 函数的前 16 个如图 2.5.1 所示.

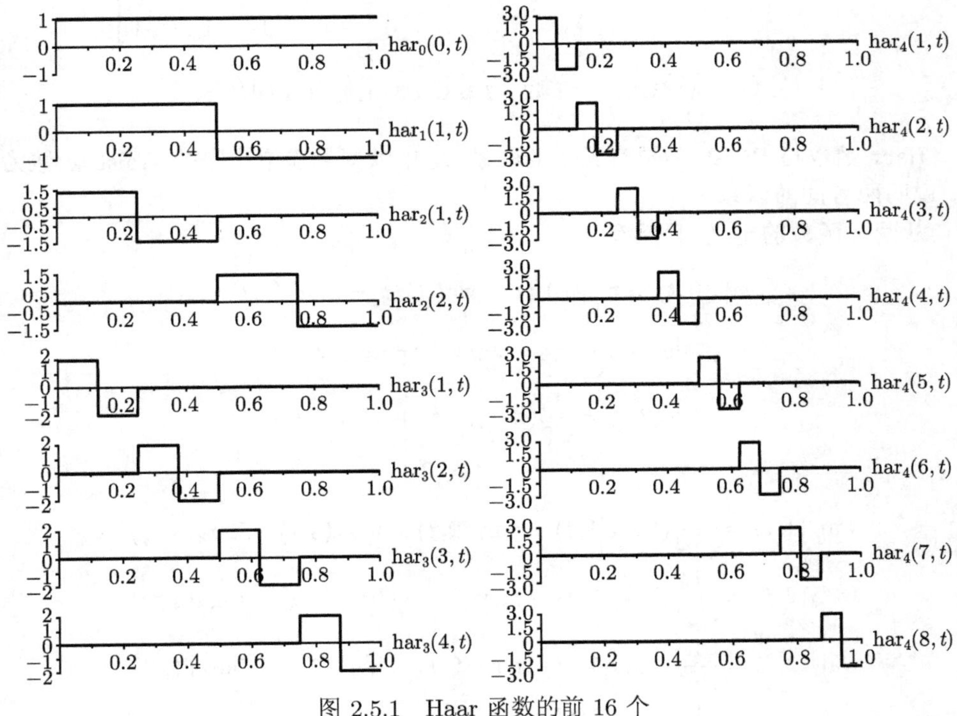

图 2.5.1 Haar 函数的前 16 个

Haar 函数定义中的 $\sqrt{2^{n-1}}$ 是为了使函数系规范化, 如果不考虑这些规范化系数, 则可以认为 Haar 函数是三值函数, 它的取值只有 1, 0, −1.

在前面 2.3 节, 将 Walsh 函数在各子区间上的取值排成矩阵, 可以称之为 Walsh 矩阵. 图 2.3.5 显示的就是 Walsh 函数相应的 Walsh 矩阵. 类似地, 可以显示 Haar 函数相应的 Haar 矩阵(不计规范化系数). 一阶与二阶的 Haar 矩阵与 Walsh 矩阵相同：

$$
[1],\qquad \begin{bmatrix}1 & 1\\ 1 & -1\end{bmatrix}
$$

4 阶以上的 Haar 矩阵与 Walsh 矩阵不同, Haar 矩阵的元素除了 1, −1, 还要出现 0. 4 阶、8 阶的 Haar 矩阵分别为

$$\begin{bmatrix}1&1&1&1\\1&1&-1&-1\\1&-1&0&0\\0&0&1&-1\end{bmatrix},\quad \begin{bmatrix}1&1&1&1&1&1&1&1\\1&1&1&1&-1&-1&-1&-1\\1&1&-1&-1&0&0&0&0\\0&0&0&0&1&1&-1&-1\\1&-1&0&0&0&0&0&0\\0&0&1&-1&0&0&0&0\\0&0&0&0&1&-1&0&0\\0&0&0&0&0&0&1&-1\end{bmatrix}$$

2.6 Walsh 函数与 Haar 函数的联系

Haar 函数与 Walsh 函数有紧密的联系, 这里以变号递增次序的 Walsh 函数为例, 说明两者间的联系.

从两类函数的定义, 显然有

$$\mathrm{wal}_0(0,t)=\mathrm{har}_0(0,t),\quad \mathrm{wal}_1(1,t)=\mathrm{har}_1(1,t),$$
$$\mathrm{wal}_2(1,t)=\frac{1}{\sqrt{2}}(\mathrm{har}_2(1,t)-\mathrm{har}_2(2,t))$$
$$\mathrm{wal}_2(2,t)=\frac{1}{\sqrt{2}}(\mathrm{har}_2(1,t)+\mathrm{har}_2(2,t))$$

以及

$$\mathrm{wal}_3(1,t)=\frac{1}{\sqrt{2^2}}(\mathrm{har}_3(1,t)-\mathrm{har}_3(2,t)+\mathrm{har}_3(3,t)-\mathrm{har}_3(4,t))$$
$$\mathrm{wal}_3(2,t)=\frac{1}{\sqrt{2^2}}(\mathrm{har}_3(1,t)-\mathrm{har}_3(2,t)-\mathrm{har}_3(3,t)+\mathrm{har}_3(4,t))$$
$$\mathrm{wal}_3(3,t)=\frac{1}{\sqrt{2^2}}(\mathrm{har}_3(1,t)+\mathrm{har}_3(2,t)-\mathrm{har}_3(3,t)-\mathrm{har}_3(4,t))$$
$$\mathrm{wal}_3(4,t)=\frac{1}{\sqrt{2^2}}(\mathrm{har}_3(1,t)+\mathrm{har}_3(2,t)+\mathrm{har}_3(3,t)+\mathrm{har}_3(4,t))$$

写成矩阵形式, 分别有

$$\begin{bmatrix}\mathrm{wal}_0(0,t)\\\mathrm{wal}_1(1,t)\end{bmatrix}=\begin{bmatrix}1&0\\0&1\end{bmatrix}\begin{bmatrix}\mathrm{har}_0(0,t)\\\mathrm{har}_1(1,t)\end{bmatrix}$$
$$\begin{bmatrix}\mathrm{wal}_2(1,t)\\\mathrm{wal}_2(2,t)\end{bmatrix}=\frac{1}{\sqrt{2}}\begin{bmatrix}1&-1\\1&1\end{bmatrix}\begin{bmatrix}\mathrm{har}_2(1,t)\\\mathrm{har}_2(2,t)\end{bmatrix}$$
$$\begin{bmatrix}\mathrm{wal}_3(1,t)\\\mathrm{wal}_3(2,t)\\\mathrm{wal}_3(3,t)\\\mathrm{wal}_3(4,t)\end{bmatrix}=\frac{1}{\sqrt{2^2}}\begin{bmatrix}1&-1&1&-1\\1&-1&-1&1\\1&1&-1&-1\\1&1&1&1\end{bmatrix}\begin{bmatrix}\mathrm{har}_3(1,t)\\\mathrm{har}_3(2,t)\\\mathrm{har}_3(3,t)\\\mathrm{har}_3(4,t)\end{bmatrix}$$

进而有

$$\begin{bmatrix} \text{wal}_4(1,t) \\ \text{wal}_4(2,t) \\ \text{wal}_4(3,t) \\ \text{wal}_4(4,t) \\ \text{wal}_4(5,t) \\ \text{wal}_4(6,t) \\ \text{wal}_4(7,t) \\ \text{wal}_4(8,t) \end{bmatrix} = \frac{1}{\sqrt{2^3}} \begin{bmatrix} 1 & -1 & 1 & -1 & 1 & -1 & 1 & -1 \\ 1 & -1 & 1 & -1 & -1 & 1 & -1 & 1 \\ 1 & -1 & -1 & 1 & -1 & 1 & 1 & -1 \\ 1 & -1 & -1 & 1 & 1 & -1 & -1 & 1 \\ 1 & 1 & -1 & -1 & 1 & 1 & -1 & -1 \\ 1 & 1 & -1 & -1 & -1 & -1 & 1 & 1 \\ 1 & 1 & 1 & 1 & -1 & -1 & -1 & -1 \\ 1 & 1 & 1 & 1 & 1 & 1 & 1 & 1 \end{bmatrix} \begin{bmatrix} \text{har}_4(1,t) \\ \text{har}_4(2,t) \\ \text{har}_4(3,t) \\ \text{har}_4(4,t) \\ \text{har}_4(5,t) \\ \text{har}_4(6,t) \\ \text{har}_4(7,t) \\ \text{har}_4(8,t) \end{bmatrix}$$

等等. 不难证明, 按照这样次序排列的 Walsh 函数, 是以 2 的方幂个函数分组, 用 Hadamard 矩阵从 Haar 函数得到. 由 Hadamard 矩阵的正交性知, Haar 函数也可以用 Walsh 函数通过 Hadamard 矩阵表示出来.

例 2.6.1 分段常数信号的正交展开.

设方波信号

$$F_1(t) = \begin{cases} -1, & 0 \leqslant t < \frac{1}{4} \\ 1, & \frac{1}{4} \leqslant t < \frac{1}{2} \\ -3, & \frac{1}{2} \leqslant t < \frac{3}{4} \\ 7, & \frac{3}{4} \leqslant t \leqslant 1 \end{cases}$$

则按 Walsh 展开, 有

$$\begin{aligned} F_1(t) =& \text{wal}_0(0,t) - \text{wal}_1(1,t) \\ & + 2\text{wal}_2(1,t) - 3\text{wal}_2(2,t) \end{aligned}$$

按 Haar 展开, 有

$$\begin{aligned} F_1(t) =& \text{har}_0(0,t) - \text{har}_1(1,t) \\ & - \frac{1}{\sqrt{2}}\text{har}_2(1,t) - \frac{5}{2}\text{har}_2(2,t) \end{aligned}$$

这是 4 个基函数的简单叠加, 见图 2.6.1.

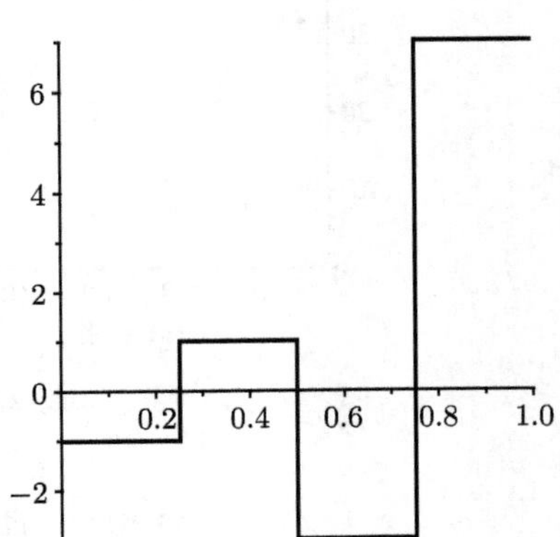

图 2.6.1 4 个基函数的简单叠加

例 2.6.2 如下含高频分量的信号:

$$F_2(t) = \text{wal}_1(1,t) + 3\text{wal}_3(4,t) - 2\text{wal}_4(3,t) + \frac{1}{10}\text{wal}_4(4,t)$$

$$F_3(t) = \text{har}_1(1,t) + \text{har}_3(3,t) + \frac{1}{10}\text{har}_4(4,t) - \text{har}_5(4,t) + \frac{1}{20}\text{har}_6(1,t)$$

它们的图示分别见图 2.6.2(a) 和 (b), 它们的频谱就是这两个函数中的系数.

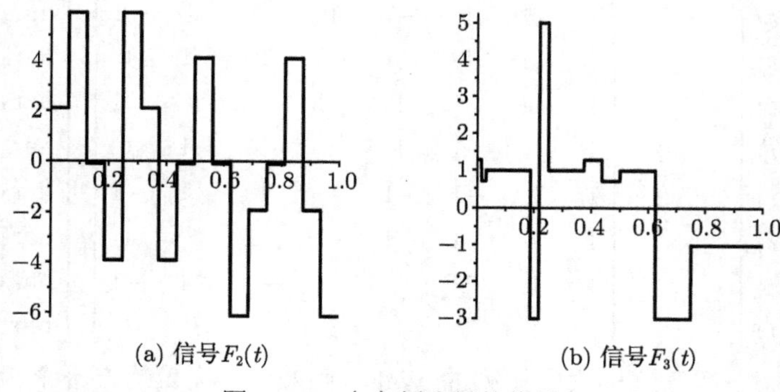

图 2.6.2　含高频分量的信号

例 2.6.3　设 $P_i = (\xi_i, \eta_i), i = 0, 1, 2, \cdots, N$ 为给定点集 (图 2.6.3(a)). 用 Haar 函数表达为

$$P(t) = \sum_{i=0}^{N} \lambda_i \mathrm{har}(i, t), \quad 0 < t \leqslant 1 \tag{2.6.1}$$

实际上, 这个点集已经给出, 现在将它表示成 (2.6.1) 式, 这样做的好处在于如此的正交表达可以得到点集的整体频谱信息(图 2.6.3(b)). 关于几何对象的整体正交表达问题, 将在第 8 章中详细讨论.

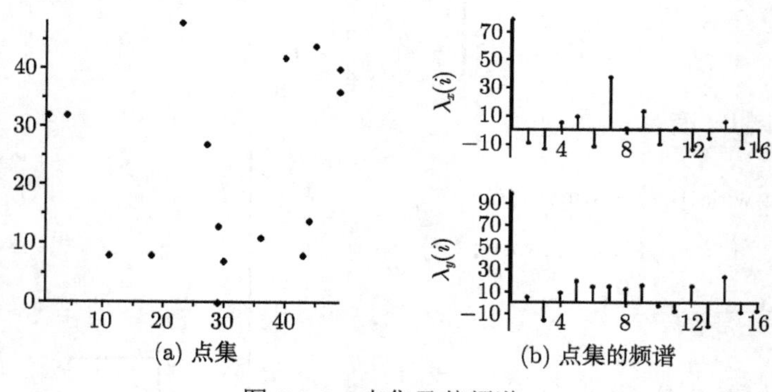

图 2.6.3　点集及其频谱

2.7　Walsh 函数与 Haar 函数的变体

从 Walsh 函数与 Haar 函数可以互相线性表示的事实可知, 只要给出其中一个函数的定义, 相应地就有另一个函数的定义, 并且还可以派生出其他许多 Walsh 或 Haar 类型的正交函数系. 从不同角度派生的函数系, 又常常记为不同的符号[12]. 下面以 Walsh 函数为例, 给出它的几种变体.

在三角函数中, 有正弦函数与余弦函数之分. Walsh 函数系也可以分为成两类 (见图 2.7.1 和图 2.7.2), 记为

$$\mathrm{sal}(j,t), \quad \mathrm{cal}(j,t), \quad j=0,1,2,3,\cdots,2^k-1$$

用三角函数与符号函数相结合的方式, 可以定义 Walsh 函数:

$$\mathrm{wal}(j,t)=\prod_{r=0}^{n-1}\mathrm{sgn}[\cos(j_r 2^r \pi t)], \quad 0 \leqslant t < 1$$

$$n=0,1,2,\cdots; \qquad j=0,1,2,\cdots,2^n-1$$

其中, j 的二进制记号为 $j=(j_{n-1}j_{n-2}\cdots j_2 j_1 j_0)_2$, $j_r \in \{0,1\}$,

$$\mathrm{sgn}(t)=\begin{cases}1, & t>0\\ 0, & t=0\\ -1, & t<0\end{cases}$$

图 2.7.1～ 图 2.7.5 给出了 Walsh 和 Haar 函数几种变体的前几个函数的示意图, 不难将每个示意图表示的函数延续画下去, 也容易结合这些图示给出表达公式, 并验证每种函数的正交性.

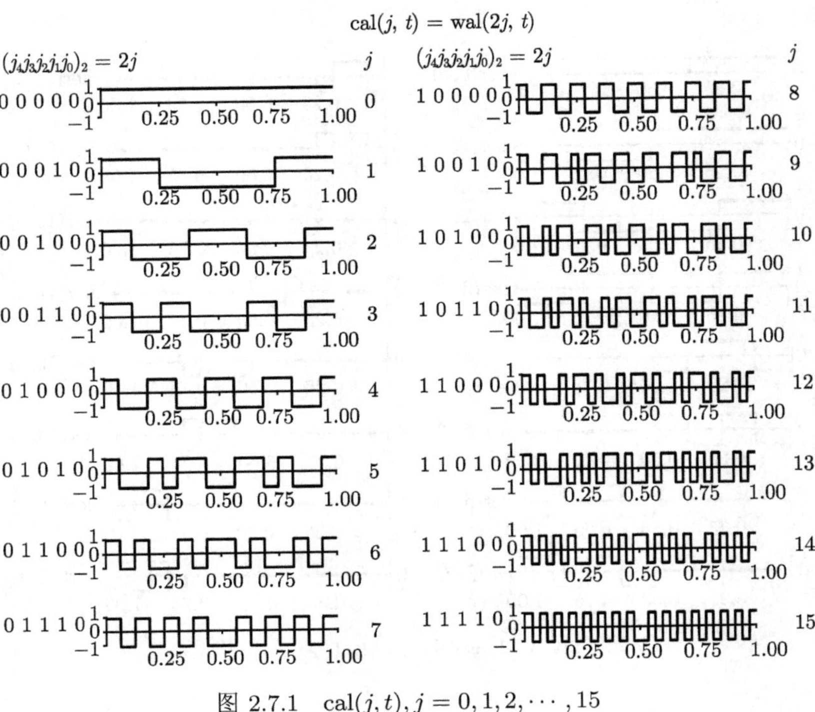

图 2.7.1 $\mathrm{cal}(j,t), j=0,1,2,\cdots,15$

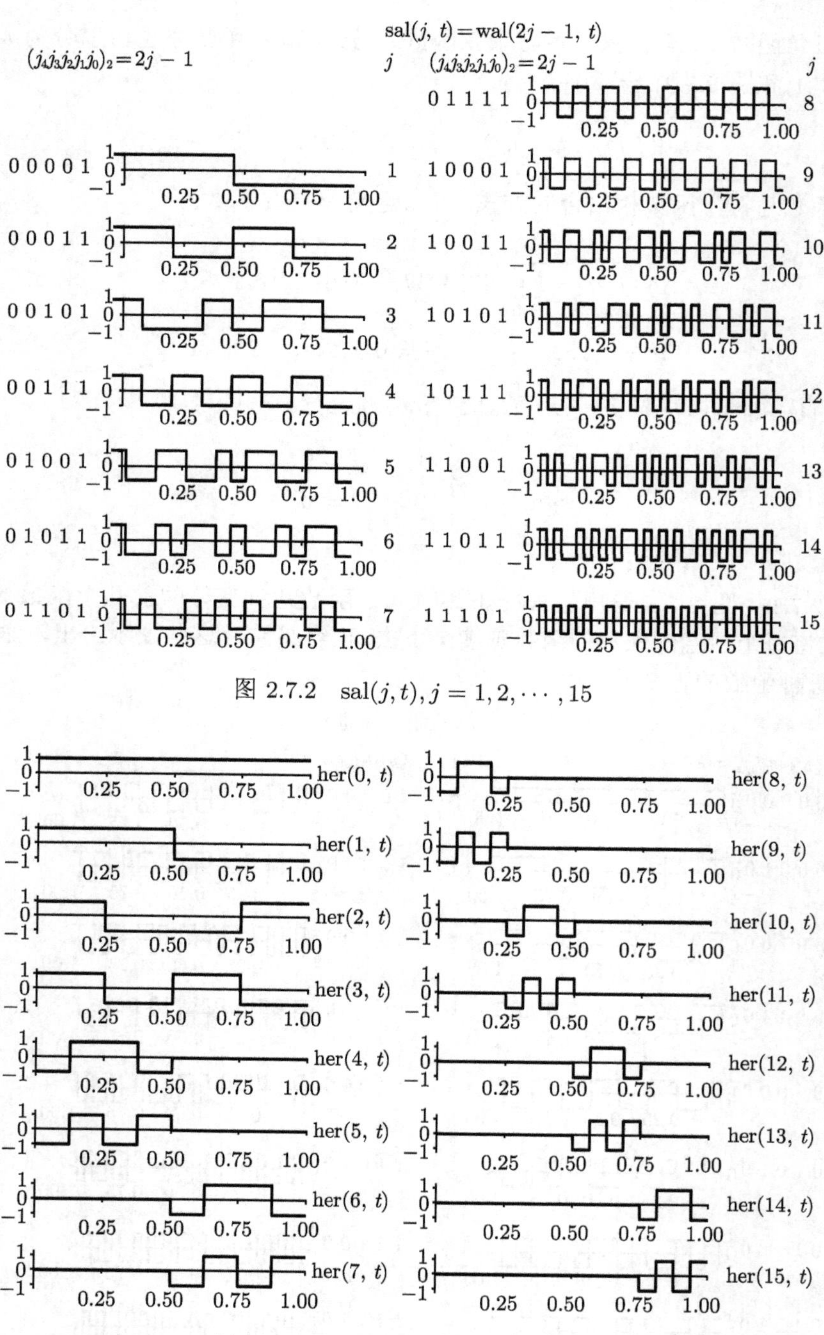

图 2.7.2　$\mathrm{sal}(j,t), j=1,2,\cdots,15$

图 2.7.3　$\mathrm{her}(j,t), j=0,1,2,\cdots,15$

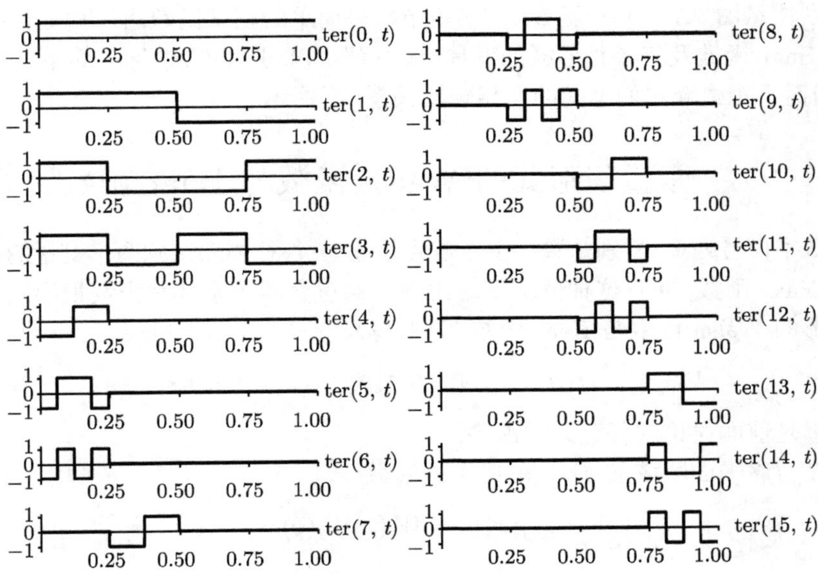

图 2.7.4 $\mathrm{ter}(j,t), j=0,1,2,\cdots,15$

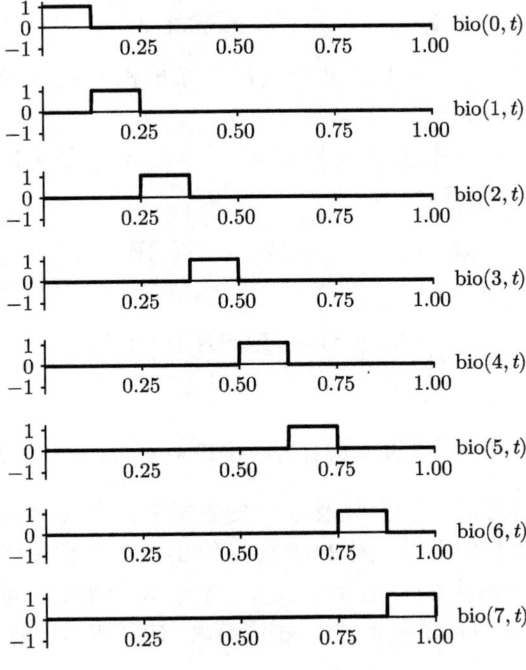

图 2.7.5 $\mathrm{bio}(j,t), j=0,1,2,\cdots,7$

特别注意图 2.7.5 所示函数组, 它是结构最简单的正交函数组. 事实上, Walsh 函数与 Haar 函数及其各种各样的变体, 每种都可以用 $\text{bio}(j,t)$ 这种简单方波线性表达, 因而不难建立它们之间的互相转换关系, 不赘述.

2.8 张量积形式的 Walsh 函数与 Haar 函数

在数字信号处理, 特别是数字图像信号处理中, 往往需要用到两个变量的 Walsh 函数和 Haar 函数, 并且这种情况下通常使用的正交函数系具有张量积形式. 设单变量情形的 Walsh 函数与 Haar 函数, 分别写为

$$W_j(t), \quad H_j(t), \qquad j=0,1,2,3,\cdots, \quad 0\leqslant t\leqslant 1$$

它们可以是前面讨论的任意某种次序.

现在考虑平面区域 $[0,1]\times[0,1]$ 上的函数

$$\varphi_{i,j}(x,y)=W_i(x)W_j(y)$$

及

$$\phi_{i,j}(x,y)=H_i(x)H_j(y)$$

其中

$$i=0,1,2,\cdots,2^m-1, \quad j=0,1,2,\cdots,2^n-1$$

分别称 $\{\varphi_{i,j}(x,y)\}$, $\{\phi_{i,j}(x,y)\}$ 为两个变量的张量积形式的 Walsh 函数与 Haar 函数.

定义在空间单位立方体 $[0,1]\times[0,1]\times[0,1]$ 上 3 个变量的张量积形式 Walsh 函数及 Haar 函数分别为

$$\varphi_{i,j,k}(x,y,z)=W_i(x)W_j(y)W_k(z)$$

及

$$\phi_{i,j,k}(x,y,z)=H_i(x)H_j(y)H_k(z)$$

其中

$$i=0,1,2,\cdots,2^m-1, \quad j=0,1,2,\cdots,2^n-1, \quad k=0,1,2,\cdots,2^s-1$$

图 2.8.1 和图 2.8.3 给出了 2 个变量及 3 个变量张量积形式 Walsh 函数 (变号数递增次序) 的前 64 个函数的图示. 图 2.8.2 分别给出了 2 个变量张量积形式 Haar 函数 (变号数递增次序) 的前 64 个函数的图示. 至于 3 个变量张量积形式 Haar 函数图像, 类似于 3 个变量的张量积形式 Walsh 函数, 有兴趣的读者可以自己尝试绘制出来.

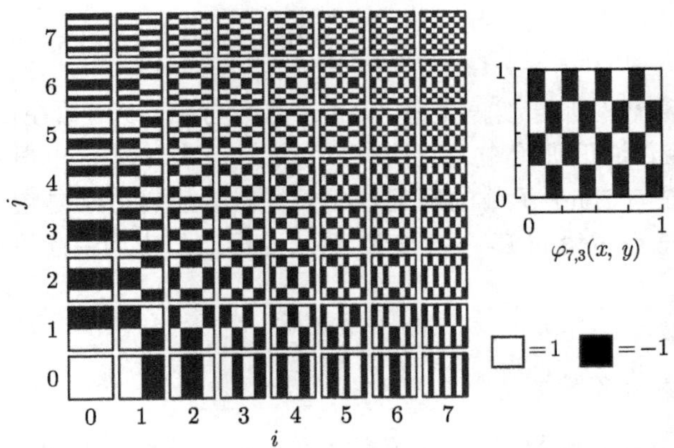

图 2.8.1 2 个变量张量积形式 Walsh 函数的前 64 个函数

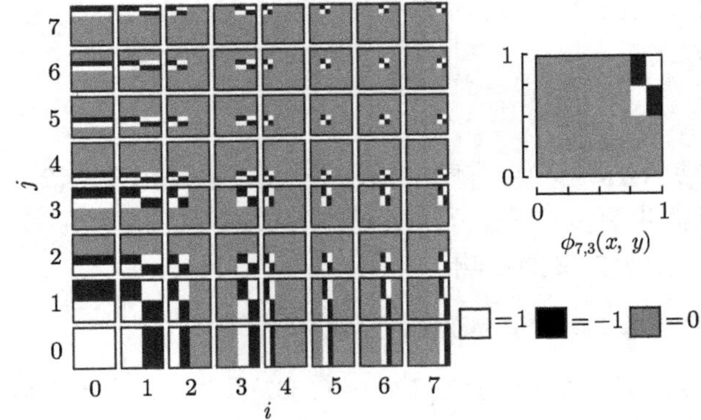

图 2.8.2 2 个变量张量积形式 Haar 函数系的前 64 个函数

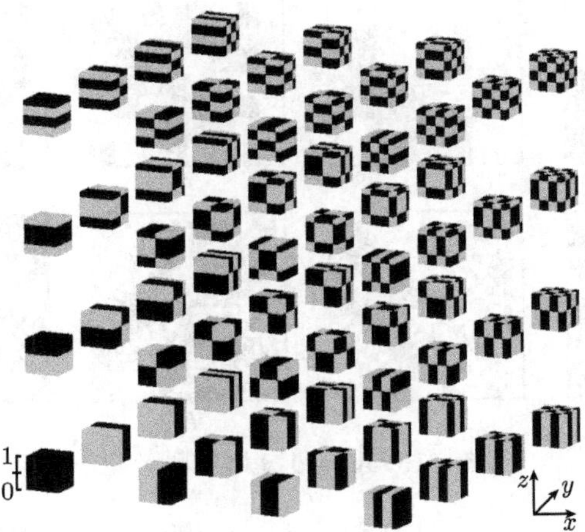

图 2.8.3 3 个变量张量积形式 Walsh 函数的前 64 个函数

小　　结

作为分段为常数的非连续正交系, Walsh 函数与 Haar 函数在信号处理中得到成功的应用. 在函数逼近理论中, 由于其逼近性能差, 并未显示出很突出的优势. 但是, 在 Walsh 函数与 Haar 函数的研究过程中提出的思想方法是宝贵的, 这些思想方法在本书后面重点讨论的 U-系统与 V-系统的形成与应用中起到重要的作用.

问题与讨论

1. Walsh 函数的多种定义

为了研究以 Walsh 函数与 Haar 函数为代表的非连续正交函数, 本章涉及模 2 加法、Gray 码、矩阵的 Kronecker 乘积、Hadamard 矩阵等, 其中每个问题都有独立的研究意义. 用这些知识给出 Walsh 函数的多种定义. 相应地, 后面 U-系统及 V-系统也有各种定义方式.

2. 关于 Gray 码

由 Gray 码导致 Gray 变换, 本章给出几种形式: (2.3.2) 式、(2.3.3) 式及 (2.3.5) 式, 实际上还可以派生更多. 试建立这类递推定义的所有情形, 并分析它们的相互关系以及对 Walsh 函数定义的影响.

3. Hadamard 猜想

Hadamard 矩阵的研究首见于 Sylvester(1867). Hadamard 矩阵的元素仅为 1 或 −1, 因此用黑或白两种颜色表示是自然而方便的, 参见下图.

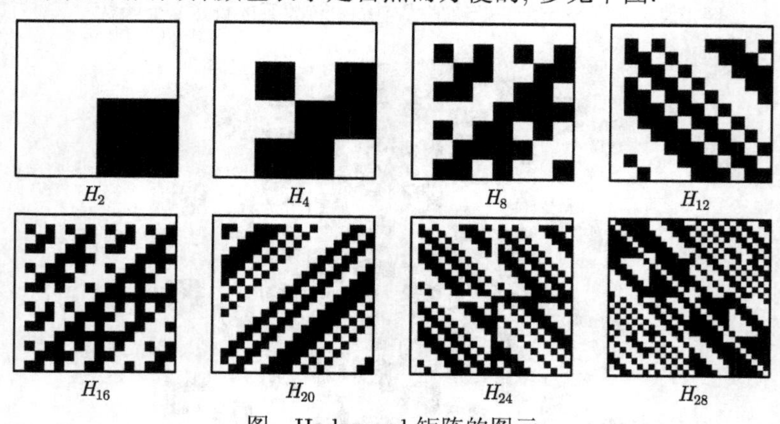

图　Hadamard 矩阵的图示

“$4k$ 阶的 Hadamard 矩阵一定存在” 这一论断, 至今尚属猜想. 虽然这一猜想尚未获得最后解决, 但已有的研究结论在实际应用中已显示了它的重要价值, 有兴趣的读者可参考文献 [11].

4. 信号生成的复制理论

本章介绍的 Walsh 函数及 Haar 函数, 其定义区间被逐次 2 等分, 子区间分点在 $\dfrac{q}{2^p}$(p, q 为正整数), 称为二进制复制. 可以用 p 进制复制信息.

将广义 Walsh 函数的复制生成方法与方块脉冲函数的移位方式相结合, 可以构造一类更为广泛的多值正交函数系, 称为广义桥函数[13].

通过平移或对称方法生成非正弦正交函数系的研究中, 利用 p 进制复制信息, 可以得到 Chrestenson 函数.

以混合进制广义 Walsh 函数的复制生成为例, 设 $N_0, N_1, \cdots, N_{m-1}, \cdots$ 为给定整数序列, $N_i > 1$, $i = 0, 1, 2, \cdots, m-1$. 所谓前 N 个混合 $(N_{m-1}, N_{m-2}, \cdots, N_2, N_1, N_0)$ 进制广义 Walsh 函数定义为

$$MW_k(t) = \mathrm{e}^{2j\pi \sum_{s=0}^{m-1} n_s t_s / N_s}, \quad t \in [0, 1)$$

其中 $N = N_0 N_1 N_2 \cdots N_{m-1}$, $k = 0, 1, 2, \cdots, N-1$,

$$n_s, t_s \in \{0, 1, \cdots, N_s - 1\}, \quad t = \sum_{\inf}^{s=0} t_s \left(\prod_{i=0}^{s} N_i\right)^{-1}, \quad k = \sum_{s=0}^{m-1} n_s \left(\prod_{i=0}^{s-1} N_i\right)$$

规定 $\prod_{-1}^{i=0} N_i = 1$(详见文献 [13]).

参 考 文 献

[1] Haar A. Zur theorei ber orhogonalen functionen systeme. *Math. Ann.*, 1910, 69: 331–371.

[2] Walsh J L. A closed of normal orthogonal functions. *Amer. J. Math.*, 1923, 45: 5–24.

[3] Franklin P. A set of continuous orthogonal functions. *Math. Ann.*, 1928, 100: 522–529.

[4] Swick D A. Walsh function generation. *IEEE Trans. Inform. Theory*, 1969, 15(1): 167.

[5] 张其善, 张有光. 桥函数理论及其应用. 北京: 国防工业出版社, 1992.

[6] Zhang Q H, Li Z H. Introduction to bridge functions. *IEEE Trans EMC*, 1983, 25(4): 459–464.

[7] 王能超. 算法演化论. 北京: 高等教育出版社, 2008.

[8] (英)Beauchamp K G. 沃尔什函数及其应用. 常迥译. 北京: 科学出版社, 1980.

[9] 柳重堪. 正交函数及其应用. 北京: 国防工业出版社, 1982.

[10] 陈伟人, 常迥. 广义拉德梅克函数. 应用数学学报, 1985, 8(3): 257–267.

[11] Yu D, Damaraju R. Hadamard matrix methods in identifying differentially expressed genes from microarray experiments. *Journal of Statistical Planning and Inference*, 2008, 138(1): 47–55.

[12] Harmuth H F. 序率理论基础与应用. 张其善等译. 北京: 人民邮电出版社, 1980.

[13] 王刚, 张其善. 一种新型非正弦函数 —— 混合进制广义桥函数的复制生成算法及其主要性质. 中国科学 E 辑 (信息科学), 2005, 35(10): 1064–1071.

第 3 章　正交样条函数

计算辅助几何设计中, 采用分段多项式 (特别是样条函数) 的数学工具表达几何对象是目前最基本的方式之一. 人们熟知的 Bernstein 多项式、B-样条、NURBS 曲线等等, 所采用的基函数不是正交的. 为了研究几何造型的正交重构问题, 本章关注具有正交性的基函数.

正交多项式有许多直接应用, 但高次多项式总不及低次的计算简单, 于是自然要问, 如果将区间划分为若干个子区间, 在每个子区间上定义一个有限次数的多项式, 在整个区间上是一个样条函数, 那么能否构造这样的具有正交性的样条函数系列? 本章将讨论这一问题.

3.1　正交的折线 (1 次样条) 函数系

对等距结点的情形, k 次 B-样条基函数的表达式为 (见 1.8.8 节)

$$\Omega_k(x) = \frac{1}{k!}\bar{\Delta}^{k+1}x_+^k = \frac{1}{k!}\sum_{j=0}^{k+1}(-1)^j\binom{k+1}{j}\left(\frac{k+1}{2}-j-|x|\right)_+^k \tag{3.1.1}$$

其中

$$(u)_+^m = \begin{cases} u^m, & u \geqslant 0 \\ 0, & u < 0 \end{cases}$$

为截断单项式记号.

在样条插值或拟合中, 通常在 x_i 处给定 y_i, 其中

$$0 = x_0 < x_1 < x_2 < \cdots < x_n = 1, \quad x_j = x_0 + jh, \quad j = 0, 1, 2, \cdots, n$$

采用的基函数为

$$\Omega_k\left(\frac{x-x_0}{h}\right), \Omega_k\left(\frac{x-x_1}{h}\right), \cdots, \Omega_k\left(\frac{x-x_n}{h}\right)$$

$\Omega_k(x)$ 的支集为 $\left(-\dfrac{k+1}{2}, \dfrac{k+1}{2}\right)$, 结点集合为

$$\left\{-\frac{k+1}{2}, -\frac{k-1}{2}, \cdots, \frac{k-1}{2}, \frac{k+1}{2}\right\}.$$

为方便起见, 将上述区间 [0,1] 的分割改写为

$$0 = x_{-n} < x_{-n+1} < \cdots < x_{-1} < x_0 < x_1 < \cdots < x_m = 1$$

且延拓结点为 x_{-n-1} 及 x_{m+1} , 记

$$h = x_j - x_{j-1} = \frac{1}{m+n}, \quad j = -n, -n+1, \cdots, m+1$$

下面首先考虑 $k=1$, 即正交 1 次样条函数的情形.

通过 1 次样条基本函数 $\Omega_1(x)$ 的平移与压缩, 得到如下 $m+n+1$ 个函数, 记为

$$B_i(x) = \Omega_1\left(\frac{x - x_i}{h}\right), \quad i = -n, -n+1, \cdots, m$$

它们构成 [0,1] 上以 $\{x_i\}$ 为结点的 1 次样条函数的基. 显然, 这组基并不是正交的, 现在的任务是将它正交化.

用 B_j 简记 $B_j(x)$, P_j 简记 $P_j(x)$, 且 $\{P_j\}$ 为待求的正交函数系. 首先, 取 $P_{-n} = B_{-n}$. 令

$$P_k = B_k - a_{k-1}P_{k-1}, \quad k = -n+1, -n+2, \cdots, -1 \tag{3.1.2}$$

注意 P_k, B_k 的支集, 有 $\langle P_{k-2}, B_k\rangle = 0$, 因而从式 (3.1.2) 得到

$$\langle P_{k-1}, B_k\rangle = \langle B_{k-1}, B_k\rangle$$

又由于 P_k 与 P_{k-1} 正交, 所以

$$\begin{aligned} 0 &= \langle P_k, P_{k-1}\rangle = \langle B_k, B_{k-1}\rangle - a_{k-1}\langle P_{k-1}, P_{k-1}\rangle \\ a_{k-1} &= \frac{\langle B_k, P_{k-1}\rangle}{\langle P_{k-1}, P_{k-1}\rangle} = \frac{\langle B_{k-1}, B_k\rangle}{\langle P_{k-1}, P_{k-1}\rangle} \end{aligned} \tag{3.1.3}$$

引入记号 $\xi_k = \langle B_k, B_k\rangle, \eta_k = \langle B_k, B_{k+1}\rangle$ 及 $\lambda_k = \langle P_k, P_k\rangle$. 从式 (3.1.3) 有 $a_{k-1}\lambda_{k-1} = \eta_{k-1}$, 再利用式 (3.1.2) 得到

$$\lambda_k = \langle P_k, P_k\rangle = \langle B_k, B_k\rangle - 2a_{k-1}\langle B_k, P_{k-1}\rangle + a_{k-1}^2\langle P_{k-1}, P_{k-1}\rangle$$

注意式 ξ_k, η_k 记号, 上式改写为

$$\lambda_k = \xi_k - 2a_{k-1}\eta_{k-1} + a_{k-1}(a_{k-1}\lambda_{k-1})$$

即

$$\lambda_k = \xi_k - a_{k-1}\eta_{k-1}$$

因为 $\lambda_{-n} = \langle P_{-n}, P_{-n}\rangle = \langle B_{-n}, B_{-n}\rangle = \xi_{-n}$, 所以得到待定系数 $a_{-n}, a_{-n+1}, a_{-n+2}, \cdots, a_{-2}$ 的递推公式:

$$
\begin{aligned}
a_{-n} &= \frac{\eta_{-n}}{\lambda_{-n}} = \frac{\eta_{-n}}{\xi_{-n}} \\
a_k &= \frac{\eta_k}{\lambda_k} = \frac{\eta_k}{\xi_k - a_{k-1}\eta_{k-1}}, \quad k = -n+1, -n+2, \cdots, -2
\end{aligned}
\tag{3.1.4}
$$

注意 B_k 的支集, 容易计算

$$
\begin{aligned}
\xi_{-n} &= \langle B_{-n}, B_{-n}\rangle = \int_0^1 B_{-n}^2(x)\mathrm{d}x = \int_0^{\frac{1}{m+n}} B_{-n}^2(x)\mathrm{d}x \\
&= \frac{1}{m+n}\int_0^1 (1-t)^2\mathrm{d}t = \frac{1/3}{m+n} \\
\eta_{-n} &= \langle B_{-n}, B_{-n+1}\rangle = \frac{1}{m+n}\int_0^1 t(1-t)\mathrm{d}t = \frac{1/6}{m+n} \\
\xi_k &= \langle B_k, B_k\rangle = \frac{2/3}{m+n} \\
\eta_k &= \langle B_k, B_{k+1}\rangle = \frac{1/6}{m+n}, \quad k = -n+1, -n+2, \cdots, -2
\end{aligned}
$$

这样 (3.1.4) 式化简为

$$
a_{-n} = \frac{1}{2}, \quad a_k = \frac{1}{4 - a_{k-1}}, \qquad k = -n+1, \cdots, -2 \tag{3.1.5}
$$

至此, 得到了 $P_{-n}, P_{-n+1}, \cdots, P_{-1}$. 完全类似地, 令 $P_m = B_m$, $P_k = B_k - a_{k+1}P_{k+1}$, $k = m-1, m-2, \cdots, 1$. 从而得到

$$
\begin{aligned}
a_m &= \frac{\eta_m}{\xi_m} \\
a_k &= \frac{\eta_k}{\xi_k - a_{k+1}\eta_{k+1}}
\end{aligned}
$$

进而

$$
a_m = \frac{1}{2}, \quad a_k = \frac{1}{4 - a_{k+1}}, \qquad k = m-1, m-2, \cdots, 2 \tag{3.1.6}
$$

于是得到了函数 $P_m, P_{m-1}, \cdots, P_1$, 且它们的每一个与 $P_{-n}, P_{-n+1}, \cdots, P_{-1}$ 的每一个是正交的. 至于 P_0, 将它写成如下形式:

$$
P_0 = B_0 - a_{-1}P_{-1} - a_1 P_1 \tag{3.1.7}
$$

于是, 从函数的有限支集性质知, P_0 与 $P_{-n}, P_{-n+1}, \cdots, P_2$ 及 $P_m, P_{m-1}, \cdots, P_2$ 都是正交的. 当我们要求 P_0 与 P_{-1} 及 P_0 与 P_1 正交, 即满足 $\langle P_0, P_{-1}\rangle = \langle P_0, P_1\rangle = 0$,

从式 (3.1.7) 及 P_1 与 P_{-1} 的正交性, 得到

$$a_{-1}=\frac{1}{4-a_{-2}},\quad a_1=\frac{1}{4-a_2}$$

总之, 得到了 $[0,1]$ 上以 x_i 为结点的 1 次样条函数空间的一组正交基 $\{P_j(x)\}$, $j=-n,-n+1,\cdots,-1,0,1,2,\cdots,m$ (其中 $x_i=\dfrac{i}{m+n}$, $i=0,1,\cdots,m+n$).

例 3.1.1　令 $m=1, n=1$. 这时, 由 (3.1.5) 式与 (3.1.6) 式得到 $a_{-1}=a_1=\dfrac{1}{2}$, 于是有 $[0,1]$ 上三个函数组成的一个正交系:

$$\begin{aligned}
&P_{-1}(x)=B_{-1}(x)\\
&P_0(x)=B_0(x)-\frac{1}{2}(B_{-1}(x)+B_1(x))\\
&P_1(x)=B_1(x)
\end{aligned}$$

例 3.1.2　令 $m=2, n=2$. 这时, 由 (3.1.5) 式与式 (3.1.6) 得到

$$a_{-2}=a_2=\frac{1}{2},\quad a_{-1}=a_1=\frac{2}{7}$$

于是有 $[0,1]$ 上的正交系, 它由 5 个函数组成:

$$\begin{aligned}
&P_{-2}(x)=B_{-2}(x)\\
&P_{-1}(x)=B_{-1}(x)-\frac{1}{2}B_{-2}(x)\\
&P_0(x)=B_0(x)-\frac{2}{7}(P_{-1}(x)+P_1(x))\\
&P_1(x)=B_1(x)-\frac{1}{2}B_2(x)\\
&P_2(x)=B_2(x)
\end{aligned}$$

例 3.1.3　令 $m=3$, $n=3$. 此时 $a(-3)=a_3=\dfrac{1}{2}$, $a(-2)=a_2=\dfrac{2}{7}$, $a(-1)=a_1=\dfrac{7}{26}$, 于是区间 $[0,1]$ 上由 7 个函数组成的正交系为

$$\begin{aligned}
&P_{-3}(x)=B_{-3}(x)\\
&P_{-2}(x)=B_{-2}(x)-\frac{1}{2}B_{-3}(x)\\
&P_{-1}(x)=B_{-1}(x)-\frac{2}{7}P_{-2}(x)\\
&P_0(x)=B_0(x)-\frac{7}{26}(P_{-1}(x)+P_1(x))\\
&P_1(x)=B_1(x)-\frac{2}{7}P_2(x)
\end{aligned}$$

$$P_2(x) = B_2(x) - \frac{1}{2}B_3(x)$$
$$P_3(x) = B_3(x)$$

以上的例子给出的函数系的图像如图 3.1.1 所示.

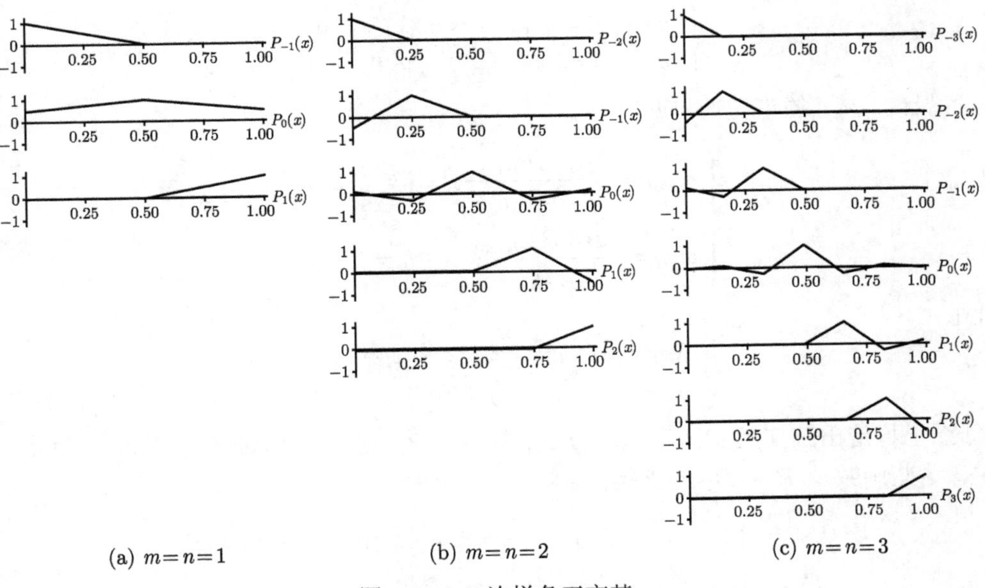

图 3.1.1　1 次样条正交基

3.2　$k(k>1)$ 次正交样条函数系

可以把前一节 1 次正交样条函数的构造过程推广到高次的情形. 这里, 以 3 次样条情形为例叙述求解的主要过程.

令 $\{B_k\}$ 为 3 次基本样条函数,

$$B_k(x) = \Omega_3\left(\frac{x-x_k}{\Delta x}\right), \quad \Delta x = \frac{1}{m+n}, \quad x_k = x_{k-1} + \Delta x$$
$$k = -n+1, \cdots, -2, -1, 0, 1, \cdots, m, m+1$$

设

$$\begin{cases} P_{-i} = B_{-i} - \sum\limits_{l=1}^{3} a_{-i,l}P_{-i-l}, & i = n+1, \cdots, 2 \\ P_j = B_j - \sum\limits_{h=1}^{3} a_{j,h}P_{i+h}, & j = m+1, \cdots, 2 \end{cases}$$

其中

$$\begin{cases} a_{-n-1,1}=a_{-n-1,2}=a_{-n-1,3}=0 \\ a_{-n,2}=a_{-n,3}=a_{-n+1,3}=0 \end{cases}$$

及

$$\begin{cases} a_{m+1,1}=a_{m+1,2}=a_{m+1,3}=0 \\ a_{m,2}=a_{m,3}=a_{m-1,3}=0 \end{cases}$$

为了保证 $\{P_k\}$ 的正交性, 应有

$$\begin{cases} a_{-i,l}=\dfrac{\langle B_{-i},P_{-i-l}\rangle}{\lambda_{-i-l}}, & l=1,2,3 \\ a_{j,h}=\dfrac{\langle B_j,P_{j+h}\rangle}{\lambda_{j+h}}, & h=1,2,3 \end{cases}$$

其中

$$\begin{cases} \lambda_{-i}=\|P_{-i}\|^2, & i=n+1,\cdots,2 \\ \lambda_j=\|P_j\|^2, & j=m+1,\cdots,2 \end{cases}$$

至此, 已构造出正交组 $P_{-n},P_{-n+1},P_{-2},P_2,\cdots,P_m$. 需要再引进 P_{-1},P_0,P_1. 为此, 注意这些函数及 B_{-1},B_1 的支集, 定义

$$\hat{P}_{-1}=B_{-1}-a_{-1,1}P_{-2}-a_{-1,2}P_{-3}-a_{-1,3}P_{-4}-a_{-1,4}P_2$$
$$\hat{P}_1=B_1-a_{1,1}P_2-a_{1,2}P_3-a_{1,3}P_4-a_{1,4}P_{-2}$$

其中 8 个待定系数由条件

$$\hat{P}_{-1}\perp\{P_{-2},P_{-3},P_{-4},P_2\},\quad \hat{P}_1\perp\{P_2,P_3,P_4,P_{-2}\}$$

确定. 为使正交样条具有对称性, 取

$$P_{-1}=\hat{P}_{-1}-\alpha\hat{P}_1$$
$$P_1=\hat{P}_1-\alpha\hat{P}_{-1}$$

其中 α 为下列二次方程的较小的根:

$$(\alpha^2+1)\langle\hat{P}_{-1},\hat{P}_1\rangle=\alpha(\|\hat{P}_{-1}\|^2+\|\hat{P}_1\|^2)$$

为了给出 P_0, 令

$$P_0=B_0-a_{0,-3}P_{-3}-a_{0,-2}P_{-2}-a_{0,-1}P_{-1}-a_{0,1}P_1-a_{0,2}P_2-a_{0,3}P_3$$

其中系数由下述条件确定:

$$\hat{P}_0\perp\{P_{-3},P_{-2},P_{-1},P_1,P_2,P_3\}$$

类似于 1 次样条的情形, 可建立系数 $\{a_{i,j}\}$ 的递推关系. 在这些递推关系式中, 包含 3 次基本样条 $\{B_i\}$ 之间的内积, 详细推导留给读者完成.

这类正交样条函数的构造首见于 Innocenti, Mason, Rodriguez, 及 Seatzu 等的研究, 详见文献 [1].

3.3 Franklin 函数系及其推广

如上节所述, 从 B-样条基函数出发, 通过 Schmidt 正交化过程, 可以得到区间 $[0,1]$ 上的一类正交样条函数系. 实际上, 不一定选择 B-样条基函数. 本节将引入 Franklin 函数系, 然后在下一节将 Franklin 函数系从原来含义的 1 次的简单情形推广到任意 k 次的一般情形.

1928 年, 由 Franklin 给出区间 $[0,1]$ 上一个分段线性 (即折线) 的正交函数系, 详见文献 [2], 分段点在区间 $[0,1]$ 的 2 的方幂等分点处. 选用线性无关的函数组:

$$\begin{aligned}
&\varphi_0(x)=1, \quad \varphi_1(x)=x \\
&\varphi_n(x)=(x-a_n)_+=\begin{cases} x-a_n, & x>a_n \\ 0, & x\leqslant a_n \end{cases} \\
&n=2,3,\cdots, \quad 0<x<1
\end{aligned} \tag{3.3.1}$$

其中 $a_n=\dfrac{(2n-1-2^m)}{2^m}$, m 为不超过 $2n-1$ 的 2 的最高方幂指数. 这就是说, 区间 $[0,1]$ 的剖分点依次为

$$\frac{1}{2},\frac{1}{4},\frac{3}{4},\frac{1}{8},\frac{3}{8},\frac{5}{8},\frac{7}{8},\frac{1}{16},\frac{3}{16},\frac{5}{16},\frac{7}{16},\frac{9}{16},\frac{11}{16},\frac{13}{16},\frac{15}{16},\cdots \tag{3.3.2}$$

所谓 Franklin 函数系, 就是将 (3.3.1) 式所示的线性无关函数组正交化得到的折线函数系. 当 $m=3$, $N=2^m=8$ 时, 它的前 9 个函数的图像见图 3.3.2. 用 1946 年出现而沿用至今的术语“样条函数”, Franklin 函数系就是一个正交的 1 次样条函数系.

为了推广 Franklin 函数系, 首先回头看 $k=0$ 的情形. 这时, 作为出发点的线性无关函数组选为

$$\begin{aligned}
&\varphi_0(x)=1 \\
&\varphi_n(x)=(x-a_n)_+^0=\begin{cases} (x-a_n)^0=1, & x-a_n>0 \\ 0, & x-a_n\leqslant 0 \end{cases} \\
&n=1,2,3,\cdots, \quad 0\leqslant x\leqslant 1
\end{aligned}$$

将区间 $[0,1]$ 上的线性无关函数组 $\{\varphi_n(x)\}$ 正交化, 得到的正交函数组恰为区间 $[0,1]$ 上的 Haar 函数系 (见图 3.3.1).

蔡占川等将 Franklin 函数系从分段线性推广到任意 k 次, 得到 k 次 $(k>1)$ Franklin 函数系, 也称为 GF 函数系, 其构造过程详见 [3], 简述如下.

为了便于记录函数的分段规律, 将函数序列分组排列, 引入记号 $\{\varphi_{k,n}^j\}$, 以表示用截断单项式表达的线性无关函数系列. 用 $\{F_{k,n}^j(x)\}$ 表示 k 次 Franklin 函数的第 n 组的第 j 个函数, $j=1,2,\cdots,2^{n-2}$, $n=2,3,4,\cdots$. Haar 函数系对应 $k=0$, 在这里表示为 $\{F_{0,n}^j(x)\}$; 原来 Franklin 函数系对应 $k=1$, 表示为 $\{F_{1,n}^j\}$.

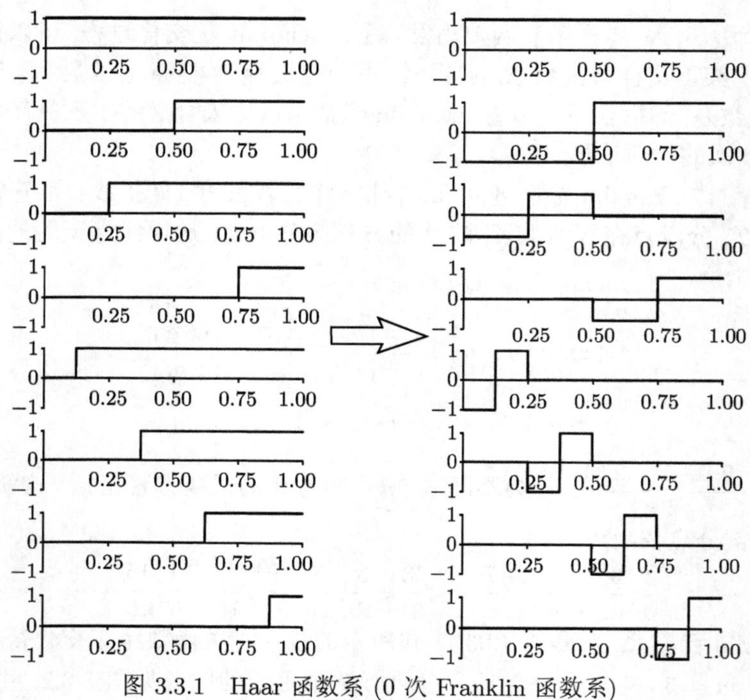

图 3.3.1 Haar 函数系 (0 次 Franklin 函数系)

GF 系统的构造过程中, 按 (1.8.3) 式选取 $\{\varphi_{k,n}^j\}$, 即依序选取如下各组函数构成的函数系列:

第 1 组:

$$\begin{cases} \varphi_{k,1}^1(x)=1, \\ \varphi_{k,1}^2(x)=x, \\ \quad\vdots \\ \varphi_{k,1}^{k+1}(x)=x^k; \end{cases} \qquad x\in[0,1]$$

第 2 组:

$$\varphi_{k,2}^1(x)=\left(x-\frac{1}{2}\right)_+^k, \quad x\in[0,1]$$

第 3 组:

$$\begin{cases} \varphi_{k,3}^1(x) = \left(x - \dfrac{1}{4}\right)_+^k, \\ \varphi_{k,3}^2(x) = \left(x - \dfrac{3}{4}\right)_+^k, \end{cases} \quad x \in [0,1]$$

按 (3.3.2) 式所示规则, 有

第 4 组:

$$\begin{cases} \varphi_{k,4}^1(x) = \left(x - \dfrac{1}{8}\right)_+^k, \\ \varphi_{k,4}^2(x) = \left(x - \dfrac{3}{8}\right)_+^k, \\ \varphi_{k,4}^3(x) = \left(x - \dfrac{5}{8}\right)_+^k, \\ \varphi_{k,4}^4(x) = \left(x - \dfrac{7}{8}\right)_+^k, \end{cases} \quad x \in [0,1]$$

$$\cdots\cdots$$

依此类推. 将这个函数系列正交化得到 $\{F_{k,n}^j\}$, $j = 1, 2, \cdots, 2^{n-2}$, $n = 2, 3, 4, \cdots$.

$k = 1$:

$$F_{1,1}^1(x) = 1, \quad 0 \leqslant x \leqslant 1$$

$$F_{1,1}^2(x) = \sqrt{3}(2x - 1), \quad 0 \leqslant x \leqslant 1$$

$$F_{1,2}^1(x) = \begin{cases} \sqrt{3}(1 - 4x), & 0 \leqslant x < \dfrac{1}{2} \\ \sqrt{3}(4x - 3), & \dfrac{1}{2} \leqslant x \leqslant 1 \end{cases}$$

$$F_{1,3}^1(x) = \begin{cases} \dfrac{-\sqrt{33}}{11}(38x - 5), & 0 \leqslant x < \dfrac{1}{4} \\ \dfrac{\sqrt{33}}{11}(26x - 11), & \dfrac{1}{4} \leqslant x < \dfrac{1}{2} \\ \dfrac{-\sqrt{33}}{11}(6x - 5), & \dfrac{1}{2} \leqslant x \leqslant 1 \end{cases}$$

$$F_{1,3}^2(x) = \begin{cases} \dfrac{-\sqrt{231}}{77}(12x - 1), & 0 \leqslant x < \dfrac{1}{4} \\ \dfrac{\sqrt{231}}{77}(36x - 11), & \dfrac{1}{4} \leqslant x < \dfrac{1}{2} \\ \dfrac{-\sqrt{231}}{77}(76x - 45), & \dfrac{1}{2} \leqslant x < \dfrac{3}{4} \\ \dfrac{\sqrt{231}}{77}(100x - 87), & \dfrac{3}{4} \leqslant x \leqslant 1 \end{cases}$$

$$\cdots\cdots$$

$k=2$:

$$F_{2,1}^1(x)=1,\quad 0\leqslant x\leqslant 1$$

$$F_{2,1}^2(x)=\sqrt{3}(2x-1),\quad 0\leqslant x\leqslant 1$$

$$F_{2,1}^3(x)=\sqrt{5}(6x^2-6x+1),\quad 0\leqslant x\leqslant 1$$

$$F_{2,2}^1(x)=\begin{cases}-\sqrt{5}(16x^2-10x+1), & 0\leqslant x\leqslant \dfrac{1}{2}\\ \sqrt{5}(16x^2-22x+7), & \dfrac{1}{2}\leqslant x\leqslant 1\end{cases}$$

$$F_{2,3}^1(x)=\begin{cases}-a(2146x^2-754x+43), & 0\leqslant x<\dfrac{1}{4}\\ a(926x^2-782x+149), & \dfrac{1}{4}\leqslant x<\dfrac{1}{2}\\ -a(290x^2-434x+155), & \dfrac{1}{2}\leqslant x\leqslant 1\end{cases}$$

其中, $a=\dfrac{\sqrt{3715}}{743}$.

$$F_{2,3}^2(x)=\begin{cases}-b(4350x^2-1187x+47), & 0\leqslant x<\dfrac{1}{4}\\ b(5090x^2-3533x+543), & \dfrac{1}{4}\leqslant x<\dfrac{1}{2}\\ -b(8058x^2-9615x+2744), & \dfrac{1}{2}\leqslant x<\dfrac{3}{4}\\ b(15718x^2-26049x+10630), & \dfrac{3}{4}\leqslant x\leqslant 1\end{cases}$$

其中, $b=\dfrac{2\sqrt{26993190}}{899773}$.

……

$k=3$:

$$F_{3,1}^1(x)=1,\quad 0\leqslant x\leqslant 1$$

$$F_{3,1}^2(x)=\sqrt{3}(2x-1),\quad 0\leqslant x\leqslant 1$$

$$F_{3,1}^3(x)=\sqrt{5}(6x^2-6x+1),\quad 0\leqslant x\leqslant 1$$

$$F_{3,1}^4(x)=\sqrt{7}(20x^3-30x^2+12x-1),\quad 0\leqslant x\leqslant 1$$

$$F_{3,2}^1(x)=\begin{cases}-c(64x^3-66x^2+18x-1), & 0\leqslant x\leqslant \dfrac{1}{2}\\ c(64x^3-126x^2+78x-15), & \dfrac{1}{2}\leqslant x\leqslant 1\end{cases}$$

其中, $c=\sqrt{7}$,

$$F_{3,2}^2(x)=\begin{cases}-d(63724x^3-38226x^2+6228x-211), & 0\leqslant x<\dfrac{1}{4}\\ d(18196x^3-23214x^2+9132x-1069), & \dfrac{1}{4}\leqslant x<\dfrac{1}{2}\\ -d(6636x^3-14034x^2+9492x-2035), & \dfrac{1}{2}\leqslant x\leqslant 1\end{cases}\tag{3.3.3}$$

其中, $d=\dfrac{\sqrt{119273}}{17039}$.

……

当 $k=0,1,2,3$ 时, k 次 Franklin 函数系的前面若干个函数如图 3.3.2~ 图 3.3.4 所示. 图中的每对图左面是线性无关函数组, 箭头表示由它经过正交化过程得到右面所示的正交 Franklin 函数系.

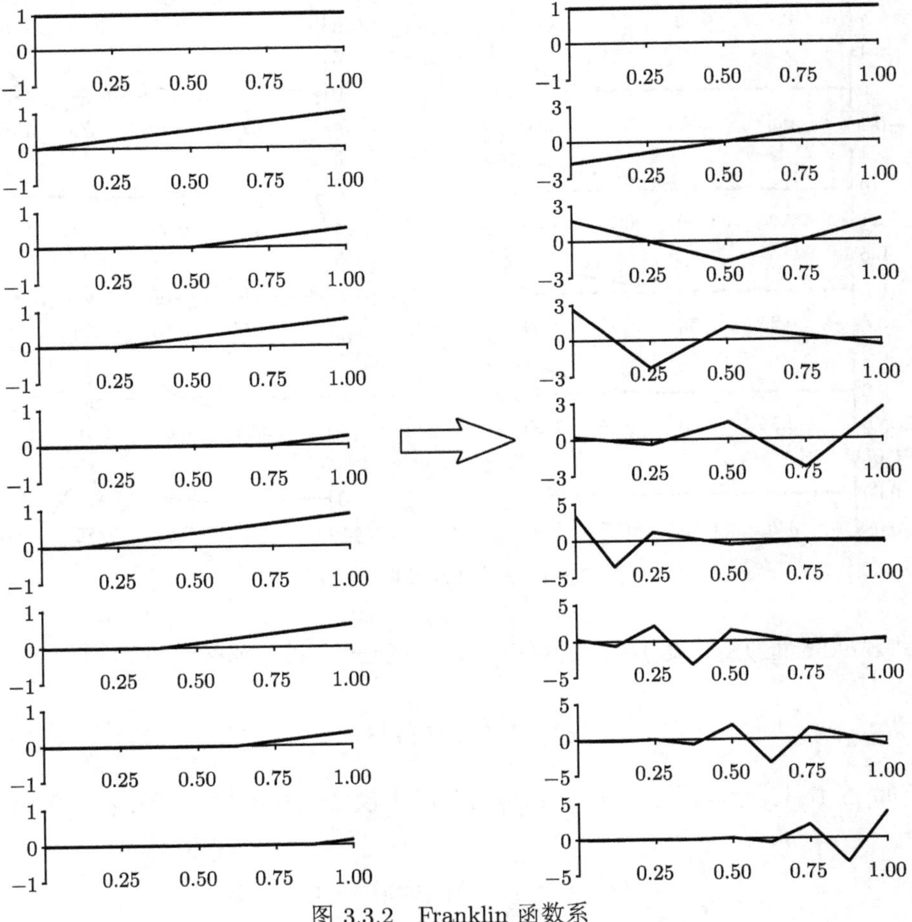

图 3.3.2 Franklin 函数系

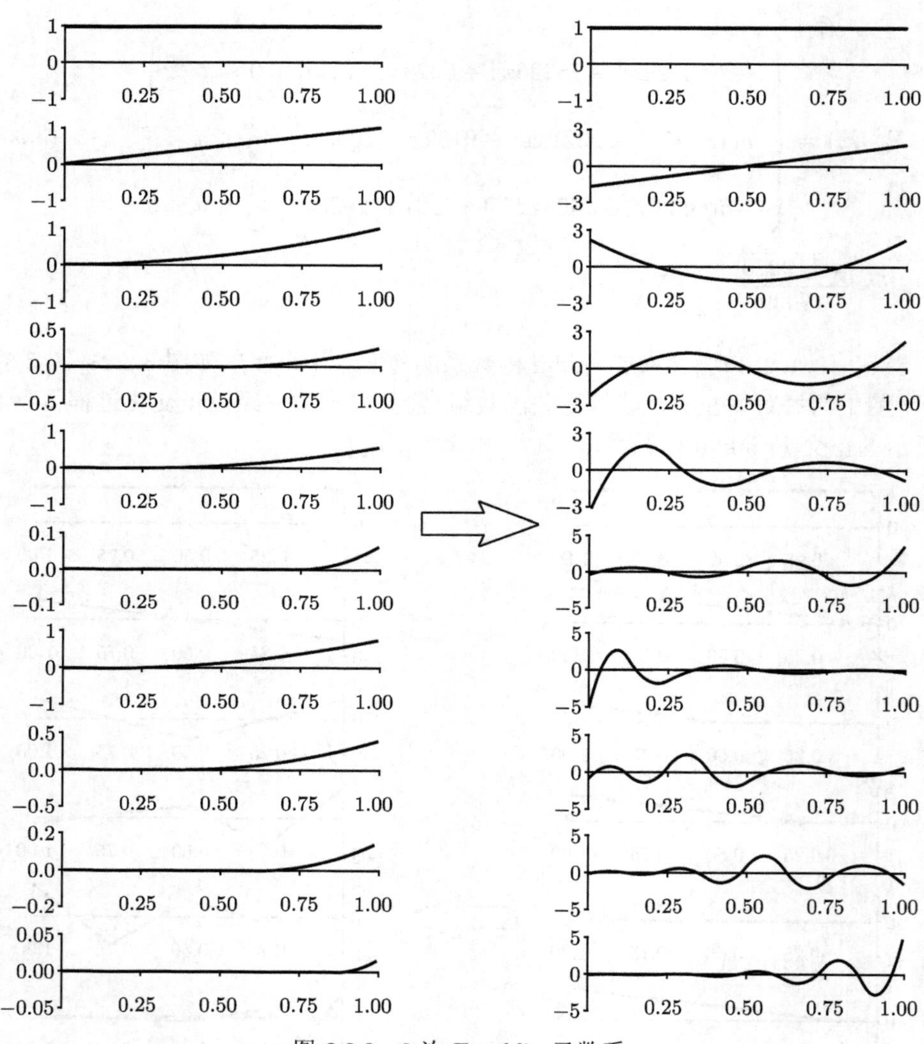

图 3.3.3　2 次 Franklin 函数系

Franklin 证明了, 设 $f(x)$ 为区间 $[0,1]$ 上的连续函数, 那么级数

$$\sum \langle f, F_{1,n}^{j} \rangle F_{1,n}^{j}(x)$$

在区间 $[0,1]$ 上一致收敛, 其中 $\{F_{1,n}^{j}\}$ 为分段 1 次的正交函数. 此外, $\{F_{1,n}^{j}\}$ 满足

$$\int_0^1 F_{1,n}^{j}(x)\mathrm{d}x = \int_0^1 x F_{1,n}^{j}(x)\mathrm{d}x = 0, \quad n \geqslant 2$$

因此在理论上, Franklin 函数系是很有价值的.

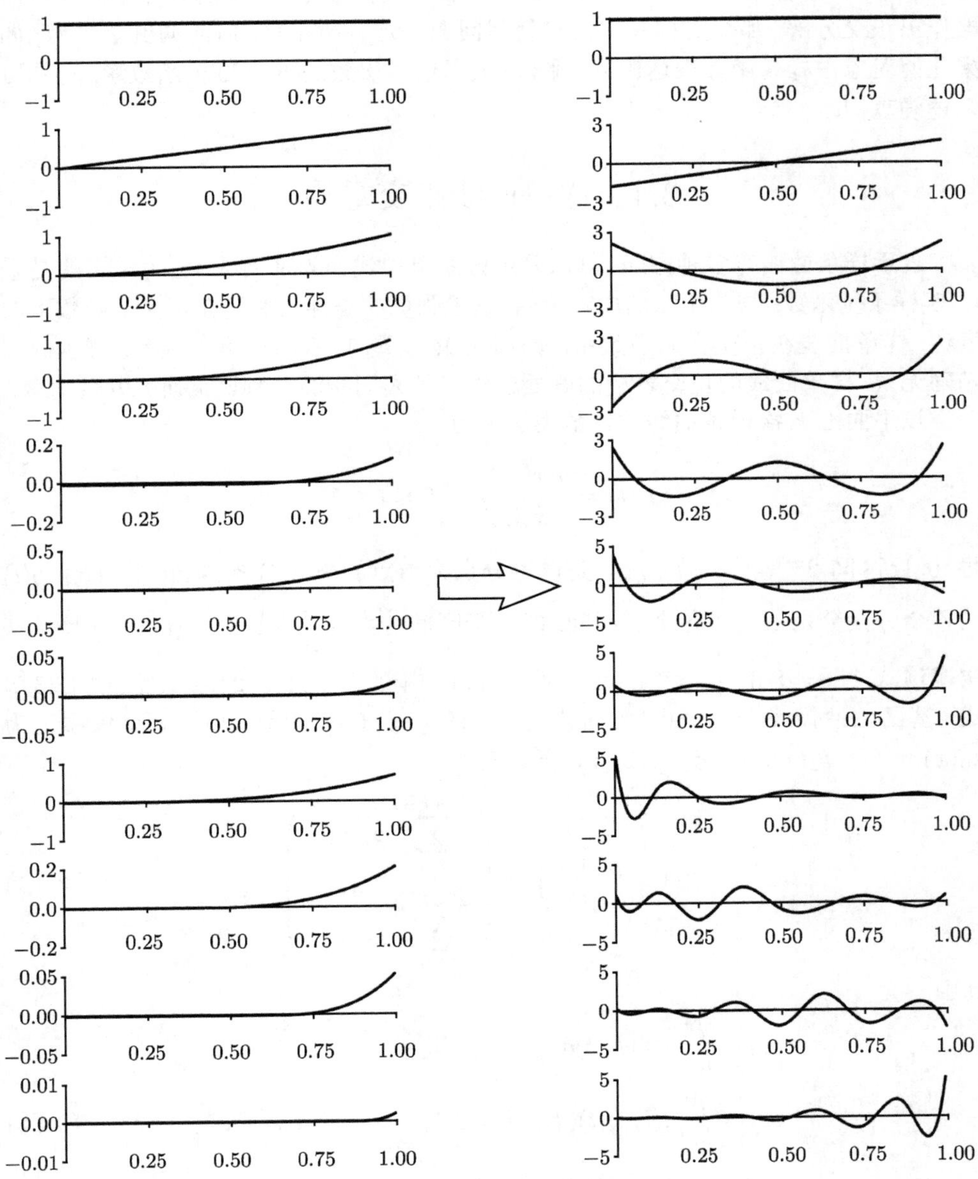

图 3.3.4 3 次 Franklin 函数系

从线性无关函数组的 $\{\varphi_{k,n}^{j}\}$ 正交化过程, 得到正交的 Franklin 函数系, 没有便于计算的直接算法, 因而难以形成简单的数学表达. Meyer 在他的书里说 Franklin

函数系“被遗弃与忘却几乎 40 多年”[4]. 现在看来, 尽管计算上有些繁琐, 但由于高次 ($k=2,3$) 样条函数广泛应用于数据拟合及几何造型, 如果能对样条曲线与曲面作出正交分解, 那么对相关的信息处理问题必定有所帮助. 后面的例子表明, 如果几何对象由样条函数表达出来, 那么, 采用适当次数的 Franklin 函数系, 对象可以精确重构.

3.4 样条曲线正交重构

表示样条曲线有多种方式, 可以采用截断单项式作为基函数, 更为常用的是采用 B-样条基函数. 与第 1 章的内容不同, 这里强调的是样条曲线在正交基函数下的表达. 样条曲线在正交样条函数系下进行分解与重构, 若不计舍入误差, 可以做到精确无误. 样条曲线的正交表达的好处在于能使人们能够在频域上研究几何对象.

设平面上 k 次样条曲线的参数表达式为

$$P(t)=\begin{pmatrix}x(t)\\y(t)\end{pmatrix},\quad 0\leqslant t\leqslant 1$$

将 $[0,1]$ 区间 2^n 等分, $x(t)$, $y(t)$ 是以等分点为结点的 k 次样条函数. 将 $x(t)$, $y(t)$ 的各个分段分别映射到各个子区间, 即在子区间 $\left[\dfrac{j}{2^n},\dfrac{j+1}{2^n}\right)$ 上, $x(t)$, $y(t)$ 皆为 k 次多项式, $j=0,\ 1,\ \cdots,\ 2^n-1$. 区间 $[0,1]$ 内部结点数为 2^n-1, 注意 (3.3.2) 式, 基函数恰需 2^n+k 个. 为简化记号, 将 $\{F_{k,n}^j(t)\}$ 的前 2^n+k 个依序记为 $\phi_0(x),\phi_1(x),\phi_2(x),\cdots,\phi_{2^n+k-1}(x)$, 于是有

$$P(t)=\begin{pmatrix}x(t)\\y(t)\end{pmatrix}=\begin{pmatrix}\displaystyle\sum_{i=0}^{2^n+k-1}\alpha_i\phi_i(t)\\\displaystyle\sum_{i=0}^{2^n+k-1}\beta_i\phi_i(t)\end{pmatrix}\tag{3.4.1}$$

其中

$$\begin{aligned}\alpha_i&=\int_0^1 x(t)\phi_i(t)\mathrm{d}t\\\beta_i&=\int_0^1 y(t)\phi_i(t)\mathrm{d}t,\quad i=0,1,2,\cdots,2^n+k-1\end{aligned}\tag{3.4.2}$$

例 3.4.1 图 3.4.1 中所示原图 (a) 由 32 段 2 次 B-样条曲线组成, 以 2 次 Franklin 函数系的 34 项级数展开, 得到原平面样条曲线的精确重构 (c); 图 3.4.2 中的原图 (a) 由 32 段 3 次 B-样条曲线组成, 以 3 次 Franklin 函数系的 35 项级数展开, 得到原平面样条曲线的精确重构 (c). 图中给出了展开系数 α_i, β_i 的图示 (b).

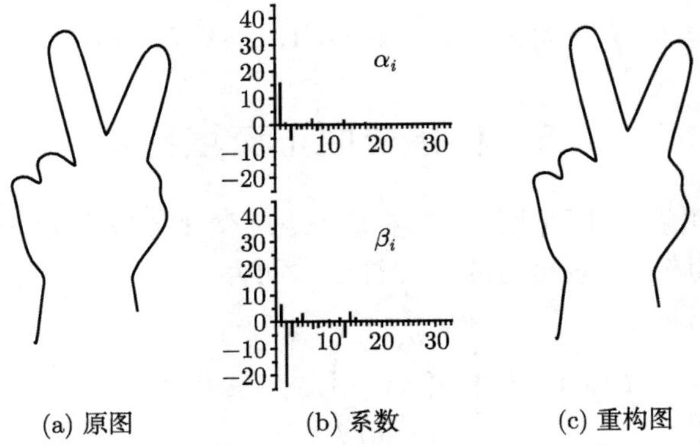

(a) 原图　(b) 系数　(c) 重构图

图 3.4.1 用 2 次 Franklin 函数系的平面样条曲线精确正交重构

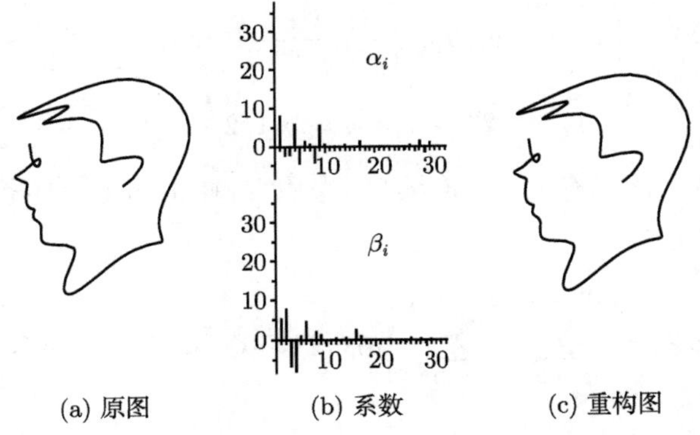

(a) 原图　(b) 系数　(c) 重构图

图 3.4.2 用 3 次 Franklin 函数系的平面样条曲线精确正交重构

不难把对平面样条曲线的做法推广到空间样条曲线. 这时, 相应 (3.4.1), (3.4.2) 式, 有

$$P(t)=\begin{pmatrix}x(t)\\y(t)\\z(t)\end{pmatrix}=\begin{pmatrix}\displaystyle\sum_{i=0}^{2^n+k-1}\alpha_i\phi_i(t)\\\displaystyle\sum_{i=0}^{2^n+k-1}\beta_i\phi_i(t)\\\displaystyle\sum_{i=0}^{2^n+k-1}\gamma_i\phi_i(t)\end{pmatrix},\quad 0\leqslant t\leqslant 1$$

$$\alpha_i=\int_0^1 x(t)\phi_i(t)\mathrm{d}t$$

$$\beta_i=\int_0^1 y(t)\phi_i(t)\mathrm{d}t$$

$$\gamma_i = \int_0^1 z(t)\phi_i(t)\mathrm{d}t, \quad i=0,1,2,\cdots,2^n+k-1 \tag{3.4.3}$$

3.5 样条曲面正交重构

考虑张量积的情形, 曲面表达式的参量 (u,w) 变化区域为 $D=[0,1]\times[0,1]$. 对 D 作 $2^m\times 2^n$ 等距剖分. 设给定的 k 次样条曲面为

$$P(u,w)=\begin{pmatrix} x(u,w)\\ y(u,w)\\ z(u,w)\end{pmatrix}, \quad 0\leqslant u,w\leqslant 1$$

它由 $2^m\times 2^n$ 片二元 k 次多项式曲面片组成

$$P(u,w)=\left\{P_{i,j}(u,w), u\in\left[\frac{i}{2^m},\frac{i+1}{2^m}\right), w\in\left[\frac{j}{2^n},\frac{j+1}{2^n}\right)\right\}$$

$$i=0,1,\cdots,2^m-1, \quad j=0,1,2,\cdots,2^n-1$$

相邻的两张曲面片之间具有 C^{k-1} 连续性. 采用 $[0,1]$ 上的正交样条函数系 (GF 函数系), 有如下表达:

$$P(u,w)=\sum_{i=0}^{2^m+k-1}\sum_{j=0}^{2^n+k-1}\lambda_{i,j}\phi_i(u)\phi_j(w), \quad 0\leqslant u,w\leqslant 1 \tag{3.5.1}$$

其中

$$\lambda_{i,j}=\int_0^1\int_0^1 P_{i,j}(u,w)\phi_i(u)\phi_j(w)\mathrm{d}u\mathrm{d}w$$

$$i=0,1,\cdots,2^m-1, \quad j=0,1,\cdots,2^n-1$$

例 3.5.1 图 3.5.1 中的原图 (a) 是 2×2 片的 3 次 B-样条曲面, 它是单值函数 $z=Z(u,w)$, $0\leqslant u,w\leqslant 1$, 其控制点的 z 坐标组成 5×5 矩阵, 元素 $Z_{i,j}$, $i,j=0,1,2,3,4$ 由下面矩阵给出:

$$\begin{bmatrix} 0 & 1 & 2 & 0 & 2\\ 0 & 1 & 2 & 0 & 2\\ -1 & 0 & 1 & -1 & 1\\ 0 & 1 & 2 & 0 & 2\\ 0 & 1 & 2 & 0 & 2\end{bmatrix}$$

容易计算这 4 个双 3 次 B-样条曲面的表达式为

$$z(u,w)$$

$$=\begin{bmatrix} -u+2w-2u^2+4u^3-4w^3+\dfrac{5}{6} & -u+12w-2u^2-20w^2+4u^3+\dfrac{28}{3}w^3-\dfrac{5}{6} \\ -7u+2w+10u^2-4u^3-4w^3+\dfrac{11}{6} & -7u+12w+10u^2-20w^2-4u^3+\dfrac{28}{3}w^3+\dfrac{1}{6} \end{bmatrix}$$

在 (3.5.1) 式中, $m=n=1$, $k=3$. 用双 3 次 GF 函数系的 5×5 项级数展开, 得到原 B-样条曲面的精确重构 (c).

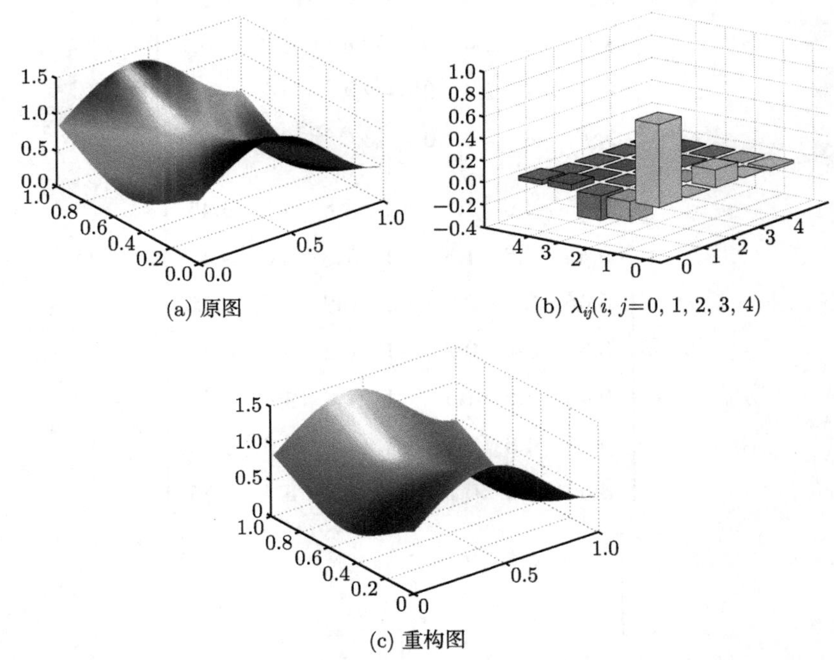

(a) 原图　(b) $\lambda_{ij}(i,\ j=0,\ 1,\ 2,\ 3,\ 4)$

(c) 重构图

图 3.5.1　空间样条曲面广义 Franklin 函数系下的正交重构

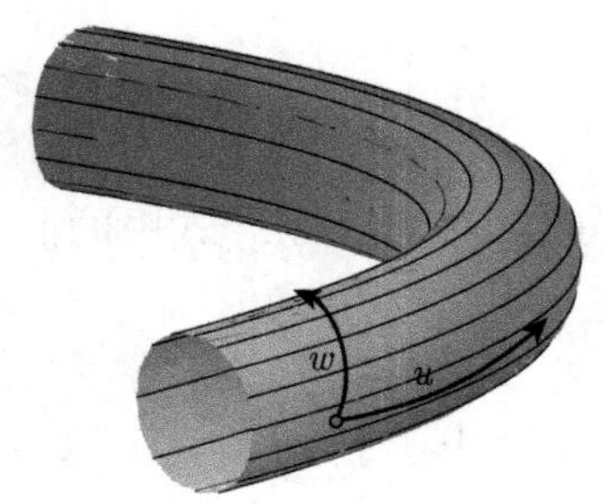

图 3.5.2　3 次均匀 B-样条曲面

例 3.5.2　给定双 3 次的 B-样条曲面 (如图 3.5.2 所示). 其中

$$P(u,w)=B_m(u)PB_n(w)^{\mathrm{T}}$$
$$B_m(t)=(\Omega_3(t),\Omega_3(t-1),\cdots,\Omega_3(t-m))$$

这里 $\Omega_3(t)$ 见 (1.8.9) 式, $m=n=6$, 由 7×7 个顶点控制下的 4×4 片组成, w 方向封闭, u 方向不封闭. 给定的 Bézier 曲面控制顶点 (向量) 排成矩阵:

$$P = [P_{i,j}], \quad i, j = 0, 1, 2, \cdots, 6$$

其中 $P_{i,j} = (V_x, V_y, V_z)$ 的三个空间坐标分别由三个矩阵给出：

$$V_x = \begin{bmatrix} 8.1 & 5.2 & 2.4 & 0 & -2.4 & -5.2 & -8.1 \\ 8.1 & 5.2 & 2.4 & 0 & -2.4 & -5.2 & -8.1 \\ 9.9 & 6.8 & 3.6 & 0 & -3.6 & -6.8 & -9.9 \\ 9.9 & 6.8 & 3.6 & 0 & -3.6 & -6.8 & -9.9 \\ 8.1 & 5.2 & 2.4 & 0 & -2.4 & -5.2 & -8.1 \\ 8.1 & 5.2 & 2.4 & 0 & -2.4 & -5.2 & -8.1 \\ 9.9 & 6.8 & 3.6 & 0 & -3.6 & -6.8 & -9.9 \end{bmatrix}$$

$$V_y = \begin{bmatrix} 9.45 & 4.6 & 1.8 & 1 & 1.8 & 4.6 & 9.45 \\ 9.45 & 4.6 & 1.8 & 1 & 1.8 & 4.6 & 9.45 \\ 8.55 & 3.4 & 0.2 & -1 & 0.2 & 3.4 & 8.55 \\ 8.55 & 3.4 & 0.2 & -1 & 0.2 & 3.4 & 8.55 \\ 9.45 & 4.6 & 1.8 & 1 & 1.8 & 4.6 & 9.45 \\ 9.45 & 4.6 & 1.8 & 1 & 1.8 & 4.6 & 9.45 \\ 8.55 & 3.4 & 0.2 & -1 & 0.2 & 3.4 & 8.55 \end{bmatrix}$$

$$V_z = \begin{bmatrix} -1 & -1 & -1 & -1 & -1 & -1 & -1 \\ 1 & 1 & 1 & 1 & 1 & 1 & 1 \\ 1 & 1 & 1 & 1 & 1 & 1 & 1 \\ -1 & -1 & -1 & -1 & -1 & -1 & -1 \\ -1 & -1 & -1 & -1 & -1 & -1 & -1 \\ 1 & 1 & 1 & 1 & 1 & 1 & 1 \\ 1 & 1 & 1 & 1 & 1 & 1 & 1 \end{bmatrix}$$

为了得到该曲面在 3 次 Franklin (GF) 系统下的正交分解, 简记 (3.3.3) 式中的前 7 个基函数为 $\varphi_i^3(t)$, $i = 0, 1, 2, \cdots, 6$, 并计算

$$C_{i,j} = \int_0^1 \int_0^1 P(u, w)\varphi_i^3(u)\varphi_i^3(w)\mathrm{d}u\mathrm{d}w, \quad i, j = 0, 1, \cdots, 6$$

得到的具体值如下 (保留 5 位小数)：

$$C_x = \begin{bmatrix} 0 & -3.46410 & 0 & 0 & 0 & 0 & 0 \\ 0 & 0.19154 & 0 & -0.02191 & 0 & -0.00236 & 0.00144 \\ 0 & 0.23738 & 0 & -0.02715 & 0 & -0.00293 & 0.00179 \\ 0 & -0.15360 & 0 & 0.01757 & 0 & 0.00190 & -0.00116 \\ 0 & -0.06687 & 0 & 0.00765 & 0 & 0.00083 & -0.00050 \\ 0 & -0.01988 & 0 & 0.00227 & 0 & 0.00025 & -0.00015 \\ 0 & 0.01213 & 0 & -0.00139 & 0 & -0.00015 & 0.00010 \end{bmatrix}$$

$$C_y = \begin{bmatrix} 1.66667 & 0 & 1.19257 & 0 & 0 & 0 & 0 \\ 0.28604 & 0 & -0.03654 & 0 & 0.00668 & -0.00044 & -0.00072 \\ 0.35451 & 0 & -0.04529 & 0 & 0.00828 & -0.00055 & -0.00089 \\ -0.22940 & 0 & 0.02930 & 0 & -0.00538 & 0.00035 & 0.00058 \\ -0.09988 & 0 & 0.01276 & 0 & -0.00233 & 0.00015 & 0.00025 \\ -0.02968 & 0 & 0.00379 & 0 & -0.00069 & 0.00005 & 0.00007 \\ 0.01812 & 0 & -0.00231 & 0 & 0.00042 & -0.00003 & -0.00005 \end{bmatrix}$$

$$C_z = \begin{bmatrix} 0 & 0 & 0 & 0 & 0 & 0 & 0 \\ -0.36085 & 0 & 0 & 0 & 0 & 0 & 0 \\ 0.44721 & 0 & 0 & 0 & 0 & 0 & 0 \\ 0.28934 & 0 & 0 & 0 & 0 & 0 & 0 \\ -0.12599 & 0 & 0 & 0 & 0 & 0 & 0 \\ 0.03745 & 0 & 0 & 0 & 0 & 0 & 0 \\ -0.02285 & 0 & 0 & 0 & 0 & 0 & 0 \end{bmatrix}$$

小　结

通过 Schmidt 正交化方法, 可以将一组线性无关的函数正交化. 作为出发点, 应注意初始的线性无关函数组的选取. 不同的函数组或同样一组函数但排列次序不同, 都将导致不同的正交化结果.

本节介绍的两类正交样条函数系, 其一是从 B-样条基函数出发, 其二是从截断单项式样条基函数系出发. 后者导致任意 k 次的 Franklin 函数系 (GF 函数系). 在实际应用问题中, 如果信号以样条函数形式给定, 那么, 它的正交重构可以给出信号在频域上的信息.

问题与讨论

1. 正交样条的多种构造方式

3.3 节采用截断单项式基函数组

$$1, x, x^2, \cdots, x^k, \left(x-\frac{1}{2^p}\right)_+^k, \left(x-\frac{2}{2^p}\right)_+^k, \cdots, \left(x-\frac{2^p-1}{2^p}\right)_+^k$$

$$p=1,2,3,\cdots, \quad x\in[0,1]$$

得到了 k 次 Franklin (GF) 函数系. 显然, 前 $k+1$ 个单项式可以用 Legendre 多项式取代. 熟知, 在计算几何学中的 Bernstein 多项式为基础的 Bézier 曲线 (面) 有广泛的应用. 假若上式中的前 $k+1$ 个单项式代之以区间 $[0,1]$ 上的 Bernstein 基函数

$$b_{k,i}=\binom{k}{i}(1-x)^{k-i}x^i, \quad i=0,1,2,\cdots,k$$

可以构造另一类正交样条系. 试分析如此得到的函数系的性质与功能.

2. 按二进制编码的排序

(3.3.2) 式确定的函数排序方式, 在正交函数系的构造中有重要的影响. 这种排序按二进制记数法, 相应的序列为

$$0.1;\quad 0.01, 0.11;\quad 0.001, 0.011, 0.101, 0.111;\quad \cdots$$

试利用这种纪录方式, 讨论 k 次 Franclin (GF) 函数系排序问题.

3. 早年 Ciesielski 的工作

1963 年, 基于 Schauder 函数系, 利用 Schmidt 正交化方法, Ciesielski 给出了一类一致有界的正交多项式, 它是 Franklin 函数系的进一步发展[5],[6].

4. 关于 B-样条正交小波

构造具备正交性、对称性、连续性, 能够精确变换给定点列及算法容易实现的小波是小波研究者追寻的目标之一. 国内许多学者致力于此项研究, 例如, 准均匀 B-样条曲线曲面采用半正交小波[7]–[11], 均匀 B-样条曲线曲面采用的是双正交小波[12],[13]. 文献 [14] 为任意非均匀 B-样条曲线构造了一个半正交小波.

正交样条小波有赖于正交样条基的构造. Kazinnik 等构造了非均匀 B-样条正交基, 并实现了非均匀 B-样条曲线曲面的分解和重构[15]. 还有一类是按周期正交的样条基, 它们只包含有限个正交样条基函数. 文献 [16], [17] 提出的就是这一类正交样条基.

5. Franklin 函数的扩展

GF 函数系, 即任意 k 次 Franklin 函数系, 提供了一种正交分段多项式的构造途径. 本书第 4, 5 章所论的 U-系统与 V-系统, 可以从 Franklin 函数系的思路与观点得到诠释[3],[18]. k 次 U-系统与 V-系统的构造除生成元的 $k+1$ 个函数要用到正交化手续外, 无需再施行正交化过程. 试给出 Franklin 函数及 GF 函数系的直接表达或递推表达.

参 考 文 献

[1] Mason J C, Rodriguez G, Seatzu S. Orthogonal splines based on B-splines-with applications to least squares, smoothing and regulariza-tion problems. *Numerical Algorithms*, 1993, 5(1): 25–40.

[2] Franklin P. A set of continuous orthogonal functions. *Mathematische Annalen*, 1928, 100(1): 522–529.

[3] 蔡占川, 陈伟, 齐东旭, 唐泽圣. 一类新的正交样条函数系 ——Franklin 函数的推广及其应用. 计算机学报, 2009, 32(10): 2000–2013.

[4] Meyer Y F. *Wavelets: Algorithm and Applications* (translated and revised by Robert D R.). SIAM, Philadelphia, 1993.

[5] Ciesielski Z. Properties of the orthonormal Franklin system. *Studia Mathematica*, 1963, 23: 141–157.

[6] Ciesielski Z. A bounded orthonormal system of polygonals. *Studia Mathematica*, 1968, 31: 339–346.

[7] 纪小刚, 龚光容. 半正交 B-样条小波及其在曲线曲面光顺中的应用. 机械工程学报, 2006, 42(9): 54–60.

[8] Amati G. A multi-level fltering approach for fairing planar cubic B-spline curves. *Computer Aided Geometric Design*, 2007, 24(1): 53–66.

[9] 孙延奎, 朱心雄. 任意 B-样条曲面的多分辨率表示及光顺. 工程图学学报, 1998, 3: 49–54.

[10] 赵罡, 穆国旺, 朱心雄. 基于小波的准均匀 B-样条曲线曲面变分造型. 计算机辅助设计与图形学学报, 2002, 14(1): 61–65.

[11] 秦开怀, 唐泽圣. B-样条曲线小波分解的快速算法. 清华大学学报 (自然科学版), 1999, 35(1): 61–65.

[12] 续爱民, 金烨. 基于感兴趣区的均匀 B-样条曲面多分辨率小波表示. 上海交通大学学报, 2005, 39(6): 960–963.

[13] 赵罡, 穆国旺等. 均匀 B-样条曲线曲面的小波表示. 工程图学学报, 2001, 1: 80–88.

[14] 刘建, 关右江, 秦开怀. 任意 NUBS 曲线的小波分析和造型技术. 中国图像图形学报, 2002, 7A(9): 894–900.

[15] Elber G, Kazinnik R. Orthogonal decomposition of non-uniform Bspline spaces using wavelets. *Computer Graphics Forum*, 1997, 16(3): 27–38.

[16] Lin F Y. Orthogonal continuous segmentation polynomial. *Applied Mathematics and Computation*, 2004, 154(3): 599–607.

[17] Lin F Y. Orthogonal bases of 3-B-spline and it's application in bending problem of plate and beam system. *Applied Mathematics and Computation*, 2005, 162(2): 723–733.

[18] 陈伟, 蔡占川, 齐东旭, 唐泽圣. 从 GF 系统到 V-系统 ——V-系统的一种新的构造方法. 澳门科技大学学报, 2009, 3(2): 8–14.

第 4 章　U-系　统

从本章开始将陆续讨论 U-系统和 V-系统的构造及其应用."U-系统"与"V-系统"是简称, 命名来自最早发表的相关论文[1]–[6], 它们是 $L^2[0,1]$ 上的两类完备正交函数系, 两者都由分段 k 次多项式构成 (k 为非负整数). 当 $k=0$, 即 0 次 U-系统与 V-系统, 分别就是分段为常数的 Walsh 函数系与 Haar 函数系. 如果说 Walsh 函数系与 Haar 函数系是孪生的兄弟, 那么 U-系统与 V-系统可说是相像的姊妹. 第 2 章介绍了 Walsh 函数与 Haar 函数, 其内容是研究 U-系统与 V-系统的背景.

把分段 0 次多项式构成的 Walsh 函数与 Haar 函数, 推广到分段 k 次多项式 ($k \geqslant 1$) 的情形, 形成一类既包括连续函数又有间断函数在内的非连续正交函数系, 使能适应更广泛的信号处理问题.

本章介绍 U-系统, 其早期研究可见文献 [6]. 当小波分析的研究热潮兴起之际[7]–[9], Micchelli 与 Xu (许跃生) 在论文中[10], 强调指出文献 [4], [6] 构造的正交系是一类预小波 (prewavelet), 他们的研究使 U-系统得以提升与发展. 事实上, U-系统构造中采用的尺度函数和生成元函数恰是构造有限区间上多小波的基础. 以同样的尺度函数与生成元函数, Alpert 给出了一类有限区间上的多小波[11]–[13]. 本章论述的重点将放在介绍 U-系统的构造方法方面. 为使读者便于了解 U-系统, 我们从 $k=1$ 的情形谈起.

4.1　1 次 U-系统的构造

回顾第 2 章的 Walsh 函数. 将区间 [0,1] 二等分, 考虑以 $x=\dfrac{q}{2^p}, q=1,2,\cdots,2^p-1$ 为分点的、分段为常数的一切函数的集合. 显然, 这样的函数由两个独立参数确定, "自由度"为 2. 也就是说, 这样的函数集合需要且仅需要的正交基函数的个数为 2. 定义如下两个函数:

$$w_0(x)=1, \quad 0 \leqslant x \leqslant 1$$

$$w_1(x)=\begin{cases} 1, & 0 \leqslant x \leqslant \dfrac{1}{2} \\ -1, & \dfrac{1}{2} < x \leqslant 1 \end{cases}$$

它们是一组正交的基函数. 进一步, 为了得到以 $x=\left(\dfrac{1}{2}\right)^p$ (整数 $p \geqslant 2$) 为分点的、

分段为常数的一切函数的集合的正交基函数, 采用了“压缩 + 复制”的技巧, 这些内容已在第 2 章讨论过. 这里试图将 Walsh 函数这种“分段常数”的正交函数推广到“分段线性”的情形, “压缩 + 复制”的技巧同样是生成新正交函数系的关键.

记区间 $[0,1]$ 上一切线性函数的集合为 $S_{1,0}$, 其维数 $\dim S_{1,0}=2$, 显然, 如下两个函数:

$$u_0(x)=1,\quad 0\leqslant x\leqslant 1 \tag{4.1.1}$$

$$u_0(x)=1-2x,\quad 0\leqslant x\leqslant 1 \tag{4.1.2}$$

构成 $S_{1,0}$ 的正交基. 进而考虑以 $x=\dfrac{1}{2}$ 为分点的、分段为线性函数的集合 (记为 $S_{1,1}$, 这个记号中下标的第一个表示“1”次 U-系统; 第二个下标表示区间 $[0,1]$ 分成 2 的“1”次幂个子区间). 由于区间 $[0,1]$ 被分成两个子区间, 各自定义的线性函数的自由度为 2, 于是, 需要且仅需要 $[0,1]$ 上的 4 个互相正交的分段线性函数作为基函数. 现在已经有了式 (4.1.1) 和 (4.1.2) 两个函数, 需再构造两个分段线性函数. 为此, 选取关于 $x=\dfrac{1}{2}$ 点的偶函数与奇函数各一个 (图 4.1.1(a) 的后 2 个):

$$u_2(x)=\begin{cases}-4x+1, & 0\leqslant x<\dfrac{1}{2}\\ 4x-3, & \dfrac{1}{2}\leqslant x<1\end{cases} \tag{4.1.3}$$

$$u_3(x)=\begin{cases}-4x+1, & 0\leqslant x<\dfrac{1}{2}\\ -4x+3, & \dfrac{1}{2}\leqslant x<1\end{cases} \tag{4.1.4}$$

容易看出, 式 (4.1.1)~(4.1.4) 给出的四个函数是相互独立的, 但其中 $u_3(x)$ 与 $u_1(x)$ 不正交. 注意函数的奇偶性, 经简单的正交化运算, 得到图 4.1.1(b) 中的第 4 个函数, 而前三个函数不变. 继而将这四个函数标准化, 最后得到

$$U_0(x)=1,\quad 0\leqslant x\leqslant 1 \tag{4.1.5}$$

$$U_1(x)=\sqrt{3}(-2x+1),\quad 0\leqslant x\leqslant 1 \tag{4.1.6}$$

$$U_2(x)=\begin{cases}\sqrt{3}(-4x+1), & 0\leqslant x<\dfrac{1}{2}\\ \sqrt{3}(4x-3), & \dfrac{1}{2}\leqslant x<1\end{cases} \tag{4.1.7}$$

$$U_3(x)=\begin{cases}-6x+1, & 0\leqslant x<\dfrac{1}{2}\\ -6x+5, & \dfrac{1}{2}\leqslant x<1\end{cases} \tag{4.1.8}$$

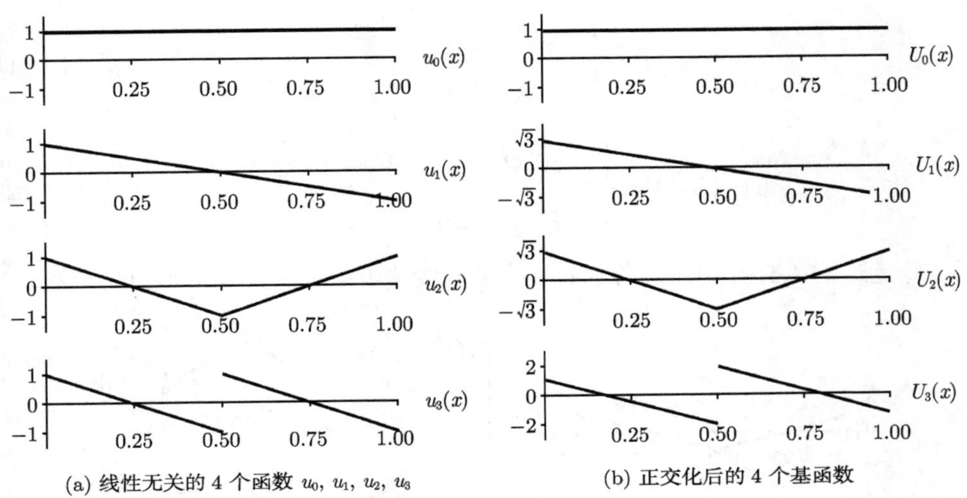

图 4.1.1 4 个分段线性函数构成正交基

接下来考虑区间 $[0,1]$ 上的分段线性函数集合 $S_{1,2}$, 分段点为 $x=\dfrac{1}{4}$, $x=\dfrac{1}{2}$, $x=\dfrac{3}{4}$. 由于 $\dim S_{1,2}=8$, 那么应该有 8 个彼此正交的分段线性函数. 也就是说, 除了前述式 (4.1.5)~(4.1.8) 给出的 4 个函数 $U_0(x)$, $U_1(x)$, $U_2(x)$, $U_3(x)$ 之外, 需要且只需再构造 4 个以 $x=\dfrac{1}{4}$, $x=\dfrac{1}{2}$, $x=\dfrac{3}{4}$ 为分点的分段线性函数. 至此, 自然想到沿用前面的办法, 先设定一个线性无关的函数组, 再把它正交化. 然而, 采用"压缩–复制"过程来补充 4 个函数方法, 不但更为简便, 而且可以递推地完成整个分段线性的 U-系统的构造.

"压缩–复制"过程包括两步. 首先, 取第 3 个、第 4 个函数, 即式 (4.1.7), (4.1.8), 分别压缩到半区间 $\left[0,\dfrac{1}{2}\right]$; 然后, 在半区间 $\left(\dfrac{1}{2},1\right]$ 上做正复制及反复制 (或称奇复制与偶复制). 于是, 每个函数生成了两个新的函数, "压缩–复制"过程如图 4.1.2 所示. 通过"压缩–复制"过程, 得到的 4 个新函数如下:

$$U_4(x)=\begin{cases} U_2(2x), & 0\leqslant x<\dfrac{1}{2} \\ U_2(2-2x), & \dfrac{1}{2}\leqslant x<1 \end{cases} \tag{4.1.9}$$

$$U_5(x)=\begin{cases} U_2(2x), & 0\leqslant x<\dfrac{1}{2} \\ -U_2(2-2x), & \dfrac{1}{2}\leqslant x<1 \end{cases} \tag{4.1.10}$$

$$U_6(x) = \begin{cases} U_3(2x), & 0 \leqslant x < \dfrac{1}{2} \\ U_3(2-2x), & \dfrac{1}{2} \leqslant x < 1 \end{cases} \tag{4.1.11}$$

$$U_7(x) = \begin{cases} U_3(2x), & 0 \leqslant x < \dfrac{1}{2} \\ -U_3(2-2x), & \dfrac{1}{2} \leqslant x < 1 \end{cases} \tag{4.1.12}$$

不难验证式 (4.1.5)~(4.1.12) 所示的 8 个分段线性函数构成 $S_{1,2}$ 的一组正交基.

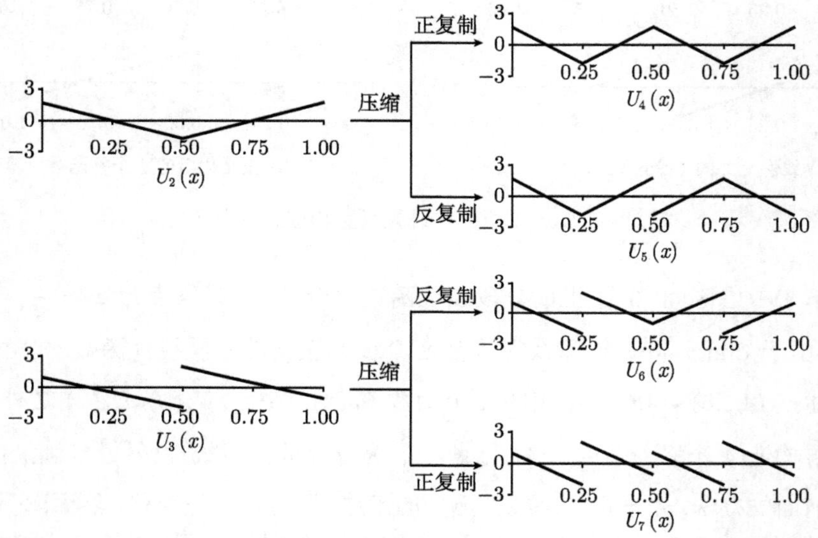

图 4.1.2 “压缩–复制”生成过程

值得强调的是,通过“压缩–复制”过程产生新函数,这种做法可以递推地继续下去. 换句话说,当继续考虑区间 [0,1] 上有 8 个等分子区间的情况时, $\dim S_{1,3} = 16$, 需要在已有的 8 个正交函数的基础上再增添 8 个新函数. 而这 8 个新函数将由上次生成的式 (4.1.9)~(4.1.12) 所示的 4 个函数经“压缩–复制”过程产生.

一般地,当完成了 $S_{1,n}$ 的 2^{n+1} 个正交基函数之后,对其中后面 2^n 个函数中的每一个,分别进行“压缩–(正反) 复制”得到 2 个,共计 2^{n+1} 个新的函数添加进去,经过标准化,得到 $S_{1,(n+1)}$ 的标准正交基, $n = 0, 1, 2, 3, \cdots$. 由上述“一分为二”的生成过程得到的函数组,有明显的分组、分类特点,所以有必要通过函数符号的特定上标和下标来做函数的记录:

$$U_2^{(1)}(x) = \begin{cases} \sqrt{3}(1-4x), & 0 \leqslant x < \dfrac{1}{2} \\ \sqrt{3}(4x-3), & \dfrac{1}{2} \leqslant x \leqslant 1 \end{cases}$$

$$U_2^{(2)}(x)=\begin{cases}1-6x, & 0\leqslant x<\dfrac{1}{2}\\ 5-6x, & \dfrac{1}{2}\leqslant x\leqslant 1\end{cases}$$

$$U_{n+1}^{(2k-1)}(x)=\begin{cases}U_n^{(k)}(2x), & 0\leqslant x<\dfrac{1}{2}\\ U_n^{(k)}(2-2x), & \dfrac{1}{2}\leqslant x\leqslant 1\end{cases}$$

$$U_{n+1}^{(2k)}(x)=\begin{cases}U_n^{(k)}(2x), & 0\leqslant x<\dfrac{1}{2}\\ -U_n^{(k)}(2-2x), & \dfrac{1}{2}\leqslant x\leqslant 1\end{cases}$$

$$k=1,2,3,\cdots,2^{n-1},\quad n=2,3,\cdots \tag{4.1.13}$$

在间断点处, 函数值可以定义为两侧极限平均值.

在式 (4.1.5)~(4.1.13) 中, 用单个下标表示的 $U_i(x)$, $i=0,1,2,\cdots$ 与分组表示的 $U_n^{(k)}(x)$, 其关系为

$$U_n^{(k)}(x)=U_{2^{n-1}+k-1}(x),\quad k=1,2,\cdots,2^{n-1},\quad n=2,3,\cdots \tag{4.1.14}$$

这可以在下一节关于序率性质的讨论中得以证实. 1 次 U-系统前 16 个函数的图形及生成过程示意于图 4.1.3.

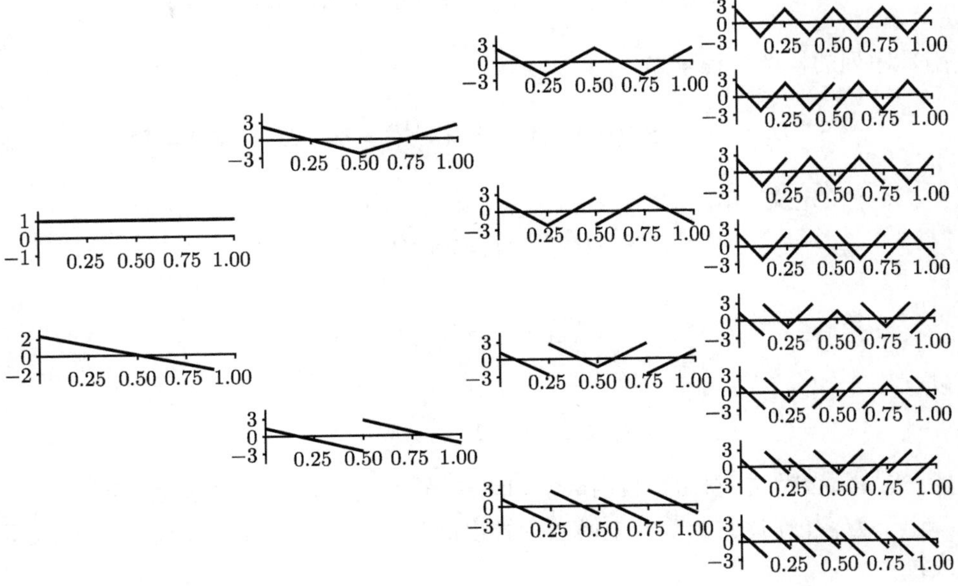

图 4.1.3 1 次 U-系统前 16 个函数生成过程

4.2 1 次 U-系统的性质

对 1 次 U-系统性质的讨论, 有助于后面任意 k 次 U-系统性质的认识, 本节针对 1 次的情形给出 U-系统最基本的性质.

4.2.1 正交性

通过压缩–复制过程将产生可数无穷多个分段线性函数, 它们具有 $L^2[0,1]$ 的标准正交性. 事实上, 用数学归纳法容易证明:

$$\int_0^1 U_n^{(k)}(x)U_m^{(j)}(x)\mathrm{d}x = \delta_{n,m}\delta_{k,j}$$

$$\delta_{i,j} = \begin{cases} 1, & i = j \\ 0, & i \neq j \end{cases}$$

$$n, m = 0, 1, 2, \cdots; \quad k = 1, 2, 3, \cdots; \quad j = 1, 2, 3, \cdots, 2^{m-1}$$

4.2.2 序率性

当 x 从 0 到 1 增大, 按式 (4.1.14) 给出的排序, 函数值符号的改变次数呈递增规律. 事实上, 记

$$S^-(f) = \sup\{n|\exists t_1 < t_2 < \cdots < t_{n+1}; f(t_i)f(t_{i+1}) < 0\}$$

由函数序列的构造过程可知

$$S^-(U_0) = 0, \quad S^-(U_1) = 1, \quad S^-(U_2^{(1)}) = 2, \quad S^-(U_2^{(2)}) = 3$$

从 $U_n^{(k)}(x)$ 的定义, 有

$$S^-(U_{n+1}^{(2k-1)}) = 2S^-(U_n^{(k)})$$

及

$$S^-(U_{n+1}^{(2k)}) = 2S^-(U_n^{(k)}) + 1$$

所以

$$S^-(U_n^{(2k)}) = 2^{n-1} + k - 1$$

显然, 当 $n = 2$ 时这是对的, 故由数学归纳法, 这个变号规律次数递增成立.

由于 $U_n^{(k)}(x)$ 比它的前一个函数变号恰恰多一个, 所以有时采用以下这种表示方式:

$$U_0(x), U_1(x), U_2(x), U_3(x), \cdots$$

在下面的讨论中, 引进记号 Δ_n, 它表示将区间 $[0,1]$ 作 2^n 等分的分割. 在 Δ_n 之下所有的 k 次分段多项式的集合记为 P_{k,Δ_n}, 那么

$$\dim P_{k,\Delta_n} = 2^n(k+1)$$

记

$$M_{2^n} = \text{span}\{U_0, U_1, \cdots, U_n^{(1)}, \cdots, U_n^{(2^n)}\}$$

当 $k=1$, 有 $\dim M_{2^n} = \dim P_{1,\Delta_n} = 2^{n+1}$, 故

$$M_{2^n} = P_{1,\Delta_n}$$

再注意

$$\bigcup_n M_n$$

在 $L^2[0,1]$ 上稠密的事实, 可以证明再生性、收敛性、完备性. 这些内容, 将在本章后面介绍任意 k 次 U-系统时一并讨论.

为了目前的需要, 把 1 次 U-系统的再生性明确地叙述如下.

4.2.3 再生性

如果 $f(x)$ 是区间 $[0,1]$ 上的分段线性函数, 其分段出现在点

$$x = \frac{q}{2^p}, \quad q = 1, 2, 3, \cdots, 2^p - 1$$

那么用级数 $\sum \lambda_i U_i(x)$ 的有限项可以精确表达 $f(x)$.

根据 1 次 U-系统的再生性, 对分段为直线构成的几何造型, 它可用有限项 U-级数精确重构原造型. 且如果分段数为 2^n, 则需要 1 次 U-级数的 2^{n+1} 项 (见定理 4.5.4 的证明).

回顾第 3 章讨论的 1 次正交样条函数, 可以对折线, 即分段 1 次的连续函数作正交分解. 假若分段 1 次的函数在结点处不是连续的, 那么采用连续的正交样条函数系 (包括 Franklin 函数系) 的有限项级数展开, 不能精确表达原来给定的具有间断的信号. 这是 1 次 U-系统与 1 次正交样条函数系的重要区别.

4.3 1 次 U-系统的几何造型

分段为直线段的几何造型, 依据再生性, 可以通过 1 次 U-系统实现其整体造型的正交表达. 本节给出几个简单例题, 说明如何用 1 次 U-系统重构. 所谓重构, 指的是对于函数 $y = f(x)$, 本来已经有表达式, 但是要用另外的表达形式重新表达.

设有单值函数 $y = f(x)$, $x \in [0,1]$. 它在 1 次 U-系统之下可表示为

$$f(x)=\sum_{i=0}^{N}\lambda_i U_i(x),\quad x\in[0,1] \tag{4.3.1}$$

其中

$$\lambda_i=\int_0^1 f(x)U_i(x)\mathrm{d}x,\quad i=0,1,2,\cdots,N$$

下面给出几个具体例子.

例 4.3.1　$f_1(x)=\begin{cases}1+4x, & 0\leqslant x<\dfrac{1}{4}\\ 2, & \dfrac{1}{4}\leqslant x<\dfrac{1}{2}\\ 4-4x, & \dfrac{1}{2}\leqslant x<\dfrac{3}{4}\\ -2+4x, & \dfrac{3}{4}\leqslant x\leqslant 1\end{cases}$

其图形见图 4.3.1(a), 它是一条连续的折线.

记 $\Lambda=[\lambda_0,\lambda_1,\cdots,\lambda_N]$, 这时, $N=7$, 计算得到 (图 4.3.1(b))

$$\Lambda=\left[\frac{13}{8},\frac{\sqrt{3}}{48},-\frac{\sqrt{3}}{12},-\frac{3}{16},\frac{\sqrt{3}}{24},-\frac{\sqrt{3}}{8},0,0\right]$$

将其代入式 (4.3.1) 即得到 $f_1(x)$ 的精确重构.

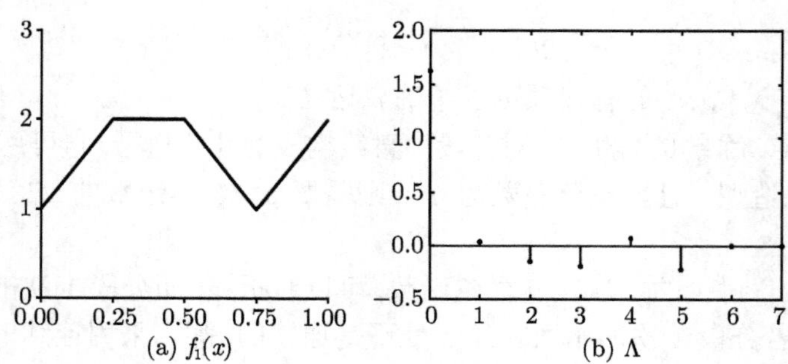

图 4.3.1　分段线性连续函数的 1 次 U-系统重构

例 4.3.2　令

$$f_2(x)=\begin{cases}1+4x, & 0\leqslant x<\dfrac{1}{4}\\ 2, & \dfrac{1}{4}\leqslant x<\dfrac{1}{2}\\ 3-4x, & \dfrac{1}{2}\leqslant x<\dfrac{3}{4}\\ -2+4x, & \dfrac{3}{4}\leqslant x\leqslant 1\end{cases}$$

其图形见图 4.3.2(a). 这是带有间断的图形.

这时, $N=7$, 计算得到 (见图 4.3.2(b))

$$\Lambda=\left[\frac{11}{8},\frac{\sqrt{3}}{12},-\frac{\sqrt{3}}{24},-\frac{1}{2},\frac{\sqrt{3}}{24},-\frac{\sqrt{3}}{8},-\frac{1}{8},\frac{1}{8}\right]$$

将其代入式 (4.3.1) 即得到 $f_2(x)$ 的精确重构.

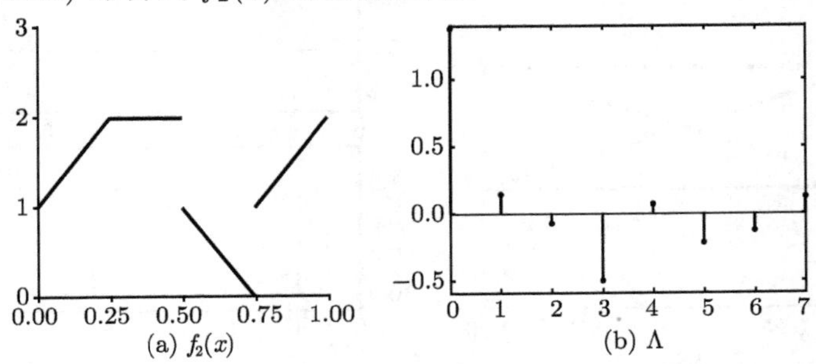

图 4.3.2 分段线性带间断点的函数 1 次 U-系统重构

这个例子表明对带有间断点的分段线性函数, 可以整体表达为式 (4.3.1) 的形式, 即用 1 次 U-系统作精确重构. 然而, 用第 3 章中 1 次正交样条函数不能以有限项作出正交重构.

例 4.3.3 令

$$x(t)=\begin{cases}4t, & 0\leqslant t<\dfrac{1}{4}\\ 2-4t, & \dfrac{1}{4}\leqslant t<\dfrac{1}{2}\\ -2+4t, & \dfrac{1}{2}\leqslant t<\dfrac{3}{4}\\ 4-4t, & \dfrac{3}{4}\leqslant t\leqslant 1\end{cases}$$

$$y(t)=\begin{cases}2, & 0\leqslant t<\dfrac{1}{4},\\ 3-4t, & \dfrac{1}{4}\leqslant t<\dfrac{1}{2},\\ 1, & \dfrac{1}{2}\leqslant t<\dfrac{3}{4},\\ -2+4t, & \dfrac{3}{4}\leqslant t\leqslant 1,\end{cases}\qquad t\in[0,1]$$

参数曲线 $\{x(t),y(t)\}$ 的图形见图 4.3.3(a). 这时, $N=7$, 计算得到

$$\Lambda_x=\left[\frac{1}{2},0,0,0,-\frac{\sqrt{3}}{6},0,0,0\right]$$

$$\Lambda_y = \left[\frac{3}{2}, \frac{\sqrt{3}}{8}, \frac{\sqrt{3}}{6}, -\frac{1}{8}, 0, -\frac{\sqrt{3}}{12}, 0, 0\right]$$

Λ_x, Λ_y 图示在图 4.3.3(b). 分别将其代入 (4.3.1) 即得到 $x(t), y(t)$ 的精确重构.

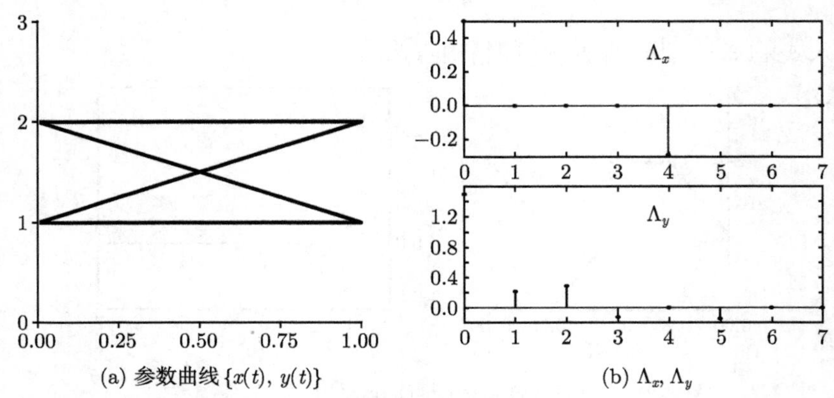

图 4.3.3 对参数形式分段线性函数的 1 次 U-系统重构

4.4 高次 U-系统的构造

为了把 1 次 U-系统 (分段线性, $k=1$) 推广到任意 k 次 U-系统 (分段 k 次多项式, $k>1$), 我们回顾 Walsh 函数的生成过程. 采用区间 $[0,1]$ 上的单位方波作为第一个函数. 之后, 首先考虑了区间 $[0,1]$ 作 2 等分情形. 这时, 由于考虑的是两个子区间, 那么整个区间上的分段为常数的函数集合, 其基函数的个数需且只需为 2, 于是引入 $\mathrm{wal}_1(1,t)$ 这样的一个“跳跃”函数 (见式 (2.1.1)). 接着, 后续的 Walsh 函数便是用 $\mathrm{wal}_1(1,t)$ 的压缩与正、反复制过程, 生成两个, 继而由这两个生成 4 个等等.

作为构造 1 次 (分段线性)U-系统出发点, 选择了两个简单的正交函数, 即区间 $[0,1]$ 上的 Legendre 多项式的前两个. 当考虑区间 $[0,1]$ 作 2 等分情形时, 需要构造另外两个以 $\frac{1}{2}$ 为分段点的分段线性函数. 做出这两个新的函数之后, 往下的作法如同 Walsh 函数的情形, 由两个新的函数生成 4 个, 4 个生成 8 个 ……

类比上面做法, 在构造 2 次 U-系统时, 首先选取区间 $[0,1]$ 上的 Legendre 多项式的前 3 个; 区间 $[0,1]$ 作 2 等分, 以 $\frac{1}{2}$ 为分段点的分段 2 次函数集合, 其基函数的个数为 6; 已经有了 3 个 Legendre 多项式, 现在则需要构造另外 3 个以 $\frac{1}{2}$ 为分段点的分段二次函数. 做出这 3 个新的函数之后, 往下的做法如同 Walsh 函数及 1

次 U-系统的情形, 用 3 个新的函数生成 6 个, 继而 12 个 ……

一般说来, 当构造 k 次 U-系统时, 类似上面讨论, 首先取 Legendre 多项式的前 $k+1$ 个. 然后, 构造新函数 $k+1$ 个, 记为 $f_i(x), i=1,2,\cdots,k+1$, 满足条件:

(1) $f_i(x)$ 是以 $\frac{1}{2}$ 为结点的分段 k 次多项式;

(2) $\langle f_i(x), f_j(x)\rangle = \delta_{i,j}, i,j \in \{1,2,\cdots,k+1\}$;

(3) $\langle f_i(x), x^j\rangle = 0, i \in \{1,2,\cdots,k+1\}, j \in \{0,1,\cdots,k\}$.

如此, 则称 $f_i(x), i=1,2,\cdots,k+1$ 为 k 次函数生成元. 注意到区间 $[0,1]$ 上以 $x=\frac{1}{2}$ 为结点的一切分段 k 次多项式集合的维数为 $2k+2$, 可见这样的 k 次函数生成元是存在的. 熟悉了 $k=0,1,2$ 时 U-系统的构造过程, 就不难给出任意 k 次 U-系统的构造步骤:

(1) 取区间 $[0,1]$ 上的前 $k+1$ 个 Legendre 多项式作为 k 次 U-系统的前 $k+1$ 个函数, 记为

$$U_0(x), U_1(x), \cdots, U_k(x) \tag{4.4.1}$$

(2) 求出 $k+1$ 个分段为 k 次多项式的生成元 $\{f_i(x), i=1,2,\cdots,k+1\}$. 将它们排在前述函数序列之后, 得到

$$U_0(x), U_1(x), \cdots, U_k(x), f_1(x), f_2(x), \cdots, f_{k+1}(x) \tag{4.4.2}$$

(3) 压缩复制生成后续序列: 从 $f_1(x)$ 开始, 每个函数都复制出另外两个新函数, 一个是关于 $x=\frac{1}{2}$ 点作压缩正复制, 另一个是压缩反复制, 即

$$\begin{aligned} f_{i,1} &= \begin{cases} f_i(2x), & 0 \leqslant x < \frac{1}{2} \\ f_i(2-2x), & \frac{1}{2} < x \leqslant 1 \end{cases} \\ f_{i,2} &= \begin{cases} f_i(2x), & 0 \leqslant x < \frac{1}{2} \\ -f_i(2-2x), & \frac{1}{2} < x \leqslant 1 \end{cases} \end{aligned} \tag{4.4.3}$$

将式 (4.4.3) 所示的函数排在前述函数序列之后, 再由新生成的函数组经过压缩–复制, 依次递归得到的函数序列, 经标准化处理之后, 就是我们要求的 k 次 U-系统.

下面列出 k 次 U-系统 $(k=0,1,2,3)$ 的前 $k+1$ 个 Legendre 多项式及 $k+1$ 个生成元[4], 即式 (4.4.2) 的具体表达式.

$k=0$:

$$U_0(x) = 1, \quad 0 \leqslant x \leqslant 1$$

$$f_1(x) = U_1(x) = \begin{cases} 1, & 0 \leqslant x < \dfrac{1}{2} \\ -1, & \dfrac{1}{2} < x \leqslant 1 \end{cases}$$

$k = 1$:

$$U_0(x) = 1, \quad 0 \leqslant x \leqslant 1$$
$$U_1(x) = \sqrt{3}(1 - 2x), \quad 0 \leqslant x \leqslant 1$$
$$f_1(x) = U_2(x) = \begin{cases} \sqrt{3}(1 - 4x), & 0 \leqslant x < \dfrac{1}{2} \\ \sqrt{3}(-3 + 4x), & \dfrac{1}{2} < x \leqslant 1 \end{cases}$$
$$f_2(x) = U_3(x) = \begin{cases} 1 - 6x, & 0 \leqslant x < \dfrac{1}{2} \\ 5 - 6x, & \dfrac{1}{2} < x \leqslant 1 \end{cases}$$

$k = 2$:

$$U_0(x) = 1, \quad 0 \leqslant x \leqslant 1$$
$$U_1(x) = \sqrt{3}(1 - 2x), \quad 0 \leqslant x \leqslant 1$$
$$U_2(x) = \sqrt{5}(1 - 6x + 6x^2), \quad 0 \leqslant x \leqslant 1$$
$$f_1(x) = U_3(x) = \begin{cases} \sqrt{5}(1 - 10x + 16x^2), & 0 \leqslant x < \dfrac{1}{2} \\ \sqrt{5}(-7 + 22x - 16x^2), & \dfrac{1}{2} < x \leqslant 1 \end{cases}$$
$$f_2(x) = U_4(x) = \begin{cases} \sqrt{3}(1 - 14x + 30x^2), & 0 \leqslant x < \dfrac{1}{2} \\ \sqrt{3}(17 - 46x + 30x^2), & \dfrac{1}{2} < x \leqslant 1 \end{cases}$$

$$f_3(x) = U_5(x) = \begin{cases} 1 - 16x + 40x^2, & 0 \leqslant x < \dfrac{1}{2} \\ -25 + 64x - 40x^2, & \dfrac{1}{2} < x \leqslant 1 \end{cases}$$

$k = 3$:

$$U_0(x) = 1, \quad 0 \leqslant x \leqslant 1$$
$$U_1(x) = \sqrt{3}(1 - 2x), \quad 0 \leqslant x \leqslant 1$$
$$U_2(x) = \sqrt{5}(1 - 6x + 6x^2), \quad 0 \leqslant x \leqslant 1$$
$$U_3(x) = \sqrt{7}(1 - 12x + 30x^2 - 20x^3), \quad 0 \leqslant x \leqslant 1$$

$$f_1(x) = U_4(x) = \begin{cases} \sqrt{7}(1 - 18x + 66x^2 - 64x^3), & 0 \leqslant x < \dfrac{1}{2} \\ \sqrt{7}(-15 + 78x - 126x^2 + 64x^3), & \dfrac{1}{2} < x \leqslant 1 \end{cases}$$

$$f_2(x) = U_5(x) = \begin{cases} \sqrt{5}(1 - 24x + 114x^2 - 140x^3), & 0 \leqslant x < \dfrac{1}{2} \\ \sqrt{5}(49 - 216x + 306x^2 - 140x^3), & \dfrac{1}{2} < x \leqslant 1 \end{cases}$$

$$f_3(x) = U_6(x) = \begin{cases} \sqrt{3}(1 - 28x + 156x^2 - 224x^3), & 0 \leqslant x < \dfrac{1}{2} \\ \sqrt{3}(-95 + 388x - 516x^2 + 224x^3), & \dfrac{1}{2} < x \leqslant 1 \end{cases}$$

$$f_4(x) = U_7(x) = \begin{cases} 1 - 30x + 180x^2 - 280x^3, & 0 \leqslant x < \dfrac{1}{2} \\ 129 - 510x + 660x^2 - 280x^3, & \dfrac{1}{2} < x \leqslant 1 \end{cases}$$

当 $k = 1, 2, 3$ 时, U-系统的前若干个函数的图形见图 4.4.1~ 图 4.4.3.

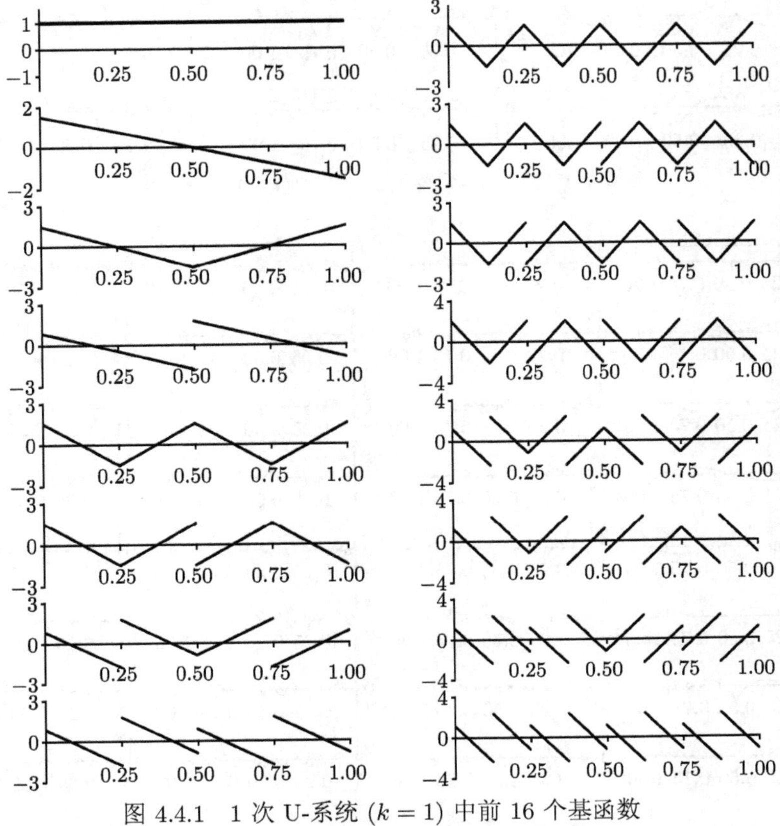

图 4.4.1　1 次 U-系统 ($k = 1$) 中前 16 个基函数

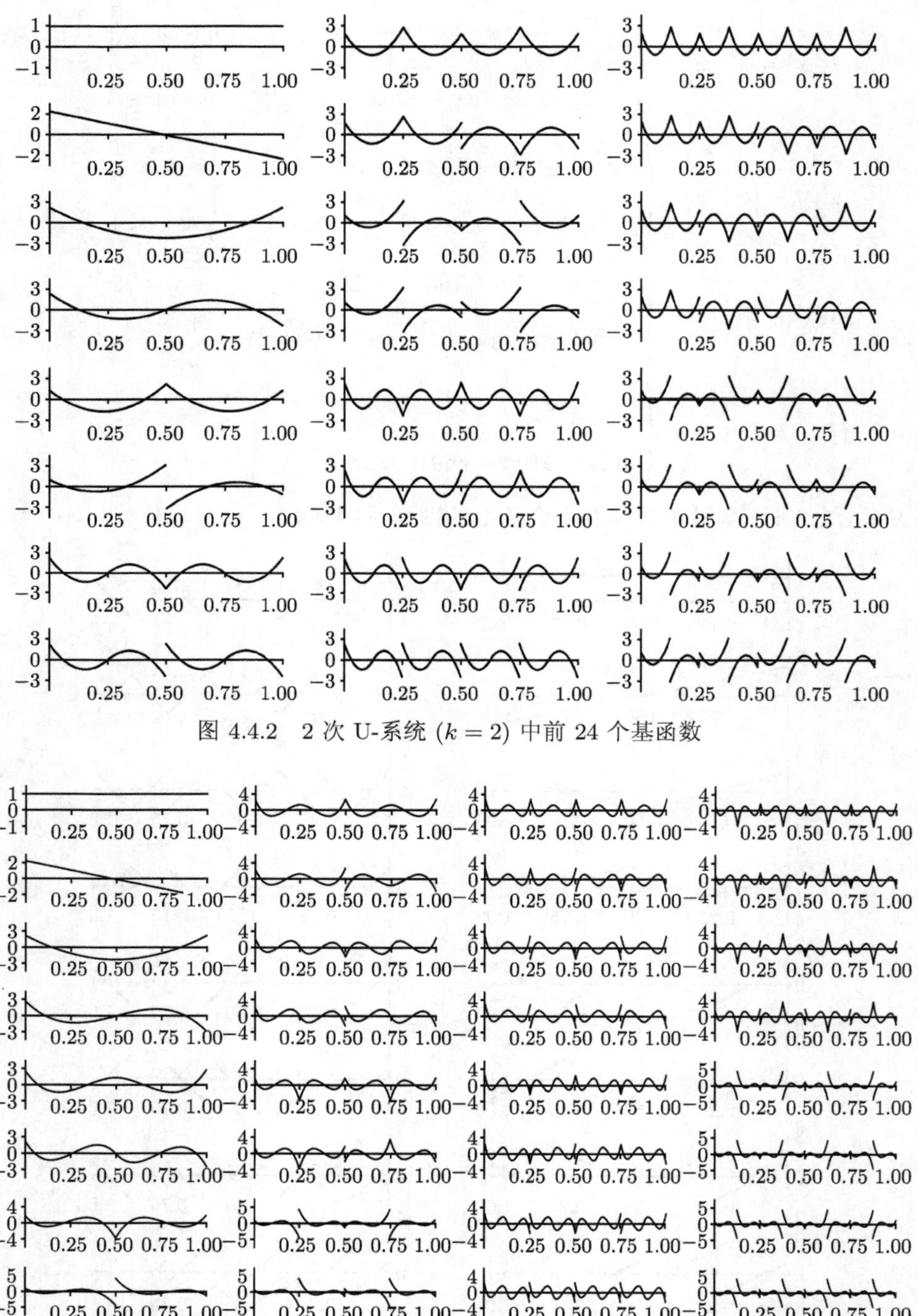

图 4.4.2　2 次 U-系统 ($k = 2$) 中前 24 个基函数

图 4.4.3　3 次 U-系统 ($k = 3$) 中前 32 个基函数

4.5 k 次 U-系统的收敛性

首先, k 次 U-系统有正交性、序率性及再生性, 可类似于 1 次情形来证明. 本节主要讨论收敛性. k 次 U-系统具有如下性质:

定理 4.5.1 (Fourier-U 级数收敛性) 记 U-系统的函数为

$$U_0(x), U_1(x), \cdots, U_j(x), \cdots$$

给定函数 F, 相应的 Fourier-U 级数为

$$F \sim \sum_{i=0}^{\infty} a_i U_i(x) \tag{4.5.1}$$

其中

$$a_i = \langle F, U_i \rangle = \int_0^1 F(x) U_i(x) \mathrm{d}x, \quad i = 0, 1, 2, \cdots$$

则有

$$\lim_{n\to\infty} \|F - S_n F\|_2 = 0$$

$$\lim_{n\to\infty} \|F - S_{2^n} F\|_\infty = 0$$

其中 $S_n F$ 为式 (4.5.1) 右端的部分和

$$S_n F(x) = \sum_{i=0}^{n-1} a_i U_i(x) \tag{4.5.2}$$

证明 首先, $S_n F$ 为 F 的最佳平方逼近. 若 $F \in L^2[0,1]$, 由于

$$\bigcup_i \mathrm{span}(U_i)$$

在 $L^2[0,1]$ 上稠密, 于是有

$$\lim_{n\to\infty} \|F - S_n F\|_2 = 0 \tag{4.5.3}$$

又由 de Boor 定理[14], 若 $F \in \mathbb{C}[0,1]$, 则

$$\lim_{n\to\infty} \|F - S_{2^n} F\|_\infty = 0 \tag{4.5.4}$$

(4.5.4) 式表明 Fourier-U 级数的“分组”一致收敛性. 所谓分组, 是指级数中的相加, 按 2 的方幂的数量一组一组地加上去.

与 Fourier 级数的情况类似, 可以证明, 存在函数 $F \in \mathbb{C}[0,1]$ 其 Fourier-U 级数

$$\sum_{i=0}^{\infty}\left(\int_0^1 f(x)U_i(x)\mathrm{d}x\right)U_i(x)$$

在区间 $[0,1]$ 上不一致收敛于 $f(x)$, 这就是说, 即使 $F\in\mathbb{C}[0,1]$, 也不能保证 S_nF 具有一致收敛性[4]. 但是却可以对 S_{2^n} 证明下面的收敛性定理[1].

定理 4.5.2　设 $F(x)\in \mathrm{L}^2[0,1]$. 如果 $F(a+0)$, $F(a-0)$ 存在, a 是 $[0,1]$ 中的一个有限的二进小数, 则

$$\lim_{n\to\infty}(S_{2^n}F)(a)=\frac{[F(a+0)+F(a-0)]}{2}$$

并且若 $F(x)$ 在 a 点左右两个邻域内是连续的, 那么在这两个邻域内上述收敛是一致的. 这里, 在 $F(x)$ 不连续点 $x=x_0$ 处定义为

$$F(x_0)=\frac{[F(x_0+0)+F(x_0-0)]}{2}$$

假若 $\lim\limits_{n\to\infty}F(x)$ 存在, 则对任何 $a\in[0,1]$ 有

$$\lim_{n\to\infty}(S_{2^n}F)(a)=\lim_{x\to a}F(x)$$

并且如果 F 在 a 点及其邻域内连续, 则上述收敛在 a 点邻域内是一致的.

证明　令

$$F_1(x)=\begin{cases}F(x), & x<a,\\ F(a-0), & x\geqslant a,\end{cases}\quad F_2(x)=\begin{cases}F(a+0), & x\leqslant a\\ F(x), & x>a\end{cases}$$

从式 (4.5.1) 及 $\{U_i\}$ 的正交性可知, S_nF 是从子空间

$$M_n=\mathrm{span}(U_i,i=0,1,2,\cdots,n-1)$$

对函数 F_1 的最佳平方逼近. 又

$$\mathrm{span}(U_0,U_1,\cdots,U_n^{(1)},\cdots,U_n^{(2^{n-1})})=P_{k,\Delta_n}$$

这里 Δ_n 是区间 $[0,1]$ 作 2^{n-1} 等分的分割, 因此, 在每个小区间

$$\left(\frac{i}{2^{n-1}},\frac{i+1}{2^{n-1}}\right),\quad i=0,1,2,\cdots,2^{n-1}-1$$

中, S_{2^n} 也是 F_1 的最佳平方逼近. 又 $F_1(x)$ 在 $x=a$ 处连续, $F(x)$ 在 $x=a$ 附近可用 $S_{2^n}F_1$ 一致逼近. 对 $F_2(x)$ 也有同样结论. 现在, 令

$$D(x)=\begin{cases}F(a+0), & x<a\\ F(a-0), & x>a\\ \dfrac{[F(a+0)+F(a-0)]}{2}, & x=a\end{cases}$$

那么 $F_1(x)+F_2(x)=F(x)+D(x)$. 当 a 是一个有限二进制小数时, 只要 n 充分大, $D(x)$ 便可用 $S_{2^n}D$ 精确表示, 由此可知

$$S_{2^n}F=S_{2^n}F_1+S_{2^n}F_2-S_{2^n}D \tag{4.5.5}$$

因而

$$\lim_{n\to\infty}(S_{2^n}F)(a)=\frac{[F(a+0)+F(a-0)]}{2}$$

如果 F 在 $x=a$ 左右两个邻域内连续, 从式 (4.5.5) 右端收敛的一致性得到 $S_{2^n}F$ 的一致收敛性. 当 $F(a+0)=F(a-0)=\lim\limits_{a\to x}F(x)$, $D(x)$ 为常数, 则

$$\lim_{n\to\infty}(S_{2^n}F)(a)=\lim_{x\to a}F(x)$$

于是, 当 F 在 a 点邻域内连续时, 由式 (4.5.5) 右端的一致收敛性, 得到 S_{2^n} 在 a 点邻域内一致收敛性, 这就证明了上述事实.

对任一给定的连续函数, 如果考虑其 Fourier-U 级数的部分和的算术平均

$$\sigma_n(f)=\frac{1}{n}(S_1+S_2+S_3+\cdots+S_n)(f)$$

的一致收敛性质, 就是所谓 Fourier-U 级数的“可和性”问题. 这里给出可和性的结论.

定理 4.5.3　如果 $F\in\mathbb{C}[0,1]$, 那么 S_nF 在区间 $[0,1]$ 上一致可和, 且和为 $F(x)$; 如果 $F\in L^2[0,1]$, 且 $F(a+0)$, $F(a-0)$ 存在. 假若 $F(a+0)=F(a-0)$ 或者 a 是一个有限的二进小数, 那么 S_nF 是可和的, 且和为

$$\frac{[F(a+0)+F(a-0)]}{2}$$

如果 F 在 a 点邻域内连续, 那么 S_nF 在 a 点邻域内一致可和. 证明从略, 详见文献 [1].

定理 4.5.4 (Fourier-U 级数的再生性)　若函数 F 为分段 k 次多项式, 且其间断点仅出现在区间 $[0,1]$ 的 $x=\dfrac{q}{2^r}$ 处, 其中 q 和 r 为整数, 那么 F 可以用有限项 Fourier-U 级数精确表达.

证明[4]　事实上, 设 Δ_n 表示 $[0,1]$ 区间的 2^n 等分的均匀分割, 记 Δ_n 分割之下分段 k 次多项式集合为 P_{k,Δ_n}, 易知

$$\operatorname{span}(U_0,U_1,\cdots,U_n^{(1)},\cdots,U_n^{(2^{n-1})})\supseteq P_{k,\Delta_n}$$

$$\dim P_{k,\Delta_n}=(k+1)2^n,\quad \operatorname{span}(U_0,U_1,\cdots,U_n^{(1)},\cdots,U_n^{(2^{n-1})})\subseteq P_{k,\Delta_n}$$

因而

$$\operatorname{span}(U_0,U_1,\cdots,U_n^{(1)},\cdots,U_n^{(2^{n-1})})=P_{k,\Delta_n}$$

此即说明, Δ_n 分割下任一分段 k 次多项式都可由 k 次 U-系统的 $(k+1)2^n$ 个基函数

$$\{U_0, U_1, \cdots, U_n^{(1)}, \cdots, U_n^{(2^n-1)}\}$$

精确表达.

4.6 1 次 U-系统与斜变换

1974 年, Pratt 首次提出斜 (slant) 变换的概念[15],[16]. 这里阐述的“斜变换”与 1 次 U-系统之间的密切联系.

斜变换在信号处理中有广泛的应用. 特别在数字图像处理问题中, 在图像像素灰度变化呈渐变状况的区域, 为了更好地描述这种现象, 自然考虑将 Walsh 函数或 Haar 函数中的分段常数函数用分段线性函数代替. 把实际图像看作是平面区域上的二元函数, 这个二元函数可能是连续函数, 也可能含有间断. 则图像作数字化处理, 往往通过采样, 将二元函数转化为一个离散的矩阵形式. 把像素上的信息 (例如 RGB 值) 放在矩阵相应的位置上, 矩阵相邻的元素往往呈现递增或递减的现象, 它体现了图像灰度的渐变. 如果变换矩阵的行向量能反映渐变的特性, 则对图像的处理有利. 渐变可近似认为服从一个线性函数所表现的变化, 而线性函数可以用分段常数的阶梯函数逼近. 每个阶梯的高程是一个数值, 构成等差数列, 它作成的行向量可以叫做“斜”向量, 这个想法形成的一类有效的正交变换称为斜变换.

实际上, 斜变换与 U-系统的联系, 可以从离散斜变换的前 8 个向量的图示与 1 次 U-系统的前 8 个函数比较, 直观上容易看到它们之间的相似性 (图 4.6.1).

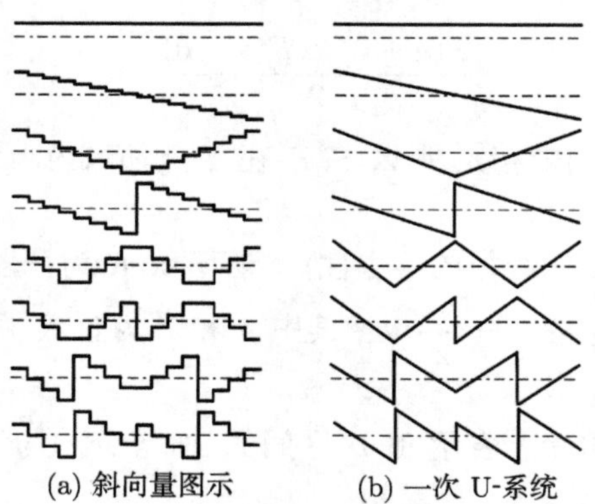

图 4.6.1 1 次 U-系统与斜变换的比较

考虑 N 阶方阵, 研究它的 N 个行向量构成一个标准正交向量组. 设 $N = 2^p$. 若 $p = 1$, 即两个正交的 2 维向量构成的矩阵

$$S_1 = \frac{1}{\sqrt{2}} \begin{bmatrix} 1 & 1 \\ 1 & -1 \end{bmatrix} \tag{4.6.1}$$

当 $p=2$ 时, 矩阵有 4 个行向量. 记寻求的矩阵为

$$S_2 = \frac{1}{\sqrt{4}}\begin{bmatrix} 1 & 1 & 1 & 1 \\ a+3r & a+r & a-r & a-3r \\ 1 & -1 & -1 & 1 \\ A & B & C & D \end{bmatrix}$$

其中第一个行向量的分量为同一常数; 第二个行向量的分量认定是呈等差数列规律, 可以称之为线性变化的斜向量; 第三个行向量可以看作是分段线性变化的斜向量. 唯独第四个行向量待定, 我们要求它与前三个行向量正交.

若前两个行向量正交, 则有 $a=0$. 再由标准化条件有 $r=\dfrac{1}{\sqrt{5}}$. 为了确定 S_2 中的第四个行向量, 利用它本身标准化的要求, 以及它与前三个行向量皆正交的条件, 得

$$\begin{aligned} A^2+B^2+C^2+D^2&=4 \\ A+B+C+D&=0 \\ 3A+B-C-3D&=0 \\ A-B-C+D&=0 \end{aligned}$$

解出

$$A=-D=\frac{1}{\sqrt{5}},\quad B=-C=-\frac{3}{\sqrt{5}}$$

这样, 得到 4×4 矩阵

$$S_2 = \frac{1}{\sqrt{4}}\begin{bmatrix} 1 & 1 & 1 & 1 \\ \dfrac{3}{\sqrt{5}} & \dfrac{1}{\sqrt{5}} & -\dfrac{1}{\sqrt{5}} & -\dfrac{3}{\sqrt{5}} \\ 1 & -1 & -1 & 1 \\ \dfrac{1}{\sqrt{5}} & -\dfrac{3}{\sqrt{5}} & \dfrac{3}{\sqrt{5}} & -\dfrac{1}{\sqrt{5}} \end{bmatrix} \tag{4.6.2}$$

S_2 可以通过分块矩阵的乘积形式与 S_1 建立联系:

$$S_2 = \frac{1}{\sqrt{4}}\left[\begin{array}{cc:cc} 1 & 0 & 1 & 0 \\ a_4 & b_4 & -a_4 & b_4 \\ \hdashline 0 & 1 & 0 & -1 \\ -b_4 & a_4 & b_4 & a_4 \end{array}\right]\left[\begin{array}{c:c} S_1 & \mathbf{0} \\ \hdashline \mathbf{0} & S_1 \end{array}\right]$$

其中

$$a_4=\frac{2}{\sqrt{5}},\quad b_4=\frac{1}{\sqrt{5}}$$

进一步对 8 阶矩阵 S_3, 可以得到如下递推关系:

$$S_3=\frac{1}{\sqrt{8}}\left[\begin{array}{cccc|cccc}1&0&0&0&1&0&0&0\\a_8&b_8&0&0&-a_8&b_8&0&0\\0&0&1&0&0&0&1&0\\0&0&0&1&0&0&0&1\\\hline 0&1&0&0&0&-1&0&0\\-b_8&a_8&0&0&b_8&a_8&0&0\\0&0&1&0&0&0&1&0\\0&0&0&1&0&0&0&1\end{array}\right]\left[\begin{array}{c|c}S_2&\mathbf{0}\\\hline\mathbf{0}&S_2\end{array}\right] \tag{4.6.3}$$

一般地, 当 $N=2^n$ 时, 递推关系为

$$S_n=\frac{1}{\sqrt{2^n}}\left[\begin{array}{ccc|ccc}1&\mathbf{0}&&1&\mathbf{0}&\\a_N&b_N&\mathbf{0}&-a_N&b_N&\mathbf{0}\\\mathbf{0}&&I_{\frac{N}{2}-2}&\mathbf{0}&&I_{\frac{N}{2}-2}\\\hline\mathbf{0}&1&&\mathbf{0}&-1&\\-b_N&a_N&\mathbf{0}&b_N&a_N&\mathbf{0}\\\mathbf{0}&&I_{\frac{N}{2}-2}&\mathbf{0}&&-I_{\frac{N}{2}-2}\end{array}\right]\left[\begin{array}{c|c}S_{N-1}&\mathbf{0}\\\hline\mathbf{0}&S_{N-1}\end{array}\right] \tag{4.6.4}$$

其中 I_j 表示 j 阶单位方阵, a_N,b_N 满足下面递推关系:

$$a_{2N}=\sqrt{\frac{3}{4-\left(\frac{1}{N}\right)^2}},\quad b_{2N}=\sqrt{\frac{1-\left(\frac{1}{N}\right)^2}{4-\left(\frac{1}{N}\right)^2}} \tag{4.6.5}$$

由 $a_{2N}^2+b_{2N}^2=1$, 令 $\cos\theta_N=a_N,\sin\theta_N=b_N$. 当

$$N\to\infty,\quad a_N\to\frac{\sqrt{3}}{2},\quad b_N\to\frac{1}{2},\quad \theta\to\frac{\pi}{6}$$

可见, 当把区间 $[0,1]$ 作 N 等分, 阶梯函数收敛到分段线性函数, 这说明了离散矩阵形式的斜变换经连续化就是 1 次 U-系统.

4.7　斜变换快速算法

将斜变换与 Walsh 函数沟通起来的研究见文献 [17], 王中德提出用 Walsh 次序与 Hadamard 次序的 Walsh 函数逐步加工出“斜函数”, 并由此设计了快速斜变换的新算法. 值得注意的是王能超从二分演化论的观点出发, 再度阐述斜函数与

斜矩阵的演化机制[18], 给出快速斜变换的清晰解释. 为了讨论问题方便, 看 8 阶斜矩阵

$$S_3=\frac{1}{\sqrt{2^3}}\begin{bmatrix} 1 & 1 & 1 & 1 & 1 & 1 & 1 & 1 \\ \frac{7}{\sqrt{21}} & \frac{5}{\sqrt{21}} & \frac{3}{\sqrt{21}} & \frac{1}{\sqrt{21}} & -\frac{1}{\sqrt{21}} & -\frac{3}{\sqrt{21}} & -\frac{5}{\sqrt{21}} & -\frac{7}{\sqrt{21}} \\ 1 & -1 & -1 & 1 & 1 & -1 & -1 & 1 \\ \frac{1}{\sqrt{5}} & -\frac{3}{\sqrt{5}} & \frac{3}{\sqrt{5}} & -\frac{1}{\sqrt{5}} & \frac{1}{\sqrt{5}} & -\frac{3}{\sqrt{5}} & \frac{3}{\sqrt{5}} & -\frac{1}{\sqrt{5}} \\ \frac{3}{\sqrt{5}} & \frac{1}{\sqrt{5}} & -\frac{1}{\sqrt{5}} & -\frac{3}{\sqrt{5}} & -\frac{3}{\sqrt{5}} & -\frac{1}{\sqrt{5}} & \frac{1}{\sqrt{5}} & \frac{3}{\sqrt{5}} \\ \frac{7}{\sqrt{21\times 5}} & -\frac{1}{\sqrt{21\times 5}} & -\frac{9}{\sqrt{21\times 5}} & -\frac{17}{\sqrt{21\times 5}} & \frac{17}{\sqrt{21\times 5}} & \frac{9}{\sqrt{21\times 5}} & \frac{1}{\sqrt{21\times 5}} & -\frac{7}{\sqrt{21\times 5}} \\ 1 & -1 & -1 & 1 & -1 & 1 & 1 & -1 \\ \frac{1}{\sqrt{5}} & -\frac{3}{\sqrt{5}} & \frac{3}{\sqrt{5}} & -\frac{1}{\sqrt{5}} & -\frac{1}{\sqrt{5}} & \frac{3}{\sqrt{5}} & -\frac{3}{\sqrt{5}} & \frac{1}{\sqrt{5}} \end{bmatrix}$$

略去矩阵中每行的公共分母. 图 4.6.1 所示的 1 次 U-系统的前 8 个函数, 是按函数变号个数为序, 相应的“U 矩阵”为 A.

$$A=\begin{bmatrix} 1 & 1 & 1 & 1 & 1 & 1 & 1 & 1 \\ 7 & 5 & 3 & 1 & -1 & -3 & -5 & -7 \\ 3 & 1 & -1 & -3 & -3 & -1 & 1 & 3 \\ 7 & -1 & -9 & -17 & 17 & 9 & 1 & -7 \\ 1 & -1 & -1 & 1 & 1 & -1 & -1 & 1 \\ 1 & -1 & -1 & 1 & -1 & 1 & 1 & -1 \\ 1 & -3 & 3 & -1 & -1 & 3 & -3 & 1 \\ 1 & -3 & 3 & -1 & 1 & -3 & 3 & -1 \end{bmatrix}$$

矩阵 S_3 的 8 个行向量相应的 1 次 U-系统的函数次序, 其变号数顺次为 0, 1, 4, 7, 2, 3, 5, 6. 如矩阵 B 所示:

$$B=\begin{bmatrix} 1 & 1 & 1 & 1 & 1 & 1 & 1 & 1 \\ 7 & 5 & 3 & 1 & -1 & -3 & -5 & -7 \\ 1 & -1 & -1 & 1 & 1 & -1 & -1 & 1 \\ 1 & -3 & 3 & -1 & 1 & -3 & 3 & -1 \\ 3 & 1 & -1 & -3 & -3 & -1 & 1 & 3 \\ 7 & -1 & -9 & -17 & 17 & 9 & 1 & -7 \\ 1 & -1 & -1 & 1 & -1 & 1 & 1 & -1 \\ 1 & -3 & 3 & -1 & -1 & 3 & -3 & 1 \end{bmatrix}$$

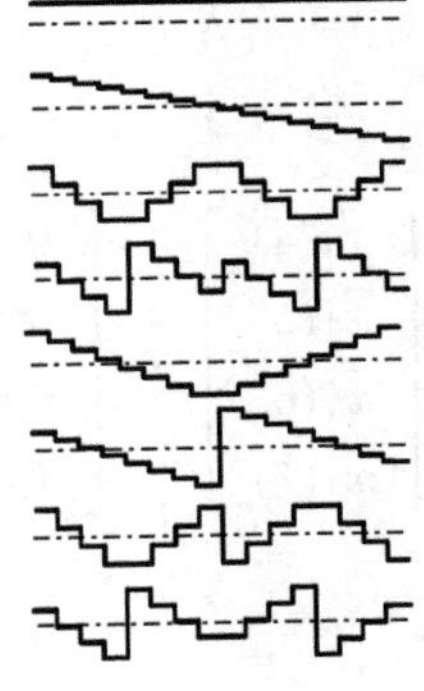

文献 [18] 采用的变号数顺次为 0, 4, 6, 2, 3, 7, 5, 1. 如矩阵 C 所示：

$$C=\begin{bmatrix}1&1&1&1&1&1&1&1\\1&-1&-1&1&1&-1&-1&1\\1&-3&3&-1&-1&3&-3&1\\3&1&-1&-3&-3&-1&1&3\\7&-1&-9&-17&17&9&1&-7\\1&-3&3&-1&1&-3&3&-1\\1&-1&-1&1&-1&1&1&-1\\7&5&3&1&1&-3&-5&-7\end{bmatrix}$$

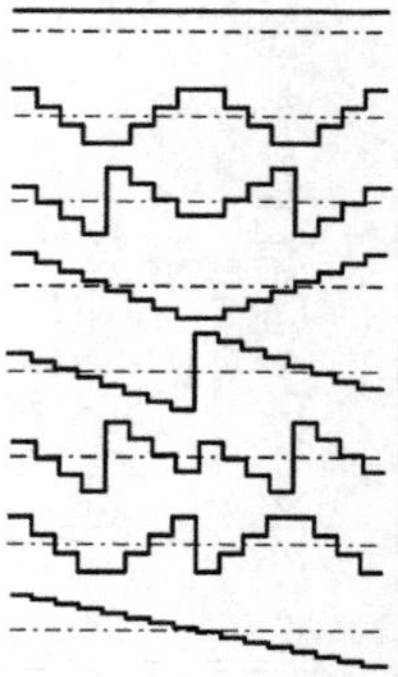

上述 A, B, C 右侧是相应矩阵行向量的图示. 以 8×8 斜变换矩阵 C 为示例, 说明快速斜变换的计算过程, 其细节见文献 [18]. 将斜变换写为

$$X=Cx$$

$$x=\begin{bmatrix}x(0)&x(1)&x(2)&\cdots&x(7)\end{bmatrix}^{\mathrm{T}}$$

$$X=\begin{bmatrix}X(0)&X(1)&X(2)&\cdots&X(7)\end{bmatrix}^{\mathrm{T}}$$

作为第一步, 先计算

$$\begin{bmatrix}x_1(0)\\x_1(1)\\x_1(2)\\x_1(3)\end{bmatrix}=\begin{bmatrix}1&0&0&0&0&0&0&1\\0&1&0&0&0&0&1&0\\0&0&1&0&0&1&0&0\\0&0&0&1&1&0&0&0\end{bmatrix}\begin{bmatrix}x(0)\\x(1)\\x(2)\\x(3)\\x(4)\\x(5)\\x(6)\\x(7)\end{bmatrix}\tag{4.7.1}$$

$$\begin{bmatrix}x_1(4)\\x_1(5)\\x_1(6)\\x_1(7)\end{bmatrix}=\begin{bmatrix}0&0&0&1&-1&0&0&0\\0&0&1&0&0&-1&0&0\\0&1&0&0&0&0&-1&0\\1&0&0&0&0&0&0&-1\end{bmatrix}\begin{bmatrix}x(0)\\x(1)\\x(2)\\x(3)\\x(4)\\x(5)\\x(6)\\x(7)\end{bmatrix}\tag{4.7.2}$$

分两步进行处理, 首先处理式 (4.7.1):

$$\begin{bmatrix} X(0) \\ X(1) \\ X(2) \\ X(3) \end{bmatrix} = \begin{bmatrix} 1 & 1 & 1 & 1 \\ 1 & -1 & -1 & 1 \\ 1 & -3 & 3 & -1 \\ 3 & 1 & -1 & -3 \end{bmatrix} \begin{bmatrix} x_1(0) \\ x_1(1) \\ x_1(2) \\ x_1(3) \end{bmatrix}$$

令

$$\begin{bmatrix} x_2(0) \\ x_2(1) \end{bmatrix} = \begin{bmatrix} 1 & 0 & 0 & 1 \\ 0 & 1 & 1 & 0 \end{bmatrix} \begin{bmatrix} x_1(0) \\ x_1(1) \\ x_1(2) \\ x_1(3) \end{bmatrix}$$

$$\begin{bmatrix} x_2(2) \\ x_2(3) \end{bmatrix} = \begin{bmatrix} 0 & 1 & -1 & 0 \\ 1 & 0 & 0 & -1 \end{bmatrix} \begin{bmatrix} x_1(0) \\ x_1(1) \\ x_1(2) \\ x_1(3) \end{bmatrix}$$

得

$$\begin{bmatrix} X(0) \\ X(1) \end{bmatrix} = \begin{bmatrix} 1 & 1 \\ 1 & -1 \end{bmatrix} \begin{bmatrix} x_2(0) \\ x_2(1) \end{bmatrix} \text{及} \begin{bmatrix} X(2) \\ X(3) \end{bmatrix} = \begin{bmatrix} -3 & 1 \\ 1 & 3 \end{bmatrix} \begin{bmatrix} x_2(2) \\ x_2(3) \end{bmatrix}$$

再作分解

$$\begin{aligned} x_3(0) &= x_2(0) + x_2(1) \\ x_3(1) &= x_2(0) - x_2(1) \\ x_3(2) &= -3x_2(2) + x_2(3) \\ x_3(3) &= x_2(2) + 3x_2(3) \end{aligned}$$

即可求得

$$X(0) = x_3(0), \quad X(1) = x_3(1), \quad X(2) = x_3(2), \quad X(3) = x_3(3)$$

第二步, 再处理式 (4.7.2):

$$\begin{bmatrix} X(4) \\ X(5) \\ X(6) \\ X(7) \end{bmatrix} = \begin{bmatrix} -17 & -9 & -1 & 7 \\ -1 & 3 & -3 & 1 \\ 1 & -1 & -1 & 1 \\ 1 & 3 & 5 & 7 \end{bmatrix} \begin{bmatrix} x_1(4) \\ x_1(5) \\ x_1(6) \\ x_1(7) \end{bmatrix}$$

令

$$\begin{bmatrix} x_2(4) \\ x_2(5) \end{bmatrix} = \begin{bmatrix} -1 & 0 & 0 & 1 \\ 0 & -1 & 1 & 0 \end{bmatrix} \begin{bmatrix} x_1(4) \\ x_1(5) \\ x_1(6) \\ x_1(7) \end{bmatrix}$$

$$\begin{bmatrix} x_2(6) \\ x_2(7) \end{bmatrix} = \begin{bmatrix} 0 & 1 & 1 & 0 \\ 1 & 0 & 0 & 1 \end{bmatrix} \begin{bmatrix} x_1(4) \\ x_1(5) \\ x_1(6) \\ x_1(7) \end{bmatrix}$$

得

$$\begin{bmatrix} X(5) \\ X(6) \end{bmatrix} = \begin{bmatrix} 1 & -3 & 0 & 0 \\ 0 & 0 & -1 & 1 \end{bmatrix} \begin{bmatrix} x_2(4) \\ x_2(5) \\ x_2(6) \\ x_2(7) \end{bmatrix}$$

及

$$\begin{bmatrix} X(4) \\ X(7) \end{bmatrix} = \begin{bmatrix} 12 & 4 & -5 & -5 \\ 3 & 1 & 4 & 4 \end{bmatrix} \begin{bmatrix} x_2(4) \\ x_2(5) \\ x_2(6) \\ x_2(7) \end{bmatrix}$$

这里 $X(4), X(7)$ 写成

$$\begin{aligned} X(4) &= 4[3x_2(4) + x_2(5)] - 5[x_2(6) + x_2(7)] \\ X(7) &= [3x_2(4) + x_2(5)] + 4[x_2(6) + x_2(7)] \end{aligned}$$

再做分解

$$\begin{aligned} x_3(4) &= 3x_2(4) + x_2(5) \\ x_3(5) &= x_2(4) - x_2(5) \\ x_3(6) &= -x_2(6) + x_2(7) \\ x_3(7) &= x_2(6) + x_2(7) \end{aligned}$$

即可求得

$$X(4) = 4x_3(4) - 5x_3(7), \quad X(5) = x_3(5)$$

$$X(6) = x_3(6), \quad X(7) = x_3(4) + 4x_3(7)$$

图 2.4.1 表示对给定两个数的求和与求差, 得到两个新的数据. 类似的图示, 这里的图 4.7.1 表示对给定两个数的不同组合得到两个新的数据. 这样一来, 上述计算的过程可用图 4.7.2 说明.

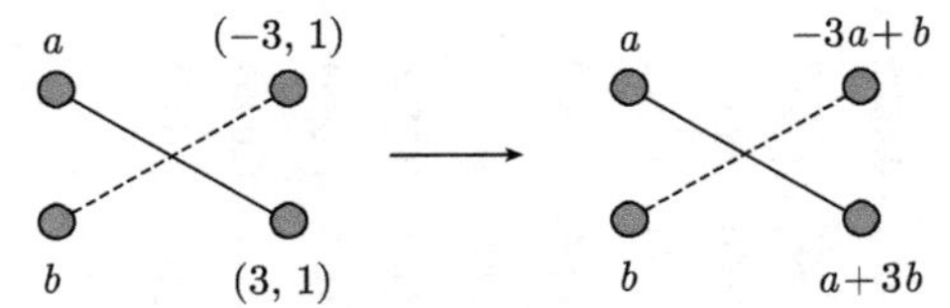

图 4.7.1 两个数的线性组合产生两个新的数据

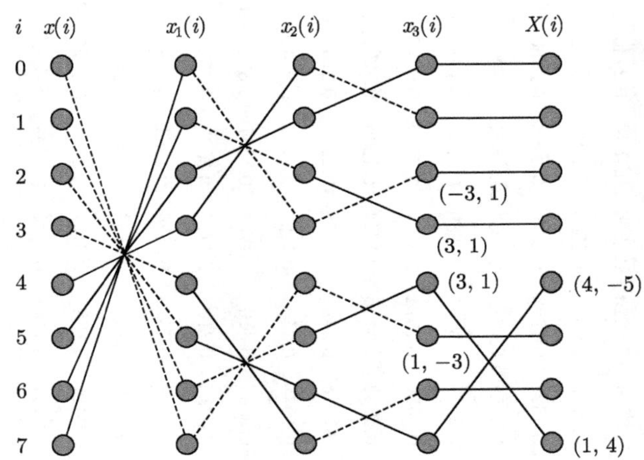

图 4.7.2 快速斜变换的计算过程

4.8 关于离散 U-变换的注记

把区间 $[0,1]$ 等分为 $N=2^n$ 个子区间, 在每个子区间上分别对前 N 个基函数 $U_0(x),U_1(x),U_2(x),\cdots,U_{N-1}(x)$ 做积分, 得到 $N=2^n$ 个向量, 得到矩阵 $[a_{i,j}]$:

$$a_{i,j}=\int_{\frac{j}{2^n}}^{\frac{j+1}{2^n}}U_i(x)\mathrm{d}x,\quad i,j\in\{0,1,\cdots,2^n-1\}$$

因为每个 $U_i(x)$ 都是分段多项式, 只要指定 U-系统的次数 k, 即可得到矩阵 $[a_{i,j}]$; 再经正交化, 最终得到 $N\times N$ 矩阵, 称为 k 次离散 U-系统的正交矩阵. 表 4.8.1 所示为 $N=16$ 的 3 次离散 U-系统相应的正交变换矩阵.

3 次离散 U-系统前 16 个正交向量的对应的阶梯函数见图 4.8.1, 它们恰对应着 3 次 U-系统前 16 个函数. 关于 k 次离散 U 变换的研究, 郭芬红与熊昌镇给出更一般的阐述[19]. 特别对 2 次离散 U 变换, 他们建立了矩阵表示的递推关系与快速算法, 推广了 Pratt 的工作[16].

表 4.8.1 3 次离散 U-系统前 16 个基函数对应的正交矩阵

0.2500	0.2500	0.2500	0.2500	0.2500	0.2500	0.2500	0.2500	0.2500	0.2500	0.2500	0.2500	0.2500	0.2500	0.2500	0.2500
0.4067	0.3525	0.2983	0.2440	0.1898	0.1356	0.0813	0.0271	–0.0271	–0.0813	–0.1356	–0.1898	–0.2440	–0.2983	–0.3525	–0.4067
0.4631	0.2779	0.1191	–0.0132	–0.1191	–0.1985	–0.2514	–0.2779	–0.2779	–0.2514	–0.1985	–0.1191	–0.0132	0.1191	0.2779	0.4631
0.4532	0.0906	–0.1424	–0.2660	–0.2998	–0.2640	–0.1783	–0.0628	0.0628	0.1783	0.2640	0.2998	0.2660	0.1424	–0.0906	–0.4532
0.3715	–0.0936	–0.2979	–0.3065	–0.1844	0.0033	0.1918	0.3158	0.3158	0.1918	0.0033	–0.1844	–0.3065	–0.2979	–0.0936	0.3715
0.2556	–0.1950	–0.2933	–0.1619	0.0763	0.2989	0.3831	0.2061	–0.2061	–0.3831	–0.2989	–0.0763	0.1619	0.2933	0.1950	–0.2556
0.1788	–0.1969	–0.2084	–0.0173	0.2150	0.3271	0.1574	–0.4556	–0.4556	0.1574	0.3271	0.2150	–0.0173	–0.2084	–0.1969	0.1788
0.1037	–0.1293	–0.1166	0.0200	0.1586	0.1774	–0.0456	–0.6323	0.6323	0.0456	–0.1774	–0.1586	–0.0200	0.1166	0.1293	–0.1037
0.1948	–0.3497	–0.1198	0.2747	0.2747	–0.1198	–0.3497	0.1948	0.1948	–0.3497	–0.1198	0.2747	0.2747	–0.1198	–0.3497	0.1948
0.1948	–0.3497	–0.1198	0.2747	0.2747	–0.1198	–0.3497	0.1948	–0.1948	0.3497	0.1198	–0.2747	–0.2747	0.1198	0.3497	–0.1948
0.0984	–0.3107	0.1764	0.3357	–0.3357	–0.1764	0.3107	–0.0984	0.0984	–0.3107	0.1764	0.3357	–0.3357	–0.1764	0.3107	–0.0984
0.0984	–0.3107	0.1764	0.3357	–0.3357	–0.1764	0.3107	–0.0984	–0.0984	0.3107	–0.1764	–0.3357	0.3357	0.1764	–0.3107	0.0984
0.0610	–0.2495	0.3826	–0.1941	–0.1941	0.3826	–0.2495	0.0610	0.0610	–0.2495	0.3826	–0.1941	–0.1941	0.3826	–0.2495	0.0610
0.0610	–0.2495	0.3826	–0.1941	–0.1941	0.3826	–0.2495	0.0610	–0.0610	0.2495	–0.3826	0.1941	0.1941	–0.3826	0.2495	–0.0610
0.0411	–0.1781	0.3151	–0.3425	0.3425	–0.3151	0.1781	–0.0411	0.0411	–0.1781	0.3151	–0.3425	0.3425	–0.3151	0.1781	–0.0411
0.0411	–0.1781	0.3151	–0.3425	0.3425	–0.3151	0.1781	–0.0411	–0.0411	0.1781	–0.3151	0.3425	–0.3425	0.3151	–0.1781	0.0411

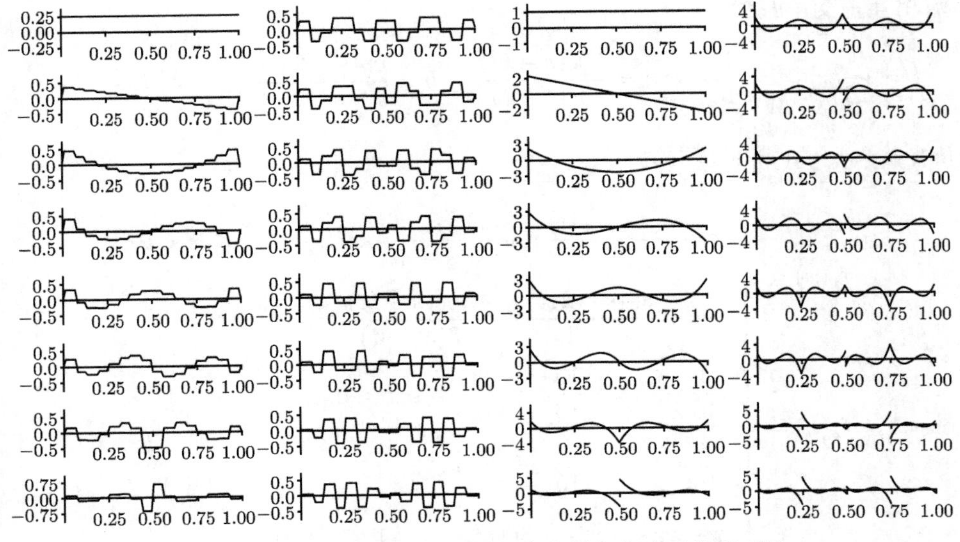

图 4.8.1 3 次离散 U-系统前 16 个向量与相应函数的对比

4.9 关于 U-系统的变体

从 4.4 节 k 次 U-系统的构造过程可知, 式 (4.4.2) 中的 $f_1(x)$ 隐含着在 $x=\frac{1}{2}$ 处连续的性质. 事实上, $f_1(x)$, 在 $x=\frac{1}{2}$ 处不连续, 仍能得到一系列的分段多项式正交系, 可以叫做"U-系统的变体". 为方便起见, 将区间取为 $[-1,1]$, 那么构造生成元时, 结点 $x=\frac{1}{2}$ 处换成结点 $x=0$. 以 $k=2$ 为例, 假设 2 次 U-系统函数的奇对称与偶对称交替出现, 则待定的函数生成元可表示为

$$f_1(x)=\begin{cases} c+bx+ax^2, & -1\leqslant x<0 \\ -c+bx-ax^2, & 0\leqslant x<1 \end{cases}$$

$$f_2(x)=\begin{cases} f+ex+dx^2, & -1\leqslant x<0 \\ f-ex+dx^2, & 0\leqslant x<1 \end{cases}$$

$$f_3(x)=\begin{cases} t+sx+rx^2, & -1\leqslant x<0 \\ -t+sx-rx^2, & 0\leqslant x<1 \end{cases}$$

由

$$U_0(x),\ U_1(x),\ U_2(x),\ f_1(x),\ f_2(x),\ f_3(x)$$

两两相互正交, 可得

$$f=\frac{3}{16}e,\quad d=\frac{5}{16}e,\quad a=\frac{10c(s-6t)}{3(s-4t)},\quad b=\frac{c(4s-21t)}{s-4t},\quad r=\frac{2}{3}(2s-3t)$$

$f_1(x)$, $f_2(x)$, $f_3(x)$ 可重写为

$$f_1(x)=\begin{cases} c+\dfrac{c(4s-21t)}{s-4t}x+\dfrac{10c(s-6t)}{3(s-4t)}x^2, & -1\leqslant x<0\\ -c+\dfrac{c(4s-21t)}{s-4t}x-\dfrac{10c(s-6t)}{3(s-4t)}x^2, & 0\leqslant x<1\end{cases}$$

$$f_2(x)=\begin{cases} \dfrac{3}{16}e+ex+\dfrac{15}{16}ex^2, & -1\leqslant x<0\\ \dfrac{3}{16}e-ex+\dfrac{15}{16}ex^2, & 0\leqslant x<1\end{cases}$$

$$f_3(x)=\begin{cases} t+sx+\dfrac{2}{3}(2s-3t)x^2, & -1\leqslant x<0\\ -t+sx-\dfrac{2}{3}(2s-3t)x^2, & 0\leqslant x<1\end{cases}$$

因此, $c\neq 0$, $e\neq 0$ 因而 $f_1(x)$ 在 $x=0$ 处不连续, 并有

$$f_1(x)=\begin{cases} 1+\dfrac{4s-21t}{s-4t}x+\dfrac{10(s-6t)}{3(s-4t)}x^2, & -1\leqslant x<0\\ -1+\dfrac{4s-21t}{s-4t}x-\dfrac{10(s-6t)}{3(s-4t)}x^2, & 0\leqslant x<1\end{cases}$$

$$f_2(x)=\begin{cases} \dfrac{3}{16}+x+\dfrac{15}{16}x^2, & -1\leqslant x<0\\ \dfrac{3}{16}-x+\dfrac{15}{16}x^2, & 0\leqslant x<1\end{cases}$$

$$f_3(x)=\begin{cases} t+sx+\dfrac{2}{3}(2s-3t)x^2, & -1\leqslant x<0\\ -t+sx-\dfrac{2}{3}(2s-3t)x^2, & 0\leqslant x<1\end{cases}$$

于是, 不同的参数 s,t 取值, 导致不同的生成元函数. 对 $k=3$ 的情形, 也可以作类似的分析, 生成元函数中也出现 2 个自由参数. 自由参数的出现, 提供了选择的机会, 在应用中可以根据所研究问题特定的要求寻求最佳参数.

此外, 注意到 U-系统的函数生成元是以 $x=\dfrac{1}{2}$ 为分段点的分段多项式, 同经典的 Walsh 函数称为 "二进制的" 一样, 也可以称之为二进制 U- 系统. 如果把分段

多项式的分段点设计在点 $x=\frac{1}{4},\frac{2}{4},\frac{3}{4}$ 处, 按照 4.4 节中生成元的构造方法 (满足正交性、对称性等条件), 类似可以得到新的 U-系统生成元, 进而按照压缩复制的思想可以生成一类新的正交函数系, 称为 4 进制 U- 系统. 文献 [20] 给出了 4 进制 U-系统的详细构造过程.

4.10 U-系统与预小波

Micchelli 和 Xu (许跃生) 指出, U-系统是一类有限区间上的预小波 (prewavelet)[10]. 本节介绍 U-系统的预小波性质. 这一性质使我们看到, 从 U-系统到 V-系统 (第 5 章) 的转变, 恰是从有限区间上的预小波到有限区间上的多小波的过程.

预小波概念的提出是针对 $L^2(\mathbb{R})$ 而不是 $L^2([0,1])$[21]–[23]. 为了构造 $\mathbb{R}$ 上的小波, 考虑细化方程

$$\phi(x)=\sum_{j=0}^{n}a_j\phi(2x-j),\quad x\in\mathbb{R} \tag{4.10.1}$$

对有限区间 $[0,1]$ 而言, 细化方程可写成矩阵形式:

$$f\left(\frac{t+\varepsilon}{2}\right)=A_\varepsilon^{\mathrm{T}}f(t),\quad \varepsilon\in\{0,1\},t\in[0,1] \tag{4.10.2}$$

其中 A_ε 为 $n\times n$ 矩阵, 序列 a_j 满足条件: $a_j=0,\ j<0,j>n$. 令

$$(A_\varepsilon)_{i,j}=a_{2j-i+\varepsilon},\quad i,j=0,1,2,\cdots,n-1$$
$$f(t)=(\phi(t),\phi(t+1),\cdots,\phi(t+n-1))^{\mathrm{T}}$$

写成一般形式, 记 $f=(f_1,f_2,\cdots,f_n)^{\mathrm{T}}$, 考虑有限维线性空间 $F_0=\{c^{\mathrm{T}}f\}$, $c\in\mathbb{R}^n$. 对任意 $c\in\mathbb{R}^n$ 及任意给定的 $t\in[0,1]$, 将它写成二进制形式

$$t=\sum_{i=0}^{\infty}\varepsilon_i 2^{-i},\quad \varepsilon\in\{0,1\}$$

由式 (4.10.2) 有

$$\lim_{k\to\infty}A_{\varepsilon_k}A_{\varepsilon_{k-1}}\cdots A_{\varepsilon_1}=vc^{\mathrm{T}}f(t)$$

其中 $v=(1,1,\cdots,1)^{\mathrm{T}}\in\mathbb{R}$. 如果 $\dim F_0=n$, 不妨假定 $f_1,f_2,\cdots,f_n$ 是正交的. 令有界线性算子

$$(T_\varepsilon g)(t)=\begin{cases}g(2t), & 0\leqslant t<\dfrac{1}{2}\\ (-1)^\varepsilon g(2t-1), & \dfrac{1}{2}\leqslant t\leqslant 1\end{cases} \tag{4.10.3}$$

递归地生成空间系列

$$F_{k+1} = T_0 F_k \oplus T_1 F_k, \quad k = 0, 1, 2, \cdots \tag{4.10.4}$$

其中 $\oplus$ 表示：$A \oplus B = \{f + g : f \in A, g \in B\}$. 用数学归纳法容易证明

$$F_k \subseteq F_{k+1}, \quad k = 0, 1, 2, \cdots$$

记 W_k 为 F_{k+1} 中 F_k 的正交补空间, 写为

$$F_{k+1} = F_k \oplus^{\perp} W_k, \quad k = 0, 1, 2, \cdots \tag{4.10.5}$$

易知 $W_k \subset F_{k+1} \subseteq F_{k'} \perp W_{k'}$, 其中 $k + 1 < k'$. 由于

$$\begin{aligned}\dim F_{k+1} =& \dim T_0 F_k + \dim T_1 F_k \\ =& 2 \dim F_k = \cdots = 2^{k+1} \dim F_0\end{aligned}$$

因而有 $\dim W_k = 2^{k+1} \dim F_0 - 2^k \dim F_0 = 2^k \dim F_0$, $k = 0, 1, 2, \cdots$. 关于 W_k 可以证明

$$W_{k+1} = T_0 W_k \oplus^{\perp} T_1 W_k, \quad k = 0, 1, 2, \cdots$$

这就是说, 从 W_0 出发, 以二叉树方式可以得到

$$W_k = \bigoplus_{\varepsilon_i \in \{0,1\}} T_{\varepsilon_1} T_{\varepsilon_2} \cdots T_{\varepsilon_k} W_0, \quad k = 0, 1, 2, \cdots \tag{4.10.6}$$

注意式 (4.10.5), (4.10.6), 并将区间 $[0, 1)$ 等分为 2^k 个子区间, 记二进小数

$$(0.\varepsilon_1 \varepsilon_2 \cdots \varepsilon_k)_2 = \frac{\varepsilon_1}{2} + \frac{\varepsilon_2}{2^2} + \cdots + \frac{\varepsilon_k}{2^k}$$

区间剖分的子区间为 $[\alpha, \beta]$, 这里

$$\begin{aligned}\alpha &= (0.\varepsilon_1 \varepsilon_2 \cdots \varepsilon_k)_2 \\ \beta &= (0.\varepsilon_1 \varepsilon_2 \cdots \varepsilon_k)_2 + 2^{-k}\end{aligned}$$

由特征函数 $\chi_{[\alpha,\beta]}(t)$ 的集合张成的空间在 $L^2[0, 1]$ 中稠密的性质证得

$$\overline{\bigcup_{k=0}^{\infty} F_k} = L^2[0, 1]$$

详细证明过程见文献 [10].

需要说明, 从上面式 (4.10.3) 定义的算子 T_0, T_1 生成的函数系列, 在区间 $[0, 1]$ 的 2 进数分点处出现间断, 文献 [10] 的作者进一步注意研究将其连续化. 事实上, 本章讨论的 U-系统, 将保持这样的间断性质, 特别将 U-系统转换到 V-系统之后, 这样的非连续正交函数会在几何信息处理中显示其独特的优势.

4.11 参数曲线图组正交表达示例

4.3 节给出的例子, 用以说明 1 次 U-系统精确正交重构直线形的效果. 对于高次的分段多项式曲线图组, 用相应次数的 U-系统来重构, 做法类似. 曲线图组可能包括若干个子图, 而这子图是允许彼此分离的. 这里举例说明非连续的曲线作为一个整体对象, 如何获取全局的频谱数据.

将区间 $[0,1]$ 作 $N=2^n$ 等分, 记

$$\chi_{[\frac{j}{2^n},\frac{j+1}{2^n})}(x)=\begin{cases}1, & x\in\left[\dfrac{j}{2^n},\dfrac{j+1}{2^n}\right)\\ 0, & \text{其他}\end{cases}$$

参数形式表达的分段多项式统一写为

$$F(t)=\sum_{j=0}^{2^n-1}q_j(t)\chi_{[\frac{j}{2^n},\frac{j+1}{2^n})}(t),\quad 0\leqslant t<1 \tag{4.11.1}$$

其中

$$q_j(t)=\begin{bmatrix}x_j(t)\\ y_j(t)\end{bmatrix}$$

为区间 $[0,1]$ 进行 $N=2^n$ 等分之后的第 j 个子区间上参数形式多项式曲线段. $F(t)$ 的 Fourier-U 级数为

$$F(t)=\sum_j\lambda_jU_j(t),\quad 0\leqslant t<1$$

这里

$$\begin{aligned}\lambda_j=\begin{bmatrix}\lambda_{x,j}\\ \lambda_{y,j}\end{bmatrix}&=\int_0^1F(t)U_j(t)\mathrm{d}t\\ &=\int_0^1\left(\sum_i q_i(t)\chi_{[\frac{i}{2^n},\frac{i+1}{2^n})}\right)U_j(t)\mathrm{d}t\end{aligned}$$

$$\Lambda_x=\{\lambda_{x,j}\},\quad \Lambda_y=\{\lambda_{y,j}\},\quad j=0,1,2,\cdots,N \tag{4.11.2}$$

由定理 4.5.4 的证明知, 当曲线的分段数为 2^n 时, 需要 k 次 U-系统的 $(k+1)2^n$ 个基函数来精确重构, 即 $N=(k+1)2^n$.

例 4.11.1 设有分段 3 次参数形式的平面曲线

$$x(t) = -20t^3 + 30t^2 - 12t + 2, \quad 0 \leqslant t \leqslant 1$$

$$y(t) = \begin{cases} 18t^3 - 24t^2 + 6t + 4, & 0 \leqslant t < \dfrac{1}{2} \\ 2t^3 - 6t + 6, & \dfrac{1}{2} \leqslant t \leqslant 1 \end{cases}$$

见图 4.11.1(a). 这时, $N = 7$, 用 3 次 U-系统计算, 得到

$$\Lambda_x = \left[1, 0, 0, \frac{\sqrt{7}}{7}, 0, 0, 0, 0\right]$$

$$\Lambda_y = \left[\frac{13}{4}, \frac{\sqrt{3}}{2}, -\frac{\sqrt{5}}{40}, -\frac{\sqrt{7}}{14}, -\frac{\sqrt{7}}{56}, 0, 0, 0\right]$$

见图 4.11.1(b), 即通过 $\Lambda_x\Lambda_y$ 就可以精确表达 $x(t), y(t)$.

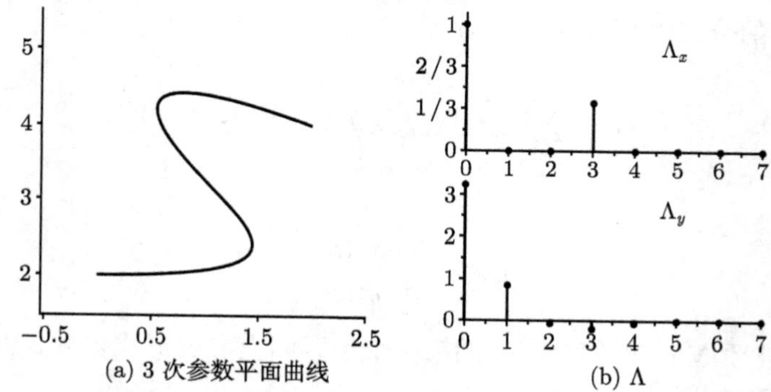

(a) 3 次参数平面曲线　　(b) Λ

图 4.11.1　对 2 段参数形式的 3 次多项式作 3 次 U-系统重构

例 4.11.2　设有分段 3 次参数形式的平面曲线

$$x(t) = -20t^3 + 30t^2 - 12t + 2, \quad 0 \leqslant t \leqslant 1$$

$$y(t) = \begin{cases} 18t^3 - 24t^2 + 6t + 4, & 0 \leqslant t < \dfrac{1}{2} \\ 2t^3 - 6t + \dfrac{11}{2}, & \dfrac{1}{2} \leqslant t \leqslant 1 \end{cases}$$

与例 4.11.1 不同, 这里表示的图组由两条分离的 3 次曲线组成 (见图 4.11.2(a)), $N = 7$, 用 3 次 U-系统计算得到 (图 4.11.2(b))

$$\Lambda_x = \left[1, 0, 0, \frac{\sqrt{7}}{7}, 0, 0, 0, 0\right]$$

$$\Lambda_y = \left[3, \frac{5\sqrt{3}}{8}, -\frac{\sqrt{5}}{40}, -\frac{23\sqrt{7}}{224}, -\frac{\sqrt{7}}{56}, \frac{\sqrt{5}}{32}, 0, -\frac{1}{16}\right]$$

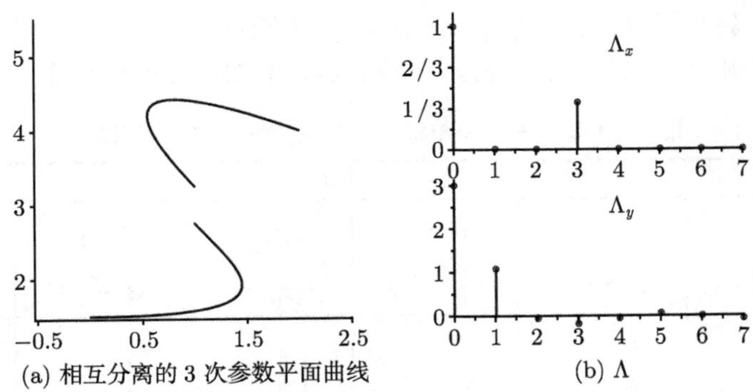

(a) 相互分离的 3 次参数平面曲线　　(b) Λ

图 4.11.2　对互相分离的 2 段 3 次多项式作 3 次 U-系统重构

例 4.11.3　表 4.11.1 里有 6 个图组. 每个图组由两个矩形组成, 记为 $P(t)$. 参数区间 $[0,1]$ 等分为 8 段. 两个矩形的边各为封闭的折线, 但两个折线是彼此分离的. 表 4.11.1 中 $\lambda_{x,j}$, $\lambda_{y,j}$ 给出了图组用 1 次 Fourier-U 级数表达的系数; 表 4.11.2

表 4.11.1　两矩形组成的图组对应的 U-谱图

	1	2	3	4	5	6
$P(t)$	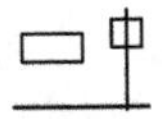	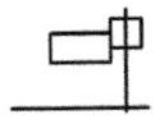	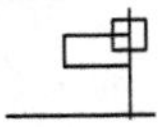	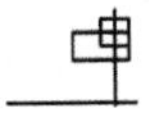	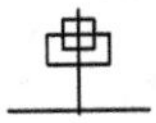	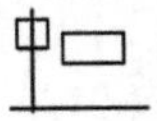
$\lambda_{x,j}$	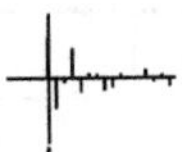		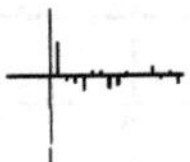		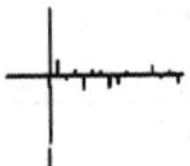	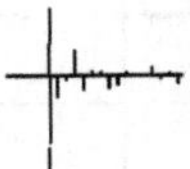
$\lambda_{y,j}$			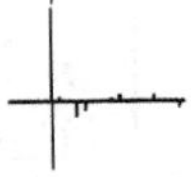	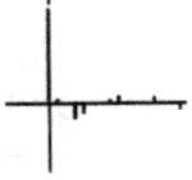		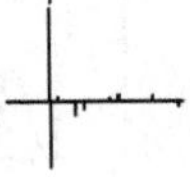

表 4.11.2　曲线组成的图组对应的 U-谱图

	1	2	3	4	5	6
$Q(t)$	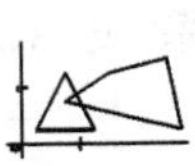		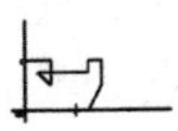	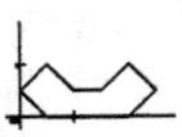	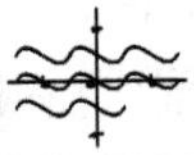	
$\lambda_{x,j}$				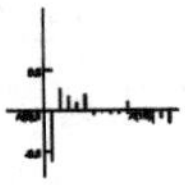	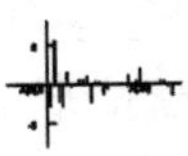	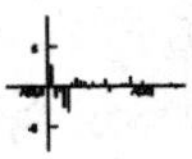
$\lambda_{y,j}$	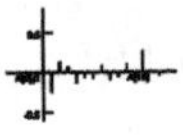			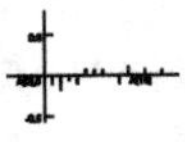	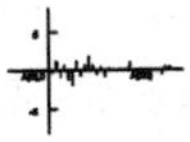	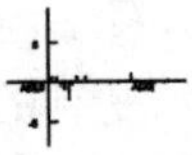

给出一些较复杂的图组, 记为 $Q(t)$, 其中 1—4 为直线段图组, 5—6 为 3 次 Bézier 曲线绘制的图组; 表 4.11.3 为不超过 3 次的 Bézier 曲线绘制的图组;

表 4.11.3　一些简单标记 (图组) 对应的 U-谱图

	1	2	3	4	5	6
$R(t)$						
$\lambda_{x,j}$						
$\lambda_{y,j}$						

表 4.11.4 是对表 4.11.2 中同样的数据利用 Fourier 级数重构的结果, 可见 Fourier 级数重构的图组 $\tilde{Q}(t)$, 看来与原图 $Q(t)$ 相差很大, 甚至有的面貌全非. 其原因在于有限项 Fourier 级数表达的曲线必然是光滑的. 对于图组而言, 互相分离的地方会被光滑连接起来. 而采用 Fourier-U 级数, 则可由有限项精确再生原来的图组.

表 4.11.4　对表 4.11.2 中图形用 Fourier 级数 (10 项) 的重构结果

	1	2	3	4	5	6
$\tilde{Q}(t)$	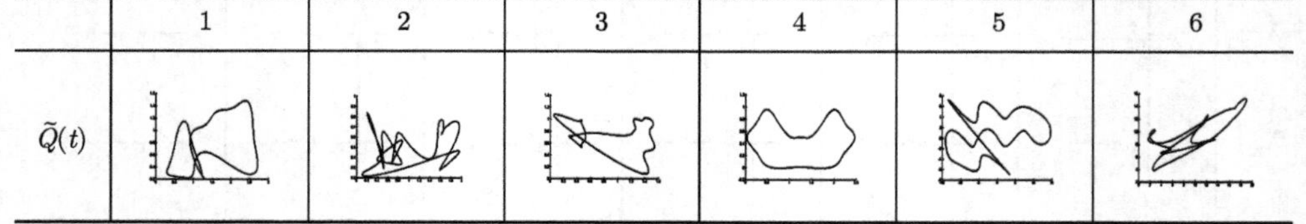					

小　　结

U-系统是 20 世纪 80 年代初建立的 $L^2[0,1]$ 上的正交完备函数系, 是 Walsh 函数向高次情形的推广, 在区间 $[0,1]$ 的剖分点处具有各个层次的间断：从 $k-1$ 阶导数、$k-2$ 阶导数, 直到函数本身间断. 正是由于 U-系统中的函数出现各个层次的间断, 当表达用分段多项式描述的几何对象时, 有限项的 Fourier-U 级数可以精确重构包括各种间断情形在内的几何对象. 组成这个函数系的函数是分段多项式. k 次 U-系统由前 $k+1$ 个 Legendre 多项式, 以及 $k+1$ 个“生成元”为基础, 继之用压缩–复制的方法从生成元的每个函数各产生两个新的函数, 以此递归完成整个函数系的定义与构造. 小波函数的研究兴起后, 称 U-系统是一类“预小波”.

问题与讨论

1. U-系统的变体及其中函数的排序问题

通过正交变换可以从 U-系统生成另外形式的正交系. 实用中要根据问题的需要而作选择. U-系统的定义, 如同 Walsh 函数的情形, 可以有不同的排序方式, 试讨论不同排序的定义.

2. 张量积形式的 U-系统

考虑二元函数

$$Z = F(x,y), \quad (x,y) \in [0,1] \times [0,1]$$

如果有正交函数 $\{\Phi_{i,j}(x,y)\}$ 而且假定 $Z = F(x,y)$ 可以表示为

$$F(x,y) \sim \sum_i \sum_j \lambda_{i,j} \Phi_{i,j}(x,y)$$

那么这就是一种对 $Z = F(x,y)$ 的正交重构. 现在选取

$$\Phi_{i,j}(x,y) = U_i(x)U_j(y), \quad i,j \in \{0,1,2,\cdots,N\}$$

$U_i(x), U_j(y)$ 为 k 次 U-系统的基函数. $\Phi_{i,j}(x,y) = U_i(x)U_j(y)$ 的示意图见下图. 不难画出 $U_i(x)$, $U_j(x)$ 的次数不同的类似图像.

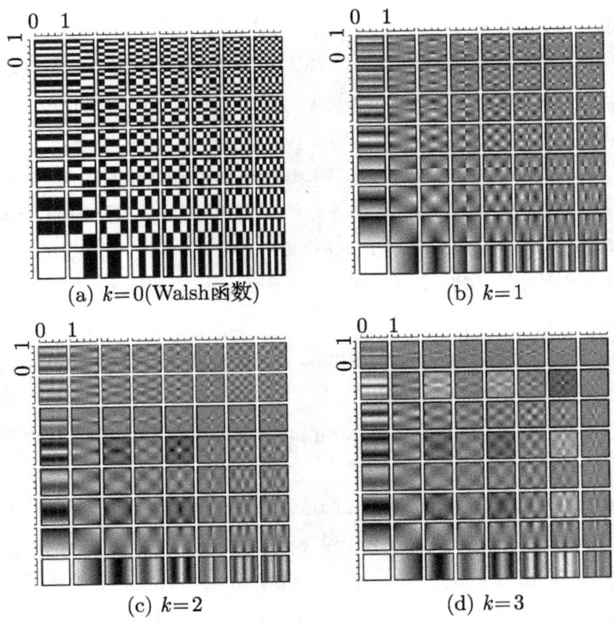

(a) k=0(Walsh函数) (b) k=1

(c) k=2 (d) k=3

图 张量积形式的二元 U-系统

3. 极坐标下的 U-系统图示

2.8 节给出了张量积形式 Walsh 函数的图标. 试绘制极坐标下 Walsh 函数、Haar 函数, 以及 1 次 U-系统的图示[24].

4. U-系统的应用探讨

作为 Walsh 函数的推广, U-系统可以应用在信号处理的某些问题中. 文献 [25]–[33] 的研究内容, 包括数字图像的水印技术、数字图像的编码新算法、几何造型、音频数字水印、形状识别等, 反映了国内学者关于 U-系统的研究进展、探索及应用尝试.

5. n 进制 U-系统

如果把 U-系统的生成元的分段点 $x = \dfrac{1}{2}$ 变化为 $x = \dfrac{1}{n}$, n 为任意正整数, 则按照 4.4 节中生成元的构造方法及 U-系统的压缩复制原理, 可以得到一类新的 n 进制 U-系统. 试给出 n 进制 U-系统的详细构造过程.

参 考 文 献

[1] 齐东旭, 冯玉瑜. 关于 Fourier-U 级数的收敛性. 中国科技大学学报 (数学专辑), 1983, 13(5): 7–17.

[2] 齐东旭, 冯玉瑜. 关于一类分段多项式快速变换的注记. 中国科技大学学报 (增刊), 1983, 13(6): 10–15.

[3] 齐东旭, 冯玉瑜. 关于正交完备系 U. 吉林大学自然科学学报, 1984, (2): 21–32.

[4] Feng Y Y, Qi D X. A sequence of piecewise orthogonal polynomials. *SIAM J Math Anal*, 1984, 15(4): 834–844.

[5] Song R X, Ma H, Wang T J, Qi D X. Complete orthogonal V-system and its applications. *Communications on Pure and Applied Analysis*, 2007, 6(3): 853–871.

[6] Feng Y Y, Qi D X. A sequence of piece-wise orthogonal polynomials. *MRC Technical Summary Report* 2217, 2229. Mathematics Research Center, University of Wisconsin-Madison, 1981.

[7] Meyer Y. Ondelettes et fonctions splines. *Technical Report, Séminaire E D P, Ecole Polytechnique*, Paris, France, 1986.

[8] Daubechies I. Orthonormal bases of compactly supported wavelets. *Comm. Pure Appl. Math.*, 1988, 41: 909–996.

[9] Mallat S. Multiresolution approximation and wavelet orthonormal bases of $l^2(\mathbb{R})$. *Trans. Amer. Math. Soc.*, 1989, 315: 69–88.

[10] Micchelli C, Xu Y S. Using the matrix refinement equation for the construction of wavelets on invariant sets. *Appl. Comp. Harm. Anal.*, 1994, 1: 391–401.

[11] Alpert B K. A class of bases in l^2 for the sparse representation of integral operators.

SIAM J. Math. Anal., 1993, 24(1): 246–262.

[12] 程正兴, 杨守志, 张玲玲. 多小波理论的发展与研究. 工程数学学报, 2001, 18(5): 1–16.

[13] 樊启斌. 小波分析. 武汉：武汉大学出版社, 2008.

[14] de Boor C R. *A Practical Guide to Splines.* New York: Springer-Verlag, 1978.

[15] Pratt W K, Chen W H, Welch L R. Slant transform image coding. *IEEE Tran. Electromagn. Compat.*, 1974, 8: 1075–1093.

[16] Pratt W K. 数字图像处理学. 高荣坤等译. 北京：科学出版社, 1984.

[17] Wang Z. New algorithm for the slant transform. *IEEE Tran. PAMI.*, 1982, 1–4(5): 551–555.

[18] 王能超. 算法演化论. 北京：高等教育出版社, 2008.

[19] Guo F H, Xiong C Z. Orthogonal U transform and its application in image compression. *International Conference on Information Systems* (*ICIS*), 2010.

[20] 熊刚强, 李子丰, 郭芬红, 齐东旭. 一类四进制 U- 正交函数系. 中国科学 (数学), 2011, 41(2): 145–163.

[21] Chui C K. *introduction to Wavelets.* Boston: Academic Press, 1992.

[22] Daubechies I. *Ten Lectures on Wavelets. SIAM*, Philadephia, 1992.

[23] Micchelli C. Using the refinement equation for the construction of prewavelets. *Numer. Algorithm*, 1991, 1: 75–116.

[24] Harmuth H F. 序率理论基础与应用. 张其善等译. 北京：人民邮电出版社, 1980.

[25] Ding W, Yan W Q. Proc. of digital watermarking image embedding based on U-system. *the 6th International Conference on Computer Aided Design and Computer Graphics*, 1999, 3(12): 893–899.

[26] 丁玮, 闫伟齐, 齐东旭. 基于 U 系统的数字图像水印技术. 中国图像图形学报 (A 辑), 2001, 6(6): 44–49.

[27] Cai Z C, Ma H, Sun W, Qi D X. *Wavelet Analysis and Applications*, chapter Part2, (Analysis of frequency spectrum for geometric modeling in digital geometry), 44–49. *applied and Numerical Harmonic Analysis.* Springer, 2007.

[28] 钟文琦, 邹建成, 刘雪. 基于一次 U-系统的商业票据防伪的数字水印算法. 北方工业大学学报, 2006, 18(3).

[29] 周逸杰. U-V 系统及其在曲线曲面重构中的应用. 中国科技大学硕士学位论文, 2009.

[30] 熊刚强, 齐东旭, 郭芬红. 一种基于全相位双正交三次 U 变换的 JPEG 编码的新算法. 自然科学进展, 2009, 19(5): 551–564.

[31] 齐东旭, 陶尘钧, 宋瑞霞等. 基于正交完备 U-系统的参数曲线图组表达. 计算机学报, 2006, 29(5): 778–785.

[32] Ma H, Song R X, Qi D X. Orthogonal complete U-system and its application in CAGD // *1st Korea-China Joint Conference on Geometric and Visual Computing*, 2005: 31–36.

[33] 熊刚强, 齐东旭. 基于 U- 正交变换的图像编码算法. 中国图像图形学报, 2010, 15(11): 1569–1577.

第5章　V-系　统

本章介绍 V-系统, 可以看作是 U-系统的“姊妹篇”, 就像 Walsh 函数与 Haar 函数的关系那样, 一方面两者可以互相转化, 另一方面, 在应用中有各自的特点. 20 世纪 70 年代, 半导体技术的进步, 促使 Walsh 函数理论研究及在信号处理中的应用研究取得重大进展. 几乎与此同时, Haar 函数则成为小波理论及应用方面的典型代表, 延展出更多更丰富的成果与有效工具. 这样的特点也同样反映在 U-系统与 V-系统上.

在 U-系统的基础上阐述 V-系统, 则可以简洁而直接. V-系统的小波特性, 既是与 U-系统的区别所在, 又是它应用上更为广泛的原因.

小波分析是 20 世纪 80 年代末发展起来的一种新的调和分析方法, 并在信号与图像处理的众多领域中得到了广泛的应用, 目前已有较多的著作可参考[1]–[10]. V-系统是一类有限区间上具有多小波特性的正交函数系, 本章将以 V-系统的构造过程为重点, 介绍其明确的数学表达方式.

5.1　从 U-系统到 V-系统

5.1.1　k 次 V-系统的构造

2.6 节给出了 Walsh 函数与 Haar 函数的联系. 如果函数按 2 的方幂数目分组, Walsh 函数与 Haar 函数之间可以通过 Hadamard 矩阵建立互相转换的关系. 为了引入 k 次 V-系统, 首先就 1 次 V-系统 ($k=1$) 的情形讨论.

如同 U-系统那样, 很自然想到对构成 V-系统的函数按照函数的个数 2^n 来分组. 当 $n=2$ 时, 由于 U-系统的 $U_3^{(1)}, U_3^{(3)}$ 关于 $x=\dfrac{1}{2}$ 分别为偶函数与奇函数, 于是通过简单的线性组合

$$\frac{1}{2}(U_3^{(1)}+U_3^{(2)}),\quad \frac{1}{2}(U_3^{(1)}-U_3^{(2)})$$

得到两个新函数, 分别记为 $V_{1,3}^{1,1}, V_{1,3}^{1,2}$; 又从 U-系统的 $U_3^{(3)}, U_3^{(4)}$ 经线性组合

$$\frac{1}{2}(U_3^{(3)}+U_3^{(4)}),\quad \frac{1}{2}(U_3^{(3)}-U_3^{(4)})$$

得到两个新的函数, 分别记为 $V_{1,3}^{2,1}, V_{1,3}^{2,2}$. 图 5.1.1 表示从一次 U-系统的函数经线性组合之后生成的新的函数.

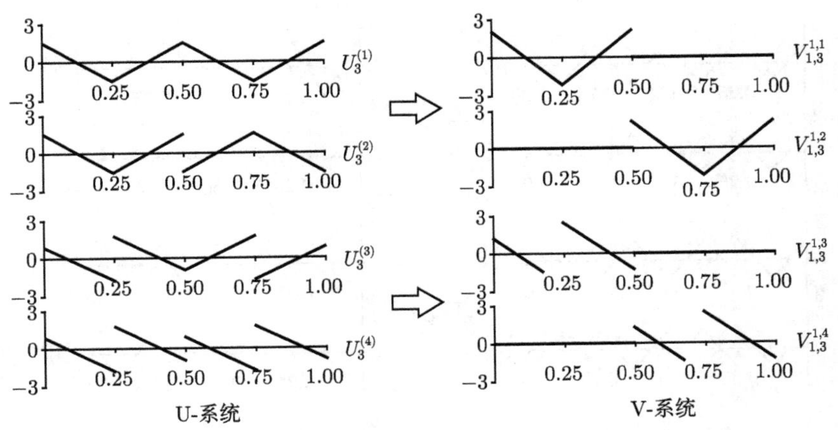

图 5.1.1 一次 U-系统 4 个函数生成的 4 个新函数

当讨论任意 k 次分段多项式正交系时, 遇到了比较复杂的情况: 对区间 $[0,1]$, 有不同层次的分割; 在同一分割之下, 还出现互不相同的函数等等. 因此, 有必要对函数在系统中的序号给予明确的指示, 为此, 我们采用双上下标的记号.

注意, 任意 k 次分段多项式正交系, 首先要分成若干组, 每组包含若干类, 每类有不止一个函数, 那么就将 k 置于第一个下标, 表示 k 次; 将 n 置于第二个下标, 表示该函数属于第 n 组; 将 i 置于第一个上标, 表示该函数属于某组的第 i 类; 将 j 置于第二个上标, 表示该函数属于某组中某类的第 j 个. 例如, $U_{k,n}^{i,j}(x)$ 表示 k 次 U-系统的第 n 组、第 i 类中的第 j 个函数, 如图 5.1.2 所示. 对具有类似分组、分类及类中序号的函数系, 也都采用这种记号, 例如 $V_{k,n}^{i,j}(x)$, $\varphi_{k,n}^{i,j}(x)$, $W_{k,n}^{i,j}(x)$, 等等.

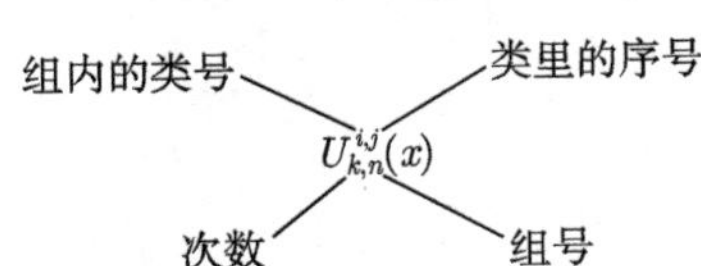

图 5.1.2 U-系统中函数的分组分类所用记号

新的函数用 U-系统中函数作表达, 写成矩阵形式:

$$\begin{bmatrix} V_{1,3}^{1,1} \\ V_{1,3}^{1,2} \end{bmatrix} = \frac{1}{2}\begin{bmatrix} 1 & 1 \\ 1 & -1 \end{bmatrix}\begin{bmatrix} U_3^{(1)} \\ U_3^{(2)} \end{bmatrix}, \quad \begin{bmatrix} V_{1,3}^{2,1} \\ V_{1,3}^{2,2} \end{bmatrix} = \frac{1}{2}\begin{bmatrix} 1 & 1 \\ 1 & -1 \end{bmatrix}\begin{bmatrix} U_3^{(3)} \\ U_3^{(4)} \end{bmatrix} \tag{5.1.1}$$

又注意到

$$U_4^{(1)}, U_4^{(2)}, U_4^{(3)}, U_4^{(4)} \text{ 以及 } U_4^{(5)}, U_4^{(6)}, U_4^{(7)}, U_4^{(8)}$$

关于 $x=\dfrac{1}{2}$ 的奇偶对称性 (图 5.1.3), 经过线性组合, 得到新的函数

$$V_{1,4}^{1,1}, V_{1,4}^{1,2}, V_{1,4}^{1,3}, V_{1,4}^{1,4} \text{ 以及 } V_{1,4}^{2,1}, V_{1,4}^{2,2}, V_{1,4}^{2,3}, V_{1,4}^{2,4}$$

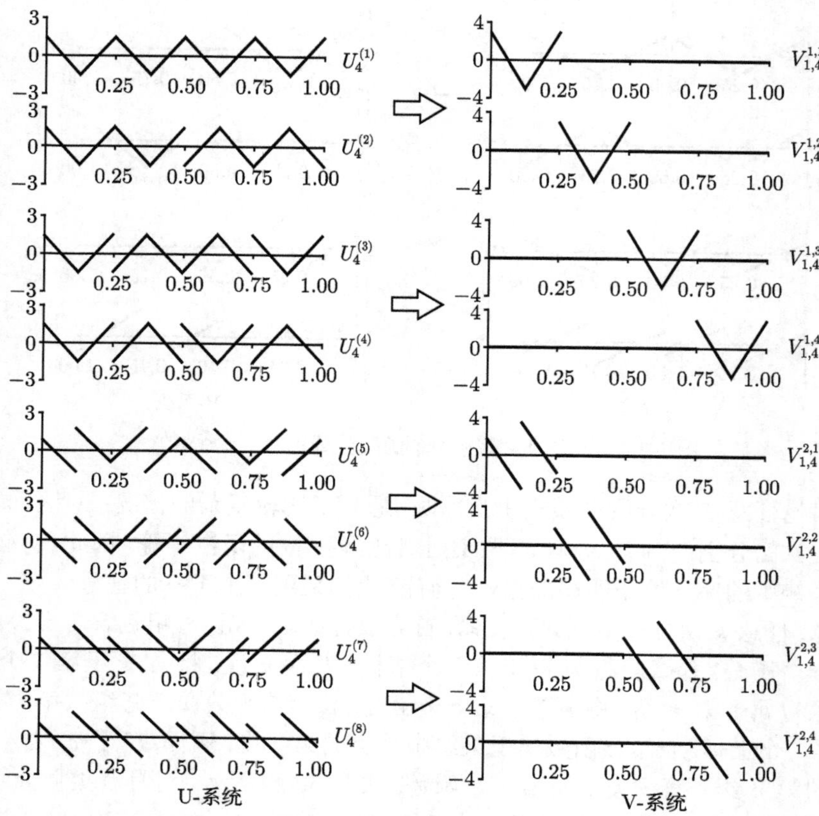

图 5.1.3　从 1 次 U-系统 8 个函数生成的 8 个新函数

写成矩阵形式

$$\begin{bmatrix} V_{1,4}^{2,1} \\ V_{1,4}^{2,2} \\ V_{1,4}^{2,3} \\ V_{1,4}^{2,4} \end{bmatrix} = \frac{1}{4} \begin{bmatrix} 1 & 1 & 1 & 1 \\ 1 & 1 & -1 & -1 \\ 1 & -1 & -1 & 1 \\ 1 & -1 & 1 & -1 \end{bmatrix} \begin{bmatrix} U_4^{(5)} \\ U_4^{(6)} \\ U_4^{(7)} \\ U_4^{(8)} \end{bmatrix},$$

$$\begin{bmatrix} V_{1,4}^{1,1} \\ V_{1,4}^{1,2} \\ V_{1,4}^{1,3} \\ V_{1,4}^{1,4} \end{bmatrix} = \frac{1}{4} \begin{bmatrix} 1 & 1 & 1 & 1 \\ 1 & 1 & -1 & -1 \\ 1 & -1 & -1 & 1 \\ 1 & -1 & 1 & -1 \end{bmatrix} \begin{bmatrix} U_4^{(1)} \\ U_4^{(2)} \\ U_4^{(3)} \\ U_4^{(4)} \end{bmatrix} \tag{5.1.2}$$

依此类推, 一般说来, 取 k 次 U-系统的生成元 $U_{k+1}, U_{k+2}, U_{k+3}, \cdots, U_{2k+1}$ (这里采用 4.4 节的符号), 定义

$$\begin{bmatrix} V_{2k+2} \\ V_{2k+3} \end{bmatrix} = \frac{1}{2} \begin{bmatrix} 1 & 1 \\ 1 & -1 \end{bmatrix} \begin{bmatrix} U_{2k+2} \\ U_{2k+3} \end{bmatrix}$$

$$\begin{bmatrix} V_{2k+4} \\ V_{2k+5} \end{bmatrix} = \frac{1}{2} \begin{bmatrix} 1 & 1 \\ 1 & -1 \end{bmatrix} \begin{bmatrix} U_{2k+4} \\ U_{2k+5} \end{bmatrix}$$

$$\cdots\cdots$$

$$\begin{bmatrix} V_{3k+2} \\ V_{3k+3} \end{bmatrix} = \frac{1}{2} \begin{bmatrix} 1 & 1 \\ 1 & -1 \end{bmatrix} \begin{bmatrix} U_{3k+2} \\ U_{3k+3} \end{bmatrix}$$

合并起来写成

$$\begin{aligned} &\begin{bmatrix} V_{2k+2} & V_{2k+4} & \cdots & V_{3k+2} \\ V_{2k+3} & V_{2k+5} & \cdots & V_{3k+3} \end{bmatrix} \\ =&\frac{1}{2} \begin{bmatrix} 1 & 1 \\ 1 & -1 \end{bmatrix} \begin{bmatrix} U_{2k+2} & U_{2k+4} & \cdots & U_{3k+2} \\ U_{2k+3} & U_{2k+5} & \cdots & U_{3k+3} \end{bmatrix} \end{aligned} \tag{5.1.3}$$

这就是说, 当给定 $N = 2^n$, 容易从 U-系统借助 Hadamard 矩阵分组定义另一个函数系, 这就是一次 V-系统的分组生成方法.

事实上, V-系统可以直接定义如下:

设 $V_{k,1}^1, V_{k,1}^2, \cdots, V_{k,1}^{k+1}$ 为区间 $[0,1]$ 上的前 $k+1$ 个 Legendre 多项式. 构造 k 次函数生成元 $k+1$ 个 (生成元的定义与 U-系统完全一致), 记这 $k+1$ 个生成元为 $\{V_{k,2}^i, i = 1, 2, \cdots, k+1\}$, 其中的函数彼此正交, 且与 $V_{k,1}^1, V_{k,1}^2, \cdots, V_{k,1}^{k+1}$ 皆正交. 这样得到的 $2k+2$ 个函数, 与前一章 k 次 U-系统的表达一致. 与 U-系统的区别在于后续函数的定义.

令

$$V_{k,n}^{i,j} = \begin{cases} \sqrt{2^{n-2}} V_{k,2}^i \left[2^{n-2} \left(x - \dfrac{j-1}{2^{n-2}} \right) \right], & x \in \left(\dfrac{j-1}{2^{n-2}}, \dfrac{j}{2^{n-2}} \right) \\ 0, & \text{其他} \end{cases}$$

$$i = 1, 2, \cdots, k+1, \quad j = 1, 2, \cdots, 2^{n-2}, \quad n = 3, 4, 5, \cdots \tag{5.1.4}$$

函数在间断点处的取值为左右极限的算术平均值. 这就是 k 次 V-系统.

k 次 V-系统中的函数, 宜于按照分组与分类给出排列次序. 如同对 U-系统采用的符号 (图 5.1.2), 设定 $V_{k,n}^{i,j}$, 它表示 k 次 V-系统中第 n 组、第 i 类中的第 j 个函数

$$k = 0, 1, 2, \cdots, \quad n = 3, 4, \cdots, \quad i = 1, 2, \cdots, k+1, \quad j = 1, 2, \cdots, 2^{n-2}$$

k 次 V-系统的前两组与 k 次 U-系统的前两组完全一致, 从第 3 组开始, 与 U-系统不同. 对第 n 组 ($n \geqslant 3$), 首先对区间 [0,1] 作 $\frac{1}{2^{n-2}}$ 等分, 然后把每一个生成元 (即第 2 组的 k+1 个函数) 压缩 2^{n-2} 倍, 分别复制到每一个 [0,1] 的 $\frac{1}{2^{n-2}}$ 等分子区间上, 就得到了第 n 组函数 (共计 $(k+1)2^{n-2}$ 个函数), 注意, 这里仅采用正复制的方法 (而 U-系统还有反复制). 这样得到的函数系显然是正交的, 至于函数表达中的系数 $\sqrt{2^{n-2}}$ 是规范化 (使其模长为 1) 后所致.

此外注意 V-系统的记号, 前两组的记号中, 上下指标中只有 3 个符号：k,n,i, 从第 3 组开始, 函数符号中多了一个上标 j, 这是因为第 n 组 ($n \geqslant 3$) 的函数是由生成元中每个函数分别复制 2^{n-2} 次所得, 第 i 个生成元第 j 次复制的结果记作 $V_{k,n}^{i,j}$.

也就是说, 第 1 组由区间 $[0,1]$ 上前 $k+1$ 个 Legendre 多项式组成, 记为

$$V_{k,1}^{1}(x), V_{k,1}^{2}(x), \cdots, V_{k,1}^{k+1}(x)$$

第 2 组是区间 $[0,1]$ 上 $k+1$ 个 k 次生成元, 记为

$$V_{k,2}^{1}(x), V_{k,2}^{2}(x), \cdots, V_{k,2}^{k+1}(x).$$

一般地, 第 n 组 ($n \geqslant 3$) 的函数按式 (5.1.4) 定义, 亦即第 3 组：

$$\begin{cases} V_{k,3}^{1,1}(x), V_{k,3}^{1,2}(x), & \text{第 1 类} \\ V_{k,3}^{2,1}(x), V_{k,3}^{2,2}(x), & \text{第 2 类} \\ \qquad \vdots & \quad \vdots \\ V_{k,3}^{k+1,1}(x), V_{k,3}^{k+1,2}(x), & \text{第 } k+1 \text{ 类} \end{cases}$$

$$\cdots\cdots$$

第 n 组：

$$\begin{cases} V_{k,n}^{1,1}(x), V_{k,n}^{1,2}(x), \cdots, V_{k,n}^{1,2^{n-2}}(x), & \text{第 1 类} \\ V_{k,n}^{2,1}(x), V_{k,n}^{2,2}(x), \cdots, V_{k,n}^{2,2^{n-2}}(x), & \text{第 2 类} \\ \qquad \vdots & \quad \vdots \\ V_{k,n}^{k+1,1}(x), V_{k,n}^{k+1,2}(x), \cdots, V_{k,n}^{k+1,2^{n-2}}(x), & \text{第 } k+1 \text{ 类} \end{cases}$$

$$\cdots\cdots$$

上述所有函数在间断点处的取值为左右极限的算术平均值. 称

$$\{V_{k,1}^{i}\} \cup \{V_{k,2}^{i}\} \cup \{V_{k,n}^{i,j}\}$$
$$i = 1, 2, \cdots, k+1, \quad j = 1, 2, \cdots, 2^{n-2}, \quad n = 3, 4, \cdots$$

为区间 $[0,1]$ 上 k 次 V-系统. 详见文献 [22]

5.1.2 $k = 0, 1, 2, 3$ 的情形

为了具体了解及方便应用, 对 $k = 0, 1, 2, 3$ 的情形, 下面给出 V-系统的前面一部分函数的图示 (图 5.1.4~ 图 5.1.7), 然后列写具体的数学表达式.

$k = 0$:

$$V_{0,1}^1(x) = 1, \quad 0 \leqslant x \leqslant 1$$

$G = \{V_{0,2}^1(x)\}$, 这里 G 表示生成元函数集合, 下同.

$$V_{0,2}^1(x) = \begin{cases} 1, & 0 \leqslant x < \dfrac{1}{2} \\ -1, & \dfrac{1}{2} < x \leqslant 1 \end{cases}$$

$$V_{0,n}^{1,j}(x) = \begin{cases} \sqrt{2^{n-2}} V_{0,2}^1 \left[2^{n-2} \left(x - \dfrac{j-1}{2^{n-2}} \right) \right], & x \in \left(\dfrac{j-1}{2^{n-2}}, \dfrac{j}{2^{n-2}} \right) \\ 0, & \text{其他} \end{cases}$$

$$= \begin{cases} \sqrt{2^{n-2}}, & x \in \left(\dfrac{j-1}{2^{n-2}}, \dfrac{2j-1}{2^{n-1}} \right) \\ -\sqrt{2^{n-2}}, & x \in \left(\dfrac{2j-1}{2^{n-1}}, \dfrac{j}{2^{n-2}} \right) \\ 0, & \text{其他} \end{cases}$$

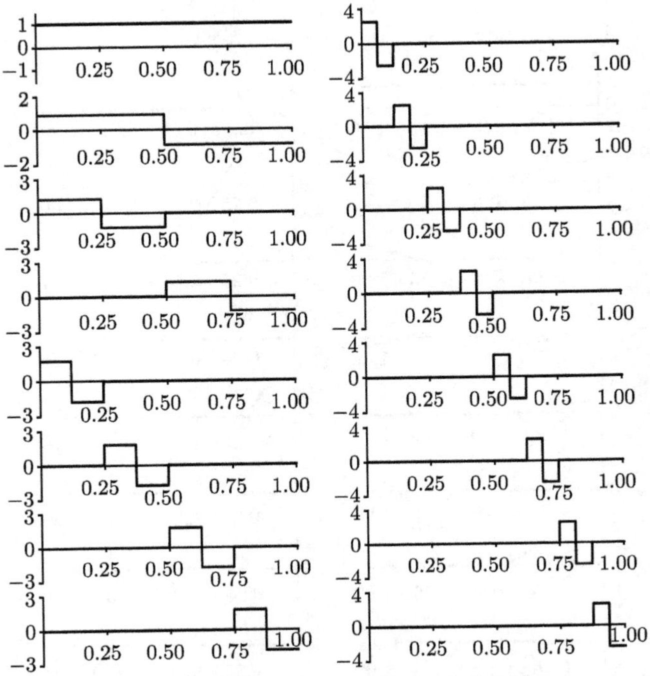

图 5.1.4 0 次 V-系统的前 16 个基函数

$$j = 1, 2, \cdots, 2^{n-2}, \quad n = 3, 4, \cdots$$

$k = 1$：

$$V_{1,1}^1 = 1, \quad V_{1,1}^2 = \sqrt{3}(1-2x), \quad 0 \leqslant x \leqslant 1$$

$G = \{V_{1,2}^1(x), V_{1,2}^2(x)\}$, 其中

$$V_{1,2}^1(x) = \begin{cases} \sqrt{3}(-4x+1), & 0 \leqslant x < \dfrac{1}{2} \\ \sqrt{3}(4x-3), & \dfrac{1}{2} < x \leqslant 1 \end{cases}$$

$$V_{1,2}^2(x) = \begin{cases} -6x+1, & 0 \leqslant x < \dfrac{1}{2} \\ -6x+5, & \dfrac{1}{2} < x \leqslant 1 \end{cases}$$

$$V_{1,n}^{1,j}(x) = \begin{cases} \sqrt{2^{n-2}} V_{1,2}^1 \left[2^{n-2} \left(x - \dfrac{j-1}{2^{n-2}} \right) \right], & x \in \left(\dfrac{j-1}{2^{n-2}}, \dfrac{j}{2^{n-2}} \right) \\ 0, & \text{其他} \end{cases}$$

$$= \begin{cases} \sqrt{3 \cdot 2^{n-2}}(-2^n x + 4j - 3), & x \in \left(\dfrac{j-1}{2^{n-2}}, \dfrac{2j-1}{2^{n-1}} \right) \\ \sqrt{3 \cdot 2^{n-2}}(2^n x - 4j + 1), & x \in \left(\dfrac{2j-1}{2^{n-1}}, \dfrac{j}{2^{n-2}} \right) \\ 0, & \text{其他} \end{cases}$$

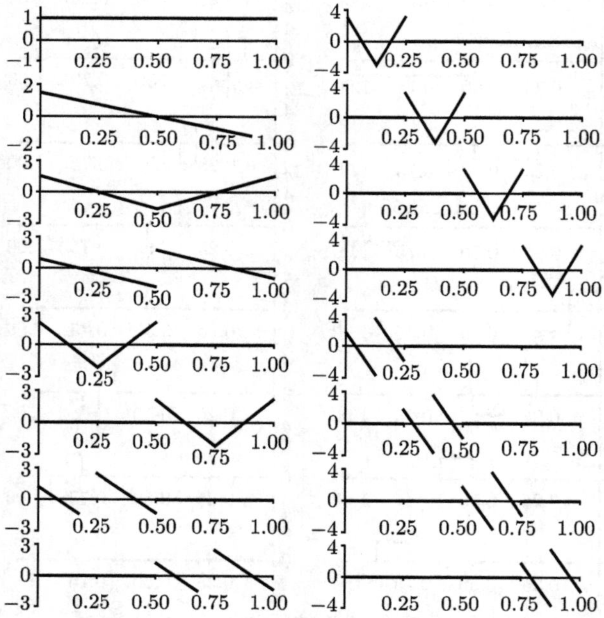

图 5.1.5　1 次 V-系统的前 16 个基函数

$$V_{1,n}^{2,j}(x) = \begin{cases} \sqrt{2^{n-2}} V_{1,2}^{2}\left[2^{n-2}\left(x - \dfrac{j-1}{2^{n-2}}\right)\right], & x \in \left(\dfrac{j-1}{2^{n-2}}, \dfrac{j}{2^{n-2}}\right) \\ 0, & \text{其他} \end{cases}$$

$$= \begin{cases} \sqrt{2^{n-2}}(-3 \cdot 2^{n-1}x + 6j - 5), & x \in \left(\dfrac{j-1}{2^{n-2}}, \dfrac{2j-1}{2^{n-1}}\right) \\ \sqrt{2^{n-1}}(-3 \cdot 2^{n-1}x + 6j - 1), & x \in \left(\dfrac{2j-1}{2^{n-1}}, \dfrac{j}{2^{n-2}}\right) \\ 0, & \text{其他} \end{cases}$$

$$j = 1, 2, \cdots, 2^{n-2}, \quad n = 3, 4, \cdots$$

$k = 2$：

$$V_{2,1}^{1}(x) = 1, \quad V_{2,1}^{2}(x) = \sqrt{3}(1 - 2x), \quad V_{2,1}^{3}(x) = \sqrt{5}(6x^2 - 6x + 1)$$

$G = \{V_{2,2}^{1}(x), V_{2,2}^{2}(x), V_{2,2}^{3}(x)\}$, 其中

$$V_{2,2}^{1}(x) = \begin{cases} \sqrt{5}(16x^2 - 10x + 1), & 0 \leqslant x < \dfrac{1}{2} \\ \sqrt{5}(-16x^2 + 22x - 7), & \dfrac{1}{2} < x \leqslant 1 \end{cases}$$

$$V_{2,2}^{2}(x) = \begin{cases} \sqrt{3}(30x^2 - 14x + 1), & 0 \leqslant x < \dfrac{1}{2} \\ \sqrt{3}(30x^2 - 46x + 17), & \dfrac{1}{2} < x \leqslant 1 \end{cases}$$

$$V_{2,2}^{3}(x) = \begin{cases} \sqrt{5}(40x^2 - 16x + 1), & 0 \leqslant x < \dfrac{1}{2} \\ \sqrt{5}(-40x^2 + 64x - 25), & \dfrac{1}{2} < x \leqslant 1 \end{cases}$$

$$V_{2,n}^{1,j}(x) = \begin{cases} \sqrt{2^{n-2}} V_{2,2}^{1}\left[2^{n-2}\left(x - \dfrac{j-1}{2^{n-2}}\right)\right], & x \in \left(\dfrac{j-1}{2^{n-2}}, \dfrac{j}{2^{n-2}}\right) \\ 0, & \text{其他} \end{cases}$$

$$= \begin{cases} \sqrt{5 \cdot 2^{n-2}}[16P1(x)^2 - 10P1(x) + 1], & x \in \left(\dfrac{j-1}{2^{n-2}}, \dfrac{2j-1}{2^{n-1}}\right) \\ \sqrt{5 \cdot 2^{n-2}}[-16P2(x)^2 + 10P2(x) - 1], & x \in \left(\dfrac{2j-1}{2^{n-1}}, \dfrac{j}{2^{n-2}}\right) \\ 0, & \text{其他} \end{cases}$$

其中多项式 $P1(x), P2(x)$ 如下所示 (下同)：

$$P1(x) = (2^{n-2}x - j + 1)$$
$$P2(x) = (-2^{n-2}x + j)$$

$$V_{2,n}^{2,j}(x)=\begin{cases}\sqrt{2^{n-2}}V_{2,2}^{2}\left[2^{n-2}\left(x-\dfrac{j-1}{2^{n-2}}\right)\right], & x\in\left(\dfrac{j-1}{2^{n-2}},\dfrac{j}{2^{n-2}}\right)\\ 0, & \text{其他}\end{cases}$$

$$=\begin{cases}\sqrt{3\cdot 2^{n-2}}[30P1(x)^2-14P1(x)+1], & x\in\left(\dfrac{j-1}{2^{n-2}},\dfrac{2j-1}{2^{n-1}}\right)\\ \sqrt{3\cdot 2^{n-2}}[30P2(x)^2-14P2(x)+1], & x\in\left(\dfrac{2j-1}{2^{n-1}},\dfrac{j}{2^{n-2}}\right)\\ 0, & \text{其他}\end{cases}$$

$$V_{2,n}^{3,j}(x)=\begin{cases}\sqrt{2^{n-2}}V_{2,2}^{3}\left[2^{n-2}\left(x-\dfrac{j-1}{2^{n-2}}\right)\right], & x\in\left(\dfrac{j-1}{2^{n-2}}\dfrac{j}{2^{n-2}}\right)\\ 0, & \text{其他}\end{cases}$$

$$=\begin{cases}\sqrt{2^{n-2}}[40P1(x)^2-16P1(x)+1], & x\in\left(\dfrac{j-1}{2^{n-2}},\dfrac{2j-1}{2^{n-1}}\right)\\ \sqrt{2^{n-2}}[-40P2(x)^2+16P2(x)-1], & x\in\left(\dfrac{2j-1}{2^{n-1}},\dfrac{j}{2^{n-2}}\right)\\ 0, & \text{其他}\end{cases}$$

$$j=1,2,\cdots,2^{n-2},\quad n=3,4,\cdots$$

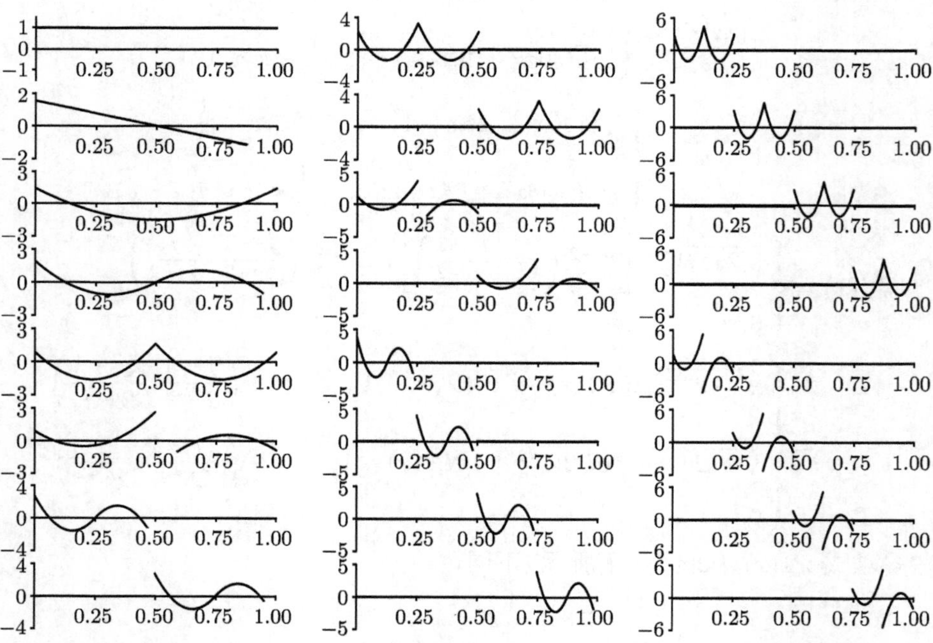

图 5.1.6 2 次 V-系统的前 24 个基函数

$k=3$:

$$V_{3,1}^1(x)=1,\quad V_{3,1}^2(x)=\sqrt{3}(1-2x),\quad V_{3,1}^3(x)=\sqrt{5}(6x^2-6x+1)$$
$$V_{3,1}^4=\sqrt{7}(-20x^3+30x^2-12x+1)$$

$G=\{V_{3,2}^1,V_{3,2}^2,V_{3,2}^3,V_{3,2}^4\}$, 其中

$$V_{3,2}^1(x)=\begin{cases}\sqrt{7}(-64x^3+66x^2-18x+1), & 0\leqslant x<\dfrac{1}{2}\\ \sqrt{7}(64x^3-126x^2+78x-15), & \dfrac{1}{2}<x\leqslant 1\end{cases}$$

$$V_{3,2}^2(x)=\begin{cases}\sqrt{5}(-140x^3+114x^2-24x+1), & 0\leqslant x<\dfrac{1}{2}\\ \sqrt{5}(-140x^3+306x^2-216x+49), & \dfrac{1}{2}<x\leqslant 1\end{cases}$$

$$V_{3,2}^3(x)=\begin{cases}\sqrt{3}(-224x^3+156x^2-28x+1), & 0\leqslant x<\dfrac{1}{2}\\ \sqrt{3}(224x^3-516x^2+388x-95), & \dfrac{1}{2}<x\leqslant 1\end{cases}$$

$$V_{3,2}^4(x)=\begin{cases}-280x^3+180x^2-30x+1, & 0\leqslant x<\dfrac{1}{2}\\ -280x^3+660x^2-510x+129, & \dfrac{1}{2}<x\leqslant 1\end{cases}$$

$$V_{3,n}^{1,j}(x)=\begin{cases}\sqrt{2^{n-2}}V_{3,2}^1\left[2^{n-2}\left(x-\dfrac{j-1}{2^{n-2}}\right)\right], & x\in\left(\dfrac{j-1}{2^{n-2}},\dfrac{j}{2^{n-2}}\right)\\ 0, & \text{其他}\end{cases}$$
$$=\begin{cases}\sqrt{7\cdot 2^{n-2}}[-64P1(x)^3+66P1(x)^2-18P1(x)+1], & x\in\left(\dfrac{j-1}{2^{n-2}},\dfrac{2j-1}{2^{n-1}}\right)\\ \sqrt{7\cdot 2^{n-2}}[-64P2(x)^3+66P2(x)^2-18P2(x)+1], & x\in\left(\dfrac{2j-1}{2^{n-1}},\dfrac{j}{2^{n-2}}\right)\\ 0, & \text{其他}\end{cases}$$

$$V_{3,n}^{2,j}(x)=\begin{cases}\sqrt{2^{n-2}}V_{3,2}^2\left[2^{n-2}\left(x-\dfrac{j-1}{2^{n-2}}\right)\right], & x\in\left(\dfrac{j-1}{2^{n-2}},\dfrac{j}{2^{n-2}}\right)\\ 0, & \text{其他}\end{cases}$$
$$=\begin{cases}\sqrt{5\cdot 2^{n-2}}[-140P1(x)^3+144P1(x)^2-24P1(x)+1], & x\in\left(\dfrac{j-1}{2^{n-2}},\dfrac{2j-1}{2^{n-1}}\right)\\ \sqrt{5\cdot 2^{n-2}}[140P1(x)^3-144P1(x)^2+24P1(x)-1], & x\in\left(\dfrac{2j-1}{2^{n-1}},\dfrac{j}{2^{n-2}}\right)\\ 0, & \text{其他}\end{cases}$$

$$V_{3,n}^{3,j}(x)=\begin{cases}\sqrt{2^{n-2}}V_{3,2}^{3}\left[2^{n-2}\left(x-\dfrac{j-1}{2^{n-2}}\right)\right], & x\in\left(\dfrac{j-1}{2^{n-2}},\dfrac{j}{2^{n-2}}\right)\\ 0, & \text{其他}\end{cases}$$

$$=\begin{cases}\sqrt{3\cdot 2^{n-2}}[-224P1(x)^3+156P1(x)^2-28P1(x)+1], & x\in\left(\dfrac{j-1}{2^{n-2}},\dfrac{2j-1}{2^{n-1}}\right)\\ \sqrt{3\cdot 2^{n-2}}[-224P2(x)^3+156P2(x)^2-28P2(x)+1], & x\in\left(\dfrac{2j-1}{2^{n-1}},\dfrac{j}{2^{n-2}}\right)\\ 0, & \text{其他}\end{cases}$$

$$V_{3,n}^{4,j}(x)=\begin{cases}\sqrt{2^{n-2}}V_{3,2}^{4}\left[2^{n-2}\left(x-\dfrac{j-1}{2^{n-2}}\right)\right], & x\in\left(\dfrac{j-1}{2^{n-2}},\dfrac{j}{2^{n-2}}\right)\\ 0, & \text{其他}\end{cases}$$

$$=\begin{cases}\sqrt{2^{n-2}}[-280P1(x)^3+180P1(x)^2-30P1(x)+1], & x\in\left(\dfrac{j-1}{2^{n-2}},\dfrac{2j-1}{2^{n-1}}\right)\\ \sqrt{2^{n-2}}[280P1(x)^3-180P1(x)^2+30P1(x)-1], & x\in\left(\dfrac{2j-1}{2^{n-1}},\dfrac{j}{2^{n-2}}\right)\\ 0, & \text{其他}\end{cases}$$

$$j=1,2,\cdots,2^{n-2},\quad n=3,4,\cdots$$

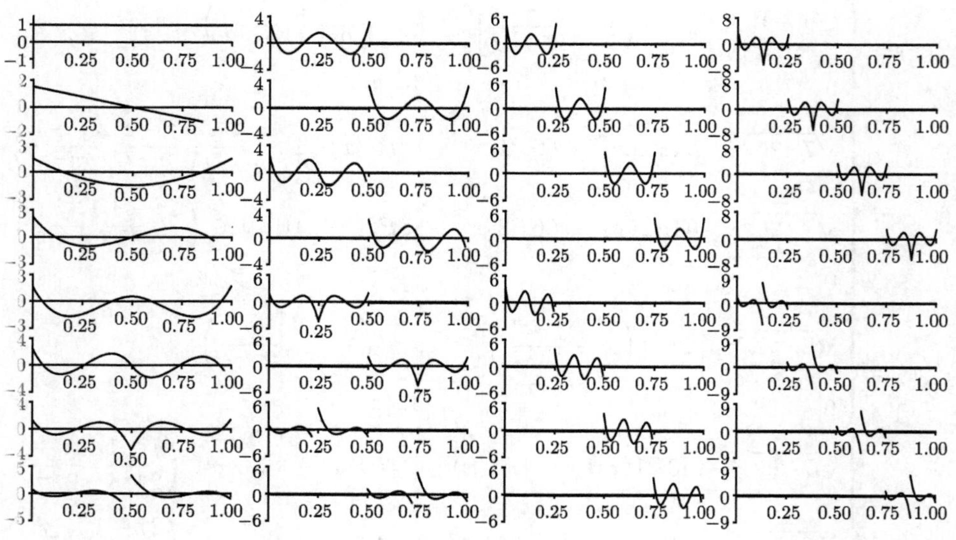

图 5.1.7　3 次 V-系统的前 32 个基函数

5.2 从 Franklin 函数到 V-系统

本节研究 Franklin 函数与 V-系统的内在联系.

5.2.1 截断单项式函数

Walsh 函数与 Haar 函数可视为分段 0 次多项式的正交系, 它们向高次情形推广, 就形成了分段 k 次多项式正交系, 这是第 3 章的内容.

第 3 章特别介绍了 1928 年建立的 Franklin 函数, 它是分段 1 次多项式正交系. 继而, 将 Franklin 函数推广到分段 k 次 $(k>1)$ 多项式, 称为 k 次 Franklin 函数系[11]. 这些内容是在通常样条函数的定义之下：区间 $[0,1]$ 上以 2 的方幂数目等分区间, 每个子区间上为 k 次多项式, 而在区间 $[0,1]$ 内的分段点处, 其 $k-1$ 阶导数连续.

现在, 将关于 k 次 Franklin 函数系进一步扩张, 使之超出通常样条函数的光滑性限制, 也就是说, 在区间 $[0,1]$ 内的分段点处, 要求 $k-l$ 阶导数连续, $l=1,2,\cdots,k,k+1$.

如果得到这样的函数系, 那么, 它将属于 $C^{k-l}[0,1]$, $l=1,2,\cdots,k,k+1$. 当 $l=1$ 时就是第 3 章的 k 次 Franklin 函数系; 当 $l=k$ 时, 这再度推广了的 Franklin 函数系属于 $C^0[0,1]$, 即由连续函数组成. 那么, 当 $l=k+1$ 时, 属于 C^{-1} 的情形有何意义? 我们将在讨论如何构造这一系列的 k 次 Franklin 函数系之后, 再来详细阐述.

为了扩张 k 次 Franklin 正交系, 考虑由 k 次截断单项式构成的线性无关函数组, 采用类似 k 次 V-系统中函数的分组分类方式, 记为 $\varphi_{k,n}^{i,j}(t)$, 它表示 k 次分段多项式的第 n 组、第 i 类中的第 j 个函数：

$$\varphi_{k,n}^{i,j}(t)=\left(t-\frac{2j-1}{2^{n-1}}\right)_+^i=\begin{cases}0, & t\in\left[0,\dfrac{2j-1}{2^{n-1}}\right]\\ \left(t-\dfrac{2j-1}{2^{n-1}}\right)^i, & t\in\left(\dfrac{2j-1}{2^{n-1}},1\right]\end{cases}$$

$$t\in[0,1],\quad n\geqslant 2,\quad i=0,1,2,\cdots,k,\quad j=1,2,\cdots,2^{n-2}$$

当 $n=1$ 时, 即第 1 组函数 $\varphi_{k,1}^{j}(t)$, $j=0,1,2,\cdots,k$ 是前 $k+1$ 个 Legendre 多项式, 也就是说它与 V-系统的第 1 组相同. 当 $n=2$ 时, 线性无关函数组 $\varphi_{k,2}^{i,j}(t)$ 中的函数为截断单项式, 皆以 $t=\dfrac{1}{2}$ 为结点, 具有 $k-l$ 阶连续导数, $l=1,2,\cdots,k,k+1$ (图 5.2.1).

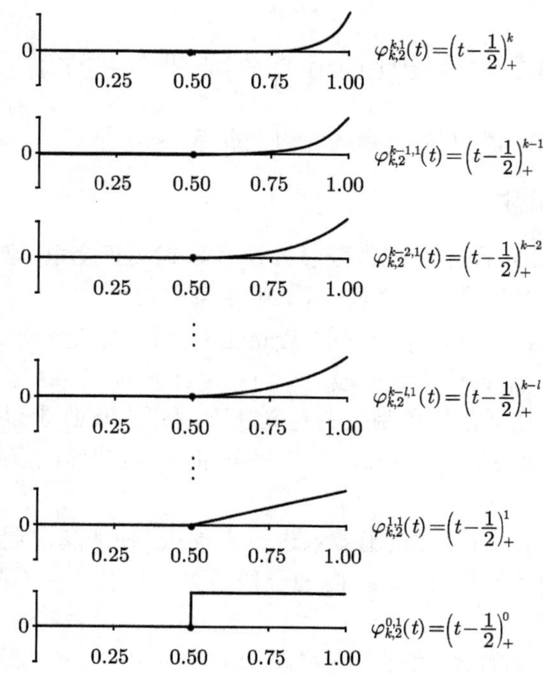

图 5.2.1　以区间中点为结点具有不同连续性的截断单项式

线性无关函数组 $\{\varphi_{k,n}^{i,j}(t)\}$ 在给定的区间划分之下, 按式 (3.3.2) 给出的结点次序为

$$\frac{1}{2},\frac{1}{4},\frac{3}{4},\frac{1}{8},\frac{3}{8},\frac{5}{8},\frac{7}{8},\frac{1}{16},\frac{3}{16},\frac{5}{16},\frac{7}{16},\frac{9}{16},\frac{11}{16},\frac{13}{16},\frac{15}{16},\cdots$$

从 k 次截断单项式开始, 继而 $k-1$ 次, $k-2$ 次, $\cdots$ 逐次降低, 直到 $k-l$ 次. 这样给出的线性无关函数组将与 l 有关. 图 5.2.2 给出 $k=2, l=2, n\leqslant 2$ 情形. 其中 (a) 与 (b) 的第 2 组及第 3 组次序不同, 导致正交化后的函数有所区别.

这里特别强调 $l=k+1$ 的情形, 即图 5.2.1 所示, 以 $t=\dfrac{1}{2}$ 为结点的 μ 次截断单项式, $\mu=k,\ k-1,\cdots,1,0$, 构成第 2 组线性无关函数. 也就是说, 当 $l=k+1$ 时, 包含了在 $t=\dfrac{1}{2}$ 处 k 阶直到 0 阶导数间断的情形. 类似地, 第 3 组函数包含了在 $t=\dfrac{1}{4}, t=\dfrac{3}{4}$ 处 k 阶直到 0 阶导数间断的情形, 依此类推.

第 1 组:

$$\varphi_{k,1}^{1}(t),\varphi_{k,1}^{2}(t),\cdots,\varphi_{k,1}^{k+1}(t)$$

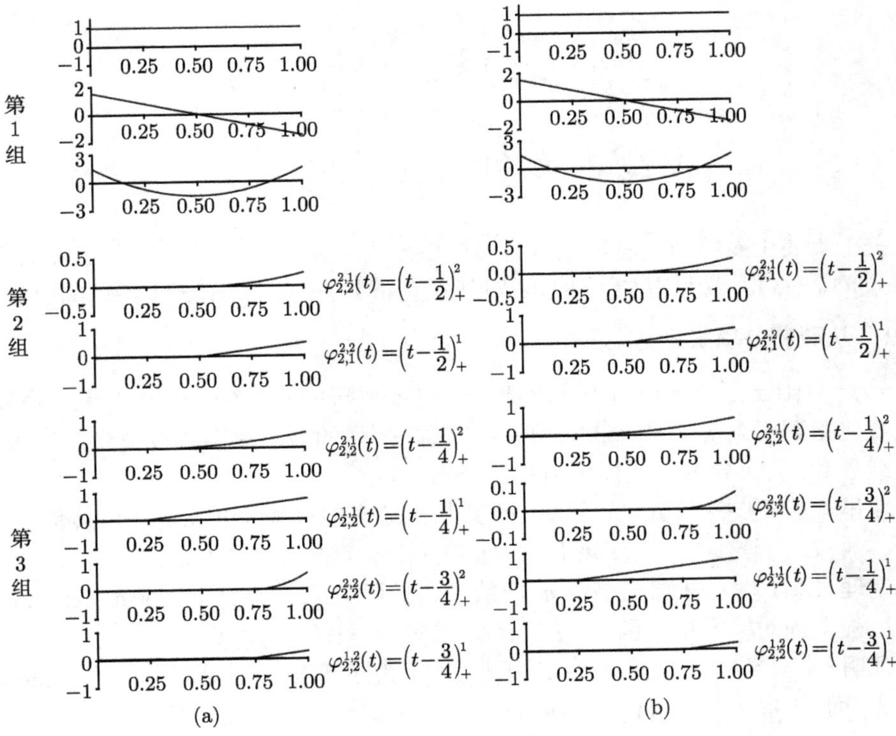

图 5.2.2 具有 $C^1[0,1]$ 连续性的 4 分段线性无关函数组

第 2 组：

$$\begin{cases} \varphi_{k,2}^{k,1}(t) \\ \varphi_{k,2}^{k-1,1}(t) \\ \quad\vdots \\ \varphi_{k,2}^{0,1}(t) \end{cases}$$

第 3 组：

$$\begin{cases} \varphi_{k,3}^{k,1}(t), \varphi_{k,3}^{k,2}(t) \\ \varphi_{k,3}^{k-1,1}(t), \varphi_{k,3}^{k-1,2}(t) \\ \quad\vdots \qquad \vdots \\ \varphi_{k,3}^{0,1}(t), \varphi_{k,3}^{0,2}(t) \end{cases}$$

$$\cdots\cdots$$

第 n 组：

$$\begin{cases} \varphi_{k,n}^{k,1}(t), \varphi_{k,n}^{k,2}(t), \cdots, \varphi_{k,n}^{k,2^{n-2}}(t) \\ \varphi_{k,n}^{k-1,1}(t), \varphi_{k,n}^{k-1,2}(t), \cdots, \varphi_{k,n}^{k-1,2^{n-2}}(t) \\ \vdots \\ \varphi_{k,n}^{0,1}(t), \varphi_{k,n}^{0,2}(t), \cdots, \varphi_{k,n}^{0,2^{n-2}}(t); \end{cases}$$

$$\cdots\cdots$$

关于上述由多组截断单项式组成的线性无关函数系列 $\{\varphi_{k,n}^{i,j}(t)\}$ 与已知的正交函数系 $\{V_{k,n}^{i,j}(x)\}$, 易见有如下事实: 对任意正整数 n, 有 $\text{span}\{\varphi_{k,n}^{i,j}\} = \text{span}\{V_{k,n}^{i,j}\}$.

5.2.2 从截断单项式到 V-系统

第 3 章给出了 Franklin 函数的推广, 通过截断单项式组成的线性无关函数组的正交化得到任意 k 次 Franklin 函数. 注意, 那里的截断单项式被限定具有 $k-1$ 阶连续导数, 从而导致一类样条函数正交系.

这里, 再度扩展 Franklin 函数, 研究从上述多组截断单项式 (分别具有 C^{k-1}, C^{k-2}, $\cdots$, C^{-1} 连续性) 正交化而来的正交系, 一个重要的结论是:

定理 5.2.1　对任意正整数 n, 将线性无关函数 $\{\varphi_{k,n}^{i,j}(t)\}$ 按 Gram-Schmidt 正交化过程得到的标准正交函数 $\{F_{k,n}^{i,j}(t)\}$, 恰是 V-系统 $\{V_{k,n}^{i,j}(t)\}$.

证明[11]　当 $n=1$ 时, 第 1 组 $\{\varphi_{k,n}^{i,j}(t)\}$ 为区间 $[0,1]$ 上前 $k+1$ 个 Legendre 多项式, 而 $\{V_{k,1}^{i,j}(t)\}$, 即 $\{V_{k,1}^{1}(t), V_{k,1}^{2}(t), \cdots, V_{k,1}^{k+1}(t)\}$ 亦如此定义.

当 $n=2$ 时, 容易具体验证 $\{F_{k,2}^{i,j}(t)\}$, 即由 $\varphi_{k,2}^{k,1}(t), \varphi_{k,2}^{k-1,1}(t), \cdots, \varphi_{k,2}^{0,1}(t)$ 正交化之后得到的第 2 组函数, 恰为 V-系统的第 2 组生成元 $V_{k,2}^{1}(t), V_{k,2}^{2}(t), \cdots, V_{k,2}^{k+1}(t)$.

假定正交序列 $\{F_{k,m}^{i,j}(t)\}$ 已经由 $\{\varphi_{k,m}^{i,j}(t)\}$ 完全确定, 简写为

$$F_1(t), F_2(t), \cdots, F_M(t), F_{M+1}(t), F_{M+2}(t), \cdots \tag{5.2.1}$$

我们的任务是证明函数系 (5.2.1) 恰为 V-系统. $\{F_{k,m+1}^{i,j}(t)\}$ 表示前 M 个已经正交化了的函数, 简记为 $F_1(t)$, $F_2(t)$, $\cdots$, $F_M(t)$, 由 Gram-Schmidt 正交化过程, 新增加的 $2^{m+1}(k+1)$ 个函数记为 (见图 5.2.3)

$$F_{M+\lambda}(t), \quad \lambda = 1, 2, 3, \cdots, 2^{m+1}(k+1)$$

那么有

$$F_{M+\lambda}(t) = \varphi_{M+\lambda}(t) - \sum_{i=1}^{M} \langle \varphi_{M+\lambda}(t), F_i(t) \rangle F_i(t)$$

$$\lambda = 1, 2, \cdots, 2^{m+1}(k+1)$$

V-系统函数简记为 V_1, V_2, $\cdots$, V_M, $\cdots$, $V_{M+\lambda}$, $\cdots$, 由于

$$F_{M+\lambda}(t) \in \text{span}\{V_1, V_2, \cdots, V_M, \cdots, V_{M+\lambda}\}$$

将 $F_{M+\lambda}(t)$ 写为 $F_{M+\lambda}(t)=V_{M+\lambda}(t)+(F_{M+\lambda}(t)-V_{M+\lambda}(t))$, 则有

$$\begin{aligned}F_{M+\lambda}(t)&=V_{M+\lambda}(t)+(\varphi_{M+\lambda}(t)-\sum_{i=1}^{M}\langle\varphi_{M+\lambda}(t),F_i(t)\rangle F_i(t))-V_{M+\lambda}(t)\\&=V_{M+\lambda}(t)+(\varphi_{M+\lambda}(t)-V_{M+\lambda}(t))-\sum_{i=1}^{M}\langle\varphi_{M+\lambda}(t)-V_{M+\lambda}(t),F_i(t)\rangle F_i(t)\\&=V_{M+\lambda}(t)+(\varphi_{M+\lambda}(t)-V_{M+\lambda}(t))-\sum_{i=1}^{M+\lambda}\langle\varphi_{M+\lambda}(t)-V_{M+\lambda}(t),V_i(t)\rangle V_i(t)\\&=V_{M+\lambda}(t),\quad \lambda=1,2,3,\cdots,2^{m+1}(k+1)\end{aligned}$$

定理证毕.

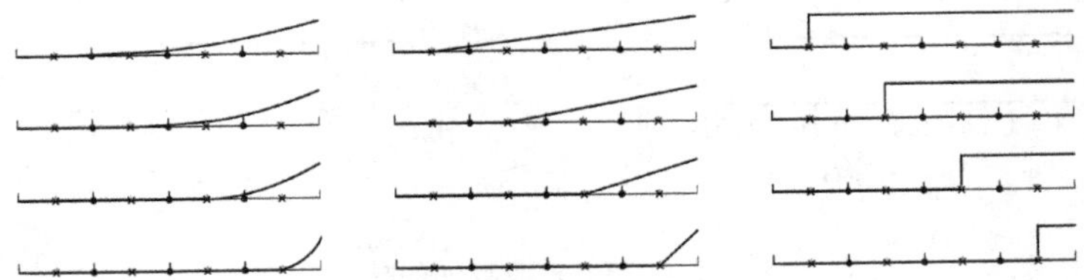

图 5.2.3 新增加的 $2^{m-1}(k+1)$ 个线性无关函数 $(m=3,k=2)$

这说明, 从不超过 k 次的截断单项式函数可以得到 k 次 V-系统.

5.2.3 $k=0,1,2,3$ 的情形

下面给出 $k=0,1,2,3$ 的情况下截断单项式与相应的 V-系统的关系. 记 $W_{k,n}^{i,j}(t)$, 表示第 n 组截断单项式, $n=1,2,3,4$.

(1) $k=0$. 对 $W_{0,n}^{i,j}(t)$ 施行正交化过程的结果是 Haar 函数, 见图 5.2.4 所示.

(2) $k=1$. 此时每组有两类, $W_{1,n}^{i,j}(t)$ 的具体表达式

$$\begin{cases}W_{1,2}^{1,1}(t)=\left(t-\dfrac{1}{2}\right)_+^1\\[2mm]W_{1,2}^{0,1}(t)=\left(t-\dfrac{1}{2}\right)_+^0\end{cases}$$

及

$$\begin{cases}W_{1,3}^{1,1}(t)=\left(t-\dfrac{1}{4}\right)_+^1;\quad W_{1,3}^{1,2}(t)=\left(t-\dfrac{3}{4}\right)_+^1\\[2mm]W_{1,3}^{0,1}(t)=\left(t-\dfrac{1}{4}\right)_+^0;\quad W_{1,3}^{0,2}(t)=\left(t-\dfrac{3}{4}\right)_+^0\end{cases}$$

$$\cdots\cdots$$

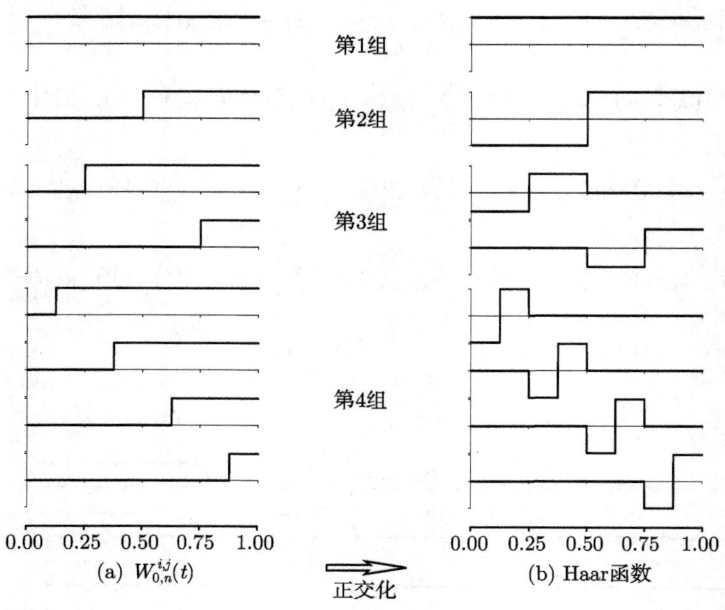

图 5.2.4　Haar 函数的生成

$W_{1,n}^{i,j}(t)$ 的前 4 组函数 (共 16 个) 的图形如图 5.2.5(a) 所示. 对 $W_{1,n}^{i,j}(t)$ 施行正交化及标准化过程, 得到 1 次 V-系统, 如图 5.2.5(b) 所示.

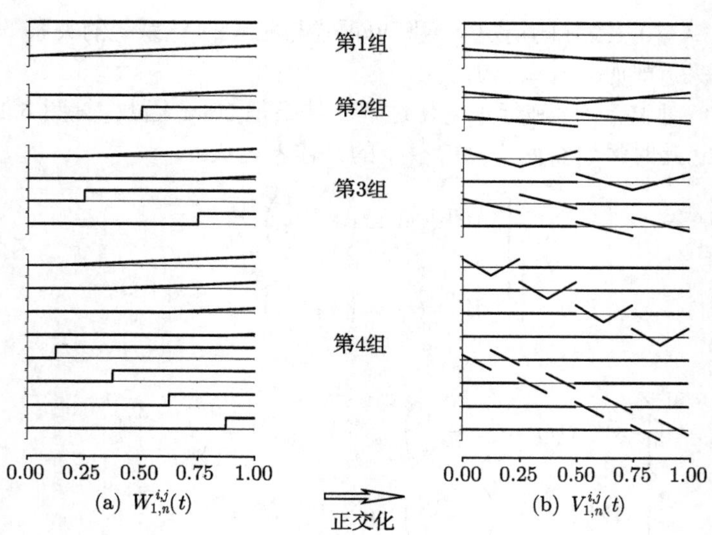

图 5.2.5　$W_{1,n}^{i,j}(t)$ 与正交化后函数 (1 次 V 系统) 前 16 个

(3) $k=2$. 此时每组有 3 类 $W_{2,n}^{i,j}(t)$ 具体表达式：

$$\begin{cases} W_{2,2}^{2,1}(t)=\left(t-\dfrac{1}{2}\right)_+^2 \\ W_{2,2}^{1,1}(t)=\left(t-\dfrac{1}{2}\right)_+^1 \\ W_{2,2}^{0,1}(t)=\left(t-\dfrac{1}{2}\right)_+^0 \end{cases}$$

及

$$\begin{cases} W_{2,3}^{2,1}(t)=\left(t-\dfrac{1}{4}\right)_+^2; \quad W_{2,3}^{2,2}(t)=\left(t-\dfrac{3}{4}\right)_+^2 \\ W_{2,3}^{1,1}(t)=\left(t-\dfrac{1}{4}\right)_+^1; \quad W_{2,3}^{1,2}(t)=\left(t-\dfrac{3}{4}\right)_+^1 \\ W_{2,3}^{0,1}(t)=\left(t-\dfrac{1}{4}\right)_+^0; \quad W_{2,3}^{0,2}(t)=\left(t-\dfrac{3}{4}\right)_+^0 \end{cases}$$

$$\cdots\cdots$$

$W_{2,n}^{i,j}(t)$ 的前 4 组函数 (共 24 个) 的图形如图 5.2.6(a) 所示. 对 $W_{2,n}^{i,j}(t)$ 施行正交化及标准化即得图 5.2.6(b) 所示的 2 次 V-系统.

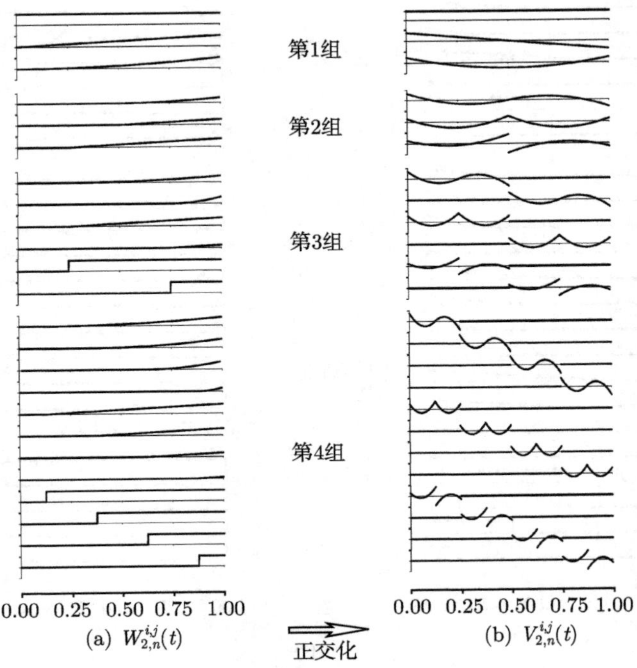

图 5.2.6 $W_{2,n}^{i,j}(t)$ 与正交化后函数 (2 次 V 系统) 前 24 个

(4) $k=3$. 此时每组有 4 类, $W_{3,n}^{i,j}(t)$ 第 2 组和第 3 组函数的具体表达式

$$\begin{cases} W_{3,2}^{3,1}(t) = \left(t-\dfrac{1}{2}\right)_+^3 \\ W_{3,2}^{2,1}(t) = \left(t-\dfrac{1}{2}\right)_+^2 \\ W_{3,2}^{1,1}(t) = \left(t-\dfrac{1}{2}\right)_+^1 \\ W_{3,2}^{0,1}(t) = \left(t-\dfrac{1}{2}\right)_+^0 \end{cases}$$

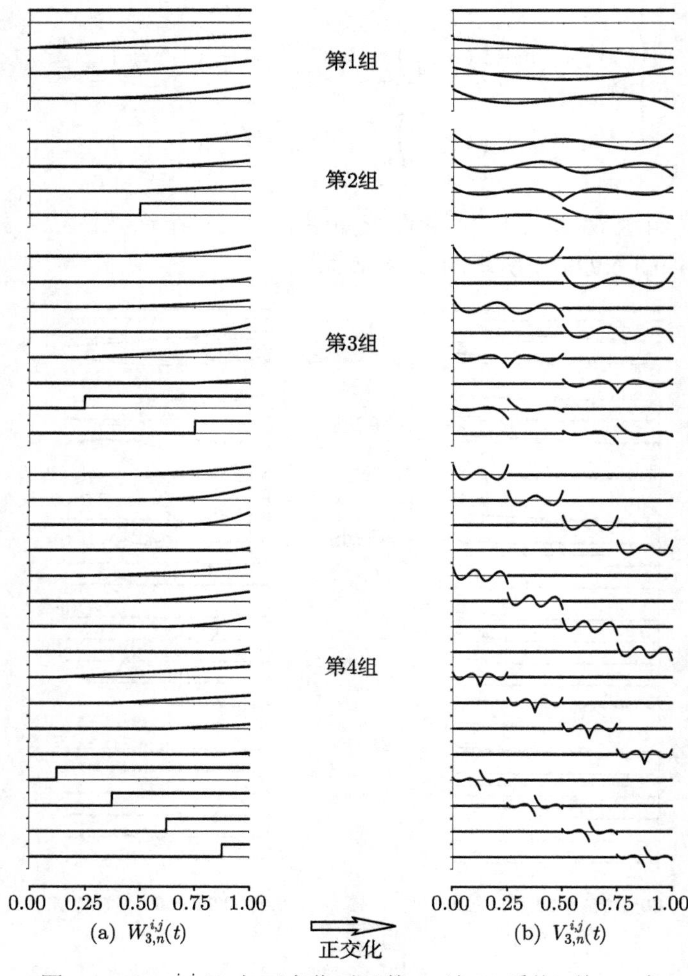

图 5.2.7　$W_{3,n}^{i,j}(t)$ 与正交化后函数 (3 次 V-系统) 前 32 个

及

$$\begin{cases} W_{2,3}^{3,1}(t) = \left(t - \dfrac{1}{4}\right)_+^3; & W_{2,3}^{3,2}(t) = \left(t - \dfrac{3}{4}\right)_+^3 \\ W_{2,3}^{2,1}(t) = \left(t - \dfrac{1}{4}\right)_+^2; & W_{2,3}^{2,2}(t) = \left(t - \dfrac{3}{4}\right)_+^2 \\ W_{2,3}^{1,1}(t) = \left(t - \dfrac{1}{4}\right)_+^1; & W_{2,3}^{1,2}(t) = \left(t - \dfrac{3}{4}\right)_+^1 \\ W_{2,3}^{0,1}(t) = \left(t - \dfrac{1}{4}\right)_+^0; & W_{2,3}^{0,2}(t) = \left(t - \dfrac{3}{4}\right)_+^0 \end{cases}$$

$$\cdots\cdots$$

$W_{3,n}^{i,j}(t)$ 的前 4 组函数 (共 32 个) 的图形如图 5.2.7(a) 所示. 图 (b) 指出了对图 (a) 正交化相应的 3 次 V-系统.

5.3 有限区间上的正交多小波

至此, 我们基本上沿着 $L^2[0,1]$ 的分段多项式正交函数系如何构造的脉络, 介绍了非连续正交函数系. 一个必须提起的内容是小波分析理论及其应用, 因为无论是 Walsh 函数、Haar 函数, 还是由它们演进而来的 U-系统、V-系统, 都与小波有着紧密的联系.

近二十年来小波的兴起, 极大地影响着数学、物理学、电子工程、计算机图形学以及其他学科. 小波方法的论著层出不穷, 较多的书籍按照连续函数展开描述, 也有的专著通过标准的滤波和矩阵变换的思想, 从时间序列分析的角度阐述小波方法. 有关小波的理论及应用已有许多优秀的著作可全面查阅.

本书最直接相关的是有限区间上的多小波. 为了处理定义在有限区间 $[0,1]$ 上的信号, 有必要构造 $L^2[0,1]$ 的小波基. 为此, 人们通过修改 $L^2(R)$ 的小波函数实现 $L^2[0,1]$ 小波基的构造, 一般说来这要克服许多困难. 然而, 如果小波函数的支集包含在 $[0,1]$ 中, 那么, 边界处理容易, 特别是保持足够的消失矩, 使小波基的构造变得简单[8]; 另一方面, 多小波 (也称向量小波) 是单小波 (也称标量小波) 的自然推广. 早期的单小波是由一个尺度函数生成的小波. 单小波不可能同时具备对称性、有限支集、正交及二阶消失矩等性质[1],[12]. 但是多小波却可以同时具有紧支集、正交、对称和高逼近阶等多种特性. 20 世纪 90 年代初期, Goodman 提出了多小波的概念, 并给出多小波的一般理论框架, 随后有许多学者提出一些多小波的构造方法, 并成功构造了许多性能优良的多小波. 例如 Alpert 研究了 r 个尺度函数, 每个尺度函数都是支集在区间 $[0,1]$ 上的 $r-1$ 次多项式; Geronimo, Hardin, Massopust 从

分形的观点, 构造了具有二阶逼近的两个尺度函数, 建立了人们称呼的 GHM 小波等等. 详见文献 [9]

理论上, 多小波比单小波有更多的优越性质, 但在应用中还存在较大的困难. 其主要原因是多小波预滤波器的设计往往比较复杂. 因此我们想对 V-系统这类直接具有明确数学表达的多小波作进一步陈述. 下面介绍 $L^2[0,1]$ 上的 r 重正交多分辨分析的概念. 按照目前通行的叙述方式及符号[9], 称 $L^2[0,1]$ 中的闭子空间序列 $\{\mathcal{V}_j\}$ 是一个 r 重正交多分辨分析 (通常简记为 OMRA^r), 如果满足如下条件:

(1) 单调性: $\mathcal{V}_j \subset \mathcal{V}_{j+1}, j \in \mathbb{Z} = \{\cdots, -3, -2, -1, 0, 1, 2, 3, \cdots\}$;

(2) 逼近性: $\bigcap\limits_{j\in\mathbb{Z}} \mathcal{V}_j = \{0\}$, $\overline{\bigcup\limits_{j\in\mathbb{Z}} \mathcal{V}_j} = L^2[0,1]$;

(3) 伸缩性: $f(t) \in \mathcal{V}_j \Longleftrightarrow f(2t) \in \mathcal{V}_{j+1}$;

(4) 存在 r 个函数 $\phi_1(t)$, $\phi_2(t)$, $\phi_r(t)$, $\cdots$, $\phi_r(t)$, 使得 $\{\phi_m(t-k),\ k \in \mathbb{Z},\ 1 \leqslant m \leqslant r\}$ 构成闭子空间 $\mathcal{V}_0$ 的一个标准正交基.

将 $\phi_1(t), \phi_2(t), \phi_r(t), \cdots, \phi_r(t)$, 记为向量函数: $\boldsymbol{\phi}(t) = [\phi_1(t), \phi_2(t), \cdots, \phi_r(t)]^{\mathrm{T}}$, 称为 OMRA^r 的多尺度函数. 如果任意 $m = 1, 2, \cdots, r$, 记

$$\phi^m_{j,k}(t) = 2^{\frac{j}{2}}\phi_m(2^j t - k), \quad j, k \in \mathbb{Z}$$

那么, $\{\phi^m_{j,k}(t)\}, k \in \mathbb{Z}, 1 \leqslant m \leqslant r\}$ 构成 $\mathcal{V}_j$ 的标准正交基, 即

$$\mathcal{V}_j = \overline{\mathrm{span}}\{\phi^m_{j,k}(t), k \in \mathbb{Z}, 1 \leqslant m \leqslant r\}, \quad j \in \mathbb{Z}$$

令 $\mathcal{W}_j$ 是 $\mathcal{V}_j$ 上的正交补空间, 即 $\mathcal{V}_{j+1} = \mathcal{V}_j \oplus \mathcal{W}_j$, $\mathcal{V}_j \perp \mathcal{W}_j$, 由 OMRA^r 的单调性与逼近性可知 $\mathcal{V}_j \perp \mathcal{W}_k$ (当 $j \neq k$ 时), 那么有 $L^2[0,1] = \bigoplus_{j\in\mathbb{Z}} \mathcal{W}_j$. 相应地, 存在正交多小波 $\boldsymbol{\psi}(t) = [\psi_1(t), \psi_2(t), \cdots, \psi_r(t)]^{\mathrm{T}}$, 对每一个函数 $\psi_m(t)$, 其压缩平移得到的

$$\psi^m_{j,k} = 2^{\frac{j}{2}}\psi_m(2^j t - k), \quad k \in \mathbb{Z}, \quad 1 \leqslant m \leqslant r$$

构成 $\mathcal{W}_j$ 的标准正交基, 即

$$\mathcal{W}_j = \overline{\mathrm{span}}\{\psi^m_{j,k}(t), k \in \mathbb{Z}, 1 \leqslant m \leqslant r\}, \quad j \in \mathbb{Z}$$

也就是说 $\{\psi^m_{j,k}(t), k \in \mathbb{Z}, 1 \leqslant m \leqslant r\}$ 构成 $L^2[0,1]$ 的一个标准正交基.

特别考虑 $k = 0, 1, j \geqslant 0$, 即 $j \in \mathbb{Z}^+$ 的情形:

$$\begin{aligned}
\boldsymbol{\phi}_{j,0}(t) &= [\phi^1_{j,0}(t), \phi^2_{j,0}(t), \cdots, \phi^r_{j,0}(t)]^{\mathrm{T}} \\
\boldsymbol{\phi}_{j,1}(t) &= [\phi^1_{j,1}(t), \phi^2_{j,1}(t) \cdots, \phi^r_{j,1}(t)]^{\mathrm{T}}
\end{aligned}$$

假若令

$$\mathcal{V}_j = \overline{\mathrm{span}}\left\{\sum_{\mu=0}^{2^j-1} C^{\mathrm{T}}_{\mu}\phi_{j,\mu}(t)\right\}, \quad j \geqslant 0$$

那么有 $\dim \mathcal{V}_j = 2^j r,\ j \geqslant 0$, 以及 $\dim \mathcal{V}_{j+1} = 2^{j+1} r,\ j \geqslant 0$, 并且 $\{\mathcal{V}_j\}$ 构成 $L^2[0,1]$ 的一个 OMRA^r. 如前述, 令 $\mathcal{W}_j$ 是 $\mathcal{V}_j$ 在 $\mathcal{V}_{j+1}$ 上的正交补空间, 即 $\mathcal{V}_{j+1} = \mathcal{V}_j \oplus \mathcal{W}_j$, $\mathcal{V}_j \perp \mathcal{W}_j$, 则有 $\dim \mathcal{W}_j = 2^j r, j \in \mathbb{Z}^+$, 并且

$$L^2[0,1] = \mathcal{V}_0 \bigoplus_{j \geqslant 0} \mathcal{W}_j$$

构成 $\mathcal{W}_j$ 的标准正交基, 即

$$\mathcal{W}_j = \overline{\operatorname{span}} \left\{ \sum_{\mu=0}^{2^j-1} C_\mu^{\mathrm{T}} \psi_{j,\mu}(t) \right\}, \quad j > 0$$

令 $\boldsymbol{\psi}_{j,k}(t) = [\psi_{j,k}^1(t), \psi_{j,k}^2(t), \cdots, \psi_{j,k}^r(t)]^{\mathrm{T}}$, 并记 $\phi_{00} = \phi(t)$, $\psi_{00} = \psi(t)$, 于是矩阵加细方程 (MRE) 为

$$\begin{cases} \phi_{j,k}(t) = \displaystyle\sum_{l=2k}^{2k+1} H_{l-2k} \phi_{j+1,l}(t) \\ \psi_{j,k}(t) = \displaystyle\sum_{l=2k}^{2k+1} G_{l-2k} \phi_{j+1,l}(t) \end{cases}$$

其中 H_k, G_k 为 r 阶矩阵, H_k, G_k 的元素

$$\begin{cases} h_{mn}^k = \langle \phi_m(t), \phi_{1,k}^n(t) \rangle, \\ g_{mn}^k = \langle \psi_m(t), \phi_{1,k}^n(t) \rangle, \end{cases} \quad 1 \leqslant m, \quad n \leqslant r, \quad k = 0, 1$$

并可以建立相应的 Mallat 分解及重构算法[9],[10].

5.4 V-系统的多小波性质

在上一章构造 U-系统及本章前面构造 V-系统时, 首先考虑区间 $[0,1]$ 上的前 r 个 Legendre 多项式作为 $r-1$ 次 U-系统及 V-系统的第 1 组, 而 U-系统及 V-系统的第 2 组 (称为生成元), 包含 r 个分段多项式, 分段点为 $\dfrac{1}{2}$. 第 1 组是尺度函数, 第 2 组称为生成元, 是小波函数.

本书讨论的 k 次 $(k \geqslant 1)$V-系统 (这里的 k 就是上述的 $r-1$), 在得到生成元的过程中, 已经满足了足够阶的消失矩要求.

按文献 [12] 两尺度相似变换的概念可以验证, V-系统是一类有限区间上特殊的多小波[13]. V-系统这类多小波有明确而简洁的表达式, 这是有限区间上多小波的一种便于应用的结构. 归纳起来, k 次 V-系统具有下面的特点 (前两条性质与 U-系统相同):

(1) 函数系含有丰富的连续与间断的信息, 即函数系中不仅有无穷次光滑的函数, 而且有各层次间断的函数 (从函数本身间断到函数各阶导数间断);

(2) 任意 (分段数为 2 的方幂的) 分段多项式都可以用 Fourier-V 级数中有限项精确表示, 这就是再生性;

(3) 每个函数都有局部支集, 且结构简单;

(4) 整个函数系呈现多分辨特性.

关于 V-系统的多分辨特性, 作如下解释:

令 $V_0=\overline{\mathrm{span}}\{V_{k,1}^i(x), i=1,2,\cdots,k+1\}$, $W_0=\overline{\mathrm{span}}\{V_{k,2}^i(x),\ i=1,2,\cdots,k+1\}$, 则显然有

$$\dim V_0=k+1,\quad \dim W_0=k+1$$

且 $\{V_{k,1}^i(x), i=1,2,\cdots,k+1\}$ 和 $\{V_{k,2}^i(x),\ i=1,2,\cdots,k+1\}$ 分别构成 V_0 和 W_0 的标准正交基. 再记

$$W_1=\overline{\mathrm{span}}\{V_{k,3}^{1,1}(x),V_{k,3}^{1,2}(x),V_{k,3}^{2,1}(x),V_{k,3}^{2,2}(x),\cdots,V_{k,3}^{k+1,1}(x),V_{k,3}^{k+1,2}(x)\}$$

则 $\dim W_1=2(k+1)$, 且 $\{V_{k,3}^{1,1}(x),V_{k,3}^{1,2}(x),V_{k,3}^{2,1}(x),V_{k,3}^{2,2}(x),\cdots,V_{k,3}^{k+1,1}(x),V_{k,3}^{k+1,2}(x)\}$ 构成 W_1 的正交基.

一般地, 记

$$\begin{aligned}W_{n-2}=\overline{\mathrm{span}}\{&V_{k,n}^{1,1}(x),V_{k,n}^{1,2}(x),\cdots,V_{k,n}^{1,2^{n-2}}(x);V_{k,n}^{2,1}(x),V_{k,n}^{2,2}(x),\cdots,\\&V_{k,n}^{2,2^{n-2}}(x),\cdots,V_{k,n}^{k+1,1}(x),V_{k,n}^{k+1,2}(x),\cdots,V_{k,n}^{k+1,2^{n-2}}(x)\}\end{aligned}$$

则 $\dim W_{n-2}=2^{n-2}(k+1)$, 且

$$\begin{aligned}\{&V_{k,n}^{1,1}(x),V_{k,n}^{1,2}(x),\cdots,V_{k,n}^{1,2^{n-2}}(x);V_{k,n}^{2,1}(x),V_{k,n}^{2,2}(x),\cdots,V_{k,n}^{2,2^{n-2}}(x),\cdots,\\&V_{k,n}^{k+1,1}(x),V_{k,n}^{k+1,2}(x),\cdots,V_{k,n}^{k+1,2^{n-2}}(x)\}\end{aligned}$$

就是 W_{n-2} 的正交基.

令 $V_{j+1}=V_j\oplus W_j$, 则显然 $V_0\subset V_1\subset V_2\subset\cdots$, $\bigcap\limits_{j\in Z}V_j=\{0\}$, 且 $L_2[0,1]=\overline{\bigcup\limits_{j\in Z}V_j}$, 即 V-系统具有多分辨特性, 详见文献 [13].

下面进一步给出 V-系统的双尺度方程.

当 $k=1$ 时, 有 Legendre 多项式:

$$V_{1,1}^1(x)=1,\quad V_{1,1}^2(x)=\sqrt{3}(-2x+1),\quad 0\leqslant x\leqslant 1$$

(在区间 $[0,1]$ 之外规定取值为 0, 下同).

满足双尺度方程条件：

$$\begin{bmatrix} V_{1,1}^1(x) \\ V_{1,1}^2(x) \end{bmatrix} = \begin{bmatrix} 1 & 0 \\ \dfrac{\sqrt{3}}{2} & \dfrac{1}{2} \end{bmatrix} \begin{bmatrix} V_{1,1}^1(2x) \\ V_{1,1}^2(2x) \end{bmatrix} + \begin{bmatrix} 1 & 0 \\ -\dfrac{\sqrt{3}}{2} & \dfrac{1}{2} \end{bmatrix} \begin{bmatrix} V_{1,1}^1(2x-1) \\ V_{1,1}^2(2x-1) \end{bmatrix}$$

生成元函数 $G=\{V_{1,2}^1(x), V_{1,2}^2(x)\}$, 即小波函数满足

$$\begin{bmatrix} V_{1,2}^1(x) \\ V_{1,2}^2(x) \end{bmatrix} = \begin{bmatrix} 0 & 1 \\ -\dfrac{1}{2} & \dfrac{\sqrt{3}}{2} \end{bmatrix} \begin{bmatrix} V_{1,1}^1(2x) \\ V_{1,1}^2(2x) \end{bmatrix} + \begin{bmatrix} 0 & -1 \\ \dfrac{1}{2} & \dfrac{\sqrt{3}}{2} \end{bmatrix} \begin{bmatrix} V_{1,1}^1(2x-1) \\ V_{1,1}^2(2x-1) \end{bmatrix}$$

当 $k=2$ 时, 有 Legendre 多项式

$$V_{2,1}^1(x)=1, \quad V_{2,1}^2(x)=\sqrt{3}(-2x+1), \quad V_{2,1}^3(x)=\sqrt{5}(6x^2-6x+1), \quad 0 \leqslant x \leqslant 1$$

满足双尺度方程

$$\begin{bmatrix} V_{2,1}^1(x) \\ V_{2,1}^2(x) \\ V_{2,1}^3(x) \end{bmatrix} = \begin{bmatrix} 1 & 0 & 0 \\ \dfrac{\sqrt{3}}{2} & \dfrac{1}{2} & 0 \\ 0 & \dfrac{\sqrt{15}}{4} & \dfrac{1}{4} \end{bmatrix} \begin{bmatrix} V_{2,1}^1(2x) \\ V_{2,1}^2(2x) \\ V_{2,1}^3(2x) \end{bmatrix} + \begin{bmatrix} 1 & 0 & 0 \\ \dfrac{-\sqrt{3}}{2} & \dfrac{1}{2} & 0 \\ 0 & \dfrac{-\sqrt{15}}{4} & \dfrac{1}{4} \end{bmatrix} \begin{bmatrix} V_{2,1}^1(2x-1) \\ V_{2,1}^2(2x-1) \\ V_{2,1}^3(2x-1) \end{bmatrix}$$

生成元函数 $G=\{V_{2,2}^1(x), V_{2,2}^2(x), V_{2,2}^3(x)\}$, 即小波函数满足

$$\begin{aligned} \begin{bmatrix} V_{2,2}^1(x) \\ V_{2,2}^2(x) \\ V_{2,2}^3(x) \end{bmatrix} = & \begin{bmatrix} -\dfrac{\sqrt{5}}{6} & \dfrac{\sqrt{15}}{6} & \dfrac{2}{3} \\ 0 & -\dfrac{1}{4} & \dfrac{\sqrt{15}}{4} \\ \dfrac{1}{3} & -\dfrac{\sqrt{3}}{3} & \dfrac{\sqrt{5}}{3} \end{bmatrix} \begin{bmatrix} V_{2,1}^1(2x) \\ V_{2,1}^2(2x) \\ V_{2,1}^3(2x) \end{bmatrix} \\ & + \begin{bmatrix} \dfrac{\sqrt{5}}{6} & \dfrac{\sqrt{15}}{6} & -\dfrac{2}{3} \\ 0 & \dfrac{1}{4} & \dfrac{\sqrt{15}}{4} \\ -\dfrac{1}{3} & -\dfrac{\sqrt{3}}{3} & -\dfrac{\sqrt{5}}{3} \end{bmatrix} \begin{bmatrix} V_{2,1}^1(2x-1) \\ V_{2,1}^2(2x-1) \\ V_{2,1}^3(2x-1) \end{bmatrix} \end{aligned}$$

当 $k=3$ 时, 有 Legendre 多项式

$$\begin{aligned} V_{3,1}^1(x) &= 1 \\ V_{3,1}^2(x) &= \sqrt{3}(-2x+1) \end{aligned}$$

$$
\begin{aligned}
V_{3,1}^3(x) =& \sqrt{5}(6x^2-6x+1)\\
V_{3,1}^4(x) =& \sqrt{7}(-20x^3+30x^2-12x+1), \quad 0 \leqslant x \leqslant 1
\end{aligned}
$$

满足双尺度方程

$$
\begin{aligned}
\begin{bmatrix} V_{3,1}^1(x) \\ V_{3,1}^2(x) \\ V_{3,1}^3(x) \\ V_{3,1}^4(x) \end{bmatrix} =& \begin{bmatrix} 1 & 0 & 0 & 0 \\ \dfrac{\sqrt{3}}{2} & \dfrac{1}{2} & 0 & 0 \\ 0 & \dfrac{\sqrt{15}}{4} & \dfrac{1}{4} & 0 \\ -\dfrac{\sqrt{7}}{8} & \dfrac{\sqrt{21}}{8} & \dfrac{\sqrt{35}}{8} & \dfrac{1}{8} \end{bmatrix} \begin{bmatrix} V_{3,1}^1(2x) \\ V_{3,1}^2(2x) \\ V_{3,1}^3(2x) \\ V_{3,1}^4(2x) \end{bmatrix} \\
&+ \begin{bmatrix} 1 & 0 & 0 & 0 \\ -\dfrac{\sqrt{3}}{2} & \dfrac{1}{2} & 0 & 0 \\ 0 & -\dfrac{\sqrt{15}}{4} & \dfrac{1}{4} & 0 \\ \dfrac{\sqrt{7}}{8} & \dfrac{\sqrt{21}}{8} & -\dfrac{\sqrt{35}}{8} & \dfrac{1}{8} \end{bmatrix} \begin{bmatrix} V_{3,1}^1(2x-1) \\ V_{3,1}^2(2x-1) \\ V_{3,1}^3(2x-1) \\ V_{3,1}^4(2x-1) \end{bmatrix}
\end{aligned}
$$

生成元函数 $G=\{V_{3,2}^1(x), V_{3,2}^2(x), V_{3,2}^3(x), V_{3,2}^4(x)\}$, 即小波函数满足

$$
\begin{aligned}
\begin{bmatrix} V_{3,2}^1(x) \\ V_{3,2}^2(x) \\ V_{3,2}^3(x) \\ V_{3,2}^4(x) \end{bmatrix} =& \begin{bmatrix} 0 & -\dfrac{\sqrt{21}}{20} & 3\dfrac{\sqrt{35}}{20} & \dfrac{2}{5} \\ \dfrac{\sqrt{5}}{8} & -\dfrac{\sqrt{15}}{8} & \dfrac{3}{8} & \dfrac{\sqrt{35}}{8} \\ 0 & \dfrac{1}{10} & -\dfrac{\sqrt{15}}{10} & \dfrac{\sqrt{21}}{5} \\ -\dfrac{1}{4} & \dfrac{\sqrt{3}}{4} & -\dfrac{\sqrt{5}}{4} & \dfrac{\sqrt{7}}{4} \end{bmatrix} \begin{bmatrix} V_{3,1}^1(2x) \\ V_{3,1}^2(2x) \\ V_{3,1}^3(2x) \\ V_{3,1}^4(2x) \end{bmatrix} \\
&+ \begin{bmatrix} 0 & \dfrac{\sqrt{21}}{20} & 3\dfrac{\sqrt{35}}{20} & -\dfrac{2}{5} \\ -\dfrac{\sqrt{5}}{8} & -\dfrac{\sqrt{15}}{8} & -\dfrac{3}{8} & \dfrac{\sqrt{35}}{8} \\ 0 & -\dfrac{1}{10} & -\dfrac{\sqrt{15}}{10} & -\dfrac{\sqrt{21}}{5} \\ \dfrac{1}{4} & \dfrac{\sqrt{3}}{4} & \dfrac{\sqrt{5}}{4} & \dfrac{\sqrt{7}}{4} \end{bmatrix} \begin{bmatrix} V_{3,1}^1(2x-1) \\ V_{3,1}^2(2x-1) \\ V_{3,1}^3(2x-1) \\ V_{3,1}^4(2x-1) \end{bmatrix}
\end{aligned}
$$

一般地, 前 $k+1$ 个 Legendre 多项式记为向量形式

$$
\Phi_k(x) = [V_{k,1}^1(x), V_{k,1}^2(x), \cdots, V_{k,1}^{k+1}(x)]^{\mathrm{T}}
$$

如果有双尺度方程

$$\Phi_k(x) = C_0\Phi_k(2x) + C_1\Phi_k(2x-1)$$

那么选择矩阵 D_0, D_1 使得

$$\frac{1}{\sqrt{2}}\begin{bmatrix} C_0 & C_1 \\ D_0 & D_1 \end{bmatrix}$$

是一个正交矩阵. 这时, 生成元函数, 即小波函数

$$\Psi_k(x) = [V_{k,2}^1(x), V_{k,2}^1(x), \cdots, V_{k,2}^{k+1}(x)]^{\mathrm{T}}$$

满足方程

$$\Psi_k(x) = D_0\Phi_k(2x) + D_1\Phi_k(2x-1)$$

这样的矩阵 D_0, D_1 并非唯一[13].

5.5 斜小波与 V-系统

第 4 章在讨论 U-系统时, 阐述了 1 次 U-系统与斜变换 (slant transform) 的联系, 指出斜变换恰是 1 次 U-系统的离散表示. 1999 年, 文献 [14] 给出离散斜小波变换 (slantlet transform) 的详细论述. 本节首先介绍 Selesnick 离散斜小波, 接着指出这种斜小波与 1 次 V-系统的关系.

文献 [14] 中, 设定 $g_i(n), f_i(n), h_i(n)$ 为分段线性滤波器, 即假定在 $n \in \{0, 1, 2, \cdots, 2^i-1\}$ 及 $n \in \{2^i, 2^i+1, \cdots, 2^{i+1}-1\}$ 上, $g_i(n), f_i(n), h_i(n)$ 线性变化. 又假定 $g_i(n)$ 与线性变化 (即对应一次多项式) 的数据的内积为零, 记

$$g_i(n) = \begin{cases} a_{00} + a_{01}n, & n = 0, 1, \cdots, 2^i - 1 \\ a_{10} + a_{11}(n - 2^i), & n = 2^i, \cdots, 2^{i+1} - 1 \end{cases} \tag{5.5.1}$$

确定系数 $a_{00}, a_{01}, a_{10}, a_{11}$, 使之满足条件:

标准化:

$$\sum_{n=0}^{2^{i+1}-1} [g_i(n)]^2 = 1$$

与自身平移正交:

$$\sum_{n=0}^{2^{i+1}-1} g_i(n)g_i(2^{i+1}-1-n) = 0$$

与常数向量正交:

$$\sum_{n=0}^{2^{i+1}-1} g_i(n) = 0$$

与线性变化的向量正交：

$$\sum_{n=0}^{2^{i+1}-1} ng_i(n)=0$$

令

$$\begin{aligned}
m&=2^i\\
s_1&=6\sqrt{\frac{m}{(m^2-1)(4m^2-1)}}\\
t_1&=2\sqrt{\frac{3}{m(m^2-1)}}\\
s_0&=-\frac{m-1}{2}s_1\\
t_0&=\frac{m-1}{2m}\left[\frac{1}{3}(m+1)s_1-mt_1\right]
\end{aligned}\tag{5.5.2}$$

得到 (依赖于 i 的) 系数：

$$a_{00}=\frac{s_0+t_0}{2},\quad a_{10}=\frac{s_0-t_0}{2},\quad a_{01}=\frac{s_1+t_1}{2},\quad a_{11}=\frac{s_1-t_1}{2}$$

对 $f_i(n)$, $h_i(n)$ 作同样的推导, 设有 8 个待定系数, b_{00}, b_{01}, b_{10}, b_{11} 以及 c_{00}, c_{01}, c_{10}, c_{11} 有

$$h_i(n)=\begin{cases} b_{00}+b_{01}n, & n=0,1,\cdots,2^i-1\\ b_{10}+b_{11}(n-2^i), & n=2^i,\cdots,2^{i+1}-1\end{cases}$$

$$f_i(n)=\begin{cases} c_{00}+c_{01}n, & n=0,1,\cdots,2^i-1\\ c_{10}+c_{11}(n-2^i), & n=2^i,\cdots,2^{i+1}-1\end{cases}$$

满足条件：

$$\sum_{n=0}^{2^{i+1}-1}[h_i(n)]^2=1,\qquad \sum_{n=0}^{2^{i+1}-1}[f_i(n)]^2=1$$

$$\sum_{n=0}^{2^i-1}h_i(n)h_i(n+2^i)=0,\qquad \sum_{n=0}^{2^i-1}f_i(n)f_i(n+2^i)=0$$

$$\sum_{n=0}^{2^{i+1}-1}h_i(n)f_i(n)=0,\qquad \sum_{n=0}^{2^{i+1}-1}h_i(n)f_i(n+2^i)=0$$

$$\sum_{n=0}^{2^{i+1}-1}f_i(n)=0,\qquad \sum_{n=0}^{2^{i+1}-1}nf_i(n)=0$$

得到

$$b_{00}=\frac{u(v+1)}{2m},\quad b_{10}=u-b_{00},\quad b_{01}=\frac{u}{m},\quad b_{11}=-b_{01}$$

$$c_{01}=q(v-m),\quad c_{11}=-q(v+m),\quad c_{10}=\frac{v+1-2m}{2}c_{11},\quad c_{10}=\frac{v+1}{2}c_{01}$$

其中

$$m=2^i,\quad u=\frac{1}{\sqrt{m}},\quad v=\sqrt{\frac{2m^2+1}{3}},\quad q=\frac{1}{m}\sqrt{\frac{3}{m(m^2-1)}}$$

从 $g_i(n)$, $h_i(n)$, $f_i(n)$ 的结构可知, 离散斜小波给出的是一系列离散点组, 每一点组都是呈线性变化的序列.

斜小波的第一个基本向量为 $h_l(n)+h_l(n-2^l)$, 它相应定义在区间 $[0,1]$ 上的函数为常值:

$$G_0(x)=\frac{1}{\sqrt{2^l}},\quad \text{其中 } l=i+1$$

第二个基本向量为 $f_l(n)+f_l(n-2^l)$, 它相应定义在区间 $[0,1]$ 上的函数为线性函数:

$$G_1(x)=k(2x-1),\quad \text{其中 } l=i+1$$

注意在离散情形下, k 与 l 有关:

$$\text{当 } l=2 \text{ 时},\quad k=\frac{2}{5}\sqrt{5}$$

$$\text{当 } l=3 \text{ 时},\quad k=\frac{2}{21}\sqrt{42}$$

$$\text{当 } l=4 \text{ 时},\quad k=\frac{4}{85}\sqrt{85}$$

后续向量为 $g_i(n)$ 及其反转与轮换平移.

在离散斜小波中, 每个 $g_i(n)$ 都对应定义在区间 $[0,1]$ 上的一对线性函数:

$$G_2(x)=\begin{cases}(a+4b)x-b-c, & 0\leqslant x<\dfrac{1}{2}\\ 0, & x=\dfrac{1}{2}\\ (a-4b)x+3b-d, & \dfrac{1}{2}<x\leqslant 1\end{cases}$$

$$G_3(x)=\begin{cases}(-a+4b)x-b+c, & 0\leqslant x<\dfrac{1}{2}\\ 0, & x=\dfrac{1}{2}\\ (-a-4b)x+3b+d, & \dfrac{1}{2}<x\leqslant 1\end{cases}$$

其中系数 a,b,c,d 的取值与 $g_i(n)$ 中的 i 有关 (见式 (5.5.2)), 得到当 $i=1$ 时,

$$a=\frac{4}{5}\sqrt{10},\quad b=\frac{1}{2}\sqrt{2},\quad c=\frac{3}{20}\sqrt{10},\quad d=\frac{13}{20}\sqrt{10}$$

当 $i=2$ 时,

$$a=\frac{16}{105}\sqrt{105},\quad b=\frac{1}{5}\sqrt{5},\quad c=\frac{11}{420}\sqrt{105},\quad d=\frac{53}{420}\sqrt{105}$$

当 $i=3$ 时,

$$a=\frac{32}{1785}\sqrt{3570},\quad b=\frac{1}{21}\sqrt{42},\quad c=\frac{43}{14280}\sqrt{3570},\quad d=\frac{71}{4760}\sqrt{3570}$$

这样, 就可以写出离散斜小波相应的分段线性函数与 1 次 V-系统之间的关系. 为了表达的清晰与简便, 引入符号函数:

$$\operatorname{sgn}(x)=\begin{cases}1, & x>0\\ 0, & x=0\\ -1, & x<0\end{cases}$$

令

$$g=[G_0(x),G_1(x),G_2(x),G_3(x)]^{\mathrm{T}},\quad v=[V_0(x),V_1(x),V_2(x),V_3(x)]^{\mathrm{T}}$$

则有

$$v=Ag$$

其中矩阵 A 与 i 有关.

当 $g_i(n)$ 中 $i=1$ 时,

$$A=\begin{bmatrix}\sqrt{4} & 0 & 0 & 0\\ 0 & \dfrac{\sqrt{15}}{2} & 0 & 0\\ 0 & 0 & -\dfrac{\sqrt{6}}{2} & -\dfrac{\sqrt{6}}{2}\\ 0 & 0 & -\dfrac{\sqrt{10}}{2}-\operatorname{sgn}\left(x-\dfrac{1}{2}\right)\dfrac{\sqrt{2}}{4} & \dfrac{\sqrt{10}}{2}-\operatorname{sgn}\left(x-\dfrac{1}{2}\right)\dfrac{\sqrt{2}}{4}\end{bmatrix}$$

当 $g_i(n)$ 中 $i=2$ 时,

$$A=\begin{bmatrix}\sqrt{8} & 0 & 0 & 0\\ 0 & \dfrac{\sqrt{126}}{4} & 0 & 0\\ 0 & 0 & -\dfrac{\sqrt{15}}{2} & -\dfrac{\sqrt{15}}{2}\\ 0 & 0 & -\dfrac{\sqrt{105}}{5}-\operatorname{sgn}\left(x-\dfrac{1}{2}\right)\dfrac{\sqrt{5}}{20} & \dfrac{\sqrt{105}}{5}-\operatorname{sgn}(x-\dfrac{1}{2})\dfrac{\sqrt{5}}{20}\end{bmatrix}$$

当 $g_i(n)$ 中 $i=3$ 时,

$$A=\begin{bmatrix}\sqrt{16} & 0 & 0 & 0\\ 0 & \dfrac{\sqrt{255}}{4} & 0 & 0\\ 0 & 0 & -\dfrac{3\sqrt{14}}{4} & -\dfrac{3\sqrt{14}}{4}\\ 0 & 0 & -\dfrac{\sqrt{3570}}{21}-\operatorname{sgn}\left(x-\dfrac{1}{2}\right)\dfrac{\sqrt{42}}{168} & \dfrac{\sqrt{3570}}{21}-\operatorname{sgn}\left(x-\dfrac{1}{2}\right)\dfrac{\sqrt{42}}{168}\end{bmatrix}$$

反之, 用 1 次 V-系统的分段线性函数表达相应的离散斜小波, 有 $g=A^{-1}v$, 其中矩阵 A 与 i 有关. 当 $i=1$ 时,

$$A^{-1}=\begin{bmatrix}\dfrac{1}{\sqrt{4}} & 0 & 0 & 0\\ 0 & \dfrac{2\sqrt{15}}{15} & 0 & 0\\ 0 & 0 & \operatorname{sgn}\left(x-\dfrac{1}{2}\right)\dfrac{\sqrt{30}}{60}-\dfrac{\sqrt{6}}{6} & -\dfrac{\sqrt{10}}{10}\\ 0 & 0 & -\operatorname{sgn}\left(x-\dfrac{1}{2}\right)\dfrac{\sqrt{30}}{60}-\dfrac{\sqrt{6}}{6} & \dfrac{\sqrt{10}}{10}\end{bmatrix}$$

当 $i=2$ 时,

$$A^{-1}=\begin{bmatrix}\dfrac{1}{\sqrt{8}} & 0 & 0 & 0\\ 0 & \dfrac{2\sqrt{126}}{63} & 0 & 0\\ 0 & 0 & \operatorname{sgn}\left(x-\dfrac{1}{2}\right)\dfrac{\sqrt{35}}{420}-\dfrac{\sqrt{15}}{15} & -\dfrac{\sqrt{105}}{42}\\ 0 & 0 & -\operatorname{sgn}\left(x-\dfrac{1}{2}\right)\dfrac{\sqrt{35}}{420}-\dfrac{\sqrt{15}}{15} & \dfrac{\sqrt{105}}{42}\end{bmatrix}$$

当 $i=3$ 时,

$$A^{-1}=\begin{bmatrix}\dfrac{1}{\sqrt{16}} & 0 & 0 & 0\\ 0 & \dfrac{4\sqrt{255}}{255} & 0 & 0\\ 0 & 0 & \operatorname{sgn}\left(x-\dfrac{1}{2}\right)\dfrac{\sqrt{1190}}{14280}-\dfrac{\sqrt{14}}{21} & -\dfrac{\sqrt{3570}}{340}\\ 0 & 0 & -\operatorname{sgn}\left(x-\dfrac{1}{2}\right)\dfrac{\sqrt{1190}}{14280}-\dfrac{\sqrt{14}}{21} & \dfrac{\sqrt{3570}}{340}\end{bmatrix}$$

在文献 [14] 中给出如下斜小波的图示 (图 5.5.1), 它正是 $i=3$ 的情形.

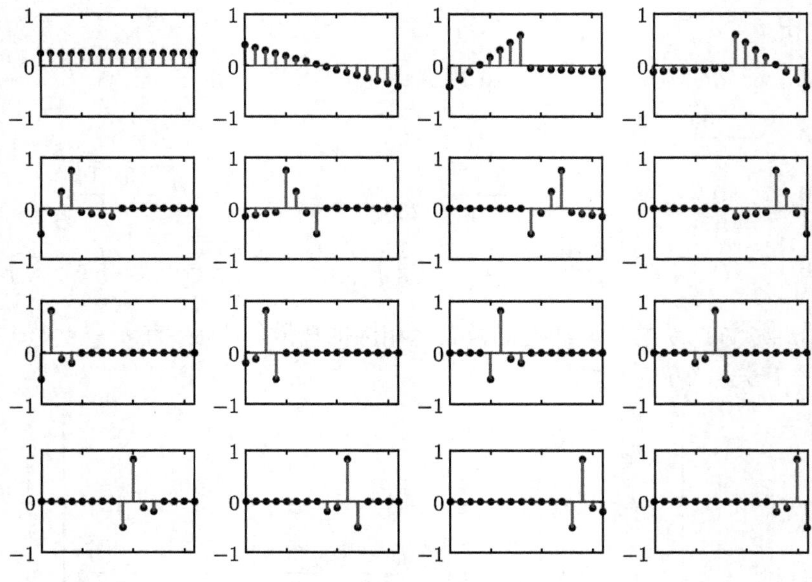

图 5.5.1 Selesnick 离散斜小波

小结

从 U-系统到 V-系统, 这一转换过程是自然而和谐的, 它们之间可通过 Hadamard 变换建立联系. 从 Franklin 函数到 V-系统的讨论, 进一步将 V-系统与 Franklin 函数联系起来. V-系统是一类特殊的有限区间上的小波, 并与斜小波等内容沟通起来, 显现 V-系统的潜在应用价值. 本章给出 V-系统的基本概念, 在后续章节中, V-系统仍是继续研究与探讨的主要内容.

问题与讨论

1. 二维张量积情形

关于 $L^2[0,1]$ 上 V-系统的讨论, 可以推广到张量积情形 $L^2[0,1]^d$, 这里 d 为任意正整数. 特别当 $d=2$, 考虑 $\Phi_{i,j}(x,y)=V_i(x)V_j(y)$, $i,j\in\{0,1,2,\cdots\}$, $V_i(x)$, $V_j(y)$ 为 k 次 V-系统的基函数, 那么 $\{\Phi_{i,j}(x,y)\}$ 构成 $L^2[0,1]^2$ 的正交基函数, 如下图所示.

2. 斜小波构造的扩展

从斜小波与 1 次 V-系统的关系, 进一步考虑 2 次 (乃至 k 次)V-系统相应的斜小波.

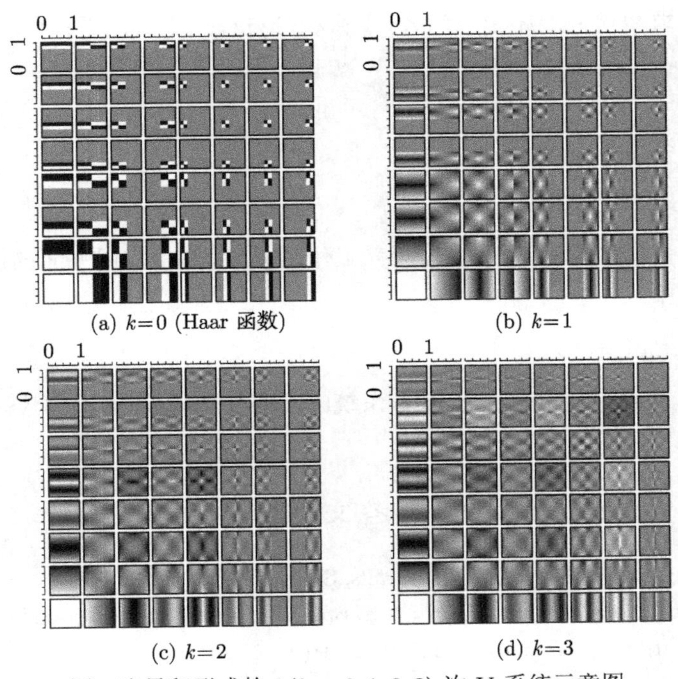

图　张量积形式的 $k(k=0,1,2,3)$ 次 V-系统示意图

3. Franklin 函数到 U-系统

5.2 节研究了 Franklin 函数与 V-系统的内在联系. 事实上, 从特定的截断单项式函数组出发, 通过正交化过程, 可以得到 U-系统.

4. V-系统与积分方程求解

设有第二类 Fredholm 积分方程

$$f(x)-\int_0^1 K(x,t)f(t)\mathrm{d}t=g(x)$$

假定函数 $f,g\in L^2[0,1], V_0,V_1,V_2,\cdots$ 为 $L^2[0,1]$ 的 V-系统函数序列, $K\in L^2[0,1]^2$ 表达为

$$K(x,t)=\sum_{i=0}^{\infty}\sum_{j=0}^{\infty}K_{ij}V_i(x)V_j(t)$$

其中

$$k_{ij}=\int_0^1\int_0^1 K(x,t)V_i(x)V_j(t)\mathrm{d}x\mathrm{d}t,\quad i,j=0,1,2,\cdots$$

又令

$$f(x)=\sum_{i=0}^{\infty}f_iV_i(x),\quad g(x)=\sum_{i=0}^{\infty}g_iV_i(x)$$

用有限项求和代替上述无穷和式, 那么积分方程由下式逼近:

$$f_i - \sum_{j=0}^{n} k_{ij} f_i = g_i, \quad i = 0, 1, 2, \cdots, n$$

更进一步的研究参见文献 [15].

5. V-系统的应用探讨

国内学者张彩霞等对 V-系统的研究工作进展, 以及在应用方面的探索或尝试, 见文献 [16]–[21].

6. V-系统的变体

类似于 U-系统的讨论, 试给出 V-系统的不同变体以及 n 进制 V-系统的详细构造过程.

参 考 文 献

[1] Daubechies I. *Ten Lectures on Wavelets*. SIAM, 1992.

[2] Daubechies I, Mallat S G, Willsky A S. Special issue on wavelet transformations and multiresolution signal analysis. *IT*, 1992, 38(2): 529–925.

[3] Daubechies I. Where do wavelets come from: a personal point-of-view. *PIEEE*, 1996, 84(4): 510–513.

[4] Chui C K. *Introduction To Wavelets*. Academic Press, 1992.

[5] Chui C K. *Wavelets-A Tutorial in Theory and Applications*. Academic Press, 1992.

[6] Meyer Y. *Wavelets: Algorithm and Applications* (Translated and revised by Ryan R D). SIAM, 1993.

[7] Percival B D, Walden A T. *Wavelet Methods for Times Series Analysis*. Cambridge University Press, 2000.

[8] Mallat S. *A Wavelet Tour of Signal Processing*. second edition. Academic Press, 1999.

[9] 樊启斌. 小波分析. 武汉：武汉大学出版社, 2008.

[10] 梁学章, 何甲兴, 王新民, 李强. 小波分析. 北京：国防工业出版社, 2005.

[11] 陈伟, 蔡占川等. 从 GF 系统到 V 系统: V 系统的一种新的构造方法. 澳门科技大学学报, 2009, 3(2): 8–14.

[12] Strela V. *Multiwavelets: Theory and Application*. PhD thesis, MIT, 1996.

[13] Huang C, Yang L H, Qi D X. A new class of multi-wavelet bases: V-system. *Acta Mathematica Sinica, English Series*, 2011, 27(11): 1–16.

[14] Selesnick I. W. The slantlet transform. *IEEE Transactions on Signal Processing*, 1999, 47(5): 1304–1313.

[15] Alpert B. A class of bases in L2 for the sparse representation of integral operators. *SIAM J. Math. Analysis*, 1993, 24(1): 246–262.

[16] Zhang C X, Miao Z H, Sun F M. The algorithm for matching 2D contours based on V-system // *Pattern Recognition*, 2009. *CCPR* 2009. *Chinese Conference on*, 2009: 1–6.

[17] Xong G Q, Qi D X. Fourband multiwavelet series and orthogonal analysis for geometric shape // *the Second International Conference on Internet Multimedia Computing and Service*, 2010: 112–117.

[18] 刘翠香, 孙洪祥, 温巧燕, 廖鑫. 基于二次 V 系统的图像信息隐藏算法// 中国通信学会第六届学术年会论文集 (上), 2009.

[19] 王茂森, 邹建成. 基于二次 V 系统的数字图像水印技术. 北方工业大学学报, 2006, 18(3).

[20] 张波, 邹建成, 刘旭丽. 一类新的 V 描述子在形状识别中的应用. 计算机辅助设计与图形学学报, 2007, 19(7): 920–926.

[21] 肖红兵, 杨锦舟, 鞠晓东, 乔文孝. V 系统在随钻声波测井数据降噪中的应用. 中国石油大学学报 (自然科学版), 2007, 33(2): 58–62.

[22] Ruixia Song, Hui Ma, Tianjun Wang, Dongxu Qi. Complete orthogonal V-system and its applications. *Communications on Pure and Applied Analysis*,. 2007, 6 (3): 853–871.

第 6 章　三角域上的 U-系统与 V-系统

本章讨论三角域上 U-系统与 V-系统的构造. 从一维情形向二维或更高维情形的推广, 简单而直接的形式是张量积. 记区间 $[0,1]$ 上单变量的正交函数系列为 $\varphi_j(x), j=0,1,2,3,\cdots$, 那么, 对平面上单位正方形区域 $D=[0,1]\times[0,1]$ 上的二元函数 $F(x,y)$, 相应有级数展开

$$F(x,y)\sim\sum_i\sum_j c_{i,j}\varphi_i(x)\varphi_j(y)$$

$$c_{i,j}=\iint_D F(x,y)\varphi_i(x)\varphi_j(y)\mathrm{d}x\mathrm{d}y,\quad i,j=0,1,2,3,\cdots$$

将正交函数用于图像处理问题, 普遍用到张量积形式. 对几何信息处理, 特别是计算机辅助曲面造型问题, 三角域上的曲面受到普遍的关注[1]–[5].

研究三角域上的正交函数, 一个重要目的在于实现曲面造型的正交重构, 从而能将频谱分析方法引入计算几何, 适应对几何对象作分类、识别, 以及图形编辑和检索的需要.

本章重点介绍三角域上的 k 次 U-系统与 V-系统[6]–[9]. 为此, 从最简单的 $k=0$ 的情形谈起, 即首先介绍如何定义三角域上的 Walsh 函数与 Haar 函数, 继而以 $k=1$ 的情形为主, 比较详细地介绍三角域上 1 次 U-系统与 V-系统的定义. 实际上, 只要清楚了 $k=0,1$ 的情形, 则不难从此得到三角域上任意 k 次系统的解答. 再者, 三角面片在几何造型中具有简便灵活的优点. 三角域上 1 次 U、V-系统这一简单的特殊情形, 提供了三角面片集合 (无论连续与否) 的整体精确数学表达, 恰好适应由大量小三角平面片构成的群体造型的全局正交重构. 本书最后附录中, 给出 $k=2,3$ 的一种三角域上 V-系统生成元.

6.1　三角域上的 Walsh 函数

三角域上非连续的正交函数, 最基本的是分片为常数的情形, 即如何定义三角域上的 Walsh 函数与 Haar 函数. 一方面, 三角域上分片为常数的数据, 是一类重要的数字形式, 有其特殊重要的应用; 另一方面, 如同单变量情形一样, 在 Walsh 与 Haar 函数 $(k=0)$ 的基础上, 建立 k 次 U-系统与 V-系统将会感到自然而和谐.

作为准备工作, 首先讨论三角域上如何定义 Rademacher 函数, 继而在 Rademacher 函数的基础上定义 Walsh 函数与 Haar 函数[10]−[13]. 1.11 节讨论过的"面积坐标的按位分离"做法, 将在这里体现它的作用.

6.1.1 三角域上的 Rademacher 函数

采用面积坐标 (见第 1 章), 设平面上坐标三角形为 △. 对任意 $P \in \triangle$, 记 P 的面积坐标为 (u, v, w), 其二进制表示为

$$u = 0.u_0u_1u_2\cdots, \quad v = 0.v_0v_1v_2\cdots, \quad w = 0.w_0w_1w_2\cdots$$

且有 $u+v+w=1$. $u_i, u_j, u_k \in \{0,1\}$. 回顾 1.11 节关于区域的自相似剖分内容, 将三个面积坐标的二进制表示作按位分离, 令

$$\begin{aligned} &R_0(u,v,w)=1, \quad P=(u,v,w)\in\triangle \\ &R_1(u,v,w)=(-1)^{(v_0+w_0)} \\ &R_2(u,v,w)=(-1)^{(w_0+u_0)} \\ &R_3(u,v,w)=(-1)^{(u_0+v_0)} \end{aligned} \tag{6.1.1}$$

为了下面表达的方便, 规定记号 $j(m)$ 表示 j 之后连续写 m 个零, 那么有

$$\begin{aligned} &R_{1(m)}(u,v,w)=(-1)^{(v_m+w_m)} \\ &R_{2(m)}(u,v,w)=(-1)^{(w_m+u_m)} \\ &R_{3(m)}(u,v,w)=(-1)^{(u_m+v_m)}, \quad m=0,1,2,3,\cdots \end{aligned} \tag{6.1.2}$$

前 7 个 Rademacher 函数见图 6.1.1. 图中, 涂黑色表示该区域上的函数值取 +1, 白色表示函数值取 −1, 其他图形也用此表示.

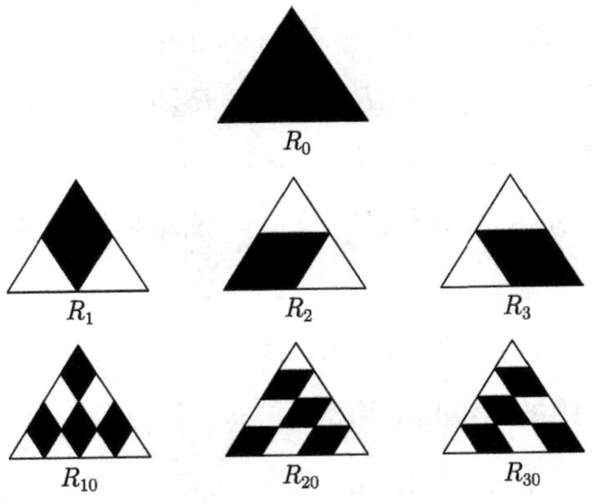

图 6.1.1 三角域上的 Rademacher 函数

6.1.2 三角域上 P 次序的 Walsh 函数

对单变量情形, Walsh 函数的 Paley 次序 (简称 P 次序) 如第 2 章所述. 按定义, 给定 n, 例如 $n=4, 7$, 由于 $4=(100)_2$, $7=(111)_2$, 于是

$$\begin{aligned}\operatorname{wal}_p(4,t)&=R(3,t)\\ \operatorname{wal}_p(7,t)&=R(3,t)R(2,t)R(1,t)\end{aligned}$$

也就是说, n 的二进制表示中 0, 1 码序列出现 1 的位置, 将对应 Rademacher 函数的标号, 再将这些标号的 Rademacher 函数相乘, 得到 P 次序下的第 n 个 Walsh 函数.

在三角域的情形, Walsh 函数的 P 次序可以这样定义, 先将 n 写成 4 进制形式:

$$n=(\cdots n_m n_{m-1}\cdots n_2 n_1)_4,\quad n_j\in 0,1,2,3$$

那么

$$\operatorname{wal}_P(n,u,v,w)=\prod_{j=1}^{\infty}R_{n_j(j-1)}(u,v,w) \tag{6.1.3}$$

这里下标 $n_j(j-1)$ 如前 (6.1.2) 式所述, 表示 n_j 后面写 $j-1$ 个零. 根据 Walsh 函数的这个定义, 简记 $\operatorname{wal}_P(k,u,v,w)=W_k$, 则有

$$\begin{aligned}
&W_0=R_0, W_1=R_1, W_2=R_2, W_3=R_3\\
&W_4=R_{10}, W_5=R_{10}R_1, W_6=R_{10}R_2, W_7=R_{10}R_3\\
&W_8=R_{20}, W_9=R_{20}R_1, W_{10}=R_{20}R_2, W_{11}=R_{20}R_3\\
&W_{12}=R_{30}, W_{13}=R_{30}R_1, W_{14}=R_{30}R_2, W_{15}=R_{30}R_3\\
&W_{16}=R_{100}, W_{17}=R_{100}R_1, W_{18}=R_{100}R_2, W_{19}=R_{100}R_3\\
&W_{20}=R_{100}R_{10}, W_{21}=R_{100}R_{10}R_1, W_{22}=R_{100}R_{10}R_2, W_{23}=R_{100}R_{10}R_3\\
&W_{24}=R_{100}R_{20}, W_{25}=R_{100}R_{20}R_1, W_{26}=R_{100}R_{20}R_2, W_{27}=R_{100}R_{20}R_3\\
&W_{28}=R_{100}R_{30}, W_{29}=R_{100}R_{30}R_1, W_{30}=R_{100}R_{30}R_2, W_{31}=R_{100}R_{30}R_3\\
&\cdots\cdots
\end{aligned}$$

图 6.1.2 为 P 次序下的前面 16 个 Walsh 函数.

6.1.3 三角域上 H 次序的 Walsh 函数

对单变量情形, Walsh 函数的 Hadamard 次序 (简称 H 次序), 见第 2 章, 其定义为

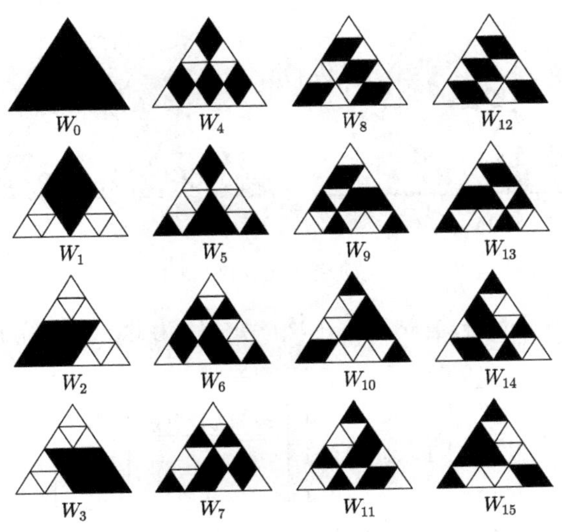

图 6.1.2 三角域上 P 次序的 Walsh 函数

$$\begin{aligned} &\text{wal}_H(0,t)=1 \\ &\text{wal}_H(n,t)=\prod_{k=1}^{p}[R(k,t)]\uparrow\langle n\rangle_k, \quad n=1,2,3,\cdots \end{aligned} \tag{6.1.4}$$

其中 $\langle n\rangle_k$ 表示 $n=(n_pn_{p-1}\cdots n_2n_1)_2$ 的反序 (n_p 为左起第一个非零数字):

$$\langle n\rangle_k = n_{p-k+1}, \quad k=0,2,\cdots,p$$

例如, 当 $p=3$ 时, 由于 $4=(100)_2$, $\langle 4\rangle=001$; $6=(110)_2$, $\langle 6\rangle=011$. 于是

$$\text{wal}_H(4,t)=R(1,t), \quad \text{wal}_H(6,t)=R(2,t)R(1,t)$$

为了得到三角域上 Walsh 函数的 H 次序, 我们给出一种直观的构造方法. 取定四阶的 Hadamard 矩阵, 然后按它的每一行中 1 与 -1 的次序, 向三角域分割后的子域分配数值, 这样便可方便地得到 H 次序下三角域上的 Walsh 函数. 换句话说, 按图 6.1.3(a) 规定三角域子形的次序, 每步细分都是从整体到局部, 按自相似的分形结构逐步细化. 例如, 当 $p=2$ 时, 三角形的 16 个子形排序如图 6.1.3(b) 所示. 当 $p=1$ 时, 有 $4^p=4$ 个函数, 这时, 取 $H_4=H_2\otimes H_2$; 当 $p=2$ 时, 有 $4^p=16$ 个函数, 这时, 取 $H_{16}=H_4\otimes H_4$(见第 2 章),

$$H_4=\begin{bmatrix} + & + & + & + \\ + & - & + & - \\ + & + & - & - \\ + & - & - & + \end{bmatrix}$$

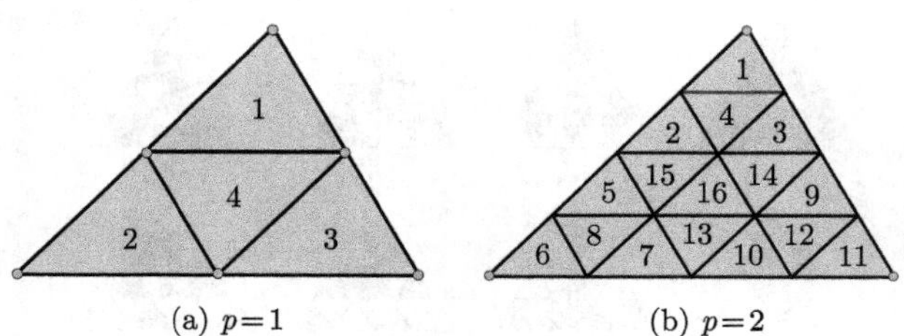

(a) $p=1$　　　　(b) $p=2$

图 6.1.3　三角域加细分割后相似子形的排序

考虑三角域上 Walsh 函数的 Hadamard 次序定义. 为此, 记 4 阶 Hadamard 矩阵:

$$\mathfrak{A}_{w,1}=\begin{bmatrix}1&1&1&1\\1&\bar{1}&1&\bar{1}\\1&1&\bar{1}&\bar{1}\\1&\bar{1}&\bar{1}&1\end{bmatrix}\underline{\underline{\text{表示为行向量}}}\begin{bmatrix}w_{1,1}\\w_{1,2}\\w_{1,3}\\w_{1,4}\end{bmatrix}$$

其中 $\bar{1}=-1$. 设 $\mathfrak{A}_{w,2}=\mathfrak{A}_{w,1}\otimes\mathfrak{A}_{w,1}$ 表示矩阵的 Kronecker 乘积, 有

$$\begin{aligned}\mathfrak{A}_{w,2}&=\mathfrak{A}_{w,1}\otimes\mathfrak{A}_{w,1}\\&=\begin{bmatrix}\begin{bmatrix}1&1&1&1\\1&\bar{1}&1&\bar{1}\\1&1&\bar{1}&\bar{1}\\1&\bar{1}&\bar{1}&1\end{bmatrix}&\begin{bmatrix}1&1&1&1\\1&\bar{1}&1&\bar{1}\\1&1&\bar{1}&\bar{1}\\1&\bar{1}&\bar{1}&1\end{bmatrix}&\begin{bmatrix}1&1&1&1\\1&\bar{1}&1&\bar{1}\\1&1&\bar{1}&\bar{1}\\1&\bar{1}&\bar{1}&1\end{bmatrix}&\begin{bmatrix}1&1&1&1\\1&\bar{1}&1&\bar{1}\\1&1&\bar{1}&\bar{1}\\1&\bar{1}&\bar{1}&1\end{bmatrix}\\\begin{bmatrix}1&1&1&1\\1&\bar{1}&1&\bar{1}\\1&1&\bar{1}&\bar{1}\\1&\bar{1}&\bar{1}&1\end{bmatrix}&\begin{bmatrix}\bar{1}&\bar{1}&\bar{1}&\bar{1}\\\bar{1}&1&\bar{1}&1\\\bar{1}&\bar{1}&1&1\\\bar{1}&1&1&\bar{1}\end{bmatrix}&\begin{bmatrix}1&1&1&1\\1&\bar{1}&1&\bar{1}\\1&1&\bar{1}&\bar{1}\\1&\bar{1}&\bar{1}&1\end{bmatrix}&\begin{bmatrix}\bar{1}&\bar{1}&\bar{1}&\bar{1}\\\bar{1}&1&\bar{1}&1\\\bar{1}&\bar{1}&1&1\\\bar{1}&1&1&\bar{1}\end{bmatrix}\\\begin{bmatrix}1&1&1&1\\1&\bar{1}&1&\bar{1}\\1&1&\bar{1}&\bar{1}\\1&\bar{1}&\bar{1}&1\end{bmatrix}&\begin{bmatrix}1&1&1&1\\1&\bar{1}&1&\bar{1}\\1&1&\bar{1}&\bar{1}\\1&\bar{1}&\bar{1}&1\end{bmatrix}&\begin{bmatrix}\bar{1}&\bar{1}&\bar{1}&\bar{1}\\\bar{1}&1&\bar{1}&1\\\bar{1}&\bar{1}&1&1\\\bar{1}&1&1&\bar{1}\end{bmatrix}&\begin{bmatrix}\bar{1}&\bar{1}&\bar{1}&\bar{1}\\\bar{1}&1&\bar{1}&1\\\bar{1}&\bar{1}&1&1\\\bar{1}&1&1&\bar{1}\end{bmatrix}\\\begin{bmatrix}1&1&1&1\\1&\bar{1}&1&\bar{1}\\1&1&\bar{1}&\bar{1}\\1&\bar{1}&\bar{1}&1\end{bmatrix}&\begin{bmatrix}\bar{1}&\bar{1}&\bar{1}&\bar{1}\\\bar{1}&1&\bar{1}&1\\\bar{1}&\bar{1}&1&1\\\bar{1}&1&1&\bar{1}\end{bmatrix}&\begin{bmatrix}\bar{1}&\bar{1}&\bar{1}&\bar{1}\\\bar{1}&1&\bar{1}&1\\\bar{1}&\bar{1}&1&1\\\bar{1}&1&1&\bar{1}\end{bmatrix}&\begin{bmatrix}1&1&1&1\\1&\bar{1}&1&\bar{1}\\1&1&\bar{1}&\bar{1}\\1&\bar{1}&\bar{1}&1\end{bmatrix}\end{bmatrix}\end{aligned}$$

其行向量表示为

$$\mathfrak{A}_{w,2}=\mathfrak{A}_{w,1}\otimes\mathfrak{A}_{w,1}=[w_{2,1},w_{2,2},w_{2,3},w_{2,4},\cdots,w_{2,16}]^{\mathrm{T}}$$

约定黑色表示在该区域上 Walsh 函数取值为 1; 白色表示取值为 -1. 于是, 在第 1 次剖分下的 Walsh 函数有 4 个, 如图 6.1.4 所示.

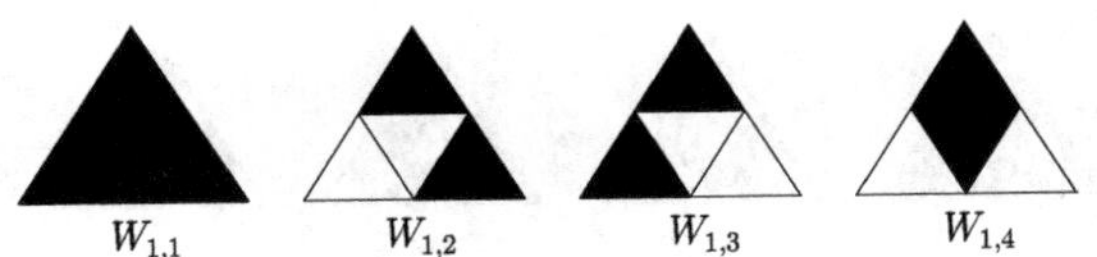

图 6.1.4 第 1 次剖分下的 4 个 Walsh 函数

$$H_{16}=\begin{bmatrix}
+&+&+&+&+&+&+&+&+&+&+&+&+&+&+&+\\
+&-&+&-&+&-&+&-&+&-&+&-&+&-&+&-\\
+&+&-&-&+&+&-&-&+&+&-&-&+&+&-&-\\
+&-&-&+&+&-&-&+&+&-&-&+&+&-&-&+\\
+&+&+&+&-&-&-&-&+&+&+&+&-&-&-&-\\
+&-&+&-&-&+&-&+&+&-&+&-&-&+&-&+\\
+&+&-&-&-&-&+&+&+&+&-&-&-&-&+&+\\
+&-&-&+&-&+&+&-&+&-&-&+&-&+&+&-\\
+&+&+&+&+&+&+&+&-&-&-&-&-&-&-&-\\
+&-&+&-&+&-&+&-&-&+&-&+&-&+&-&+\\
+&+&-&-&+&+&-&-&-&-&+&+&-&-&+&+\\
+&-&-&+&+&-&-&+&-&+&+&-&-&+&+&-\\
+&+&+&+&-&-&-&-&-&-&-&-&+&+&+&+\\
+&-&+&-&-&+&-&+&-&+&-&+&+&-&+&-\\
+&+&-&-&-&-&+&+&-&-&+&+&+&+&-&-\\
+&-&-&+&-&+&+&-&-&+&+&-&+&-&-&+
\end{bmatrix}$$

按图 6.1.4 所示的从整体到局部的排列次序, 设

$$H_{4^{p+1}}=H_{4^p}\otimes H_4,\quad p=1,2,3,\cdots \tag{6.1.5}$$

将 H_4^p 的每行的正负号 (相应黑白色) 逐个填充到子三角形, 于是, 按 H_{4^p} 的第 i 行对应得到第 i 个图. 当 $p=1, p=2$ 时, 分别得到 4 个函数, 16 个函数, 其示意图分别为图 6.1.5 及图 6.1.6. 这个过程可无限进行下去, 于是得到 Walsh 函数系.

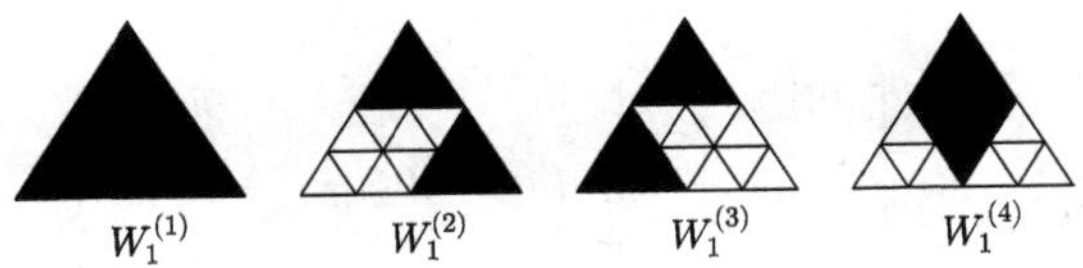

图 6.1.5 三角域上 H 次序的 Walsh 函数, $p=1$(对应于 H_4)

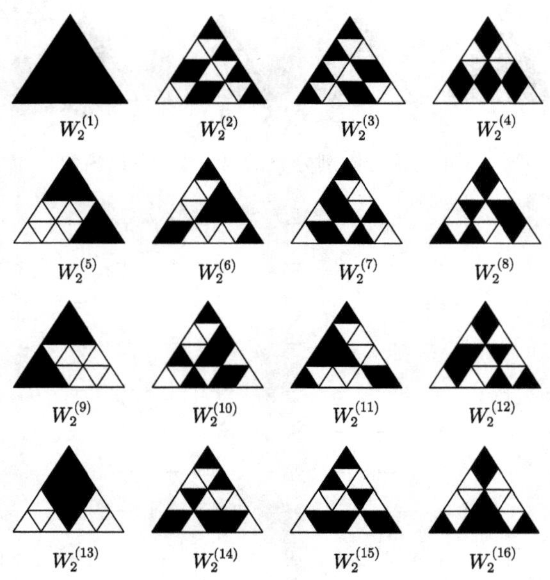

图 6.1.6 三角域上 H 次序的 Walsh 函数, $p=2$(对应于 H_{16})

6.2 三角域上的 Haar 函数

6.2.1 从 Haar 矩阵到三角域上的 Haar 函数

2.5 节讨论过 Haar 矩阵. 在区间 $[0,1]$ 的 2^m 等分的各个子区间上, 取 Haar 函数的符号函数, 就得到 Haar 矩阵. 例如, 对 $m=2$ 的情形, 将矩阵表示为行向量:

$$\mathfrak{M}_{h,j+1}=\begin{bmatrix}+ & + & + & +\\ + & + & - & -\\ + & - & 0 & 0\\ 0 & 0 & + & -\end{bmatrix} \xlongequal{\text{表示为行向量}} \begin{bmatrix}h_{1,1}\\ h_{1,2}\\ h_{1,3}\\ h_{1,4}\end{bmatrix}$$

定义

$$\mathfrak{M}_{h,j+1}=\mathfrak{M}_{h,j}\otimes\mathfrak{M}_{h,1},\quad j=1,2,3,\cdots \tag{6.2.1}$$

则有

$$\begin{aligned}\mathfrak{M}_{h,2}&=\begin{bmatrix}\mathfrak{M}_{h,1} & \mathfrak{M}_{h,1} & \mathfrak{M}_{h,1} & \mathfrak{M}_{h,1}\\ \mathfrak{M}_{h,1} & \mathfrak{M}_{h,1} & -\mathfrak{M}_{h,1} & -\mathfrak{M}_{h,1}\\ \mathfrak{M}_{h,1} & -\mathfrak{M}_{h,1} & 0 & 0\\ 0 & 0 & \mathfrak{M}_{h,1} & -\mathfrak{M}_{h,1}\end{bmatrix}\\ &=[h_{2,1},h_{2,2},h_{2,3},h_{2,4},\cdots,h_{2,16}]^{\mathrm{T}}\end{aligned}$$

约定黑色表示在该区域上 Haar 函数取值为 1; 白色表示取值为 −1; 灰色表示取值为 0. 于是, 由第 1 次 4 剖分下 Haar 矩阵的行向量, 得到三角域上的 4 个 Haar 函数 (尚未规范化), 如图 6.2.1 所示.

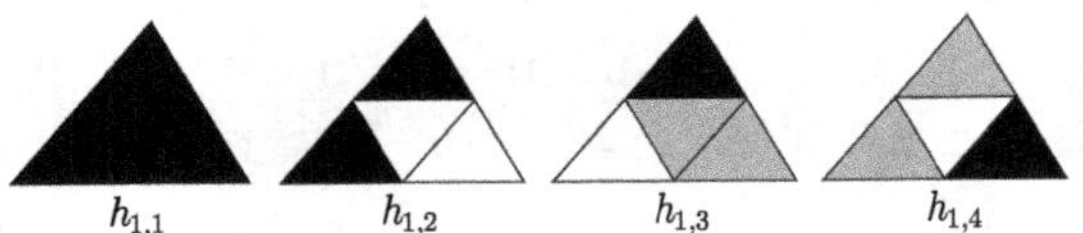

图 6.2.1 第 1 次 4 剖分下的 4 个未规范化 Haar 函数

在第 2 次 16 剖分下的 Haar 函数有 16 个, 如图 6.2.2 所示. 这样的剖分及构造过程可无限继续下去, 这样便得到 Haar 函数系.

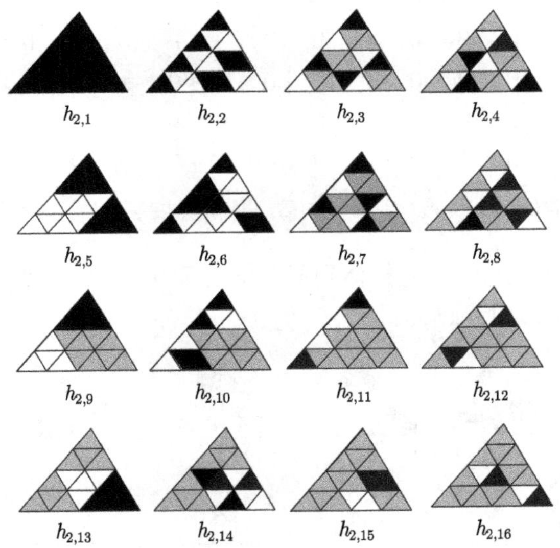

图 6.2.2 第 2 次剖分下的 16 个未规范化 Haar 函数

6.2.2 Haar 函数的不同排列次序

与单变量 Haar 函数的情形类似, 三角域上的 Haar 函数也有不同排列次序的问题. 考虑下面的 Haar 矩阵. 记

$$\mathfrak{A}_{h,4} = \mathfrak{M}_{h,1} = \begin{bmatrix} + & + & + & + \\ + & + & - & - \\ + & - & 0 & 0 \\ 0 & 0 & + & - \end{bmatrix}$$

$$
\mathfrak{A}_{h,16}=\begin{bmatrix}
+&+&+&+&+&+&+&+&+&+&+&+&+&+&+&+\\
+&+&+&+&+&+&+&+&-&-&-&-&-&-&-&-\\
+&+&+&+&-&-&-&-&0&0&0&0&0&0&0&0\\
0&0&0&0&0&0&0&0&+&+&+&+&-&-&-&-\\
+&+&-&-&0&0&0&0&0&0&0&0&0&0&0&0\\
0&0&0&0&+&+&-&-&0&0&0&0&0&0&0&0\\
0&0&0&0&0&0&0&0&+&+&-&-&0&0&0&0\\
0&0&0&0&0&0&0&0&0&0&0&0&+&+&-&-\\
+&-&0&0&0&0&0&0&0&0&0&0&0&0&0&0\\
0&0&+&-&0&0&0&0&0&0&0&0&0&0&0&0\\
0&0&0&0&+&-&0&0&0&0&0&0&0&0&0&0\\
0&0&0&0&0&0&+&-&0&0&0&0&0&0&0&0\\
0&0&0&0&0&0&0&0&+&-&0&0&0&0&0&0\\
0&0&0&0&0&0&0&0&0&0&+&-&0&0&0&0\\
0&0&0&0&0&0&0&0&0&0&0&0&+&-&0&0\\
0&0&0&0&0&0&0&0&0&0&0&0&0&0&+&-
\end{bmatrix}
$$

$$
=[\tilde{h}_{2,1},\tilde{h}_{2,2},\tilde{h}_{2,3},\tilde{h}_{2,4},\cdots,\tilde{h}_{2,16}]^{\mathrm{T}}
$$

这时, 还是按照图 6.1.3 所示的从整体到局部的排列次序, 在第 2 次 16 剖分下的 16 个 Haar 函数如图 6.2.3 所示.

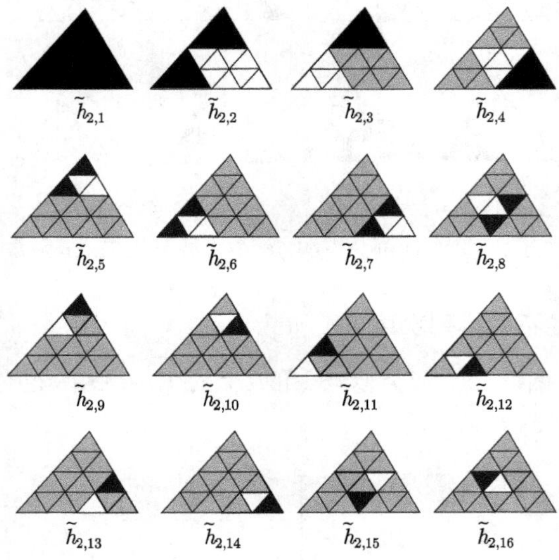

图 6.2.3　第 2 次剖分下的 16 个未规范化 Haar 函数的另一种次序

一般说来, 对给定 4^n 剖分而言, 都可以写出相应的 Walsh 矩阵与 Haar 矩阵. 显然, 这两种矩阵都不是唯一的, 因而可以给出三角域上多种次序的 Walsh 函数与 Haar 函数, 不赘述.

6.3 三角域上 Walsh 与 Haar 函数的性质

关于三角域上 Walsh 与 Haar 函数性质的研究详见文献 [11]. 首先设置一些符号, 这是为了数学表达中书写的方便, 然后聚焦于正交性与收敛性的证明, 尤其集中在收敛性的讨论上.

设坐标三角形, 记为 $\triangle$, 其面积为 1. $\triangle$ 的各边中点连线将 $\triangle$ 分成相似的 4 个小三角形, 分别记为 $\triangle_1$, $\triangle_2$, $\triangle_3$, $\triangle_4$. 若 P, Q 分别属于两个相似的子三角域, 并对各自所属的三角域而言有相同的面积坐标, 那么, 记 $P \sim Q$.

上面将 $\triangle$ 分成相似的 4 个小三角形, 这是对 $\triangle$ 的第一级剖分. 现在将 $\triangle_1$, $\triangle_2$, $\triangle_3$, $\triangle_4$ 的下标增添个"1", 以便指明这是第一级剖分, 即换写为 $\triangle_{1,1}$, $\triangle_{1,2}$, $\triangle_{1,3}$, $\triangle_{1,4}$. 继而, 对第一级剖分下的每个 $\triangle_{1,i}$ 进行第二级自相似剖分, 给出 16 个三角形子域 $\triangle_{2,1}$, $\triangle_{2,2}$, $\triangle_{2,3}$, $\cdots$, $\triangle_{2,16}$(图 6.3.1), 即

$$\triangle_{1,i} = \triangle_{2,4i} \cup \triangle_{2,4i-1} \cup \triangle_{2,4i-2} \cup \triangle_{2,4i-3}, \quad i = 1,2,3,4$$

一般地, 有

$$\begin{aligned}&\triangle_{n-1,i} = \triangle_{n,4i} \cup \triangle_{n,4i-1} \cup \triangle_{n,4i-2} \cup \triangle_{n,4i-3}\\ &\qquad i = 1,2,3,4,\cdots,4^{n-1}; \quad n = 1,2,3,\cdots; \quad \triangle_{0,1} = \triangle\end{aligned} \tag{6.3.1}$$

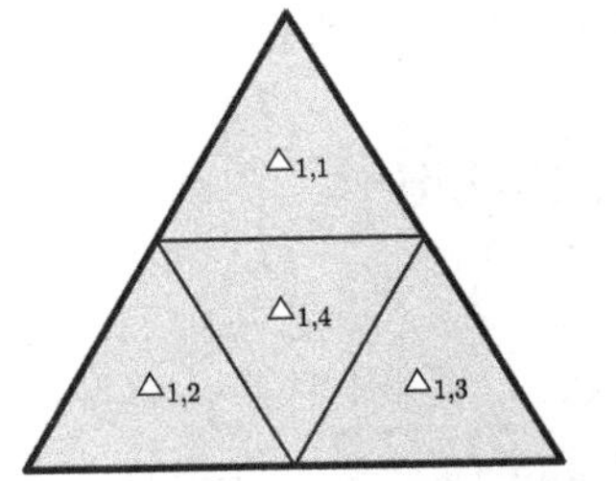

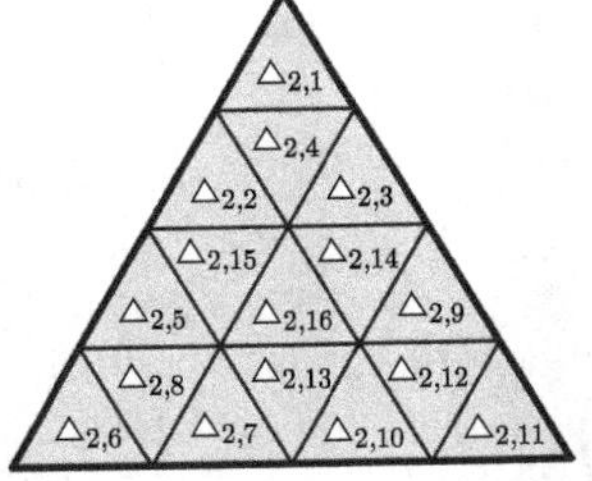

图 6.3.1 区域的三角剖分记号

这样, 三角域上的 Haar 函数序列表示为

$$\chi_0(P) = 1, \quad P \in \triangle = \triangle_{1,1} \cup \triangle_{1,2} \cup \triangle_{1,3} \cup \triangle_{1,4}$$

$$\chi_1^{(1)}(P)=\begin{cases}1, & P\in\triangle_{1,1}\cup\triangle_{1,2}\\ -1, & P\in\triangle_{1,3}\cup\triangle_{1,4}\end{cases}$$

$$\chi_1^{(2)}(P)=\begin{cases}\sqrt{2}, & P\in\triangle_{1,1}\\ -\sqrt{2}, & P\in\triangle_{1,2}\\ 0, & P\in\triangle_{1,3}\cup\triangle_{1,4}\end{cases}$$

$$\chi_1^{(3)}(P)=\begin{cases}\sqrt{2}, & P\in\triangle_{1,3}\\ -\sqrt{2}, & P\in\triangle_{1,4}\\ 0, & P\in\triangle_{1,1}\cup\triangle_{1,2}\end{cases}$$

$$\cdots\cdots$$

$$\chi_n^{(3j+i)}(P)=\begin{cases}2\chi_{n-1}^{(i)}(Q), & P\in\triangle_{1,j+1}\\ 0, & P\in\triangle\backslash\triangle_{n,j+1}\end{cases}$$

$$Q\in\triangle_{n-1,j},\quad Q\sim P$$

$$j=0,1,2,3;\quad i=1,2,\cdots,3\times4^{n-2};\quad n=2,3,\cdots \tag{6.3.2}$$

(函数在间断点处定义为平均值).

定理 6.3.1　由式 (6.3.2) 定义的函数序列是正交的.

证明　容易验证, 当 $n\leqslant 2$ 时 $\{\chi_n^{(j)}\}$ 正交. 若定理对 $n\leqslant N$ 成立, 那么, 对

$$2\leqslant m\leqslant N+1,\quad j_1,j_2\in\{0,1,2,3\}$$

$$i_1=1,2,\cdots,3\times4^{N-1};\quad i_2=1,2,\cdots,3\times4^{m-2}$$

有

$$\begin{aligned}&\int_\triangle \chi_{N+1}^{(3j_1+i_1)}(P)\chi_m^{(3j_2+i_2)}(P)\mathrm{d}P\\ =&4\delta_{j_1,j_2}\int_{\triangle_{1,j_1+1}}\chi_N^{(i_1)}(Q)\chi_{m-1}^{(i_2)}(Q)\mathrm{d}P\\ =&\delta_{j_1,j_2}\int_\triangle \chi_N^{(i_1)}(Q)\chi_{m-1}^{(i_2)}(Q)\mathrm{d}P\\ =&\delta_{j_1,j_2}\delta_{i_1,i_2}\delta_{N,m-1}\end{aligned}$$

以及

$$\int_\triangle \chi_{N+1}^{(3j+i_2)}(P)\chi_1^{(i_2)}(P)\mathrm{d}P=\int_\triangle \chi_{N+1}^{(3j+i_2)}(P)\chi_0(P)\mathrm{d}P=0$$

因此对 $n=N+1$ 定理成立.

现在引入 $\triangle$ 上的函数序列 $\{\eta_{n,i}(P)\}$ 如下：

$$\eta_{0,1}(P)=1,\quad P\in\triangle$$

$$\eta_{1,i}(P) = \begin{cases} 1, & P \in \triangle_{1,i} \\ 0, & P \in \triangle \backslash \triangle_{1,i}, \end{cases} \quad i = 1, 2, 3, 4$$

$$\cdots\cdots$$

$$\eta_{n,i}(P) = \begin{cases} 1, & P \in \triangle_{n,i} \\ 0, & P \in \triangle \backslash \triangle_{n,i}, \end{cases} \quad i = 1, 2, 3, 4, \cdots, 4^n$$

$$n = 1, 2, 3, \cdots$$

显然 $\{\eta_{n,i}(P)\}$ 是正交的. 记

$$M_n = \text{span}(\eta_{n,1}, \eta_{n,2}, \cdots, \eta_{n,4^n}), \quad n \geqslant 0$$

有 $\dim M_n = 4^n$. 为简便起见, 将式 (6.3.2) 定义的 Haar 函数顺次排列, 记为

$$\chi_{4^{n-1}+i}(P) = \chi_n^{(i)}(P), \quad n \geqslant 1, \quad i = 1, 2, 3, \cdots, 3 \times 4^{n-1}$$

由

$$H_n = \text{span}(\chi_1, \chi_2, \cdots, \chi_n)$$

$$H_{4^n} \subset M_n \text{ 及 } \dim H_{4^n} = \dim M_n = 4^n$$

可知 $H_{4^n} = M_n$. 设

$$L^2(\triangle) = \left\{ f \middle| \int_\triangle f^2 \mathrm{d}\sigma < \infty \right\}, \quad \|f\|_2^2 = \int_\triangle f^2 \mathrm{d}\sigma$$

对给定函数 $F \in L^2(\triangle)$, 它的 Fourier-Haar 级数为

$$F \sim \sum_{i=1}^{\infty} \alpha_i \chi_i(P), \quad \alpha_i = \int_\triangle F(P)\chi_i(P)\mathrm{d}P, \quad i = 1, 2, 3, \cdots$$

此级数的前 n 项的和记为

$$P_n F = \sum_{i=1}^{n} \alpha_i \chi_i(P)$$

由 $\{\chi_n\}$ 的正交性, $P_n F$ 是 H_n 中对 F 的最佳 L^2 逼近. 由 H_n 于 $L_2(\triangle)$ 中稠密, 于是得到如下收敛性定理.

定理 6.3.2 如果 $F \in L^2(\triangle)$, 则

$$\lim_{n \to \infty} \|F - P_n F\|_2 = 0$$

下面讨论一致收敛性. 为此, 记 $\triangle$ 上的连续函数集合为 $C(\triangle)$,

$$\|f\|_\infty = \max_{P \in \triangle} |f(P)|$$

如果 $F \in C(\triangle)$, 定义

$$
\begin{aligned}
P_n^{(j)}F(P) = & \int_\triangle F(Q)\chi_0(Q)\,\mathrm{d}Q \times \chi_0(P) \\
& + \int_\triangle F(Q)\chi_1^{(1)}(Q)\,\mathrm{d}Q \times \chi_1^{(1)}(P) \\
& + \cdots + \int_\triangle F(Q)\chi_n^{(j)}(Q)\,\mathrm{d}Q \times \chi_n^{(j)}(P)
\end{aligned} \tag{6.3.3}
$$

记

$$
K_0(P,Q) = \chi_0(P)\chi_0(Q), \quad P, Q \in \triangle \tag{6.3.4}
$$

对 $n = 1, 2, 3, \cdots$, 有

$$
\begin{aligned}
K_n^{(j)}(P,Q) = & \chi_0(P)\chi_0(Q) + \chi_1^{(1)}(P)\chi_1^{(1)}(Q) \\
& + \cdots + \chi_n^{(j)}(P)\chi_n^{(j)}(Q), \quad j = 1, 2, \cdots, 3 \times 4^{n-1}
\end{aligned} \tag{6.3.5}
$$

于是

$$
P_n^{(j)}F(P) = \int_\triangle K_n^{(j)}(P,Q)F(Q)\mathrm{d}Q \tag{6.3.6}
$$

下面关注 $K_n^{(m)}$ 的计算. 为此, 首先注意如下事实:

(1) 由式 (6.3.2)$\chi_0(P) = 1$, $P \in \triangle$ 及其他各式, 将第 n 级剖分的子三角域按照式 (6.3.1) 的规定, 可知

$$
\begin{bmatrix} \chi_0(P)\big|_{P\in\triangle_{1,1}} \\ \chi_0(P)\big|_{P\in\triangle_{1,2}} \\ \chi_0(P)\big|_{P\in\triangle_{1,3}} \\ \chi_0(P)\big|_{P\in\triangle_{1,4}} \end{bmatrix}
\begin{bmatrix} \chi_0(Q)\big|_{Q\in\triangle_{1,1}} \\ \chi_0(Q)\big|_{Q\in\triangle_{1,2}} \\ \chi_0(Q)\big|_{Q\in\triangle_{1,3}} \\ \chi_0(Q)\big|_{Q\in\triangle_{1,4}} \end{bmatrix}^{\mathrm{T}}
= \begin{bmatrix} 1 & 1 & 1 & 1 \\ 1 & 1 & 1 & 1 \\ 1 & 1 & 1 & 1 \\ 1 & 1 & 1 & 1 \end{bmatrix} = \sigma_0 \tag{6.3.7}
$$

$$
\begin{bmatrix} \chi_1^{(1)}(P)\big|_{P\in\triangle_{1,1}} \\ \chi_1^{(1)}(P)\big|_{P\in\triangle_{1,2}} \\ \chi_1^{(1)}(P)\big|_{P\in\triangle_{1,3}} \\ \chi_1^{(1)}(P)\big|_{P\in\triangle_{1,4}} \end{bmatrix}
\begin{bmatrix} \chi_1^{(1)}(Q)\big|_{Q\in\triangle_{1,1}} \\ \chi_1^{(1)}(Q)\big|_{Q\in\triangle_{1,2}} \\ \chi_1^{(1)}(Q)\big|_{Q\in\triangle_{1,3}} \\ \chi_1^{(1)}(Q)\big|_{Q\in\triangle_{1,4}} \end{bmatrix}^{\mathrm{T}}
= \begin{bmatrix} 1 & 1 & -1 & -1 \\ 1 & 1 & -1 & -1 \\ -1 & -1 & 1 & 1 \\ -1 & -1 & 1 & 1 \end{bmatrix} = \sigma_1 \tag{6.3.8}
$$

$$
\begin{bmatrix} \chi_1^{(2)}(P)\big|_{P\in\triangle_{1,1}} \\ \chi_1^{(2)}(P)\big|_{P\in\triangle_{1,2}} \\ \chi_1^{(2)}(P)\big|_{P\in\triangle_{1,3}} \\ \chi_1^{(2)}(P)\big|_{P\in\triangle_{1,4}} \end{bmatrix}
\begin{bmatrix} \chi_1^{(2)}(Q)\big|_{Q\in\triangle_{1,1}} \\ \chi_1^{(2)}(Q)\big|_{Q\in\triangle_{1,2}} \\ \chi_1^{(2)}(Q)\big|_{Q\in\triangle_{1,3}} \\ \chi_1^{(2)}(Q)\big|_{Q\in\triangle_{1,4}} \end{bmatrix}^{\mathrm{T}}
= \begin{bmatrix} 2 & -2 & 0 & 0 \\ -2 & 2 & 0 & 0 \\ 0 & 0 & 0 & 0 \\ 0 & 0 & 0 & 0 \end{bmatrix} = \sigma_2 \tag{6.3.9}
$$

$$\begin{bmatrix} \chi_1^{(3)}(P)\big|_{P\in\triangle_{1,1}} \\ \chi_1^{(3)}(P)\big|_{P\in\triangle_{1,2}} \\ \chi_1^{(3)}(P)\big|_{P\in\triangle_{1,3}} \\ \chi_1^{(3)}(P)\big|_{P\in\triangle_{1,4}} \end{bmatrix} \begin{bmatrix} \chi_1^{(3)}(Q)\big|_{Q\in\triangle_{1,1}} \\ \chi_1^{(3)}(Q)\big|_{Q\in\triangle_{1,2}} \\ \chi_1^{(3)}(Q)\big|_{Q\in\triangle_{1,3}} \\ \chi_1^{(3)}(Q)\big|_{Q\in\triangle_{1,4}} \end{bmatrix}^{\mathrm{T}} = \begin{bmatrix} 0 & 0 & 0 & 0 \\ 0 & 0 & 0 & 0 \\ 0 & 0 & 2 & -2 \\ 0 & 0 & -2 & 2 \end{bmatrix} = \sigma_3 \tag{6.3.10}$$

(2) 由式 (6.3.8) 和式 (6.3.9), 并且计算结果按照上面矩阵形式作纪录. 记

$$G(P,Q) \leftrightarrow A = [a_{i,j}]$$

表示当 $P \in \triangle_{n,j}$, $Q \in \triangle_{n,j}$ 时 $G(P,Q) = a_{ij}$. 这样, 式 (6.3.7)~(6.3.10) 可写为

$$\begin{aligned} &\chi_0(P)\chi_0(Q) \leftrightarrow \sigma_0, \qquad \chi_1^{(1)}(P)\chi_1^{(1)}(Q) \leftrightarrow \sigma_1 \\ &\chi_1^{(2)}(P)\chi_1^{(2)}(Q) \leftrightarrow \sigma_2, \quad \chi_1^{(3)}(P)\chi_1^{(3)}(Q) \leftrightarrow \sigma_3 \end{aligned}$$

并有

$$\begin{aligned} K_1^{(1)}(P,Q) &\leftrightarrow \sigma_0 + \sigma_1 \\ K_1^{(2)}(P,Q) &\leftrightarrow \sigma_0 + \sigma_1 + \sigma_2 \\ K_1^{(3)}(P,Q) &\leftrightarrow \sigma_0 + \sigma_1 + \sigma_2 + \sigma_3 \end{aligned}$$

用 O_k 表示 k 阶零方阵, I_k 表示 k 阶单位方阵, 容易验证:

$$\chi_2^{(i)}(P)\chi_2^{(i)}(Q) \leftrightarrow \mathrm{diag}(4\sigma_i, O_4, O_4, O_4), \quad i = 1,2,3$$

$$K_2^{(i)}(P,Q) \leftrightarrow \mathrm{diag}\left(4\sum_{j=0}^{i}\sigma_j, 4I_4, 4I_4, 4I_4\right)$$

$$K_2^{(3+i)}(P,Q) \leftrightarrow \mathrm{diag}\left(4^2 I_4, 4\sum_{j=0}^{i}\sigma_j, 4I_4, 4I_4\right)$$

$$K_2^{(6+i)}(P,Q) \leftrightarrow \mathrm{diag}\left(4^2 I_4, 4^2 I_4, 4\sum_{j=0}^{i}\sigma_j, 4I_4\right)$$

$$K_2^{(9+i)}(P,Q) \leftrightarrow \mathrm{diag}\left(4^2 I_4, 4^2 I_4, 4^2 I_4, 4\sum_{j=0}^{i}\sigma_j\right), \quad i = 1,2,3$$

特别有

$$K_2^{(12)}(P,Q) \leftrightarrow \mathrm{diag}(4^2 I_4, 4^2 I_4, 4^2 I_4, 4^2 I_4) = 4^2 I_{4^2}$$

一般情形:

$$
\begin{aligned}
K_n^{(i)}(P,Q) &\leftrightarrow \mathrm{diag}\left(4^{n-1}\sum_{j=0}^{i}\sigma_i, 4^{n-1}I_4, 4^{n-1}I_4, \cdots, 4^{n-1}I_4, 4^{n-1}I_4\right)\\
K_n^{(3+i)}(P,Q) &\leftrightarrow \mathrm{diag}\left(4^{n-1}I_4, \sum_{j=0}^{i}\sigma_i, 4^{n-1}I_4, 4^{n-1}I_4, \cdots, 4^{n-1}I_4\right)\\
K_n^{(6+i)}(P,Q) &\leftrightarrow \mathrm{diag}\left(4^{n-1}I_4, 4^{n-1}I_4, \sum_{j=0}^{i}\sigma_i, 4^{n-1}I_4, \cdots, 4^{n-1}I_4\right)\\
& i=1,2,3\\
& \cdots\cdots\\
K_n^{(3\times 4^{n-1})}(P,Q) &\leftrightarrow \mathrm{diag}(4^{n-1}I_4, 4^{n-1}I_4, \cdots, 4^{n-1}I_4, \cdots, 4^{n-1}I_4) = 4^n I_{4^n}\\
& n=1,2,3,\cdots
\end{aligned}
\tag{6.3.11}
$$

定理 6.3.3 (一致收敛性)　对 $F\in C(\triangle)$, 有

$$
\lim_{n\to\infty}\|P_n^{(j)}F-F\|_\infty=0,\quad j=1,2,\cdots,3\times 4^{n-1}
$$

证明　现在考虑第 $n-1$ 级三角剖分 $\triangle_{n-1,l}$, 设

$$
a\in\triangle_{n,4(l-1)+i},\quad i=1,2,3,4
$$

由式 (6.3.10) 及 (1), (2) 的结论, 有

$$
P_n^{(j)}F(a)=\int_\triangle K_n^{(j)}(a,Q)F(Q)\mathrm{d}Q
$$

由 (6.3.11) 式, 分情况逐个分析. 当 $j\leqslant 3(l-1)$ 时, 有

$$
P_n^{(j)}F(a)=4^{n-1}\int_{\triangle_{n-1,l}}F(Q)\mathrm{d}Q=\frac{1}{|\triangle_{n-1,l}|}\int_{\triangle_{n-1,l}}F(Q)\mathrm{d}Q \tag{6.3.12}
$$

当 $j\geqslant 3l$ 时, 有

$$
P_n^{(j)}F(a)=4^{n}\int_{\triangle_{n,l}}F(Q)\mathrm{d}Q=\frac{1}{|\triangle_{n,l}|}\int_{\triangle_{n,l}}F(Q)\mathrm{d}Q \tag{6.3.13}
$$

当 $j=3l-2$ 时, 有

$$
P_n^{(3l-2)}F(a)=\frac{2}{|\triangle_{n-1,l}|}\left(\int_{\triangle_{n,4(l-1)+i}}F(Q)\mathrm{d}Q+\int_{\triangle_{n,4(l-1)+i+1}}F(Q)\mathrm{d}Q\right),\quad i=1,3 \tag{6.3.14}
$$

当 $j=3l-1$ 时, 有

$$P_n^{(3l-1)}F(a)=\begin{cases}\dfrac{1}{|\triangle_{n,l}|}\displaystyle\int_{\triangle_{n,4(l-1)}}F(Q)\mathrm{d}Q, & a\in\triangle_{n,4(l-1)+i},\quad i=1,2\\ \dfrac{2}{|\triangle_{n-1,l}|}\left(\displaystyle\int_{\triangle_{n,4(l-1)+3}}F(Q)\mathrm{d}Q+\int_{\triangle_{n,4(l-1)+4}}F(Q)\mathrm{d}Q\right)\end{cases}\tag{6.3.15}$$

从式 (6.3.12)~(6.3.15) 知

$$\lim_{n\to\infty}P_n^{(j)}F(a)=\frac{1}{|\Delta_\alpha|}\int_{\Delta_\alpha}F(Q)dQ=F(a)$$

其中 $\triangle_\alpha\in\{\triangle_{m,j}\}$, $a\in\triangle_\alpha$, 当 $n\to\infty$ 时 $|\triangle_\alpha|\to 0$. 再根据

$$\int_\triangle\left|K_n^{(j)}(P,Q))\right|\mathrm{d}Q=1$$

完成定理 6.3 的证明.

6.4 面积坐标下的计算

首先将第 1 章面积坐标的内容作一些补充. 记三角域 $\triangle$ 的面积为 S, $\triangle$ 的三个顶点为 (x_i,y_i), $i=1,2,3$. 顶点为

$$(x,y),\quad (x_1,y_1),\quad (x_2,y_2)$$

的三角域面积为

$$S_u=\frac{1}{2}[a_u+b_ux+c_uy]$$

其中

$$a_u=\begin{vmatrix}x_1 & y_1\\ x_2 & y_2\end{vmatrix},\quad b_u=-\begin{vmatrix}1 & y_1\\ 1 & y_2\end{vmatrix},\quad c_u=\begin{vmatrix}1 & x_1\\ 1 & x_2\end{vmatrix}$$

类似地, 可写出 S_v, S_w.

由于

$$u=\frac{S_u}{S},\quad v=\frac{S_v}{S},\quad w=\frac{S_w}{S}$$

有

$$\begin{pmatrix}u\\ v\\ w\end{pmatrix}=\frac{1}{2S}\begin{pmatrix}a_u & b_u & c_u\\ a_v & b_v & c_v\\ a_w & b_w & c_w\end{pmatrix}\begin{pmatrix}1\\ x\\ y\end{pmatrix}$$

可见, 用直角坐标表示的多项式, 也可以表示成面积坐标的同阶多项式, 反之亦然.

面积坐标表示的函数对直角坐标求导数, 利用复合函数求导法则得到

$$\frac{\partial}{\partial x}=\frac{\partial}{\partial u}\frac{\partial u}{\partial x}+\frac{\partial}{\partial v}\frac{\partial v}{\partial x}+\frac{\partial}{\partial w}\frac{\partial w}{\partial x}=\frac{1}{2S}\left(b_u\frac{\partial}{\partial u}+b_v\frac{\partial}{\partial v}+b_w\frac{\partial}{\partial w}\right)$$
$$\frac{\partial}{\partial y}=\frac{\partial}{\partial u}\frac{\partial u}{\partial y}+\frac{\partial}{\partial v}\frac{\partial v}{\partial y}+\frac{\partial}{\partial w}\frac{\partial w}{\partial y}=\frac{1}{2S}\left(c_u\frac{\partial}{\partial u}+c_v\frac{\partial}{\partial v}+c_w\frac{\partial}{\partial w}\right)$$

于是

$$\begin{aligned}\frac{\partial u}{\partial x}&=\frac{1}{2S}b_u, \quad \frac{\partial u}{\partial y}=\frac{1}{2S}c_u\\ \frac{\partial v}{\partial x}&=\frac{1}{2S}b_v, \quad \frac{\partial v}{\partial y}=\frac{1}{2S}c_v\\ \frac{\partial w}{\partial x}&=\frac{1}{2S}b_w, \quad \frac{\partial w}{\partial y}=\frac{1}{2S}c_w\end{aligned}$$

设三角域 $\triangle$ 上的函数 $f(P)$, $P\in\triangle$, 函数的积分为

$$\int_{\Delta}f(P)\mathrm{d}P=2S\int_0^1\int_0^{1-v}f(uA+vB+wC)\mathrm{d}u\mathrm{d}v$$

其中 $w=1-u-v$, $P=(u,v,w)$, A,B,C 分别为是 $\triangle$ 的顶点, S 是 $\triangle$ 的面积. 函数 $f(P)$, $g(P)$ 在三角域上的内积定义为

$$<f(P),g(P)>=\int_0^1\int_0^{1-v}f(uA+vB+wC)g(uA+vB+wC)\mathrm{d}u\mathrm{d}v \tag{6.4.1}$$

在三角形 $\triangle$ 上对面积坐标之下的幂函数做积分, 用分部积分法, 有

$$\iint_{\Delta}u^{\alpha}v^{\beta}w^{\gamma}\mathrm{d}P=\frac{\alpha!\beta!\gamma!}{(\alpha+\beta+\gamma+2)!}2S$$

特别有

$$\begin{aligned}\iint_{\Delta}u\mathrm{d}P&=\frac{1!0!0!}{(1+0+0+2)!}2S=\frac{S}{3}\\ \iint_{\Delta}u^2\mathrm{d}P&=\frac{2!0!0!}{(2+0+0+2)!}2S=\frac{S}{6}\\ \iint_{\Delta}uv\mathrm{d}P&=\frac{1!1!0!}{(1+1+0+2)!}2S=\frac{S}{12}\end{aligned}$$

内积为

$$\langle f(P),g(P)\rangle=\iint_{\Delta}f(P)g(P)\mathrm{d}P$$

由于三角域上分片多项式函数的积分归结为上述形式, 那么采用如上计算公式将很方便.

6.5 三角域上的 1 次 U-系统与 V-系统

如同第 4, 5 章介绍单变量 U、V-系统从 1 次的简单情形出发一样, 这里讨论三角域上 U、V-系统构造也从 1 次出发. 以免直接阐述任意 k 次情形会陷入繁琐的数学符号之中. 而了解 1 次 U、V-系统构造方式, 则对任意 k 次 $(k>1)$ 的情形不难类比得到. 另一方面, 三角域上 1 次 U、V-系统本身, 将有非常广泛的应用价值. 为了具体构造面积坐标下三角域上 1 次 U、V-系统, 首先考虑整个三角域 $\triangle$ 上的线性无关的 1 次函数. 因其自由度为 3, 不妨选取 3 个简单的函数:

$$\varphi_1=u+v+w=1,\quad \varphi_2=u,\quad \varphi_3=v$$

对三角域 $\triangle$ 加细剖分一次, 如图 6.5.1(b) 所示, 将三角域 $\triangle$ 剖分成面积相等的 4 个相似子域, 此为 $\triangle$ 的第一级剖分:

$$\triangle=\triangle_{1,1}\cup\triangle_{2,1}\cup\triangle_{2,2}\cup\triangle_{2,3}$$

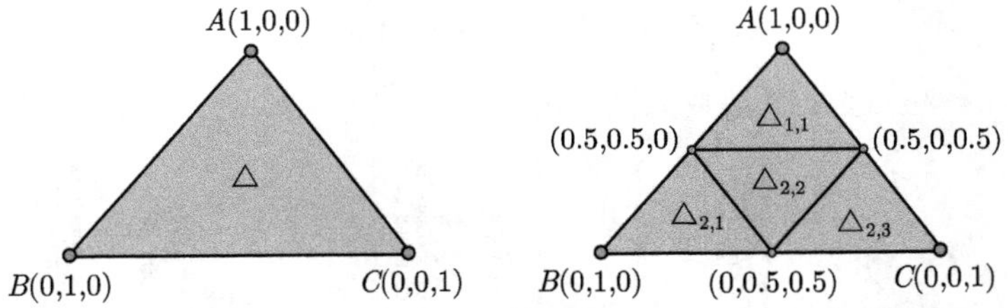

(a) 三角域△

(b) 三角域△剖分为4个子区域

图 6.5.1 三角域 $\triangle$ 及其一次剖分子区域

这时 4 个子域上分片线性 2 元函数的自由度为 12, 为了能对这样的函数作出表达, 线性无关函数组的函数, 除了已经选定的 3 个 $\varphi_1,\varphi_2,\varphi_3$, 还要选取 9 个. 这里选择如下的简单形式:

$$\varphi_4(u,v,w)=\begin{cases}1, & (u,v,w)\in\triangle_{1,1}\\ 0, & \text{其他}\end{cases}$$

$$\varphi_5(u,v,w)=\begin{cases}1, & (u,v,w)\in\triangle_{2,1}\\ 0, & \text{其他}\end{cases}$$

$$\varphi_6(u,v,w)=\begin{cases}1, & (u,v,w)\in\triangle_{2,3}\\ 0, & \text{其他}\end{cases}$$

$$\varphi_7(u,v,w)=\begin{cases}u, & (u,v,w)\in\triangle_{1,1}\\ 0, & \text{其他}\end{cases}$$

$$\varphi_8(u,v,w)=\begin{cases}u, & (u,v,w)\in\triangle_{2,1}\\ 0, & \text{其他}\end{cases}$$

$$\varphi_9(u,v,w)=\begin{cases}u, & (u,v,w)\in\triangle_{2,3}\\0, & 其他\end{cases}$$

$$\varphi_{10}(u,v,w)=\begin{cases}v, & (u,v,w)\in\triangle_{1,1}\\0, & 其他\end{cases}$$

$$\varphi_{11}(u,v,w)=\begin{cases}v, & (u,v,w)\in\triangle_{2,1}\\0, & 其他\end{cases}$$

$$\varphi_{12}(u,v,w)=\begin{cases}v, & (u,v,w)\in\triangle_{2,3}\\0, & 其他\end{cases}$$

按内积式 (6.4.1) 将 $\varphi_1,\varphi_2,\cdots,\varphi_{12}$, 规范正交化, 得到 $\triangle$ 上第一级剖分之下的 12 个规范正交的二元 1 次函数 (图 6.5.2— 图 6.5.5)

$$\begin{aligned}\phi_{1,1}^1(u,v,w)=&\sqrt{2}\\\phi_{1,1}^2(u,v,w)=&6u-2\\\phi_{1,1}^3(u,v,w)=&2\sqrt{3}(u+2v-1)\end{aligned}$$

其中 $(u,v,w)\in\triangle$. 这 3 个函数如图 6.5.2.

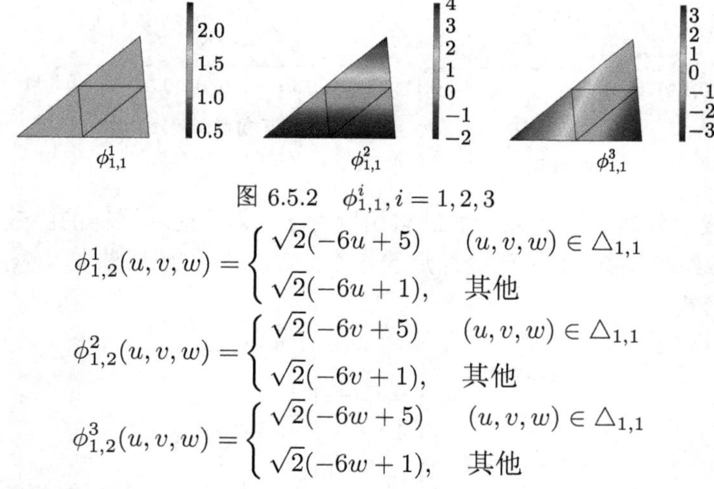

图 6.5.2　$\phi_{1,1}^i, i=1,2,3$

$$\phi_{1,2}^1(u,v,w)=\begin{cases}\sqrt{2}(-6u+5) & (u,v,w)\in\triangle_{1,1}\\\sqrt{2}(-6u+1), & 其他\end{cases}$$

$$\phi_{1,2}^2(u,v,w)=\begin{cases}\sqrt{2}(-6v+5) & (u,v,w)\in\triangle_{1,1}\\\sqrt{2}(-6v+1), & 其他\end{cases}$$

$$\phi_{1,2}^3(u,v,w)=\begin{cases}\sqrt{2}(-6w+5) & (u,v,w)\in\triangle_{1,1}\\\sqrt{2}(-6w+1), & 其他\end{cases}$$

这 3 个函数如图 6.5.3.

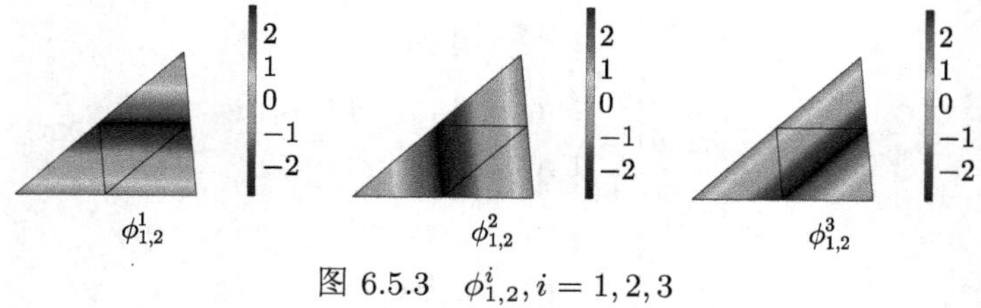

图 6.5.3　$\phi_{1,2}^i, i=1,2,3$

$$\phi_{1,2}^4(u,v,w)=\begin{cases}\dfrac{2\sqrt{3}}{3}(18u-12), & (u,v,w)\in\triangle_{1,1}\\ \dfrac{2\sqrt{3}}{3}(-6u+1), & (u,v,w)\in\triangle_{2,1}\\ \dfrac{2\sqrt{3}}{3}(-6u+2), & (u,v,w)\in\triangle_{2,2}\\ \dfrac{2\sqrt{3}}{3}(-6u+1), & (u,v,w)\in\triangle_{2,3}\end{cases}$$

$$\phi_{1,2}^5(u,v,w)=\begin{cases}0, & (u,v,w)\in\triangle_{1,1}\\ \dfrac{2\sqrt{6}}{3}(-12u-2), & (u,v,w)\in\triangle_{2,1}\\ \dfrac{2\sqrt{6}}{3}(-6u+2), & (u,v,w)\in\triangle_{2,2}\\ \dfrac{2\sqrt{6}}{3}(-6u+1), & (u,v,w)\in\triangle_{2,3}\end{cases}$$

$$\phi_{1,2}^6(u,v,w)=\begin{cases}0, & (u,v,w)\in\triangle_{1,1}\\ 0, & (u,v,w)\in\triangle_{2,1}\\ 2\sqrt{2}(-6u+2), & (u,v,w)\in\triangle_{2,2}\\ 2\sqrt{2}(6u-1), & (u,v,w)\in\triangle_{2,3}\end{cases}$$

这 3 个函数如图 6.5.4.

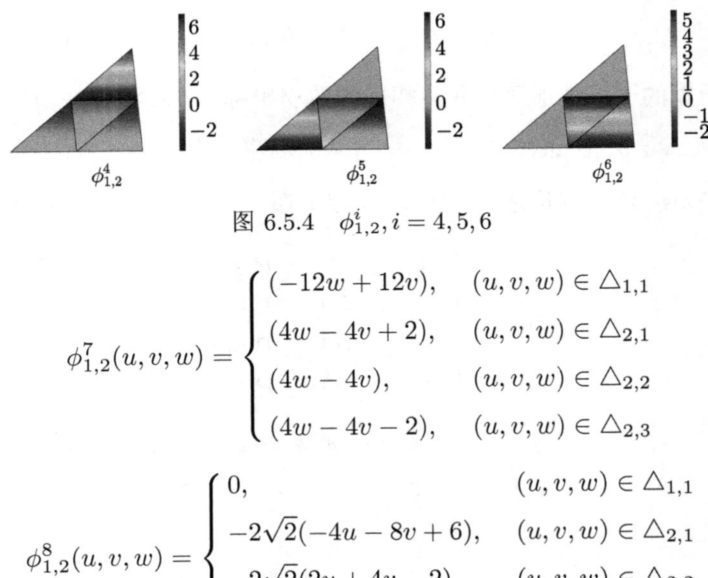

图 6.5.4 $\phi_{1,2}^i, i=4,5,6$

$$\phi_{1,2}^7(u,v,w)=\begin{cases}(-12w+12v), & (u,v,w)\in\triangle_{1,1}\\ (4w-4v+2), & (u,v,w)\in\triangle_{2,1}\\ (4w-4v), & (u,v,w)\in\triangle_{2,2}\\ (4w-4v-2), & (u,v,w)\in\triangle_{2,3}\end{cases}$$

$$\phi_{1,2}^8(u,v,w)=\begin{cases}0, & (u,v,w)\in\triangle_{1,1}\\ -2\sqrt{2}(-4u-8v+6), & (u,v,w)\in\triangle_{2,1}\\ -2\sqrt{2}(2u+4v-2), & (u,v,w)\in\triangle_{2,2}\\ -2\sqrt{2}(2u+4v-1), & (u,v,w)\in\triangle_{2,3}\end{cases}$$

$$\phi_{1,2}^{9}(u,v,w)=\begin{cases}0, & (u,v,w)\in\triangle_{1,1}\\ 0, & (u,v,w)\in\triangle_{2,1}\\ -2\sqrt{6}(2u+4v-2), & (u,v,w)\in\triangle_{2,2}\\ -2\sqrt{6}(-2u-4v+1), & (u,v,w)\in\triangle_{2,3}\end{cases}$$

这 3 个函数如图 6.5.5.

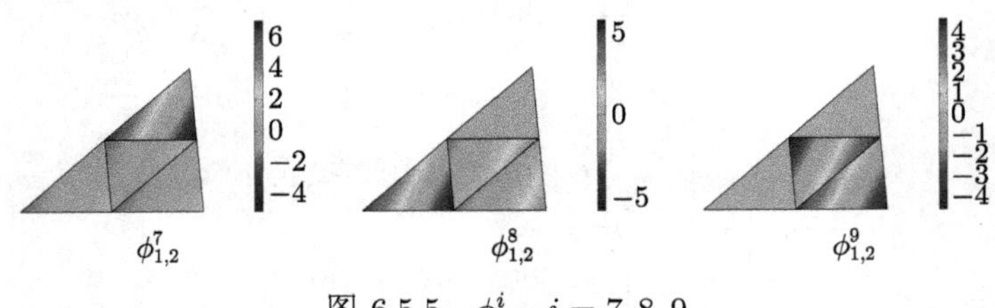

图 6.5.5 $\phi_{1,2}^{i}, i=7,8,9$

上述 $\{\phi_{1,2}^{i}(u,v,w)\}$ 组成 1 次系统的生成元. 下面说明, 以这样的生成元函数为基础, 采用的压缩复制过程, 容易得到三角域上的 1 次 U-系统和 1 次 V-系统.

从 $\triangle$ 的第二级剖分开始, 在接续的逐级剖分下, 构造正交函数序列的后续函数, 所用的方法与单变量的情形类似, 即采用压缩复制过程. 在本章阐述三角域 $\triangle$ 上 Walsh 函数与 Haar 函数时, 规定三角域的第 n 级剖分, 是将第 $n-1$ 级剖分下每个子三角形 $\triangle_{n-1,j}$, $j=1,2,\cdots,4^{n-1}$ 各边中点连线, 得到 $\triangle_{n,j}$, $j=1,2,\cdots,4^{n}$. 回顾式 (6.3.2), 若 P, Q 分别属于两个相似的子三角域

$$Q\in\triangle_{1,j},\quad P\in\triangle_{n,i}$$

并且对各自所属的子三角形而言具有相同的面积坐标, 那么, 记 $P\sim Q$.

1. 三角域上 1 次 U-系统

类似于 Walsh 函数的构造, 令 $U_{1,3}^{i,j}(P)$ 定义在 $\triangle$ 的二级剖分区域上, 其表达为

$$U_{1,3}^{i,j}(P)=\begin{cases}h_{j1}\phi_{1,2}^{i}(Q), & P\in\triangle_{1,1}\\ h_{j2}\phi_{1,2}^{i}(Q), & P\in\triangle_{1,2}\\ h_{j3}\phi_{1,2}^{i}(Q), & P\in\triangle_{1,3}\\ h_{j4}\phi_{1,2}^{i}(Q), & P\in\triangle_{1,4}\end{cases}$$

其中 $Q\sim P, i=1,2,\cdots,9, j=1,2,3,4$, h_{kl} 是 4 阶 Hadamard 矩阵

$$H=(h_{kl})=\begin{bmatrix}1 & 1 & 1 & 1\\ 1 & -1 & 1 & -1\\ 1 & 1 & -1 & -1\\ 1 & -1 & -1 & 1\end{bmatrix}$$

的相应元素, 最后再将 $U_{1,3}^{i,j}(P)$ 规范化, 使其模长为 1 , 这样得到三角域上 1 次 U-系统的第 3 组, 这组有 9×4 个函数. 对于第 n 组, 定义 $U_{1,n}^{i,j}(P)$ 在 $\triangle$ 的 $n-1$ 级剖分区域上, 其表达为

$$U_{1,n}^{i,j}(P)=\begin{cases} h_{j1}\phi_{1,2}^{i}(Q), & P\in\Delta_{n-2,1}\\ h_{j2}\phi_{1,2}^{i}(Q), & P\in\Delta_{n-2,2}\\ \quad\vdots & \quad\vdots\\ h_{j4^{n-2}}\phi_{1,2}^{i}(Q), & P\in\Delta_{n-2,4^{n-2}} \end{cases} \tag{6.5.1}$$

其中 $Q\sim P, n=4,5,\cdots,i=1,2,\cdots,9,j=1,2,\cdots,4^{n-2},h_{kl}$ 是按照 $H_4\otimes H_{4^{n-3}}$ 生成的 4^{n-2} 阶 Hadamard 矩阵的相应元素, 最后再将 $U_{1,n}^{i,j}(P)$ 规范化, 使其模长为 1, 即 4^{n-2} 阶 Hadamard 矩阵的每一行对应 U 系统中每一类的一个函数, 共 9 类, 所以第 n 组有 $9\times 4^{n-2}$ 个函数. 这样得到了全部 U-系统的函数表达.

2. 三角域上 1 次 V-系统

类似于 Haar 函数的构造, 令

$$V_{1,3}^{i,j}(P)=\begin{cases} v_{3i}\phi_{1,2}^{i}(Q), & P\in\triangle_{2,4j-3}\cup\triangle_{2,4j-2}\cup\triangle_{2,4j-1}\cup\Delta_{2,4j}\\ 0, & \text{其他} \end{cases}$$

其中 $Q\sim P, i=1,2,\cdots,9, j=1,2,3,4$, v_{3i} 是使得 $V_{1,3}^{i,j}(P)$ 模长为 1 的规范化常数. 于是得到了三角域上 1 次 V-系统的第 3 组, 这组有 9×4 个函数. 对于第 n 组, 定义

$$V_{1,n}^{i,j}(P)=\begin{cases} v_{ni}\phi_{1,2}^{i}(Q), & P\in\triangle_{n-1,4j-3}\cup\triangle_{n-1,4j-2}\cup\triangle_{n-1,4j-1}\cup\triangle_{n-1,4j}\\ 0, & \text{其他} \end{cases} \tag{6.5.2}$$

它是定义在 $\triangle$ 的 $n-1$ 级剖分区域上, 其中 $Q\sim P, n=4,5,\cdots,i=1,2,\cdots,9,j=1,2,\cdots,4^{n-2},\nu_{ni}$ 是使得 $V_{1,n}^{i,j}(P)$ 模长为 1 的规范化常数. 第 n 组有 $9\times 4^{n-2}$ 个函数. 这样得到了全部 V-系统的函数表达.

在 $\triangle$ 的第二级剖分区域上, 构成 1 次 U-系统及 1 次 V-系统的第 3 组, 皆有 36 个函数, 分成 9 类, 每类 4 个函数. 图 6.5.6 及图 6.5.7 把函数值用伪彩色表示, 并投影在相应的三角区域上, 分别给出第三组函数的图示, 其中灰色的子域上表示取值为 0, 彩色渐变表示取值为线性函数.

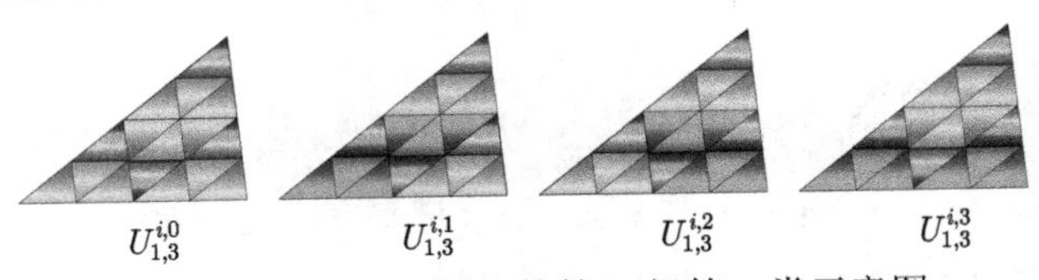

图 6.5.6　1 次 U-系统的第 3 组第 i 类示意图

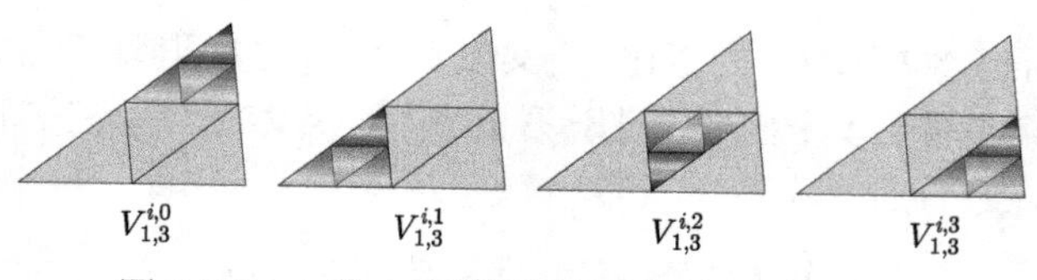

图 6.5.7 1 次 V-系统的第 3 组第 i 类示意图

图 6.5.8 显示了三角域上 1 次 V-系统中基函数与生成元之间的层次结构关系及各个基函数非零区域所对应的剖分子区域. 图中灰色区域为基函数的非零区域, 白色区域取零. 在 1 次 V-系统中, 从生成元开始每一组基函数中的任意一个函数, 都对应下一组基函数中的 4 个函数, 而且其非零区域也是上一组函数非零区域的 4 剖分下的其中一子区域 (类似地, 也可以对 1 次 U-系统画出相应的图示).

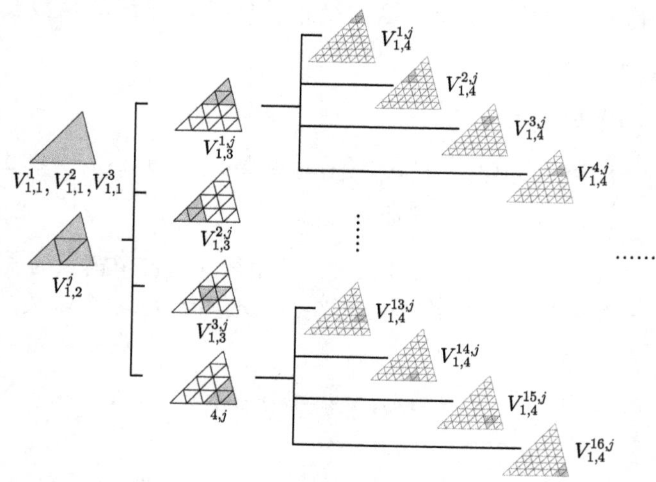

图 6.5.8 1 次 V-系统中基函数与生成元之间的层次结构关系 $(j=1,2,3,\cdots,9)$

6.6 k 次 U、V-系统

三角域 $\triangle$ 上不超过 k 次的二元多项式空间, 维数为

$$m=\frac{1}{2}(k+1)(k+2)$$

可以选取它的一组基函数

$$\varphi_1(P)=u+v+w=1,\quad \varphi_2(P)=u,\quad \varphi_3(P)=v$$
$$\varphi_4(P)=uv,\quad \varphi_5(P)=vw,\quad \varphi_4(P)=wu,\cdots$$

$$\varphi_{k(k+1)/2+1}(P) = u^k, \quad \varphi_{k(k+1)/2+2}(P) = u^{k-1}v, \cdots$$
$$\varphi_{(k+1)(k+2)/2}(P) = v^k$$

对 $\triangle$ 作第一级剖分, 那么考虑 $\triangle$ 上的分片 k 次多项式空间, 其维数为

$$2(k+1)(k+2), \quad \text{除了 } \varphi_1, \varphi_2, \cdots, \varphi_\eta, \quad \text{这里 } \eta = (k+1)(k+2)/2$$

之外, 另需要 $3(k+1)(k+2)/2$ 个线性无关函数, 可取为

$$\varphi_r(P) = \begin{cases} u^i v^j w^m, & P \in \triangle_\mu \\ 0, & \text{其他}, \end{cases} \quad i+j+m=0$$

$$\mu \in \{1,1;2,1;2,3\}, \quad r = \eta+1,\ \eta+2,\ \eta+3, i, j, m \text{为非负整数}.$$

$$\varphi_r(P) = \begin{cases} u^i v^j w^m, & P \in \triangle_\mu, \\ 0, & \text{其他}, \end{cases} \quad i+j+m=1$$

$$\mu \in \{1,1;2,1;2,3\}, \quad r = \eta+4,\ \cdots,\ \eta+9, i, j, m \text{为非负整数}.$$

$$\varphi_r(P) = \begin{cases} u^i v^j w^m, & P \in \triangle_\mu, \\ 0, & \text{其他}, \end{cases} \quad i+j+m=2$$

$$\mu \in \{1,1;2,1;2,3\}, \quad r = \eta+10,\ \cdots,\ \eta+18, i, j, m \text{为非负整数}.$$

$$\cdots\cdots$$

$$\varphi_r(P) = \begin{cases} u^i v^j w^m, & P \in \triangle_\mu, \\ 0, & \text{其他}, \end{cases} \quad i+j+m=k$$

$$\mu \in \{1,1;2,1;2,3\}, \quad r = \eta+3k+1,\ \cdots,\ \eta+\frac{3(k+1)(k+2)}{2}$$

通过 Schmidt 正交化过程, 将这组函数正交化, 得到生成元 $\{\phi_{k,2}^i(P)\}$. $i = 1, 2, \cdots, \dfrac{3(k+1)(k+2)}{2}$.

仿照 1 次 U、V-系统的构造, 可以写出 k 次 U、V-系统的函数表达, 此时只需要将式 (6.5.1) 和式 (6.5.2) 中的 1 次生成元 $\varphi_{1,2}^i(Q)$ 换成上述 k 次生成元 $\varphi_{k,2}^i(Q)$, 即可得到相应的 $\mathrm{U}_{k,n}^{i,j}(P)$ 和 $V_{k,n}^{i,j}(P)$, 此不赘述. 与 1 次 U、V-系统不同的还有每组函数个数不同, k 次 U、V-系统的第 n 组有 $\dfrac{3(k+1)(k+2)}{2} \times 4^{n-2}$ 个函数, $n = 2, 3, \cdots$.

从上述过程看到, 三角域上 U、V-系统的构造, 关键是前两组函数的构造. 当 $k = 2, 3$ 时, 限于篇幅, 前两组函数的详细表达见附录.

下面以 V-系统为例, 说明其性质, U-系统有类似的性质 (多分辨性除外).

由三角域 △ 上 $k\,(k=0,1,2,\cdots)$ 次 V-系统的构造过程知, 系统内任意两个函数是正交的, 又注意到 $V_{k,m}^{i,j}$ 表达式中的系数 v_n 是使 $V_{k,m}^{i,j}$ 的模为 1, 因此, 容易根据数学归纳法证:

规范正交性　三角域上 △ 的 k 次 V-系统是规范正交函数系, 且每个函数具有局部支集.

给定正整数 n, 定义在 △ 的 n 级剖分域上的全体二元 k 次分片多项式组成

$$4^n\times\frac{1}{2}(k+1)(k+2)$$

维线性空间, 而 k 次 V-系统前 $n+1$ 组函数总个数为

$$\begin{aligned}&\frac{1}{2}(k+1)(k+2)+\frac{3}{2}(k+1)(k+2)+4\times\frac{3}{2}(k+1)(k+2)\\&+4^2\times\frac{3}{2}(k+1)(k+2)+\cdots+4^n\times\frac{3}{2}(k+1)(k+2)\\=&\,4^n\times\frac{1}{2}(k+1)(k+2)\end{aligned}$$

即 k 次 V-系统前 $n+1$ 组函数构成该线性空间的一组基. 因此有

再生性　如果 $f(x,y)$ 是定义在三角域 △ 上的分片二元 k 次多项式, 其分段线恰是 △ 的三角剖分线, 则 $f(x,y)$ 可以由上述 △ 上的 k 次 V-系统用有限项精确表达.

再生性表明, 带间断的分片多项式表达的三角曲面片, 可用三角域上 V-系统来精确表达. 在计算机辅助几何设计中, 几何造型的表达方式以分片多项式为主体, 因而用 V-系统作几何对象的正交重构, 能够消除 Gibbs 现象.

多分辨性　三角域 △ 上的 k 次 V-系统具有多分辨特性. 事实上, 记

$$V_0=\operatorname{span}\left\{V_{k,1}^{i}(x,y),i=1,2,\cdots,\frac{(k+1)(k+2)}{2}\right\}$$

$$W_0=\operatorname{span}\left\{V_{k,2}^{i}(x,y),i=1,2,\cdots,\frac{3}{2}(k+1)(k+2)\right\}$$

$$\begin{aligned}W_{n-2}=\operatorname{span}\Bigg\{&V_{k,n}^{i,j}(x,y),\quad i=1,2,\cdots,\frac{3(k+1)(k+2)}{2},j=1,2,\cdots,4^{n-2}\Bigg\}\\&n=3,4,5,\cdots\end{aligned}$$

则

$$\dim W_{n-2}=4^{n-2}\cdot\frac{3(k+1)(k+2)}{2}$$

令

$$V_{j+1}=V_j\oplus W_j$$

则显然

$$V_j \perp W_j, \quad V_0 \subset V1 \subset V_2 \subset \cdots$$

且

$$\dim V_{j+1} = 2^{2j+1}(k+1)(k+2); \quad j = 0, 1, 2, \cdots$$

由此验证多分辨分析的其他应满足的条件.

这里要提及很少被引用的 YKL 多小波. 简称的 YKL 多小波, 是关于三角域上多小波的内容, 引自 1997 年 Yu, Kolarov 及 Lynch 的一份技术报告[14].

这份报告给出一类“重心对称”(barysimmetric) 的三角域上的多小波, 并从数学基础方面详细地论证了正交系的存在性, 此外, 基于 Bernstein 多项式基函数的正交化, 研究了小波对称性与消失矩的关系等.

6.7 三角域上直角坐标下的 U、V-系统

6.5 节及 6.6 节分别给出了三角域上面积坐标下的 1 次和 k 次 U、V 系统的详细构造, 事实上, 在直角坐标下也完全可以构造三角域上的 U、V 系统. 本节详细给出结构相对简单的 V-系统的构造过程, 类似地, 可以推广到 U-系统的构造.

我们仍从 1 次 V-系统开始, 与面积坐标情形类似, 仍然分组来构造.

为简便起见, 我们可以选择积分容易计算且面积为 1 的直角三角形:

$$G = \{以\ (0,0), (1,0), (0,2)\ 为顶点围成的三角域\}$$

作为 V-系统的定义域, 之所以选面积为 1, 是为了保证 $f(x,y)=1$ 在 G 上是规范的 (模为 1). 这里 G 上的内积定义为

$$< f, g > = \iint_G fg\mathrm{d}x\mathrm{d}y = \int_0^1 \mathrm{d}x \int_0^{2(1-x)} fg\mathrm{d}y \quad (6.7.1)$$

不失一般性, 下面的讨论均在 G 上进行. 首先对 G 作自相似一级剖分, 记号如图 6.7.1.

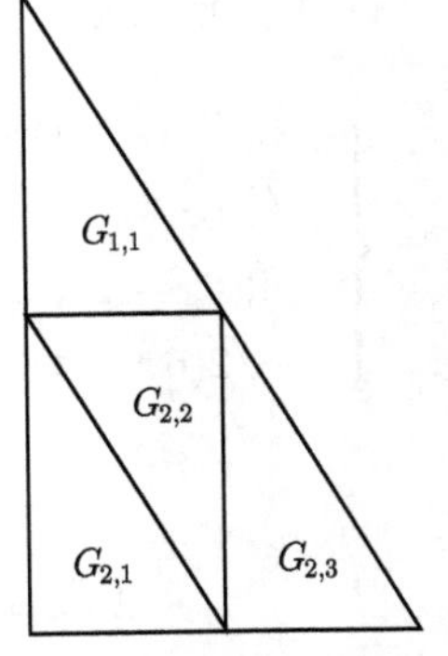

图 6.7.1 三角剖分域的标注

三角域 G 上的二元 1 次函数. 因其自由度为 3, 所以首先选取 3 个简单的函数:

$$f_1(x,y) = 1, \quad f_2(x,y) = x, \quad f_3(x,y) = y,$$

将它们在内积 (6.7.1) 下规范正交化, 得到 G 上的三个规范正交的二元 1 次函数, 记作

$$V_{1,1}^1(x,y) = 1, \quad V_{1,1}^2(x,y) = 3\sqrt{2}x - \sqrt{2}, \quad V_{1,1}^3(x,y) = \sqrt{6}x + \sqrt{6}y - \sqrt{6} \quad (6.7.2)$$

它们组成 1 次 V-系统的第 1 组.

由于一级剖分下三角域上的分片二元 1 次多项式构成 12 维线性空间, 故除式 (6.7.2) 之外, 还需要构造 9 个分片二元 1 次多项式作为基函数, 其构造要求满足:

(1) $\{f_i(x,y), i=1,2,\cdots,9\}$ 是以 G 的一级剖分线为分段线的分片二元 1 次多项式;

(2) $< f_i(x,y), f_j(x,y) >= \delta_{ij},\ i,j\in\{1,2,\cdots,9\}$;

(3) $< f_i(x,y), 1 >= 0, < f_i(x,y), x >= 0, < f_i(x,y), y >= 0,\ i\in\{1,2,\cdots,9\}$.

这里 $<\cdot,\cdot>$ 表示 G 中按式 (6.7.1) 定义的内积. 称 $\{f_i(x,y), i=1,2,\cdots,9\}$ 为 1 次 V-系统的生成元.

按待定系数法可以确定 9 个函数生成元如下 (不是唯一解, 这里选取一组表达相对简单的):

$$V_{1,2}^1=\begin{cases}-3y+5, & (x,y)\in G_{1,1},\\ -3y+1, & (x,y)\in G_{2,1},\\ -3y+1, & (x,y)\in G_{2,2},\\ -3y+1, & (x,y)\in G_{2,3},\end{cases}\qquad V_{1,2}^2=\begin{cases}6x+3y-5, & (x,y)\in G_{1,1}\\ 6x+3y-1, & (x,y)\in G_{2,1}\\ 6x+3y-5, & (x,y)\in G_{2,2}\\ 6x+3y-5, & (x,y)\in G_{2,3}\end{cases}$$

$$V_{1,2}^3=\begin{cases}-6x+1, & (x,y)\in G_{1,1},\\ -6x+1, & (x,y)\in G_{2,1},\\ -6x+1, & (x,y)\in G_{2,2},\\ -6x+5, & (x,y)\in G_{2,3},\end{cases}\qquad V_{1,2}^4=\begin{cases}\sqrt{2}(6x-1), & (x,y)\in G_{1,1}\\ -\sqrt{2}(6x-1), & (x,y)\in G_{2,1}\\ \sqrt{2}(6x-2), & (x,y)\in G_{2,2}\\ -\sqrt{2}(6x-4), & (x,y)\in G_{2,3}\end{cases}$$

$$V_{1,2}^5=\begin{cases}-\sqrt{2}(6x-1), & (x,y)\in G_{1,1},\\ \sqrt{2}(6x-1), & (x,y)\in G_{2,1},\\ \sqrt{2}(6x-2), & (x,y)\in G_{2,2},\\ -\sqrt{2}(6x-4), & (x,y)\in G_{2,3},\end{cases}\qquad V_{1,2}^6=\begin{cases}\sqrt{2}(-3y+4), & (x,y)\in G_{1,1}\\ \sqrt{2}(-3y+1), & (x,y)\in G_{2,1}\\ \sqrt{2}(3y-2), & (x,y)\in G_{2,2}\\ \sqrt{2}(3y-1), & (x,y)\in G_{2,3}\end{cases}$$

$$V_{1,2}^7=\begin{cases}\sqrt{3}(4x+4y-6), & (x,y)\in G_{1,1},\\ \sqrt{3}(-4x-4y+2), & (x,y)\in G_{2,1},\\ 0, & (x,y)\in G_{2,2},\\ 0, & (x,y)\in G_{2,3},\end{cases}$$

$$V_{1,2}^8=\begin{cases}0, & (x,y)\in G_{1,1}\\ 0, & (x,y)\in G_{2,1}\\ -\sqrt{3}(4x+4y-4), & (x,y)\in G_{2,2}\\ \sqrt{3}(4x+4y-4), & (x,y)\in G_{2,3}\end{cases}$$

$$V_{1,2}^{9}=\begin{cases}\sqrt{6}(4x+y-2), & (x,y)\in G_{1,1}\\ \sqrt{6}(4x+y-1), & (x,y)\in G_{2,1}\\ \sqrt{6}(-4x-y+2), & (x,y)\in G_{2,2}\\ \sqrt{6}(-4x-y+3), & (x,y)\in G_{2,3}\end{cases}$$

这里不妨认为 $G_{2,2}$ 包含了 G 的 3 条一级剖分线. 注意, 这里的 9 个生成元也可以首先构造 9 个相对简单的线性无关的函数, 然后对其施行正交规范化手段来得到 (文献 [8] 即是如此). 采用不同的方法得到的生成元不同, 这相当于同一个线性空间选择了不同的基函数.

上述 9 个函数生成元组成 1 次 V-系统的第 2 组.

将 9 个函数生成元分别压缩 4 倍, 复制到 G 的一级剖分后的子区域上:

$$V_{1,3}^{i,1}=\begin{cases}2V_{1,2}^{i}(2x,2(y-1)), & (x,y)\in G_{1,1}\\ 0, & \text{其他}\end{cases}$$

$$V_{1,3}^{i,2}=\begin{cases}2V_{1,2}^{i}(2x,2y), & (x,y)\in G_{2,1}\\ 0, & \text{其他}\end{cases}$$

$$V_{1,3}^{i,3}=\begin{cases}2V_{1,2}^{i}\left(-2\left(x-\dfrac{1}{2}\right),-2(y-1)\right), & (x,y)\in G_{2,2}\\ 0, & \text{其他}\end{cases}$$

$$V_{1,3}^{i,4}=\begin{cases}2V_{1,2}^{i}\left(2\left(x-\dfrac{1}{2}\right),2y\right), & (x,y)\in G_{2,3}\\ 0, & \text{其他}\end{cases}$$

$$i=1,2,\cdots,9.$$

这里函数中的系数 2 是为了使函数规范化, 即模长为 1. 这样得到 9×4 个函数, 它们定义在 G 的二级剖分域上, 分成 9 类, 每类 4 个函数. 这 9×4 个函数构成 1 次 V-系统的第 3 组, 见图 6.7.2, 白色部分表示取值为 0. 注意从第 3 组开始, 函数符号中多了一个上标 j, 这是因为生成元中每个函数都要复制 4 次, 第 i 个生成元第 j 次复制的结果记作 $V_{1,3}^{i,j}$.

第 m 组可以由第 $m-1$ 组压缩复制得到, 依然是分成 9 类, 每类 4^{m-2} 个函数,$m=3,4,\cdots$. 共计 $9\times4^{m-2}$ 个函数. 对于 $i=1,2,\cdots,9$, 有下面具体的压缩复制表达:

记 $h=4^{m-3}$, 则当 $j=1,2,\cdots,h$ 时,

$$V_{1,m}^{i,j}=\begin{cases}2V_{1,m-1}^{i,j}(2u,2(v-1)), & (u,v)\in G_{1,1}\\ 0, & \text{其他}\end{cases}$$

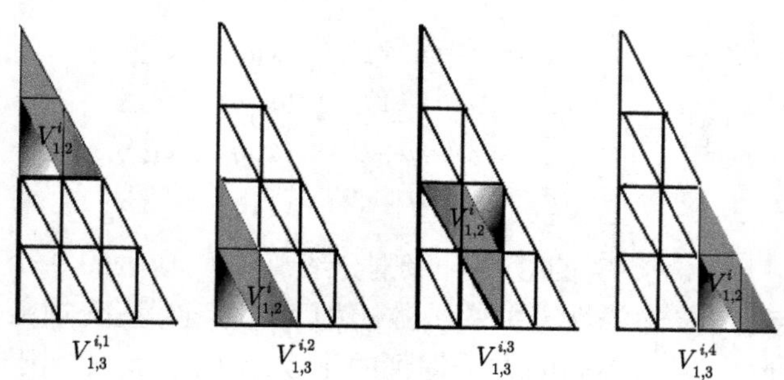

图 6.7.2　1 次 V-系统的第 3 组第 i 类示意图

当 $j = h+1, h+2, \cdots, 2h$ 时,

$$V_{1,m}^{i,j} = \begin{cases} 2V_{1,m-1}^{i,j-h}(2u, 2v), & (u,v) \in G_{2,1} \\ 0, & \text{其他} \end{cases}$$

当 $j = 2h+1, 2h+2, \cdots, 3h$ 时,

$$V_{1,m}^{i,j} = \begin{cases} 2V_{1,m-1}^{i,j-2h}\left(-2\left(u-\dfrac{1}{2}\right), -2(v-1)\right), & (u,v) \in G_{2,2} \\ 0, & \text{其他} \end{cases}$$

当 $j = 3h+1, 3h+2, \cdots, 4h(\text{即}4^{m-2})$ 时,

$$V_{1,m}^{i,j} = \begin{cases} 2V_{1,m-1}^{i,j-3h}\left(2\left(u-\dfrac{1}{2}\right), 2v\right), & (u,v) \in G_{2,3} \\ 0, & \text{其他} \end{cases} \tag{6.7.3}$$

各组函数的集合:

第 1 组: $V_{1,1}^1, V_{1,1}^2, V_{1,1}^3$;

第 2 组: $V_{1,2}^1, V_{1,2}^2, V_{1,2}^3$;

……

第 m 组: $V_{1,m}^{i,j}, m = 3, 4, \cdots; i = 1, 2, \cdots, 9; j = 1, 2, \cdots, 4^{m-2}$

……

组成了三角域 G 上的 1 次 V-系统.

容易看出, 系统内含有连续和间断的函数, 且任意两个函数是彼此正交的, 又注意到 $V_{k,m}^{i,j}$ 表达式中的系数 2 恰是为使 $V_{k,m}^{i,j}$ 的模为 1 所置, 所以它是规范正交的函数系.

熟悉了三角域 G 上 1 次 V-系统的构造, 类比单变量 V-系统的情形, 不难得到 G 上 k 次 V-系统分组分类的构造, 同样分组来构造:

第 1 组函数定义在未作剖分的三角域 G 上, 由于二元 k 次函数有 $\frac{1}{2}(k+1)(k+2)$ 个自由量, 所以第一组应该含有 $\frac{1}{2}(k+1)(k+2)$ 个函数. 只要选择 $\frac{1}{2}(k+1)(k+2)$ 个线性无关的函数进行规范正交化即可. 我们选取如下 $\frac{1}{2}(k+1)(k+2)$ 个线性无关的函数 (不是唯一的):

$$
\begin{aligned}
&f_1(x,y)=1, f_2(x,y)=x, f_3(x,y)=y\\
&f_4(x,y)=x^2, f_5(x,y)=xy, f_6(x,y)=y^2, \cdots\\
&\cdots\cdots\\
&f_{k(k+1)/2+1}(x,y)=x^k, f_{k(k+1)/2+2}(x,y)=x^{k-1}y\\
&f_{k(k+1)/2+3}(x,y)=x^{k-2}y^2, \cdots, f_{(k+1)(k+2)/2}(x,y)=y^k
\end{aligned}
$$

将其按内积 (6.7.1) 规范正交化, 得到 k 次 V-系统的第 1 组函数, 记作

$$
V_{k,1}^i(x,y), \quad i=1,2,\cdots,\frac{1}{2}(k+1)(k+2) \tag{6.7.4}
$$

第 2 组函数定义在 G 的一级剖分下, 称其为生成元, 由于一级剖分下三角域上的分片二元 k 次多项式构成 $4\times\frac{1}{2}(k+1)(k+2)=2(k+1)(k+2)$ 维线性空间, 故除 (6.7.4) 之外, 还需要构造 $2(k+1)(k+2)-\frac{1}{2}(k+1)(k+2)=\frac{3}{2}(k+1)(k+2)$ 个函数, 可以采用待定系数法或找一组相对简单的线性无关组通过正交规范化来得到, 记作

$$
V_{k,2}^i(P), \quad i=1,2,\cdots,\frac{3}{2}(k+1)(k+2)
$$

继而, 通过压缩与复制过程, 生成后续的函数. k 次 V-系统的第 m 组函数, 由于生成元有 $\frac{3}{2}(k+1)(k+2)$ 个, 所以这组函数分成了 $\frac{3}{2}(k+1)(k+2)$ 类, 每一类含有 4^{m-2} 个函数.

以符号 $V_{k,m}^{i,j}$ 表示 k 次 V-系统中第 m 组第 i 类的第 j 个函数, 则三角域 G 上 k 次 V- 系统归纳为:

第 1 组: $V_{k,1}^1, V_{k,1}^2, \cdots V_{k,1}^{\frac{1}{2}(k+1)(k+2)}$;

第 2 组: $V_{k,2}^1, V_{k,2}^2, \cdots V_{k,2}^{\frac{3}{2}(k+1)(k+2)}$;

$\cdots\cdots$

第 m 组: $V_{k,m}^{i,j}, m=3,4,\cdots; i=1,2,\cdots,\frac{3}{2}(k+1)(k+2); j=1,2,\cdots,4^{m-2}$.

$\cdots\cdots$

显然, 三角域上 V- 系统的构造, 关键是要把前两组基函数构造出来, 然后按照压缩复制的方法即可完成全部 V-系统的构造. 对于 $k=2$ 时, 三角域上直角坐标下的 2 次 V-系统详细表达见文献 [20].

至于 U-系统的构造, 前两组和 V-系统完全相同, 从第 3 组开始, 采用压缩再正反复制的方法, 把前一组压缩后复制到相应的 G 的一级剖分子域. 比如第 m 组, 是对第 $m-1$ 组每个函数压缩 4 倍后, 按照 4 阶 Hadamard 矩阵:

$$\begin{bmatrix} 1 & 1 & 1 & 1 \\ 1 & 1 & -1 & -1 \\ 1 & -1 & -1 & 1 \\ 1 & -1 & 1 & -1 \end{bmatrix}$$

4 个行向量的符号, "1" 表示复制, "−1" 表示反复制, 分别复制到 G 的一级剖分下的 4 个子域, 同时对新得到的函数作规范化处理 (乘某个常数, 使其模长为 1). 每个行向量对应一次复制, 所以每个函数要复制 4 次. 这样第 m 组比第 $m-1$ 组函数增加 4 倍 (与 V-系统相同). 当然, 可以写出类似于式 (6.7.3) 的函数表达, 此不赘述.

从理论上说, 面积坐标具有优美的对称性. 在曲面造型中, 面积坐标下的三角 Bézier 曲面片因其优美的对称性而应用广泛. 三角域上面积坐标下的 Walsh 函数和 Haar 函数也呈现出优美的对称性, 出于和谐美的需求, 自然考虑面积坐标下的 U、V-系统. 需要注意的是, 对于 U、V-系统, 本节直角坐标下的结果与 6.5 节、6.6 节面积坐标下的结果, 在表达形式上略有区别, 在应用过程中几乎没有本质区别, 但在几何模型的参数化过程中, 面积坐标更显方便 (详见第 8 章).

6.8 实验例子

例 6.8.1　设有顶点坐标给定的 4 个三角平面片, 其空间分布会出现多种情况：连续或者部分连续、彼此分离或穿插 (如图 6.8.1 所示).

按照三角域上 1 次 V-系统分解, 得到模型的正交分解系数如图 6.8.2 所示. 分解详细算法见 8.2 节.

表 6.8.1∼ 表 6.8.8 给出实验模型的具体数据, 为的是方便读者利用这些简单的例子来熟悉求展开系数的过程. 模型的数据按照图形学中惯用的顶点索引格式给出.

例 6.8.1 是 4 个三角平面片组成的简单模型的情形, 例 6.8.2 和例 6.8.3 给出相对复杂模型的例子. 每一个实验都给出模型渲染后的效果图和它的网格图, 以及此实验模型的正交展开系数图像.

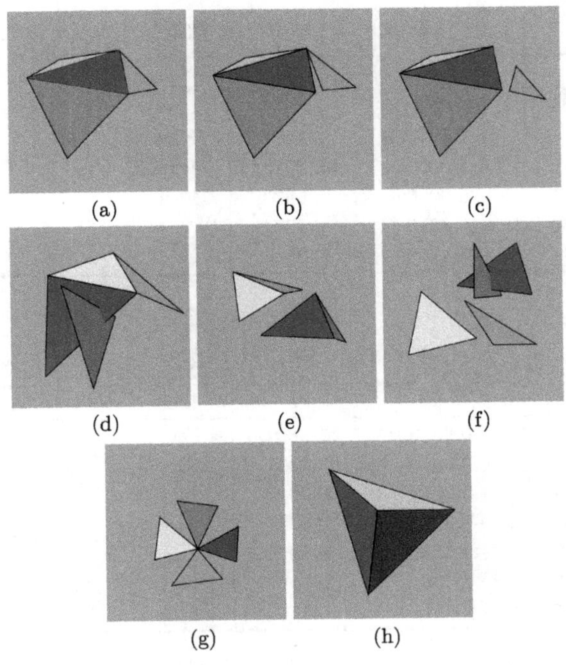

图 6.8.1 4 个三角平面片组成的简单模型

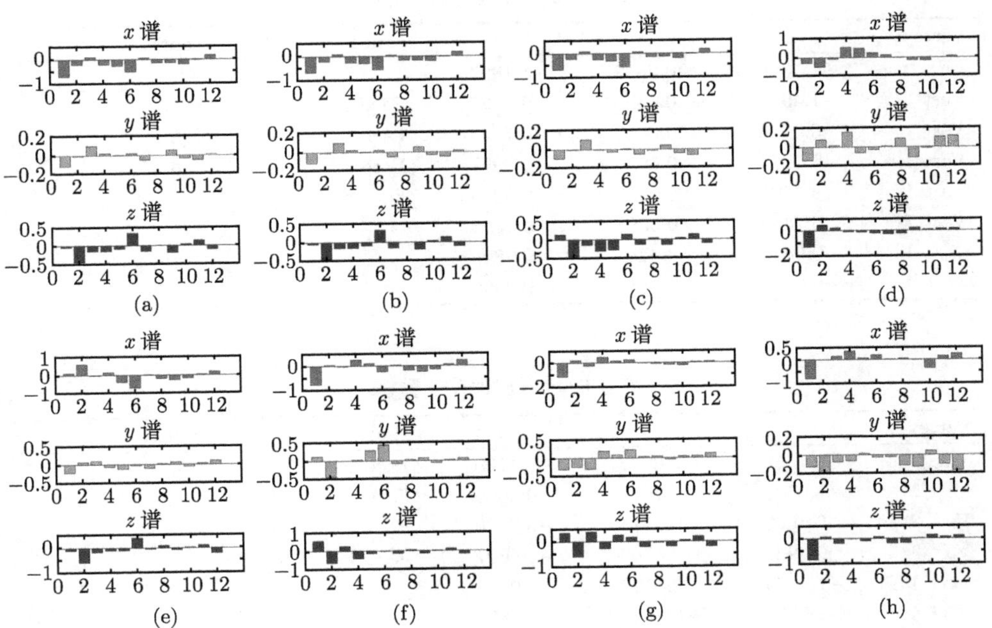

图 6.8.2 模型的正交分解系数

表 6.8.1　模型 (a) 数据

Vertex	x	y	z	Face	Index		
Vert 0	−1.1384	−0.2532	−1.1897	Face 1	0	1	2
Vert 1	−1.4934	0.0350	0.1327	Face 2	1	3	2
Vert 2	0.0616	0.0050	−0.7323	Face 3	2	4	3
Vert 3	−0.0634	−0.0050	0.5977	Face 4	1	3	5
Vert 4	0.6280	−0.3398	−0.1374				
Vert 5	−0.9147	−0.4818	0.9566				

表 6.8.2　模型 (b) 数据

Vertex	x	y	z	Face	Index		
Vert 0	−1.1384	−0.2532	−1.1897	Face 1	0	1	2
Vert 1	−1.4934	0.0350	0.1327	Face 2	1	3	2
Vert 2	0.0616	0.0050	−0.7323	Face 3	2	4	5
Vert 3	−0.0634	−0.0050	0.5977	Face 4	1	3	6
Vert 4	0.8460	−0.3398	−0.1374				
Vert 5	0.0371	0.0051	0.5977				
Vert 6	−0.9147	−0.4818	0.9566				

表 6.8.3　模型 (c) 数据

Vertex	x	y	z	Face	Index		
Vert 0	−1.1384	−0.2532	−1.1897				
Vert 1	−1.4934	0.0350	0.1327	Face 1	0	1	2
Vert 2	0.0616	0.0050	−0.7323	Face 2	1	3	2
Vert 3	−0.0634	−0.0050	0.5977	Face 3	4	5	6
Vert 4	0.3007	0.0050	0.0096	Face 4	1	3	7
Vert 5	0.7460	−0.3398	0.2496				
Vert 6	−0.0630	0.1751	0.9848				
Vert 7	−0.9147	−0.4818	0.9566				

表 6.8.4　模型 (d) 数据

Vertex	x	y	z	Face	Index		
Vert 0	−0.6050	−0.0975	−1.1100	Face 1	0	1	2
Vert 1	−1.0000	0.2075	0.2000	Face 2	0	2	3
Vert 2	0.6600	0.1575	−0.6600	Face 3	0	1	4
Vert 3	0.9921	−0.5709	−1.4607	Face 4	5	6	7
Vert 4	−1.7784	−0.5599	−1.0860				
Vert 5	−1.0559	−0.8524	0.1888				
Vert 6	0.9612	0.3602	−2.1220				
Vert 7	0.9647	−0.0266	−2.6759				

表 6.8.5 模型 (e) 数据

Vertex	x	y	z	Face	Index		
Vert 0	0.4858	−0.4607	−1.1147	Face 1	0	1	2
Vert 1	0.1300	0.0350	−0.1000	Face 2	3	4	5
Vert 2	1.7500	0.0050	−0.9750	Face 3	1	2	6
Vert 3	−1.4934	0.0350	0.1327	Face 4	3	4	7
Vert 4	−0.0634	−0.0050	0.5977				
Vert 5	0.0616	−0.6129	−0.7323				
Vert 6	0.2630	−0.0543	0.4380				
Vert 7	−0.5295	−0.8752	1.2015				

表 6.8.6 模型 (f) 数据

Vertex	x	y	z	Face	Index		
Vert 0	−0.6049	−0.5065	−1.1126	Face 1	0	1	2
Vert 1	−0.9607	−0.2183	0.2121	Face 2	3	4	5
Vert 2	0.6593	−0.2483	−0.6629	Face 3	6	7	8
Vert 3	−1.4934	0.7425	0.9745	Face 4	9	10	11
Vert 4	−0.0634	0.7025	1.4395				
Vert 5	0.0616	0.0945	0.1095				
Vert 6	−1.1269	−0.3027	0.5154				
Vert 7	0.4931	−0.5413	0.3567				
Vert 8	−1.2158	−0.4937	1.4622				
Vert 9	−1.4934	0.8910	0.0083				
Vert 10	−0.0634	0.8510	0.4733				
Vert 11	−0.5295	0.1016	0.9348				

表 6.8.7 模型 (g) 数据

Vertex	x	y	z	Face	Index		
Vert 0	−0.6049	−0.5065	−1.1126	Face 1	0	1	2
Vert 1	−1.0000	−0.2000	0.2000	Face 2	3	4	1
Vert 2	0.6593	−0.2483	−0.6629	Face 3	5	1	6
Vert 3	−1.4934	−0.4557	1.2875	Face 4	1	7	8
Vert 4	−0.6117	−0.1967	1.7760				
Vert 5	−1.7946	−0.2454	−0.8062				
Vert 6	−1.2158	−1.2252	0.9893				
Vert 7	−0.0634	0.6009	−0.1737				
Vert 8	−0.5295	0.5217	1.0058				

表 6.8.8　模型 (h) 数据

Vertex	x	y	z	Face		Index	
Vert 0	−0.6050	−0.5050	−1.1100	Face 1	0	1	2
Vert 1	−1.0000	−0.2000	0.2000	Face 2	0	2	3
Vert 2	0.6600	−0.2500	−0.6600	Face 3	0	1	3
Vert 3	−1.2500	0.6000	−0.8000	Face 4	1	2	4
Vert 4	−1.2500	0.5982	−0.8000				

例 6.8.2 (散乱四面体)　从图 6.8.3(a) 中可以看到实验中的三角面片是一组散乱分布的四面体. 并且四面体之间出现互相分离或交叉, 用以说明三角域上的 V-系统能够对场景中含有多个独立的模型给出统一的表达. 这个实验中三角面片数为 292 片. 这个几何图组在三角域上一次 V-系统下的展开系数如图 6.8.3(c), (d), (e).

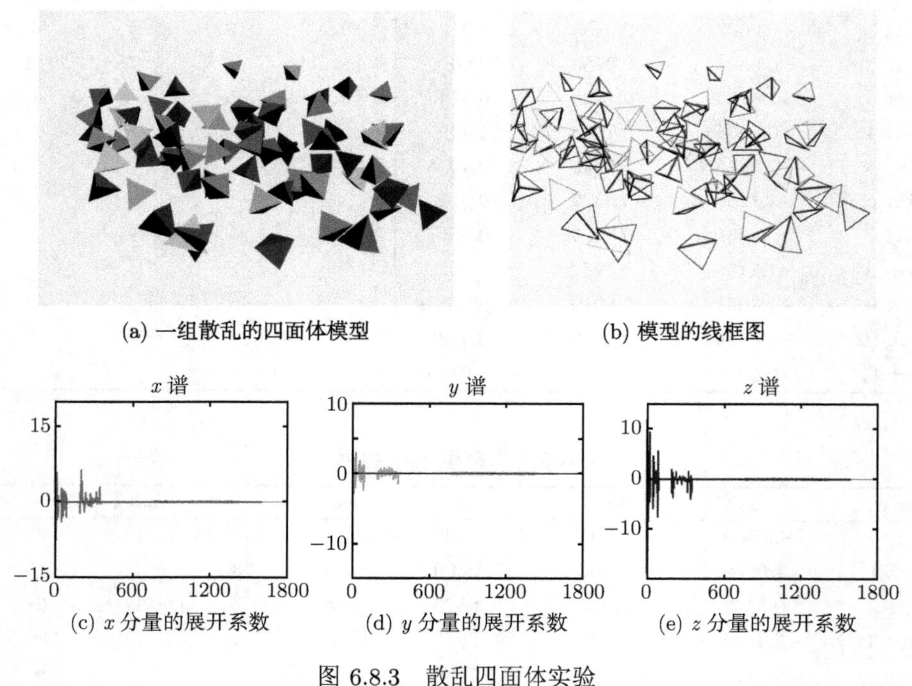

(a) 一组散乱的四面体模型　(b) 模型的线框图

(c) x 分量的展开系数　(d) y 分量的展开系数　(e) z 分量的展开系数

图 6.8.3　散乱四面体实验

例 6.8.3 (复杂几何体)　这个实验所用的模型是一个具有复杂结构的几何体. 共用三角面片 606 片 (图 6.8.4).

利用 1 次 V-系统得到的频谱, 做到了对这种类型的原图精确重构 (不计舍入误差), 不产生 Gibbs 现象, 重构结果与原图完全一样.

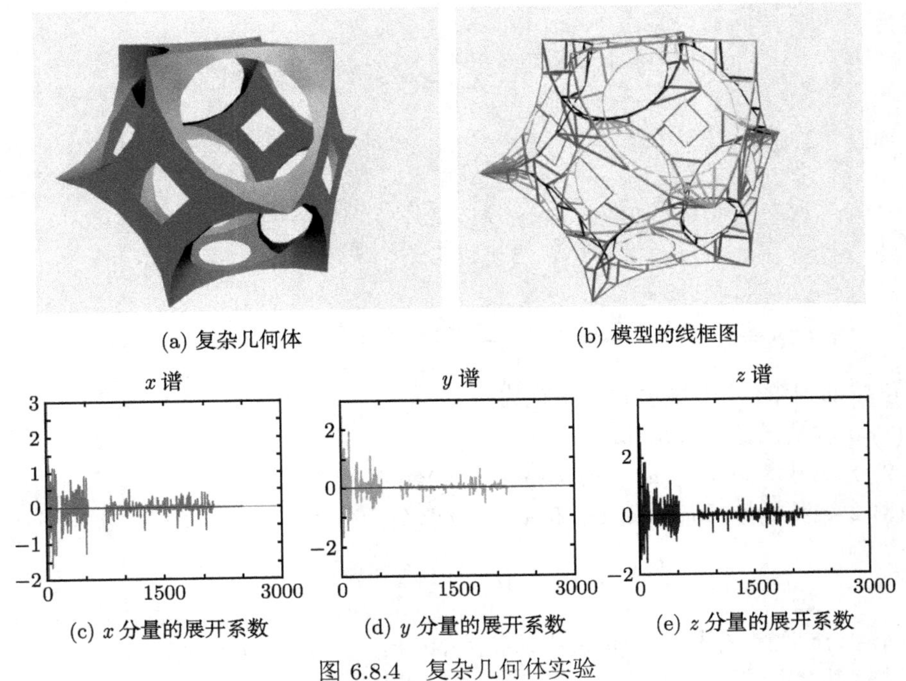

(a) 复杂几何体　(b) 模型的线框图

(c) x 分量的展开系数　(d) y 分量的展开系数　(e) z 分量的展开系数

图 6.8.4　复杂几何体实验

6.9 关于三角域上正交多项式的注记

多变量正交多项式研究有长期的历史. 这里提及 2003 年 Faroukia, Goodman, Sauer 关于三角域上 Bernstein 形式的正交多项式的研究. 它与 U、V-系统的根本区别在于: 这类三角域上的正交多项式, 是次数逐步增高的、连续的正交函数系[15].

采用面积坐标, 由 n 次三项展开式

$$(u+v+w)^n = \sum_{0\leqslant i,j,k\leqslant n} \frac{n!}{i!j!k!} u^i v^j w^k = 1, \quad i+j+k=n$$

可知求和式中包含 $\frac{1}{2}(n+1)(n+2)$ 个线性独立的多项式, 它们做成三角域 G 上 n 次多项式空间的 Bernstein 基函数. 记

$$\alpha = (i,j,k), \quad |\alpha| = i+j+k$$

则任意给定的 n 次多项式, 以 Bernstein 基函数[16]

$$b_\alpha^n(u,v,w) = \frac{n!}{i!j!k!} u^i v^j w^k, \quad |\alpha| = n$$

表示为

$$P(u,v,w)=\sum_{|\alpha|=n}C_\alpha b_\alpha^n(u,v,w)$$

两端乘以 $1=u+v+w$, 得

$$P(u,v,w)=\sum_{|\alpha|=n+1}C'_\alpha b_\alpha^{n+1}(u,v,w)$$

其中

$$C'_{ijk}=\frac{iC_{i-1,j,k}+jC_{i,j-1,k}+kC_{i,j,k-1}}{n+1},\quad i+j+k=n+1$$

设三角域 G 上的 n 个多项式分组记为

(1) 0 次基函数 $L_{0,0}(u,v,w)$;

(2) 1 次基函数 $L_{1,0}(u,v,w),L_{1,1}(u,v,w)$;

(3) 2 次基函数 $L_{2,0}(u,v,w),L_{2,1}(u,v,w),L_{2,2}(u,v,w)$;

$$\cdots\cdots$$

$(n+1)n$ 次基函数 $L_{n,0}(u,v,w),L_{n,1}(u,v,w),\cdots,L_{n,n}(u,v,w)$.

进而对给定的函数 $f(u,v,w)$, 有 n 次多项式逼近

$$P_n(u,v,w)=\sum_{r=0}^{n}\sum_{i=0}^{r}\alpha_{r,i}L_{r,i}(u,v,w),\quad \alpha_{r,i}=\frac{\langle L_{r,i},f\rangle}{\langle L_{r,i},L_{r,i}\rangle}$$

令 $P_{0,0(u,v,w)}=1$, 对于 $n\geqslant 1$ 构造, $P_{n,r}(u,v,w),\quad 0\leqslant r\leqslant n,\ n=1,2,\cdots$ 使 $P_{n,r}\perp P_{n,s}$, $r\neq s$ 沿着 G 的边界 (不妨假设为 $w=0$), $P_{n,r}(u,v,w)$ 为 r 次 Legendre 多项式. 借助单变量情形的 Legendre 多项式.

进一步, 用 Bernstein 基表达 $P_{n,r}(u,v,w)$:

$$P_{n,r}(u,v,w)=L_r\left(\frac{u}{u+v}\right)(u+v)^r q_{n,r}(w),\quad r=0,1,\cdots,n$$

这里

$$q_{n,r}(w)=\sum(-1)^j\binom{n+r=1}{j}b_j^{n-r}(w)$$

L_r 为第 r 个 Legendre 多项式. 文献 [15] 中给出了详细的论证, 不赘述.

小　　结

低维空间向高维空间、单变量函数向多变量函数推广是富有挑战性的问题. 从 Walsh 函数演变到 U-系统、从 Haar 函数演变到 V-系统, 是单变量函数从分段 0 次

向任意 k 次多项式的推广; 三角域上的 U-系统、V-系统是单变量正交函数向多变量正交函数的推广. 这些推广采用了统一的手段, 给出了宜于计算机上实现的具体计算方法. 由于 CAGD 中主流数学描述方法是分片多项式, 那么由 U-系统、V-系统的分片多项式结构不难看出其具有明显的适应性. 为了强调这种正交重构的可行与有效, 给出实验例子, 更详细的阐述留给第 8 章.

问题与讨论

3. U-系统与 V-系统的变体

6.5 节给出了一种 9 个二元 1 次函数生成元, 并以它为出发点, 构造了三角域上的 U-系统与 V-系统. 事实上, 各种不同的生成元将导致 U、V-系统各种不同的变体. 从计算上或应用上, 哪一个更好, 取决于实际问题的需要. 试给出三角域上 U、V-系统的多种变体[17].

4. n 维单纯形上的非连续正交系

本章给出了 Walsh 函数、Haar 函数, 以及 U、V-系统在三角域上的定义. 可以将定义域推广到 n 维单纯形上, 即可以定义 n 维单纯形上的 Walsh 函数、Haar 函数, 以及 U、V-系统. 这时, 面积坐标的概念应称之为重心坐标 (barycentric coordinate). 试在 n 维单纯形上, 借助重心坐标, 一般性地研究非连续的正交函数系.

5. 可自相似剖分的区域

注意到本章阐述的三角域加细剖分, 是一种几何自相似方式. 反过来, 一个区域 G, 只要可以按自相似结构逐次剖分下去, 都可以研究 G 上的正交函数.

对矩形区域, 将它剖分为更细小的矩形, 这样的自相似剖分被认为是平凡的. 三角形区域的自相似剖分, 是几何造型中最常用、最重要的剖分方式. 事实上, 对非矩形也非三角形的区域, 研究其自相似剖分是很有趣的问题, 如下图所示.

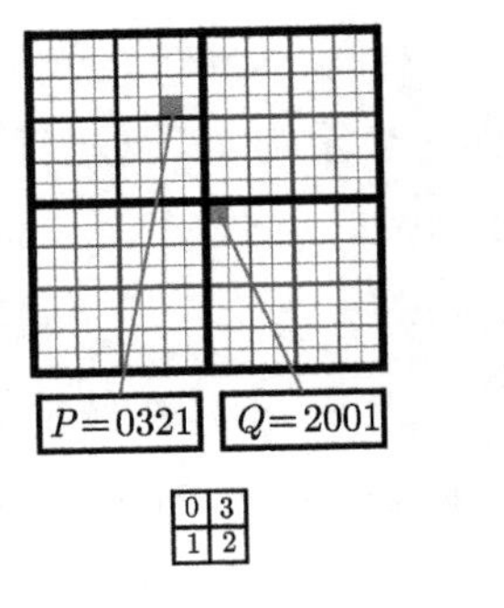

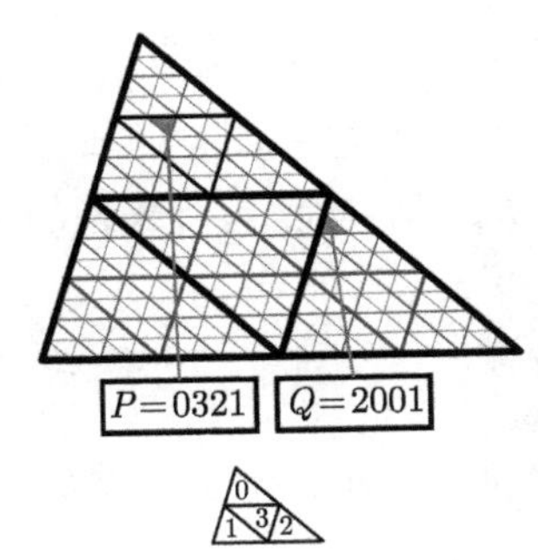

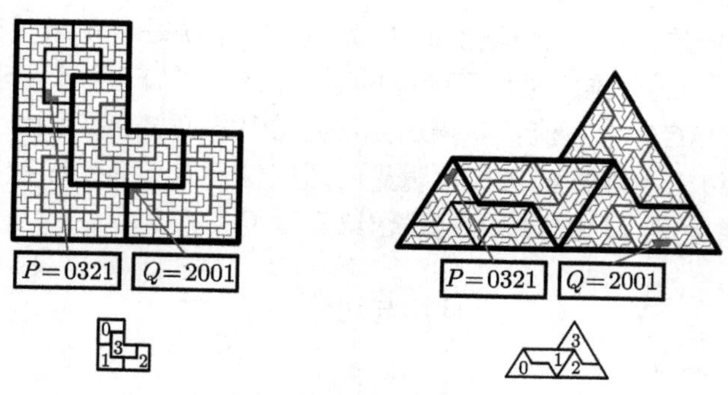

图　平面区域的自相似剖分

考虑对区域作自相似 4 剖分情形. 为了刻画几何图形的自相似 4 剖分, 采用 4 进制表示. 设正整数 m 的 4 进制表示为

$$m = m_k 4^k + m_{k-1} 4^{k-1} + m_{k-2} 4^{k-2} + \cdots + m_1 4^1 + m_0 4^0$$

简记为

$$m = (m_k m_{k-1} m_{k-2} \cdots m_1 m_0)_4, \quad m_j \in \{0, 1, 2, 3\}, \quad j = 0, 1, 2, \cdots, k$$

对区域作自相似剖分的时候, 可以按 4 叉树规则来标注 m 号子区域 G_m. 例如, 取 $P = 0123$, $Q = 2001$, 则 G_P, G_Q 表示对区域作了 4 级自相似 4 剖分后的相应子域. 图中的 4 种区域, 其子区域 G_P, G_Q 分别如图的阴影部分所示.

6. 关于三角域上正交函数的研究

关于构造三角域上正交函数, 因其应用背景的差别而有许多其他研究. 值得注意的是孙家昶的工作[18], 他考虑三角域 Ω 上 Dirichlet 边界条件下的 Laplace 算子:

$$-\triangle u = \lambda u, \quad u|_{\partial\Omega} = 0$$

利用面积坐标具体地构造了三角域上分片多项式正交基, 用于某些重要的经典微分方程数值解.

7. 三角域上 U、V-系统的应用

文献 [7], [8] 及 [19] 在三角网格模型、曲面正交重构, 以及几何信息隐藏技术等方面开展应用研究或实验, 供有兴趣的读者参考.

参 考 文 献

[1] Farin G. *Curves and Surfaces for CAGD, A Practical Guide*. Morgan- Kaufmann, 5th edition, 2002.

[2] 常庚哲. 曲面的数学. 长沙: 湖南教育出版社, 1995.

[3] 王国谨, 汪国昭, 郑建民. 计算机辅助几何设计. 北京: 高等教育出版社, 2001.

[4] 徐岗, 汪国昭. 三角域上的调和 B-B 曲面. 计算机学报, 2006, 29(12): 2180–2185.

[5] Chunlin Wu, Jiansong Deng, Falai Chen. Diffusion Equations over Arbitrary Triangulated Surfaces for Filtering and Texture Applications. IEEE Transactions on Visualization and Computer Graphics, 2008, 14(3): 666–679.

[6] Song R X, Wang X C, Ou M F, Li J. The structure of V-system over triangulated domains. *Lecture Notes in Computer Science*, 2008, 4975: 563–569.

[7] 李坚, 宋瑞霞, 叶梦杰, 梁延研, 齐东旭. V-系统与几何群组信息的频域表达. 软件学报, 2008, 19(增刊): 41–51.

[8] 李坚, 宋瑞霞, 叶梦杰, 梁延研, 齐东旭. 基于三角域上 V- 系统的三维几何模型的正交重构. 计算机学报, 2009, 32(2): 193–202.

[9] 宋瑞霞. 三角域上一类正交函数系的构造. 系统科学与数学, 2008, 28(8): 949–960.

[10] 齐东旭. 分形及其计算机生成. 北京: 科学出版社, 1994.

[11] Feng Y Y, Qi D X. On the haar and walsh on a triangle. *Journal of Computational Math*, 1983, 1(3): 223–232.

[12] 齐东旭. 三角域上的 Walsh 函数. 科学通报, 1988, 33(9): 715–716.

[13] 齐东旭. 关于三角域上正交函数的研究. 北方工业大学学报, 1990, 2(3): 1–7.

[14] Yu P Y, Kolarov K, Lynch W. Barysymmetric multiwavelets on triangle. *Technical report, Interval Research Corporation, IRC Technical Report*: 1997, 1997–006.

[15] Faroukia R T, Goodman T N T, Sauer T. Construction of or- thogonal bases for polynomials in bernstein form on triangular and simplex domains. *Computer Aided Geometric Design*, 2003, 20: 209–230.

[16] Farin G. Triangular Bernstein-bézier patches. *Computer Aided Geometric Design*, 1986, 3: 83–127.

[17] 王小春, 宋瑞霞, 齐东旭. 三角域上正交 W-系统的构造与应用. 计算机辅助设计与图形学学报, 2010, 22(9): 1538–1544.

[18] Sun J C. Orthogonal piece-wise polynomials based on an arbitrary triangular domain and its applications. *J. of Computational Mathematics*, 2001, 19(1): 55–66.

[19] 邹建成, 周红丽, 邓欢军. 基于三角域 V-系统的视频签名技术. 计算机研究与发展, 2009, 46(z1).

[20] 宋瑞霞, 张巧霞, 李亚楠等. 三角域上曲面模型的正交重构方法. 计算机辅助设计与图形学学报, 2011, 23(6): 1013–1021.

第 7 章 描述子与矩函数

描述子与矩函数是针对信息分类乃至相关的信息检索问题的实用数学工具.

基于 U-系统与 V-系统的结构特点, 类比描述子与矩函数的建立途径, 本章探讨 U、V-描述子及 U-矩与 V-矩的定义及应用.

有关描述子与矩函数的系统论述见文献 [1]–[4].

7.1 U、V-描述子

基于 U-系统与 V-系统的描述子定义是类似的, 并且都来自 Fourier 描述子的思想[1]–[3],[5]. 下面的阐述仅以 V-描述子为例.

等分区间 $[0,1]$, 记

$$[0,1]=\left[0,\frac{1}{N}\right)\cup\left[\frac{1}{N},\frac{2}{N}\right)\cup\cdots\cup\left[\frac{N-1}{N},1\right]$$

其中 $N=2^n$, $n=0,1,2,\cdots$.

对给定的分段函数为 N 的平面曲线图组, 整体上的表示为 $P(t)=x(t)+\mathrm{i}y(t)$, 其中 $\mathrm{i}=\sqrt{-1}$, $x(t)$, $y(t)$ 均为 k 次分段多项式. 将 $x(t)$, $y(t)$ 分别分段映射到各个子区间, 表达成

$$P(t)=p_0(t)\chi_{[0,\frac{1}{N})}+p_1(t)\chi_{[\frac{1}{N},\frac{2}{N})}+\cdots+p_{N-1}(t)\chi_{[\frac{N-1}{N},1]} \tag{7.1.1}$$

其中

$$p_j(t)=x_j(t)+\mathrm{i}y_j(t),\quad j=0,1,2,\cdots,N-1$$

$$\chi_I(t)=\begin{cases}1, & t\in I\\ 0, & t\notin I\end{cases}$$

如果 k 次 V-系统的前 $N=2^n$ 组基函数 $\{V_{k,n}^{i,j}(t)\}$ 简记为

$$v_0(t),v_1(t),v_2(t),\cdots,v_{(k+1)N-1}(t),\quad N=2^n,\quad n=1,2,3,\cdots$$

由 Fourier-V 级数的再生性, 并注意到 k 次多项式有 $k+1$ 个自由度, 有

$$P(t)=x(t)+\mathrm{i}y(t)=\sum_{j=0}^{(k+1)N-1}\lambda_x^j v_j(t)+\mathrm{i}\sum_{j=0}^{(k+1)N-1}\lambda_y^j v_j(t)$$

其中

$$\lambda_x^j = \int_0^1 x(t)v_j(t)\mathrm{d}t, \quad \lambda_y^j = \int_0^1 y(t)v_j(t)\mathrm{d}t$$
$$j = 0, 1, 2, \cdots, (k+1)N-1$$

若记

$$\lambda(j) = \lambda_x^j + \mathrm{i}\lambda_y^j$$

则称 $\lambda(j)$ 为 $P(t)$ 的第 j 个 V-描述子, 即

$$\lambda(j) = \int_0^1 x(t)v_j(t)\mathrm{d}t + \mathrm{i}\int_0^1 y(t)v_j(t)\mathrm{d}t = \int_0^1 P(t)v_j(t)\mathrm{d}t$$
$$j = 0, 1, 2, \cdots, (k+1)N-1 \tag{7.1.2}$$

进一步定义这个图组的"能量"为

$$E = \left(\sum_{j=0}^{(k+1)N-1} \|\lambda(j)\|^2\right)^{\frac{1}{2}} \tag{7.1.3}$$

由 V-系统的正交性及再生性,"能量" E 是一个正交变换下的不变量.

再令

$$d(j) = \frac{\|\lambda(j)\|}{\max\limits_{i\geqslant 1}(\|\lambda(i)\|)}, \quad j = 1, 2, \cdots \tag{7.1.4}$$

称 $d(j)$ 为 $P(t)$ 的第 j 个归一化描述子.

比照着 Fourier 描述子的性质, 有

定理 7.1.1 归一化的 V-描述子 $d(j)$, $j = 1, 2, 3, \cdots$ 具有平移、放缩、旋转不变性.

证明 设描述对象为 $P(t)$, 它的第 j 个 V-描述子为 $\lambda(j)$. 若平移量为 z_0, 放缩倍数为 a, 旋转角度为 θ, 则变换后的对象为 $a\mathrm{e}^{\mathrm{i}\theta}(P(t)+z_0)$, 其第 j 个 V-描述子为

$$\begin{aligned}\lambda'(j) &= \int_0^1 a\mathrm{e}^{\mathrm{i}\theta}(P(t)+z_0)v_j(t)\mathrm{d}t \\ &= a\mathrm{e}^{\mathrm{i}\theta}\left[\int_0^1 P(t)v_j(t)\mathrm{d}t + \int_0^1 z_0 v_j(t)\mathrm{d}t\right] \\ &= a\mathrm{e}^{\mathrm{i}\theta}[\lambda(j) + z_0\delta(j)]\end{aligned} \tag{7.1.5}$$

这里用到

$$\int_0^1 v_j(t)\mathrm{d}t = \delta(j) = \begin{cases} 0, & j \neq 0 \\ 1, & j = 0 \end{cases}$$

注意式 (7.1.4), 当 $j \neq 0$, 得 $\lambda'(j) = a\mathrm{e}^{\mathrm{i}\theta}\lambda(j)$, 从而

$$d'(j) = d(j), \quad j = 1, 2, \cdots$$

定理得证.

假若两个对象 A, B 的归一化 V-描述子分别为 $d_A(k)$ 和 $d_B(k)$, 那么定义两个对象间的"距离"为

$$\text{Distance} = \sqrt{\sum_{j=1}^{N} \|d_A(j) - d_B(j)\|^2} \tag{7.1.6}$$

在较多的实际问题中, Distance 作为两个不同对象之间差别的度量, 可以定量地给出所研究对象彼此相近程度. 注意式 (7.1.1), 描述对象整体为 $P(t)$, 它由分段多项式表示, 而分段表示要有次序上的规定. 7.2 节给出的 2 个例题, 针对常常遇到的几何线图, 事先知道几何线图的轮廓容易对数据采样作出次序相同的约定, 在这种情况下, 可以利用上述 Distance 来度量对象之间的差别. 但是, 同一对象, 式 (7.1.1) 右端表示可能不尽相同, 将导致不同的 V-描述子 $\lambda(j)$. 在这种情况下, 需作预处理之后进行距离的计算.

7.2 V-描述子检测例题

7.2.1 例题

例 7.2.1 图 7.2.1 中列举出 8 种简单符号几何造型, 首先得到它们轮廓线的 B- 样条表达, 其次, 计算 V-系统下的相似度. 利用 2 次 V-系统, 得到它们之间相近程度的 Distance, 见表 7.2.1. 对这个例子, 可以看到 Distance 度量较好地反映了模型之间的相似程度.

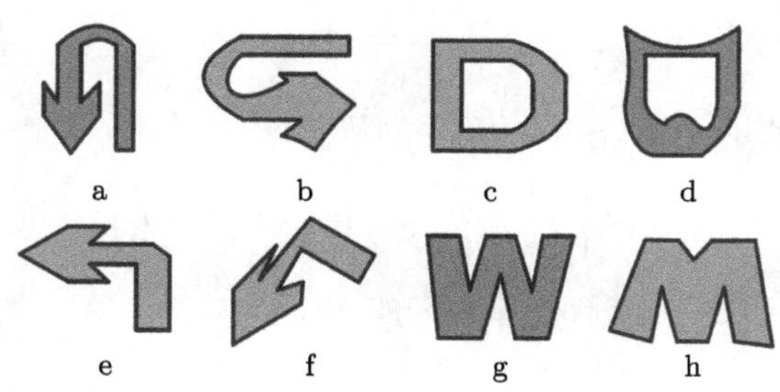

图 7.2.1 2 次 B-样条曲线表示的简单符号几何造型

表 7.2.1 8 个简单符号几何造型之间的 Distance

	a	b	c	d	e	f	g	h
a	0	0.0312	0.7245	0.6982	0.2167	0.2536	0.8685	0.8281
b	0.0312	0	0.5633	0.5312	0.2453	0.2267	0.8322	0.8077
c	0.7245	0.5633	0	0.0288	0.6931	0.7357	0.7721	0.7365
d	0.6982	0.5312	0.0288	0	0.7035	0.688	0.7833	0.7255
e	0.2167	0.2453	0.6931	0.7035	0	0.0189	0.8012	0.8335
f	0.2536	0.2267	0.7357	0.6887	0.0189	0	0.8455	0.8128
g	0.8685	0.8322	0.7721	0.7833	0.8012	0.8455	0	0.0121
h	0.8281	0.8077	0.7365	0.7255	0.8335	0.8128	0.0121	0

例 7.2.2 图 7.2.2 是印尼弗洛勒斯岛发现的“小矮人”头骨化石[6] 及其 B-样条轮廓线. 图 7.2.3 是郧县人头骨化石[7] 及其 B- 样条轮廓. 图 7.2.4 表示不同人类头盖骨的外轮廓分段多项式曲线. 表 7.2.2 是对图 7.2.4 中不同人类头盖骨轮廓在 V-系统下的相似度比较 (这里 $k=3$, $n=5$). 对这个例子, Distance 度量也可以有较好的效果.

如前所述, 事先知道几何线图构成的图形大体上是封闭曲线, 并且假定数据采样点次序相同. 在这样的条件下, 给出的结果看来是合理的. 然而, 实际问题并不是总能满足这样的条件.

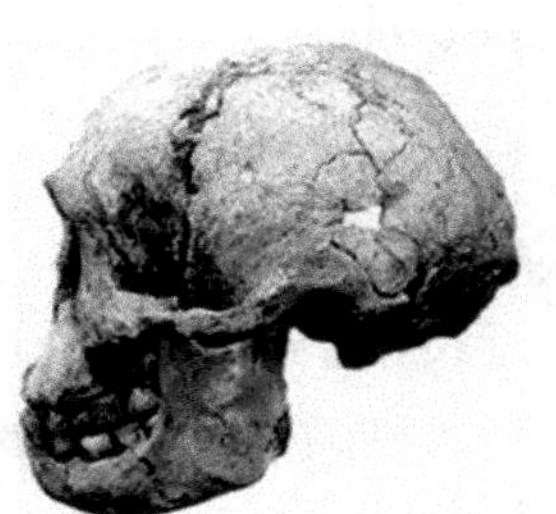
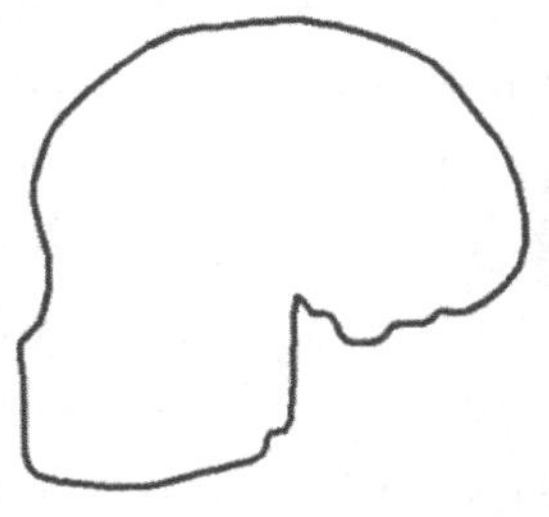

图 7.2.2 “小矮人”头骨化石及其 B- 样条轮廓线

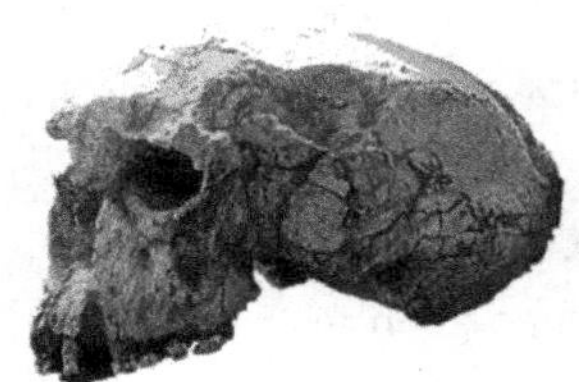

图 7.2.3 郧县人头骨化石及其 B- 样条轮廓

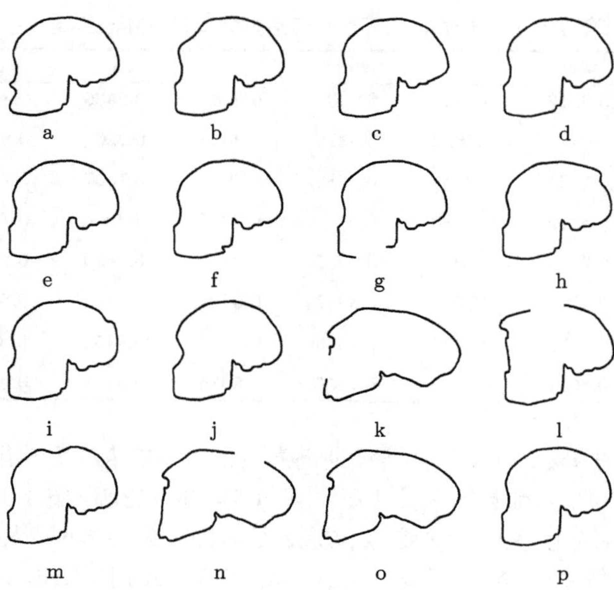

图 7.2.4 不同人类头盖骨的轮廓曲线

表 7.2.2 不同人类头盖骨的轮廓在 V-系统下的距离 (V-Distance)

	a	b	c	d	e	f	g	h	i	j	k	l	m	n	o	p
a	0	0.031	0.011	0.008	0.018	0.011	0.102	0.046	0.039	0.023	0.629	0.542	0.073	0.702	0.709	0.011
b	0.031	0	0.025	0.031	0.048	0.023	0.100	0.058	0.055	0.091	0.570	0.551	0.089	0.721	0.733	0.061
c	0.011	0.025	0	0.008	0.010	0.009	0.120	0.031	0.029	0.052	0.642	0.511	0.009	0.735	0.713	0.003
d	0.008	0.031	0.008	0	0.009	0.006	0.143	0.035	0.040	0.042	0.594	0.583	0.029	0.706	0.710	0.003
e	0.018	0.048	0.010	0.009	0	0.005	0.120	0.042	0.041	0.039	0.679	0.610	0.056	0.693	0.711	0.002
f	0.011	0.023	0.009	0.006	0.005	0	0.115	0.046	0.048	0.055	0.626	0.579	0.039	0.682	0.682	0.002
g	0.102	0.100	0.120	0.143	0.120	0.115	0	0.150	0.130	0.161	0.723	0.657	0.111	0.767	0.729	0.132
h	0.046	0.058	0.031	0.035	0.042	0.046	0.150	0	0.035	0.012	0.623	0.602	0.033	0.739	0.680	0.014
i	0.039	0.055	0.029	0.040	0.041	0.048	0.130	0.035	0	0.015	0.654	0.613	0.022	0.713	0.681	0.018
j	0.023	0.091	0.052	0.042	0.039	0.055	0.161	0.012	0.015	0	0.692	0.629	0.011	0.738	0.723	0.019
k	0.629	0.570	0.642	0.594	0.679	0.626	0.723	0.603	0.654	0.692	0	0.533	0.668	0.502	0.238	0.152
l	0.542	0.551	0.511	0.583	0.610	0.579	0.657	0.602	0.132	0.629	0.533	0	0.632	0.629	0.451	0.658
m	0.073	0.089	0.009	0.029	0.056	0.039	0.111	0.033	0.022	0.011	0.668	0.632	0	0.782	0.766	0.029
n	0.702	0.721	0.735	0.706	0.693	0.682	0.767	0.739	0.713	0.738	0.502	0.629	0.782	0	0.162	0.699
o	0.709	0.733	0.713	0.710	0.711	0.692	0.729	0.680	0.681	0.723	0.238	0.451	0.766	0.162	0	0.732
p	0.011	0.061	0.003	0.003	0.002	0.002	0.132	0.014	0.018	0.019	0.152	0.658	0.029	0.699	0.732	0

7.2.2 关于预处理的注记

为了描述和识别物体的形状特征, Zahn 首先采用了 Fourier 描述子的方法[2]. 上面引进的 U-描述子与 V-描述子由 Fourier 描述子类比得来. Fourier 描述子具有简单、高效的特点, 实验表明, 基于物体轮廓坐标序列的 Fourier 描述子是有效的工具, 已经成为识别物体形状的重要方法之一[3]. Fourier 描述子的基本思想是：假定物体的形状边界是一条封闭的曲线, 其上一个动点的坐标变化, 是一个以形状边界周长为周期的函数. 这个周期函数可以展开成 Fourier 级数, 展开系数直接与边界曲线的形状有关, 称为 Fourier 描述子. 当展开项数足够多时, 物体的形状信息能够得到很好的恢复.

在物体形状的边界曲线上, 如何选取起始点位置? 一个解决途径是通过形状的主方向消除边界起始点相位影响, 主要步骤如下 (参见图 7.2.5)：

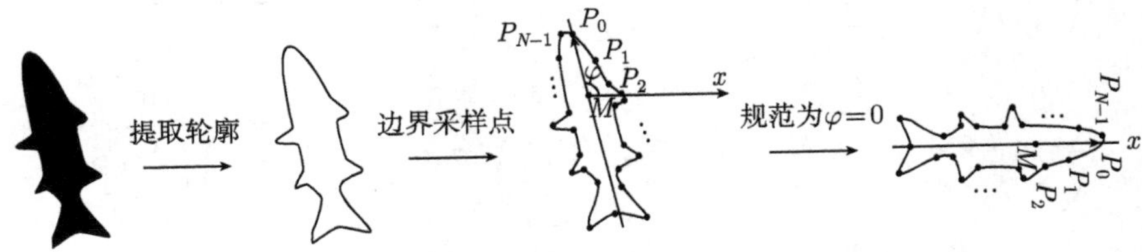

图 7.2.5 形状边界的多边形近似及形状主方向

在获得物体的轮廓之后, 选取边界曲线上的若干采样点, 记为 $P_0, P_1, \cdots, P_{N-1}$, P_N, $P_N = P_0$. 为了保证这些点顺次连成的封闭折线对原来的边界曲线有足够精度的逼近, 轮廓线上像素点坐标变化大及拐点的地方应被选入点列. 同时, 出于计算量的考虑, N 不宜过大, 并且参与比较的多个物体的边界曲线采样点数目保持一致会带来计算上的方便.

7.3 用 V-描述子作聚类分析：Chernoff 脸谱实例

在多元统计学中, 对某个事物的综合评价常常涉及多个变量. 常规的平面图、立体图均难以直观反映多变量数据的信息特征和内涵. 因此, 特殊的多变量的图示方法受到重视, 如连接向量图、星座图、脸谱图等, 其中 Chernoff 脸谱图是一种最复杂的肖像符号图. 脸谱图的绘制基于如下常识：不同的人有不同的脸, 人脸上的眼、眉、鼻、嘴、耳、发、额等多个器官的形状因人而异. 此外, 人脸的喜怒哀乐, 反映在眼、眉、鼻、嘴等器官形状的差别上, 给人以深刻印象, 因而易于区别, 于是, 将这些形状与某些数据对应起来, 形成特定的脸谱, 这是一种数据可视化技术.

美国统计学家 Chernoff 最早把脸谱用于聚类分析, 引起了各国统计学家的极大关注.

按照 Chernoff 于 1973 年提出的方法[8], 采用 18 个指标, 各指标代表的面部特征不同, 根据各变量的取值, 按照一定的数学函数关系, 可以确定脸的轮廓, 五官的位置、形状等, 从而绘出整个脸谱, 然后利用人眼来区分脸谱的不同, 最终区分不同的样本. 其聚类结果与聚类分析的聚类结果非常相似, 使得 Chernoff 脸谱成为判别分析、聚类分析等统计方法的有效辅助手段. Chemoff 脸谱图的提出, 使多元统计分析图形化有了进一步的发展, 是多维空间形象化的重要手段[9]–[13].

然而, 不同的人对同一张脸谱可能会得出不同的判断, 即使同一个人也会产生不同的判断, 因而影响脸谱的分类. 可见, 脸谱特征数量化是非常有价值的. 下面简介利用 V-描述子处理 Chemoff 脸谱图的做法[14]. 对给定的一张 Chernoff 脸 (如图 7.3.1), 用 3 次 V-系统及描述子的处理过程:

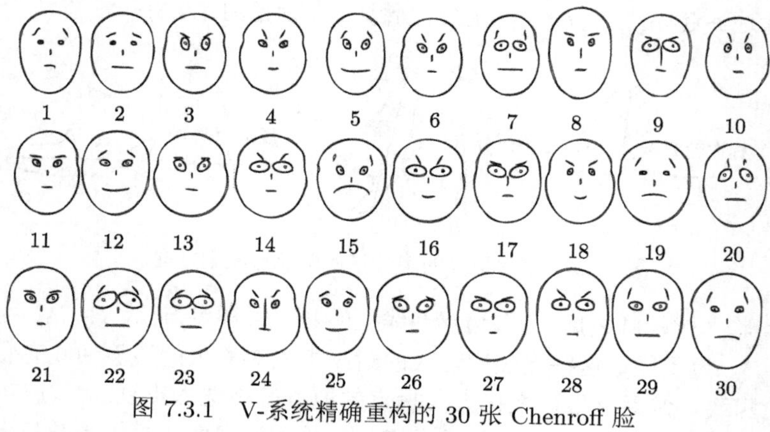

图 7.3.1　V-系统精确重构的 30 张 Chenroff 脸

(1) 将 Chenroff 脸边界分成 2^n 段 (具体算例 $n=4$);

(2) 在每段上取离散数据点 2^m 个 (可通过 B-样条插值得到)(具体算例 $m=7$), 共得到 2^{n+m} 个点, 记为 (x^i, y^i), $i=0,1,2,\cdots,2^{n+m}-1$;

(3) 从 V-系统的函数表达中, 构造 2^{n+m} 阶离散正交 V-矩阵, 记作 A (参见 4.8 节);

(4) 计算脸谱的 V-谱:

$$\left(\lambda_x^0, \lambda_x^1, \cdots, \lambda_x^{2^{n+m}-1}\right) = \left(x^0, x^1, \cdots, x^{2^{n+m}-1}\right) A$$

$$\left(\lambda_y^0, \lambda_y^1, \cdots, \lambda_y^{2^{n+m}-1}\right) = \left(y^0, y^1, \cdots, y^{2^{n+m}-1}\right) A$$

(5) 取出前 $4\cdot 2^n$ 个有效谱系数, 即可重构脸谱:

$$\left(x^0, x^1, \cdots, x^{2^{n+m}-1}\right)^{\mathrm{T}} = A\left(\lambda_x^0, \lambda_x^1, \cdots, \lambda_x^{4\cdot 2^n-1}, 0, \cdots, 0\right)^{\mathrm{T}}$$

$$\left(y^0, y^1, \cdots, y^{2^{n+m}-1}\right)^{\mathrm{T}} = A\left(\lambda_y^0, \lambda_y^1, \cdots, \lambda_y^{4\cdot 2^n-1}, 0, \cdots, 0\right)^{\mathrm{T}}$$

这里取前 $4 \cdot 2^n$ 个谱系数, 是因为 k 次 V-系统重构 2^n 段的分段函数, 需要 $(k+1) \cdot 2^n$ 个基函数

下面采用文献 [15] 的资料：脸谱 30 个, 它们分别代表 30 个上市公司的财务状态, 每个脸谱涉及 11 个财务数据, 文献 [15] 利用财务软件根据这些数据绘制了 30 张 Chenroff 脸 (如图 7.3.1), 并通过这些脸谱, 凭借人眼直观分析了这 30 家上市公司的财务状态. 评价等级模板如图 7.3.2 所示.

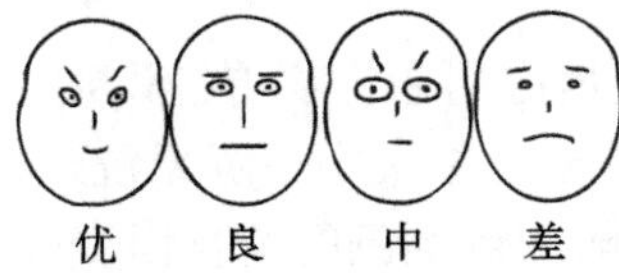

图 7.3.2 表示评价等级的 4 张模板 Chenroff 脸

利用 V-系统进行财务状态分析, 从计算出的定量描述 V-谱的数据给出评价等级 (见图 7.3.3, 数据见文献 [14]), 其评价结果与文献 [15] 中的分析一致.

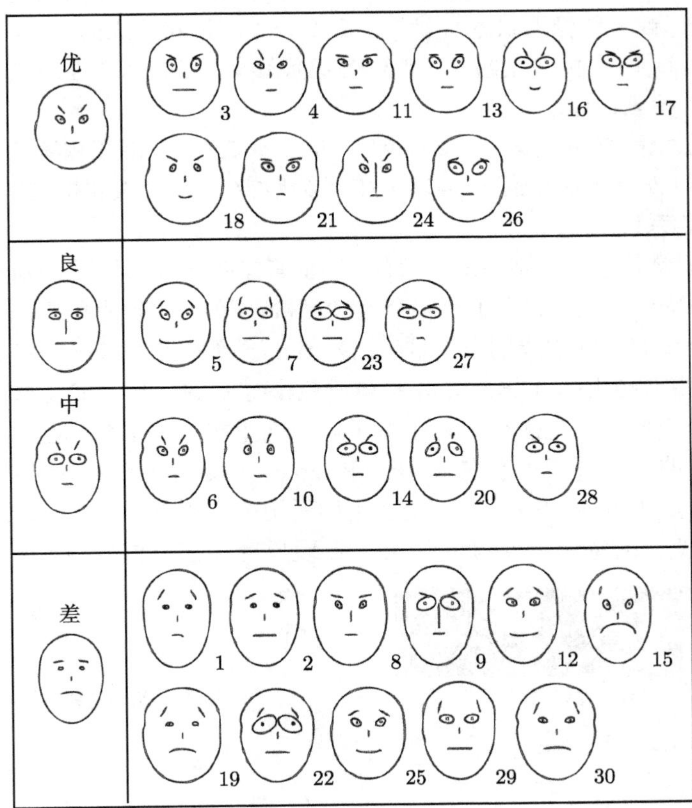

图 7.3.3 30 家上市公司 (30 张脸谱) 的评价等级

此外, 根据脸谱图的设计, 可以对公司的盈利能力、偿债能力、成长能力和运营能力作出定量判断. 通过对脸谱图的这种计算机自适应的分类评判, 可以使得面对繁杂的财务数据不知所措的人们, 快速准确地给出判断. 尤其对非专业人员, 在不知所云的财务数据面前, 更是提供了一种选择判断的捷径.

7.4 V-描述子在形状分类和检索中的探索

图像分类和检索已经广泛地应用在生物特征识别、医学研究、机器人视觉等领域. 形状是图像的核心特征之一, 也是人类视觉系统进行物体识别时所需要的关键信息之一, 图像的形状信息不随图像颜色的变化而变化, 是相对稳定的特征. 因此, 在图像检索方面, 基于形状的检索是一个共同关注的问题[20],[21].

在众多的形状检索技术中, 大多是针对单个闭合轮廓的研究, 而一个闭合轮廓的提取取决于图像分割的技术, 图像分割在理论上缺乏简单易行且准确可靠的通用方法, 如果图像分割得到的不是一个闭合轮廓, 而是由多个分离的轮廓组成的一个 "形状群组"; 或者图像形状本身就是由多个分离的形状构成的, 而这些分离的形状是一个整体特征, 不能分别检索 (如某些商标图像、交通标志等). 这样就出现了 "形状群组" 的检索问题.

由于 V-系统能够精确表示 "形状群组" 的全部边界, 并能在频域方便地得到其特征向量, 所以很自然地探索 V-描述子在 "形状群组" 的分类和检索中的应用. 这里采用 1 次 V-系统.

Fourier 变换是形状识别中最经典的方法, 首先给出 V-变换和 Fourier 变换在形状表达方面的一个比较. 由于有限个连续函数之和必为连续函数, 因此, 对于由若干个彼此分离的轮廓构成的形状群组, Fourier 变换不能用有限个描述子精确重构 (正如绪论中所指出的, Gibbs 现象不可避免), 而 V-系统因其基函数中含有间断函数, 因此 V-变换只需有限个描述子就可以精确重构. 图 7.4.1 是由 4 个分离的动物形状组成的形状群组分别在 V-变换和 Fourier 变换下的重构结果. 每个图下方的数字分别是 Fourier 变换和 V-变换重构所用描述子的个数. 从图 7.4.1 看出, 对于 Fourier 变换的每一个重构结果, Gibbs 现象都存在, 严重影响了重构精确度.

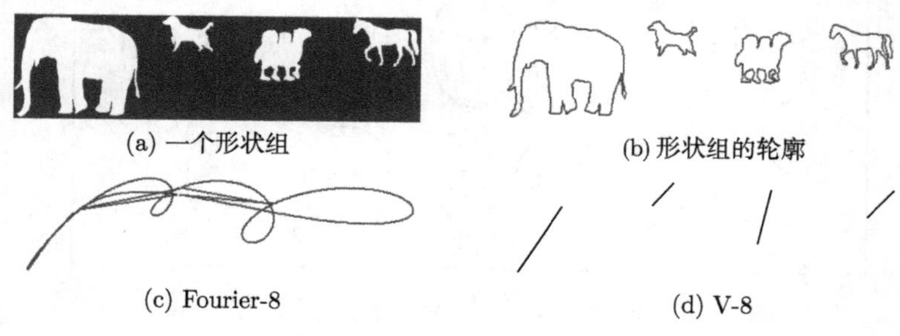

(a) 一个形状组 (b) 形状组的轮廓

(c) Fourier-8 (d) V-8

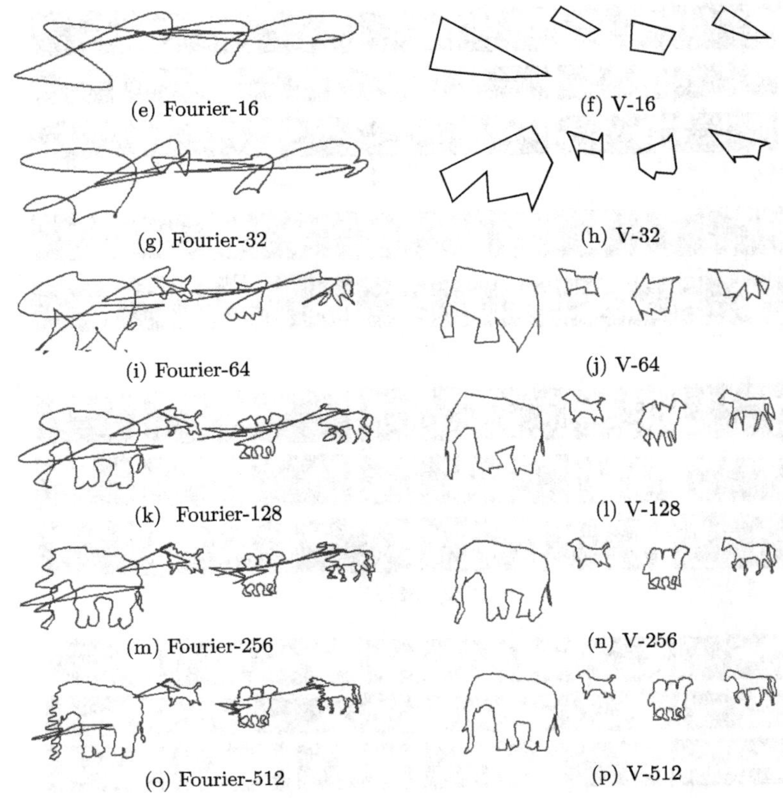

图 7.4.1　V-描述子和 Fourier 描述子对一个形状群组的重构

当描述子个数增加到 512 时, V-变换可以精确重构, 而 Fourier 变换不能. 事实上, 当 V-描述子达到 256 个时, 已经有令人满意的重构效果了. 将 V-变换的这个特性用于形状组的分类和检索, 将带来优势.

这里实验采用的形状群组数据库由 1660 个形状群组构成, 其中每个形状群组都是由 MPEG-7-PartB 中的若干个形状合成的 "形状群组", 数据库中含有 83 类, 每类 20 个形状组. 由于数据库中形状组种类过多, 在此不一一列出, 作为例子, 图 7.4.2 给出了数据库中形状群组的 4 类, 共计 80 个形状组.

对于分类和检索的效率分析, 采用通行的三种做法:

(1) 分类依据最近邻算法 (nearest neighbor), 即仅考虑最接近查询对象的那个形状组 (不含查询形状组本身) 是否与查询对象同类来计算正确率.

(2) 检索采用 "Bull's eye" 算法: 考虑最接近查询对象的 $2m$ 个形状组 (包含查询形状组本身), 来计算检索正确率, 这里 m 是每类形状群组中的形状群组数 (本节 $m = 20$).

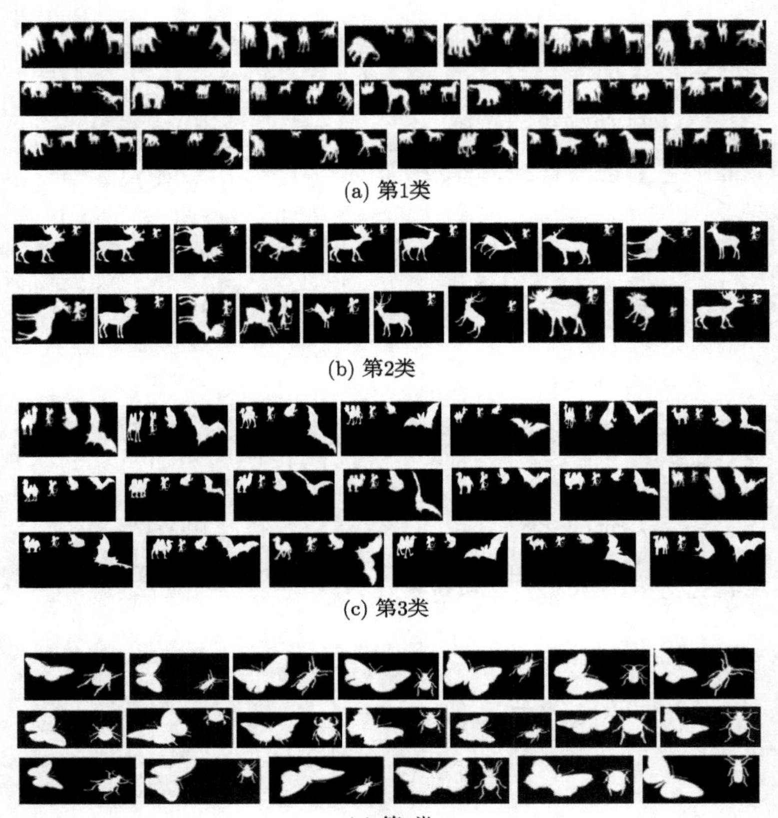

(a) 第1类

(b) 第2类

(c) 第3类

(d) 第4类

图 7.4.2　数据库中的 4 类形状群组

(3) 用 “Precision-Recall 曲线” 评价检索性能：对于每一个形状的前 n 个检索结果，曲线的横坐标是 Recall(查全率) $R = r/m$, 这里 r 是检索正确数，m 是每类形状中的形状数；曲线的纵坐标是 Precision(查准率) $P = r/n$. 用数据库中所有形状群组在 R 值相同时，对应的 P 值的平均值绘制.

除 Fourier 描述子之外，还选择 7 个不变矩、10 阶归一化中心矩以及 7 阶 Zernike 矩作为比较对象. 表 7.4.1 给出了分类和检索正确率的比较结果，实验结果的 Precision-Recall 曲线如图 7.4.3. 从实验结果明显看出，V-描述子优于所有比较方法，效率其次的是 Fourier 描述子，效率最低的是不变矩.

表 7.4.1　分类和检索效率比较(%)

评价方法	V-变换	Fourier	不变矩	中心矩	Zernike 矩
最近邻	**91.14**	85.96	37.77	54.16	68.43
Bull's eyes	**71.40**	69.22	27.89	37.28	49.12

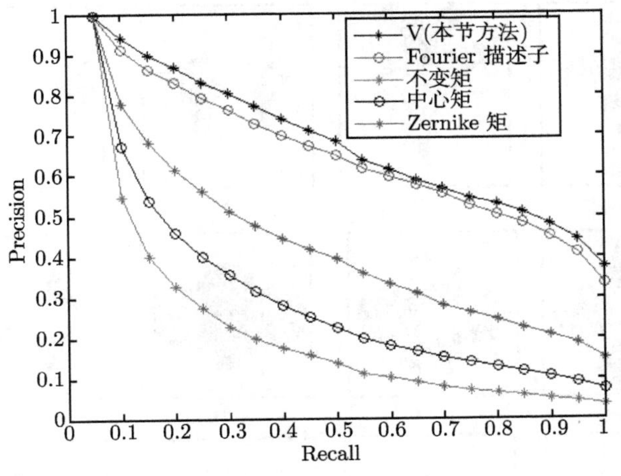

图 7.4.3 Precision-Recall 曲线

这里再次强调形状群组分类和检索的重要性, 它在某类带有多个形状相关性(此时不可分割成多个单一的形状) 的形状分类和检索中有重要意义, 如商标图像分类查同、遥感图像分类等.

7.5 空间三角网格模型的 V-描述子例题

上两节的例子都是计算平面上几何图组间的“距离”. 利用三角域上 1 次 V-系统可以计算出空间三角网格模型的 V-描述子. 在这个例子中给出 20 组各不相同的三角网格模型, 如图 7.5.1 所示.

每组模型都是由很多个三角面片组成, 网格模型组 1—4 是单个鱼模型, 每个鱼模型由 6000—8000 片三角面片组成. 模型 5—8 是由两个鱼模型组成的群组. 模型 9 和 10 是飞机模型, 每个模型大约有 9000 片左右. 而模型 11 和 12 是由这

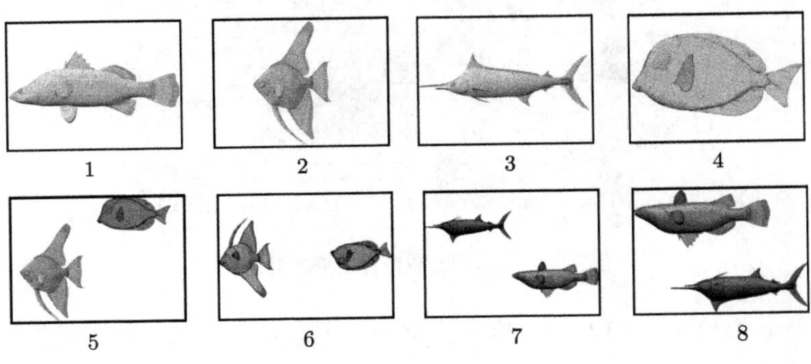

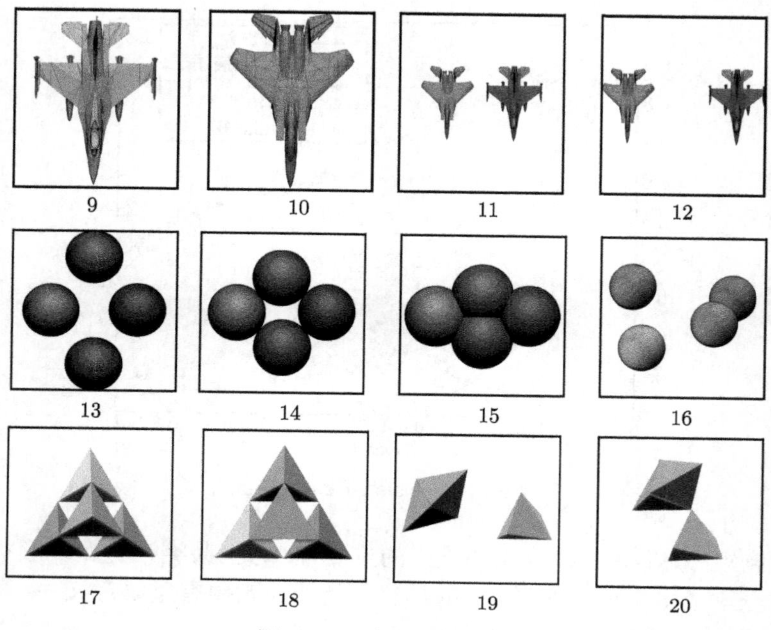

图 7.5.1　空间网格模型

两个飞机组成的群组. 模型 13—16 是球群组模型, 每组模型由 4 个相同的球组成, 只是相互位置关系不同. 每个球模型有 16384 个三角面片. 模型 17—20 由四个四面体组成, 每个四面体有四个三角面片.

利用模型的 V-描述子计算后得到它们之间的“距离”如图 7.5.2. 图中坐标为模型的序号. 模型间“距离”用伪彩表示, 而伪彩所代表的值由图右侧色棒给出, 旨在说明 V-描述子的可行性, 尚未包括对特定问题 (如分类、识别等) 必要的预处理.

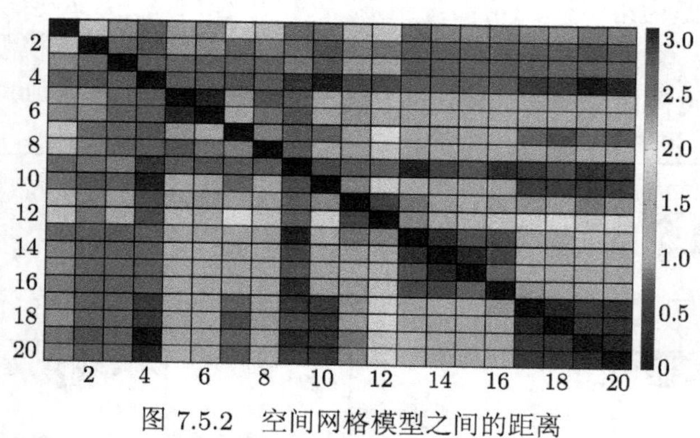

图 7.5.2　空间网格模型之间的距离

3D 模型分类检索是当前的研究热点之一, 目前流行的算法基本是针对单个模型进行的. 而 V-系统作为一类三角域上的正交函数系, 由于它的有限个基函数能够对三角网格模型实现精确重构, 特别是能够对模型群组实现精确重构, 这使得它在 3D 模型分类和检索中有特别的优势. 它不仅可以针对单个模型的检索, 更可以对模型群组进行检索, 这在群组模型的重用方面有重要应用价值. 如游戏场景设计、城市模型设计、雕塑群设计等, 都是模型群组的应用实例. 关于复杂的 3D 模型群组的分类和检索的实验见文献 [25], 在文献 [25] 中, 针对一个由 1250 个、被分成 125 类的 3D 模型群组构成的实验数据库进行了检索实验, 结果表明 V-描述子对 3D 模型群组的检索是成功的, 且通过与经典方法 —— 几何矩方法和轮廓特征向量方法的实验比较, 表明了 V-描述子的检索正确率有明显的优势.

7.6　图组中的子图次序问题

7.6.1　子图排序的影响

在整体图组里包含多个子图, 子图的不同排列次序, 其描述子可能并不相同, 这将导致同一对象的形状描述因次序的不同被错判成大有差别, 兹以算例说明.

现在给定一个由四段参数多项式曲线组成的图组 (见图 7.6.1). 对于这样的图组, 可以定义下面的四种不同的次序, 见图 7.6.2— 图 7.6.5.

用分段函数的形式把给定的四条参数曲线表达出来:

$$\varphi_{\mathrm{order}j}(t)=\begin{cases}\varphi^1_{\mathrm{order}j}(t), & 0\leqslant t<\dfrac{1}{4},\\ \varphi^2_{\mathrm{order}j}(t), & \dfrac{1}{4}\leqslant t<\dfrac{2}{4},\\ \varphi^3_{\mathrm{order}j}(t), & \dfrac{2}{4}\leqslant t<\dfrac{3}{4},\\ \varphi^4_{\mathrm{order}j}(t), & \dfrac{3}{4}\leqslant t\leqslant 1,\end{cases}\qquad j=1,2,3,4 \tag{7.6.1}$$

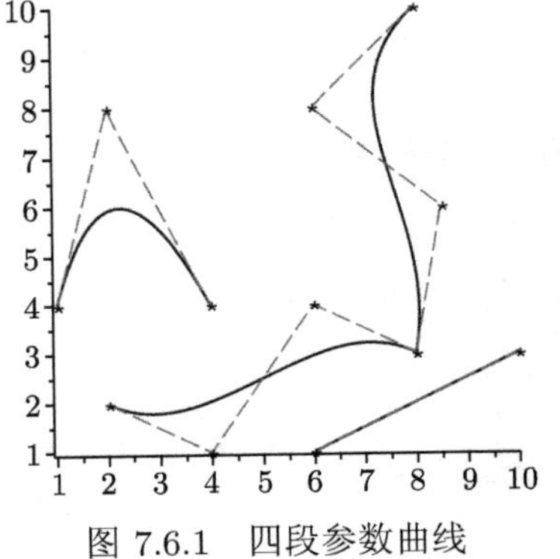

图 7.6.1　四段参数曲线

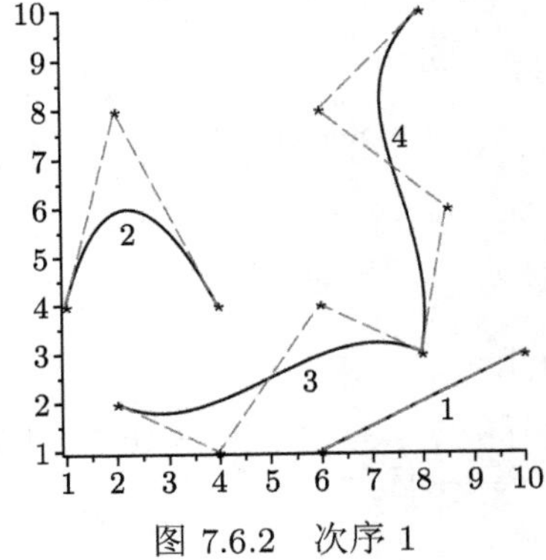

图 7.6.2　次序 1

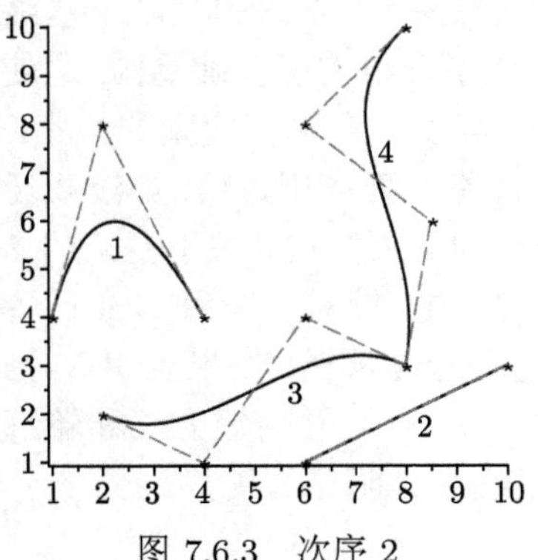

图 7.6.3　次序 2

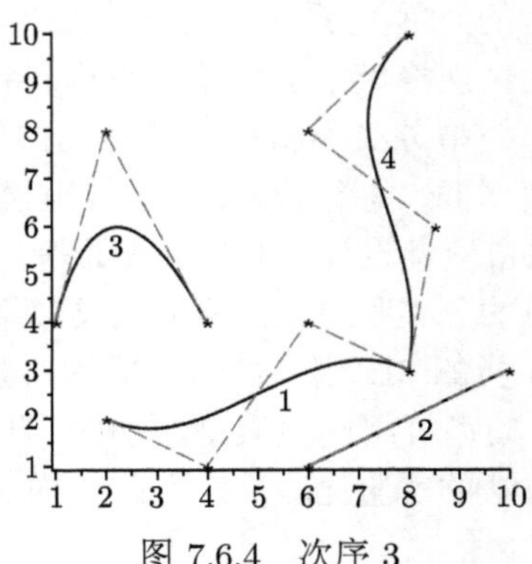

图 7.6.4　次序 3

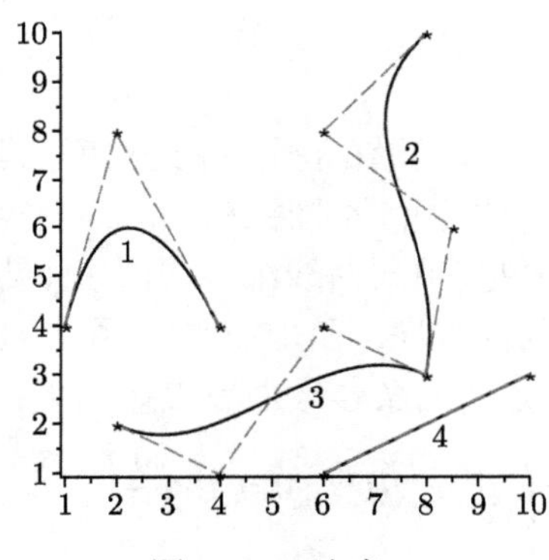

图 7.6.5　次序 4

其中次序 1：

$$\varphi_{\text{order1}}^{1}(t)=\begin{cases}x(t)=-16t+10,\\ y(t)=-8t+3,\end{cases}\qquad \varphi_{\text{order1}}^{2}(t)=\begin{cases}x(t)=16t^2-24t+9\\ y(t)=-128t^2+96t-12\end{cases}$$

$$\varphi_{\text{order1}}^{3}(t)=\begin{cases}x(t)=-24t+20\\ y(t)=512t^3-960t^2+588t-115\end{cases}$$

$$\varphi_{\text{order1}}^{4}(t)=\begin{cases}x(t)=-480t^3+1296t^2-1158t+350\\ y(t)=-64t^3+144t^2-132t+55\end{cases}$$

次序 2：

$$\varphi_{\text{order2}}^{1}(t)=\begin{cases}x(t)=16t^2-16t+4,\\ y(t)=-128t^2+32t+4,\end{cases}\qquad \varphi_{\text{order2}}^{2}(t)=\begin{cases}x(t)=-16t+14\\ y(t)=-8t+5\end{cases}$$

$$\varphi_{\text{order2}}^{3}(t)=\begin{cases}x(t)=-24t+20\\ y(t)=512t^3-960t^2+588t-115\end{cases}$$

$$\varphi_{\text{order2}}^{4}(t)=\begin{cases}x(t)=-480t^3+1296t^2-1158t+350\\ y(t)=-64t^3+144t^2-132t+55\end{cases}$$

次序 3:

$$\varphi_{\text{order3}}^{1}(t)=\begin{cases}x(t)=-24t+8\\ y(t)=512t^3-192t^2+12t+3\end{cases}$$

$$\varphi_{\text{order3}}^{2}(t)=\begin{cases}x(t)=-16t+14\\ y(t)=-8t+5\end{cases}$$

$$\varphi_{\text{order3}}^{3}(t)=\begin{cases}x(t)=16t^2-32t+16\\ y(t)=-128t^2+160t-44\end{cases}$$

$$\varphi_{\text{order3}}^{4}(t)=\begin{cases}x(t)=-480t^3+1296t^2-1158t+350\\ y(t)=-64t^3+144t^2-132t+55\end{cases}$$

次序 4:

$$\varphi_{\text{order4}}^{1}(t)=\begin{cases}x(t)=16t^2-16t+4\\ y(t)=-128t^2+32t+4\end{cases}$$

$$\varphi_{\text{order4}}^{2}(t)=\begin{cases}x(t)=-480t^3+576t^2-222t+35\\ y(t)=-64t^3+48t^2-36t+17\end{cases}$$

$$\varphi_{\text{order4}}^{3}(t)=\begin{cases}x(t)=-24t+20\\ y(t)=512t^3-960t^2+588t-115\end{cases}$$

$$\varphi_{\text{order4}}^{4}(t)=\begin{cases}x(t)=-16t+22\\ y(t)=-8t+9\end{cases}$$

对于包含 4 段子图的几何图组, 利用 3 次 V-系统作正交展开只需前 16 个基函数即可精确重构. 根据归一化描述子的定义, 得到上面 4 个函数的归一化描述子

$$\begin{aligned}D_{\text{order1}}=&[0.539, 1, 0.283, 0.191, 0.866, 0.306, 0.513, 0.121, 0.0718,\\ &0.209, 0.518, 0.0527, 0.0474, 0.164, 0.454]\end{aligned}$$

$$\begin{aligned}D_{\text{order2}}=&[0.881, 0.952, 0.7, 1, 0.848, 0.44, 0.543, 0.107, 0.101, 0.658,\\ &0.728, 0.0469, 0.0666, 0.583, 0.638]\end{aligned}$$

$$D_{\text{order3}} = [0.916, 0.514, 0.901, 0.401, 1, 0.0429, 0.327, 0.0294, 0.0421, 0.481, 0.483, 0.0327, 0.027, 0.42, 0.48]$$

$$D_{\text{order4}} = [1, 0.354, 0.405, 0.270, 0.672, 0.237, 0.162, 0.0324, 0.0228, 0.371, 0.37, 0.0209, 0.0251, 0.369, 0.324]$$

同一图组、其子图次序不同, 计算得到彼此距离 (Distance) 如表 7.6.1 所示.

表 7.6.1　子图不同次序的图组之间的距离 (V-Distance)

Distance	$\varphi_{\text{order1}}(t)$	$\varphi_{\text{order2}}(t)$	$\varphi_{\text{order3}}(t)$	$\varphi_{\text{order4}}(t)$
$\varphi_{\text{order1}}(t)$	0	1.195	1.038	0.9681
$\varphi_{\text{order2}}(t)$	1.195	0	0.9874	1.255
$\varphi_{\text{order3}}(t)$	1.038	0.9874	0	0.7197
$\varphi_{\text{order4}}(t)$	0.9681	1.255	0.7197	0

从表 7.6.1 的数据看出, 同一几何群组, 其子图排序有区别而被判定为是不同的 4 个图组, 显然不合理.

7.6.2　能量计算及分段 Legendre 多项式

一个简单的补充处理方案是用几何群组的"能量"来区分不同的几何群组. 也就是把不同几何群组之间的能量之差考虑进来, 对换序分段函数的正交分解, 可以看成函数固定不变, 而对正交函数系中函数换序. 于是, 由信号处理的 Parseval 定理 (又称能量守恒定理) 可知, 信号的能量在正交分解下不变.

对给定的几何对象, 经过平移、旋转、缩放变换, 应该被认为是同一个. 但相似变换对几何对象的能量有影响. 下面建议一种所谓 Legendre 基展开的方法, 它有助于几何对象的形状识别.

构造一组与 k 次 U、V-系统等价的正交基函数, 它由区间 $[0,1]$ 上 Legendre 多项式前 $k+1$ 个进行压缩与平移得到. 也就是说, 若等分区间 $[0,1]$ 为 N 个子区间 I_i, $i=1,2,\cdots,N$, 那么在每个子区间 I_i 上出现 k 次 Legendre 多项式, 而在 $[0,1]\backslash I_i$ 上为 0, $i=1,2,\cdots,N$. 例如, 上节中函数分为 4 段, 而分段函数的次数为 3 次, 需要 16 个 3 次分段 Legendre 多项式 $L_0(x), L_1(x), L_2(x), \cdots, L_{15}(x)$ 作为基函数, 对函数进行正交分解. 基函数如图 7.6.6 所示.

定义在分段 Legendre 多项式基下归一化描述子如下：

$$d_l(j) = \frac{\|l(j)\|}{\max\limits_{i\geqslant N+1}(\|l(i)\|)}, \quad j = N+1, N+2, \cdots, N(k+1)$$

其中相应于式 (7.1.2)~(7.1.4) 中的 $\lambda(j)$, 这里记为 $l(j)$; N 为区间 $[0,1]$ 上的分段

数, k 为分段 Legendre 多项式的次数. 此外, 舍去前 N 个描述子是为了保证平移不变性.

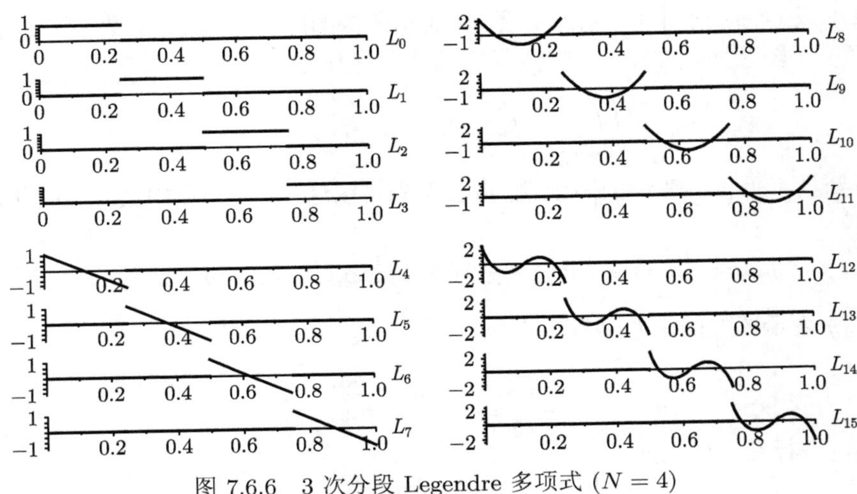

图 7.6.6 3 次分段 Legendre 多项式 ($N=4$)

根据这一定义, 得到 7.6.1 节的例题中函数 $\varphi_{\text{order1}}(t)$, $\varphi_{\text{order2}}(t)$, $\varphi_{\text{order3}}(t)$, $\varphi_{\text{order4}}(t)$ 的归一化描述子:

$$L_{\text{order1}}=[0.645,\ 0.432,\ 0.903,\ 1,\ 0,\ 0.301,\ 0.101,\ 0,\ 0,\ 0,\ 0.0755,\ 0.0710]$$

$$L_{\text{order2}}=[0.432,\ 0.645,\ 0.903,\ 1,\ 0.301,\ 0,\ 0.101,\ 0,\ 0,\ 0,\ 0.0755,\ 0.0710]$$

$$L_{\text{order3}}=[0.903,\ 0.645,\ 0.432,\ 1,\ 0,\ 0,\ 0.101,\ 0.301,\ 0.0755,\ 0,\ 0,\ 0.0710]$$

$$L_{\text{order4}}=[0.432,\ 1,\ 0.903,\ 0.645,\ 0.301,\ 0.101,\ 0,\ 0,\ 0,\ 0.0710,\ 0.0755,\ 0]$$

定义“距离”

$$\text{Distance}=\left|\|d_l^A(j)\|_2-\|d_l^B(j)\|_2\right|$$

采用这样定义的“距离”, 函数 $\{\Phi_{\text{order}i}(t), i=1,2,3,4\}$ 彼此的差别为 0.

7.7 矩 函 数

矩函数的概念来自于力学中的矩. 力矩是力对物体产生转动效应的量度. 概率论中矩的概念与力学中矩的概念是类似的, 如果将概率分布类比于物体的质量分布, 则数学期望相当于重心, 二阶矩相当于转动惯量, 等等. 由于各种矩在描述和确定概率分布时常起重要作用, 因而它们在概率论与数理统计中有广泛应用.

7.7.1　几何矩

几何矩是由 Hu 在 1962 年提出的[4], 将图像看作一个二维密度分布 $f(x,y)$, 函数值表示点 (x,y) 处图像像素的灰度, G 表示图像的区域, 也就是函数 $f(x,y)$ 的定义域. 那么, 图像函数 $f(x,y)$ 的 $(p+q)$ 阶几何矩定义为

$$m_{pq}=\iint_G x^p y^q f(x,y)\mathrm{d}x\mathrm{d}y,\quad p,q=0,1,2,\cdots$$

为了得到具有平移不变性的矩函数, 需要首先将图像平移到它的重心处, 因此定义中心矩:

$$\mu_{pq}=\iint_G (x-\bar{x})^p(y-\bar{y})^q f(x,y)\mathrm{d}x\mathrm{d}y,\quad p,q=0,1,2,\cdots$$

这里 $\bar{x},\bar{y}$ 表示图像的中心坐标,

$$\bar{x}=\frac{m_{10}}{m_{00}},\quad \bar{y}=\frac{m_{01}}{m_{00}}$$

对中心矩进行归一化, 记

$$\eta_{pq}=\frac{\mu_{pq}}{\mu_{00}^{\frac{p+q}{2}+1}}$$

Hu 提出了 7 个具有平移、旋转及尺度不变性的不变矩 (简称胡氏矩), 定义如下:

$$\begin{aligned}
\phi_1&=\eta_{20}+\eta_{02}\\
\phi_2&=(\eta_{20}-\eta_{02})^2+4\eta_{11}^2\\
\phi_3&=(\eta_{30}-3\eta_{12})^2+(3\eta_{21}-\eta_{03})^2\\
\phi_4&=(\eta_{30}+\eta_{12})^2+(\eta_{21}+\eta_{03})^2\\
\phi_5&=(\eta_{30}-3\eta_{12})(\eta_{30}+\eta_{12})[(\eta_{30}+\eta_{12})^2-3(\eta_{21}+\eta_{03})^2]\\
&\quad+(3\eta_{21}-\eta_{03})(\eta_{21}+\eta_{03})[3(\eta_{30}+\eta_{12})^2-(\eta_{21}+\eta_{03})^2]\\
\phi_6&=(\eta_{20}-\eta_{02})[(\eta_{30}+\eta_{12})^2-(\eta_{21}+\eta_{03})^2]+4\eta_{11}(\eta_{30}+\eta_{12})(\eta_{21}+\eta_{03})\\
\phi_7&=(3\eta_{12}-\eta_{30})(\eta_{30}+\eta_{12})[(\eta_{30}+\eta_{12})^2-3(\eta_{21}+\eta_{03})^2]\\
&\quad+(3\eta_{21}-\eta_{03})(\eta_{21}+\eta_{03})[3(\eta_{03}+\eta_{12})^2-(\eta_{12}+\eta_{03})^2]
\end{aligned}$$

这 7 个矩的数值差异较大, 而且可能出现负值, 因而实际采用的是先取绝对值再取对数的方法, 即 $\varphi_i=|\ln|\phi_i||,\ i=1,2,\cdots,7$. 几何矩的离散形式为

$$m_{pq}=\sum_{m=1}^{M}\sum_{n=1}^{N}x_m^p y_m^q f(x_m,y_m)$$

$$\mu_{pq}=\sum_{m=1}^{M}\sum_{n=1}^{N}(x-\bar{x})_m^p(y-\bar{y})_m^q f(x_m,y_m)$$

在三维模型中, 几何对象为 $f(x,y,z)$, 它的 $n=i+j+k$ 阶原点及中心连续矩分别为

$$m_{ijk}=\iiint_G x^i y^j z^k f(x,y,z)\mathrm{d}x\mathrm{d}y\mathrm{d}z$$
$$\mu_{ijk}=\iiint_G (x-\bar{x})^i (y-\bar{y})^j (z-\bar{z})^k f(x,y,z)\mathrm{d}x\mathrm{d}y\mathrm{d}z,\quad i,j,k=0,1,2,\cdots$$

这里 $\bar{x}$,$\bar{y}$,$\bar{z}$ 表示图像的中心坐标.

7.7.2 Zernike 矩

Hu 几何矩不是正交矩, 而且它们之间具有相关性. 具有正交性的矩函数, 其典型的代表是 Zernike 矩, 所谓 Zernike 多项式, 即

$$U_{pq}(r,\theta)=R_{pq}(r)\mathrm{e}^{\mathrm{i}q\theta} \tag{7.7.1}$$

其中 $R_{pq}(r)$ 为径向多项式, $\mathrm{i}=\sqrt{-1}$, p, q 为正整数, 并且满足 $p\geqslant|q|$, 且 $p-|q|$ 为偶数:

$$R_{pq}(r)=\sum_{i=0}^{(p-|q|)/2}\frac{(-1)^i(p-i)!r^{p-2i}}{i!\left(\dfrac{p+|q|}{2}-i\right)!\left(\dfrac{p-|q|}{2}-i\right)!},\quad p,q=0,1,2,\cdots$$

在实际应用中经常把 Zernike 多项式写成奇偶多项式的形式:

$$\begin{aligned}z_{-pq}(r,\theta)&=R_{pq}(r)\sin(r,\theta)\\z_{pq}(r,\theta)&=R_{pq}(r)\cos(r,\theta)\end{aligned} \tag{7.7.2}$$

图 7.7.1 给出了前 15 个 Zernike 多项式的图像.

由于 Zernike 多项式构成一个完备正交集, 使得能够用较少的矩来近似重建图像, 因而在特征表达能力方面具有明显的优越性, 尽管它的计算相对复杂.

在计算 Zernike 矩时, 首先要将图像从直角坐标系映射到单位圆内的极坐标系, 选择图像的中心作为圆心, 这样就能够保证矩的平移不变性. 为了得到旋转不变性, 将 Zernike 矩定义为

$$Z_{pq}=\int_0^{2\pi}\int_0^1 f(r,\theta)U_{pq}(r,\theta)^*\mathrm{d}\theta\mathrm{d}r$$

$*$ 表示复共轭. 如果图像由 $m\times n$ 个像素组成, 则 Zernike 矩可写成离散形式:

$$Z_{pq}=\frac{p+1}{\pi(m-1)(n-1)}\sum_{x=1}^{m}\sum_{y=1}^{n}U_{pq}(r,\theta)^*f(x,y)$$

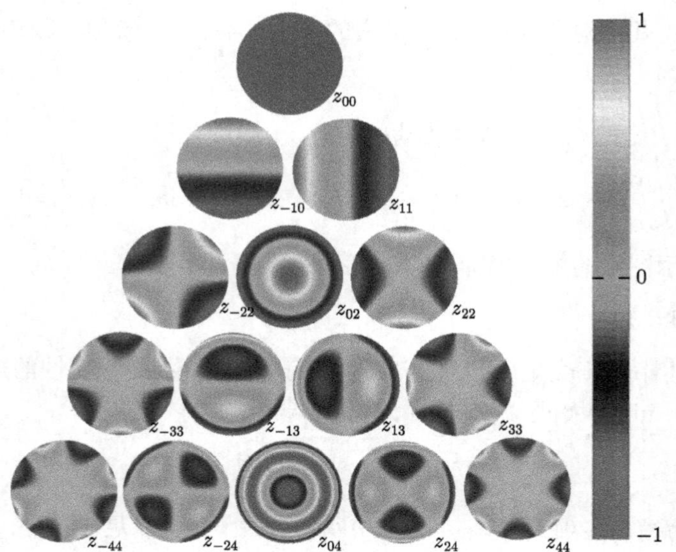

图 7.7.1　Zernike 多项式

其中 $f(x,y)$ 为图像, $r=\sqrt{\dfrac{(x^2+y^2)}{m\cdot n}}$, $\theta=\arctan\left(\dfrac{y}{x}\right)$.

7.8　关于球面调和函数

将球面调和函数与 U、V-系统结合起来, 可以在三维模型检索问题上给出有效的应用. 为此本节介绍有关球面调和函数知识. 所谓球面调和函数, 也称球谐函数, 它是球坐标下 Laplace 方程的解. Laplace 方程表示为 $\Delta\psi=0$, 其中算符 Δ 在三维情形, 其直角坐标与球坐标的表示分别为

$$\Delta\psi=\frac{\partial^2\psi}{\partial x^2}+\frac{\partial^2\psi}{\partial y^2}+\frac{\partial^2\psi}{\partial z^2}$$

$$\Delta\psi=\frac{1}{r^2}\frac{\partial}{\partial r}\left(r^2\frac{\partial\psi}{\partial r}\right)+\frac{1}{r^2\sin\theta}\frac{\partial}{\partial\theta}\left(\sin\theta\frac{\partial\psi}{\partial\theta}\right)+\frac{1}{r^2\sin^2\theta}\frac{\partial^2\psi}{\partial\phi^2}\tag{7.8.1}$$

设定球坐标下的函数 $f(r,\theta,\phi)=R(r)\Theta(\theta)\Psi(\psi)$, 代入 Laplace 方程, 用分离变量法得到

$$\frac{1}{\Phi(\phi)}\frac{\mathrm{d}^2\Phi(\phi)}{\mathrm{d}\phi^2}=-m^2$$

$$l(l+1)\sin^2(\theta)+\frac{\sin(\theta)}{\Theta(\theta)}\frac{\mathrm{d}}{\mathrm{d}\theta}\left[\sin(\theta)\frac{\mathrm{d}\Theta}{\mathrm{d}\theta}\right]=m^2$$

在三维球系统的研究中引入了 l 阶 Legendre 多项式 $P_l(x)$, 可用 Rodrigul 公式表示为 (见式 (1.3.1))

$$P_l(x) = \frac{1}{2^l l!}\frac{\mathrm{d}^l}{\mathrm{d}x^l}(x^2-1)^l$$

满足微分方程

$$(1-x^2)\frac{\mathrm{d}^2 y}{\mathrm{d}x^2} - 2x\frac{\mathrm{d}y}{\mathrm{d}x} + l(l+1)y = 0$$

并且有正交性：

$$\langle P_l(x), P_{l'}(x)\rangle = 0, \quad l \neq l'$$

从 Legendre 多项式的导函数派生的如下多项式

$$P_n^m(x) = (-1)^m(1-x^2)^{m/2}\frac{\mathrm{d}^m P_n(x)}{\mathrm{d}x^m}$$

称为关联 Legendre 多项式, 它们满足正交性条件

$$\langle P_l^m(x), P_{l'}^{m'}(x)\rangle = 0, \quad l \neq l'$$

由于对奇数 $m \leqslant n$, $P_n^m(x)$ 包含 $\sqrt{1-x^2}$, 因此不是严格的多项式. 通常的 Legendre 多项式就是这里 $m=0$ 的特殊情形.

球面调和函数, 记为 $Y_l^m(\theta,\phi)$, 与关联 Legendre 多项式联系在一起, 令

$$Y_l^m(\theta,\phi) = \sqrt{\frac{2l+1(l-m)!}{4(l+m)!}}P_l^m(\cos\theta)\mathrm{e}^{\mathrm{i}m\phi}$$

满足正交关系：

$$\langle Y_l^m(x), Y_{l'}^{m'}(x)\rangle = 0, \quad l \neq l'$$

$$Y_l^m(\theta,\phi) = \begin{cases} \sqrt{2}K_l^m\cos(m\phi)P_l^m(\cos\theta), & m>0 \\ \sqrt{2}K_l^m\sin(-m\phi)P_l^{-m}(\cos\theta), & m<0 \\ K_l^0 P_l^0(\cos\theta), & m=0 \end{cases} \tag{7.8.2}$$

其中

$$K_l^m = \sqrt{\frac{(2l+1)(l-|m|)!}{4\pi(l+|m|)!}}, \quad l=0,1,2,3,\cdots, \quad m=-l,\cdots,l$$

为球谐函数的正交化因子.

$l=0$：

$$Y_0^0(\theta,\phi) = \frac{1}{2}\sqrt{\frac{1}{\pi}}$$

$l=1$:

$$
\begin{aligned}
Y_1^{-1}(\theta,\phi)=&\frac{1}{2}\sqrt{\frac{3}{2\pi}}\mathrm{e}^{-\mathrm{i}\phi}\sin\theta=\frac{1}{2}\sqrt{\frac{3}{2\pi}}\frac{(x-\mathrm{i}y)}{r}\\
Y_1^{0}(\theta,\phi)=&\frac{1}{2}\sqrt{\frac{3}{\pi}}\cos\theta=\frac{1}{2}\sqrt{\frac{3}{\pi}}\frac{z}{r}\\
Y_1^{1}(\theta,\phi)=&\frac{-1}{2}\sqrt{\frac{3}{2\pi}}\mathrm{e}^{\mathrm{i}\phi}\sin\theta=\frac{-1}{2}\sqrt{\frac{3}{2\pi}}\frac{(x+\mathrm{i}y)}{r}
\end{aligned}
$$

$l=2$:

$$
\begin{aligned}
Y_2^{-2}(\theta,\phi)=&\frac{1}{4}\sqrt{\frac{15}{2\pi}}\mathrm{e}^{-2\mathrm{i}\phi}\sin^2\theta=\frac{1}{4}\sqrt{\frac{15}{2\pi}}\frac{(x-\mathrm{i}y)^2}{r^2}\\
Y_2^{-1}(\theta,\phi)=&\frac{1}{2}\sqrt{\frac{15}{2\pi}}\mathrm{e}^{-\mathrm{i}\phi}\sin\theta\cos\theta=\frac{1}{2}\sqrt{\frac{15}{2\pi}}\frac{(x-\mathrm{i}y)z}{r^2}\\
Y_2^{0}(\theta,\phi)=&\frac{1}{4}\sqrt{\frac{5}{\pi}}(3\cos^2\theta-1)=\frac{1}{4}\sqrt{\frac{5}{\pi}}\frac{-x^2-y^2+2z^2}{r^2}\\
Y_2^{1}(\theta,\phi)=&\frac{-1}{2}\sqrt{\frac{15}{2\pi}}\mathrm{e}^{\mathrm{i}\phi}\sin\theta\cos\theta=\frac{-1}{2}\sqrt{\frac{15}{2\pi}}\frac{(x+\mathrm{i}y)z}{r^2}\\
Y_2^{2}(\theta,\phi)=&\frac{1}{4}\sqrt{\frac{15}{2\pi}}\mathrm{e}^{2\mathrm{i}\phi}\sin^2\theta=\frac{1}{4}\sqrt{\frac{15}{2\pi}}\frac{(x+\mathrm{i}y)^2}{r^2}
\end{aligned}
$$

$l=3$:

$$
\begin{aligned}
Y_3^{-3}(\theta,\phi)=&\frac{1}{8}\sqrt{\frac{35}{\pi}}\mathrm{e}^{-3\mathrm{i}\phi}\sin^3\theta=\frac{1}{8}\sqrt{\frac{35}{\pi}}\frac{(x-\mathrm{i}y)^3}{r^3}\\
Y_3^{-2}(\theta,\phi)=&\frac{1}{4}\sqrt{\frac{105}{2\pi}}\mathrm{e}^{-2\mathrm{i}\phi}\sin^2\theta\cos\theta=\frac{1}{4}\sqrt{\frac{105}{2\pi}}\frac{(x-\mathrm{i}y)^2z}{r^3}\\
Y_3^{-1}(\theta,\phi)=&\frac{1}{8}\sqrt{\frac{21}{\pi}}\mathrm{e}^{-\mathrm{i}\phi}\sin\theta(5\cos^2\theta-1)=\frac{1}{8}\sqrt{\frac{21}{\pi}}\frac{(x-\mathrm{i}y)(4z^2-x^2-y^2)}{r^3}\\
Y_3^{0}(\theta,\phi)=&\frac{1}{4}\sqrt{\frac{7}{\pi}}(5\cos^3\theta-3\sin\theta)=\frac{1}{4}\sqrt{\frac{7}{\pi}}\frac{z(2z^2-3x^2-3y^2)}{r^3}\\
Y_3^{1}(\theta,\phi)=&\frac{-1}{8}\sqrt{\frac{21}{\pi}}\mathrm{e}^{\mathrm{i}\phi}\sin\theta(5\cos^2\theta-1)=\frac{-1}{8}\sqrt{\frac{21}{\pi}}\frac{(x+\mathrm{i}y)(4z^2-x^2-y^2)}{r^3}\\
Y_3^{2}(\theta,\phi)=&\frac{1}{4}\sqrt{\frac{105}{2\pi}}\mathrm{e}^{2\mathrm{i}\phi}\sin^2\theta\cos\theta=\frac{1}{4}\sqrt{\frac{105}{2\pi}}\frac{(x+\mathrm{i}y)^2z}{r^3}\\
Y_3^{3}(\theta,\phi)=&\frac{-1}{8}\sqrt{\frac{35}{\pi}}\mathrm{e}^{3\mathrm{i}\phi}\sin^3\theta=\frac{-1}{8}\sqrt{\frac{35}{\pi}}\frac{(x+\mathrm{i}y)^3}{r^3}
\end{aligned}
$$

式 (7.8.2) 对实值情形, 图 7.8.1 给出 $\mathrm{Re}|Y_l^m(\theta,\phi)|$ 的示意图. 图中的色棒给出了函数取值的情况 (见彩图).

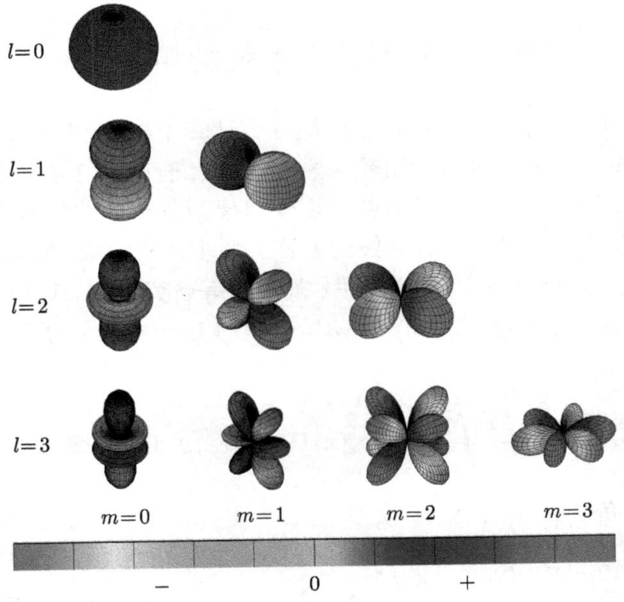

图 7.8.1 实值球谐函数, $l = 0, 1, 2, 3$, 自上而下 ($m = 0, 1, 2, 3$, 从左到右)

第 m 阶球谐函数有 $l(l+1)+m$ 个基函数. 有时为了方便, 记为单下标序列:

$$Y_l^m(\theta,\phi) = Y_i(\theta,\phi), \quad i = l(l+1)+m$$

利用球谐函数, 对空间数据点作拟合的最小二乘法, 可简述如下：设采样点数目为 N, 取质心为坐标原点, 第 i 个采样点的坐标为 $V_i = (x_i, y_i, z_i)$, 利用关系式

$$\begin{aligned}
R_i &= \sqrt{x_i^2 + y_i^2 + z_i^2} \\
\theta_i &= \arccos\frac{z_i}{R_i} \\
\phi_i &= \arctan\frac{y_i}{x_i}, \quad \arctan\frac{y_i}{x_i} > 0 \\
\phi_i &= 2\pi + \arctan\frac{y_i}{x_i}, \quad \arctan\frac{y_i}{x_i} < 0
\end{aligned}$$

求 $C_j = (\xi_j, \eta_j, \zeta_j)$, 满足

$$\|E\|^2 = \left\| \sum_{i=1}^{N} \left[V_i - \sum_{j=0}^{M} C_j Y_j(\theta_i, \phi_i) \right]^2 \right\|^2 = \min$$

7.9　基于 U、V-系统的矩函数

高阶几何矩由于涉及高次多项式, 可能导致计算不稳定, 特征空间维数扩展受到制约, 对大规模数据库的有效检索受到影响, 因此, 有必要寻求某种扩展的矩. 由于 U、V-系统是正交的, 相应的矩函数可以使得模型分解后的信息具有独立性, 没有信息的冗余. 又由于 k 次 U、V-系统由 k 次分段多项式组成, 那么在计算过程中, 能够避免高次多项式计算. 李华、李宗民、刘玉杰等研究了 U、V-系统下的矩函数.

区间 $[-1,1]\times[-1,1]$ 上 $f(x,y)$ 的 $m+n$ 阶的 Legendre 矩函数是一种正交矩, 定义为

$$\lambda_{mn}=\frac{(2m+2)(2n+1)}{4}\int_{-1}^{1}\int_{-1}^{1}P_m(x)P_n(y)f(x,y)\mathrm{d}x\mathrm{d}y,\quad m,n=0,1,2,\cdots$$

由于 $P_m(x)$ 在区间 $[-1,1]$ 上为 m 次多项式, 于是 λ_{mn} 可以写成

$$\begin{aligned}\lambda_{mn}=&\frac{(2m+2)(2n+1)}{4}\int_{-1}^{1}\int_{-1}^{1}\sum_{i=0}^{m}a_{mi}x^i\sum_{j=0}^{n}a_{nj}y^jf(x,y)\mathrm{d}x\mathrm{d}y\\=&\frac{(2m+2)(2n+1)}{4}\sum_{i=0}^{m}a_{mi}\sum_{j=0}^{n}a_{nj}\int_{-1}^{1}\int_{-1}^{1}x^iy^jf(x,y)\mathrm{d}x\mathrm{d}y\\=&\frac{(2m+2)(2n+1)}{4}\sum_{i=0}^{m}a_{mi}\sum_{j=0}^{n}a_{nj}M_{ij}\end{aligned}$$

这个表达式显示了 m 阶 Legendre 矩与几何矩之间的关系. 注意到 k 次 U-系统建立的出发点, 是对给定次数为 k 的情况下, 将 Legendre 多项式向 k 次分段多项式的推广, 于是类比 Legendre 矩函数, 希望能定义一类避免高次多项式计算的 U-矩.

刘玉杰研究了三维 U-系统矩以及在三维模型检索中的应用.

设 $U_0,U_1,U_2,\cdots$ 表示 k 次 U-系统的函数序列, 模型 $f(x,y)$ 所在的空间记为 G. 定义

$$m_{pqr}=\int\int\int_G U_p(x)U_q(y)U_r(z)f(x,y,z)(\mathrm{d})G$$

其逆变换为

$$f(x,y,z)=\sum_{p=0}^{P-1}\sum_{q=0}^{Q-1}\sum_{r=0}^{R-1}m_{pqr}U_p(x)U_q(y)U_r(z)$$

这里 P, Q, R 表示 x,y,z 方向选择基函数的数目. 文献 [16] 针对 $k=1$ 的情形, 给出具体计算过程, 并对 Princeton 三维检索数据库 PSB(prenceton shape benchmark) 中 193 个模型, 共分为 52 个类, 包括人体、鱼、飞机、坦克、汽车等, 遵照 PSB 数据

库的规则进行检索能力测试, 按照 Precision-Recall 曲线来评价检索性能, 文献 [16] 给出 U-矩与几何矩及 Zernike 矩的比较.

李宗民等提出了基于 V-矩函数的方法, 概述如下: 首先, 选取定义在球面上的正交函数 $\{S_l^m(\theta,\phi)\}$, 及径向函数 $\{R_{nl}^m(r)\}$, 相应的矩函数定义为

$$\mu_{nl}^m = \iiint_G f(r,\theta,\phi)\overline{R_{nl}^m(r)S_l^m(\theta,\phi)}\mathrm{d}\theta\mathrm{d}\phi\mathrm{d}r, \quad 0 \leqslant \theta \leqslant \pi, 0 \leqslant \phi \leqslant 2\pi$$

球面上基函数取 Legendre 多项式

$$Y_l^m(\theta,\phi) = \sqrt{\frac{2l+1(l-m)!}{4\pi(l+m)!}}P_l^m(\cos\theta)\mathrm{e}^{\mathrm{i}m\phi}$$

径向函数选自 V-系统, 于是记 V-矩函数

$$\begin{cases} V_{nl}^m(r,\theta,\phi) = \nu_{k_{l\times l+2m}}(r)Y_l^m(\theta,\phi), & m \geqslant 0 \\ V_{nl}^m(r,\theta,\phi) = \nu_{k_{l\times l+2|m|-1}}(r)Y_l^m(\theta,\phi), & m < 0 \end{cases}$$

(其中 ν 为 V-系统的基函数). 那么, 对象 $f(r,\theta,\phi)$ 相应的 V-矩为

$$\mu_{nl}^m = \frac{3}{4\pi}\int_0^1\int_0^\pi\int_0^{2\pi} f(r,\theta,\phi)V_{nl}^m(r,\theta,\phi)r^2\sin\theta\mathrm{d}\theta\mathrm{d}\phi\mathrm{d}r$$

这种方法及其应用详见文献 [17−19].

小 结

基于形状的 2 维与 3 维模型检索问题是目前比较活跃的研究领域. 本章基于这一背景, 探索性地类比建立了 U、V-系统下的描述子与矩函数. 本章提供的算例表明, 这是可行的方法. 鉴于实用背景问题的复杂性, 正如文献 [20], [21] 等综述中所说, 总体上, 此类研究尚处于初级阶段, 有许多问题有待研究. 针对图像处理问题的全面而系统论述可见文献 [22].

问题与讨论

1. 探讨新的矩函数

改进或建立新的矩函数, 使之提高实用效率, 是值得深入展开的工作. 为了降低计算量开销, 李宗民建议了一种 Bézier 矩和 B- 样条矩, 其优点在于利用计算几何方法得到矩函数的简洁递推算法. 为了使形状相似性的比较建立在更为可靠的基础上, 对原有几何矩定义中的密度函数经过变换得到新的密度函数. 使能突出或者扩大形状之间的差别. 详见文献 [23].

2. 三维矩不变量

三维矩不变量可以应用到模型检索及对象识别等重要实际问题中. 徐东运用一种直观的基于几何基元的方法来推导三维矩不变量, 使得不变量的阶数能任意增加[24]. 使用符号计算软件, 可以求出所有矩不变量的显式表达式. 各个独立的三维矩不变量可以用来描述三维物体的形状特征, 这是值得注意的研究方向.

3. 关于 2D 及 3D 模型检索等问题

本章所述 U、V-描述子与矩函数的内容, 其应用背景之一是 2D 及 3D 模型检索. 然而, 鉴于本书的宗旨, 这一章及后两章所涉及的应用研究, 仍属探索与尝试, 并非模型检索实际问题的完整解决方案. 基于 U、V-系统针对模型检索开展深入研究, 将是今后的研究课题.

参考文献

[1] 王涛, 刘文印, 孙家广, 张宏江. 傅里叶描述子识别物体的形状. 计算机研究与发展, 2002, 39(12): 1714–1719.

[2] Zahn C T, Roskies R Z. Fourier descriptors for plane closed curves. *IEEE Transactions on Computers*, 1972, c-21(3): 269–281.

[3] Kauppien H, Sepanen T. An experiment comparison of autoregressive and fourier-based descriptors in 2D shape classification. *IEEE Transactions on PAMI*, 1995, 17(2): 201–207.

[4] Hu M K. Visual pattern recognition by moment invariants. *IRE Transactions on Information Theory*, 1962, 8(2): 179–181.

[5] 杨翔英, 章毓晋. 小波轮廓描述符绩在图像查询中的应用. 计算机学报, 1999, 22(7): 752–757.

[6] 天行客. 溯源世界 17 大原始人种. http://blog.thmz.com/user1/2673/archives/2007/16843.htm. 2007-9-8.

[7] http://img.liecheng.com/upload/bbs/bigimg/20070323080400.jpg.

[8] Chernoff H. The use of faces to represent points in k-dimensional space graphically. *Journal of the American Statistical Association*, 1973, 68: 361–368.

[9] Bruckner L A. On chernoff faces. Symposium on Graphical Representation of Multivariate Date, Naval Postgraduate School, Monterey, California.

[10] Astel K. Classification of drinking water samples using the chernoff's faces visualization approach. *Polish Journal of Environmental Studies*, 2006, 15(5): 691–697.

[11] Leea D L, Butaviciusa M A, Reilly R E. Visualizations of binary data: a comparative evaluation. *International Journal of Human-Computer Studies*, 2003, 59: 569–620.

[12] 任永功, 于戈. 一种多维数据的聚类算法及其可视化研究. 计算机学报, 2005, 28(11).

[13] Xu R, Donald W H. Survey of clustering algorithms. *IEEE Transaction on Neural network*, 2005, 16(3): 645–678.

[14] Song R X, Zhao Z X, Wang X C. An application of the V-system to the clustering of cherno. faces. *Computers and Graphics*, 2010, 34: 529–536.

[15] 舒晓惠. 上市公司财务绩效的评价方法研究. 暨南大学硕士学位论文, 2005.

[16] 刘玉杰. 基于形状的三维模型检索若干关键技术研究. 中国科学院计算技术研究所博士学位论文, 2006.

[17] Li Z M, Men X P, Liu Y J, Li H. 3D model retrieval based on V system rotation invariant moments. *The 3nd International Conference on Natural Computation*, 2007: 565–569.

[18] Liu Y J, Yao X L, Li Z M, Men X P. SHREC'08 entry: 3D model retrieval based on the V system invariant moment. *IEEE International Conference on Shape Modeling and Applications*, 2008: 249–250.

[19] Li Z M, Men X P, Li H. 3D model retrieval based on U system rotation invariant moments. *2nd International Conference on Pervasive Computing and Applications*, 2007: 183–188.

[20] 郑伯川, 彭维, 张引, 叶修梓, 张三元. 3D 模型检索技术综述. 计算机辅助设计与图形学报, 2004, 16(7): 873–881.

[21] 崔晨旸, 石教英. 三维模型检索中的特征提取技术综述. 计算机辅助设计与图形学报, 2004, 16(7): 882–889.

[22] 王耀明. 图像的矩函数 —— 原理、算法及应用. 上海: 华东理工大学出版社, 2002.

[23] 李宗民. 矩方法及其在几何形状描述中的应用. 中国科学院计算技术研究所博士学位论文, 2005.

[24] 徐东. 三维几何矩不变量研究及其应用. 中国科学院计算技术研究所博士学位论文, 2008.

[25] Song Ruixia, Yao Dongxing, Wang Xiaochun, Li Jian, et al. Retrieval method for 3D object group based on V-system// Proceedings of *2011 Asian Conference on Design and Digital Engineering*, 2011: 42–47.

第 8 章　几何模型的 V- 系统表达及其实现

在方兴未艾的现代网络及 3G 环境下, 几何造型技术也已经成为信息交流的不可缺少的基础性工具, 尤其二维及三维场景表述、理解, 进而分类识别等问题成为当前的焦点. 如果说此前 CAGD 侧重在局部表达及局部特征分析, 那么当前 CAGD 研究与应用已经进入更高的层次. “点云” 数据获取与逆向工程的出现, 更推动了计算机图形学向复杂群组形态的三维几何模型识别与检索方向发展[1],[2]. 这里首要问题是三维群组形态的数学表达, 本章将介绍用 U、V- 系统来表达几何对象的详细算法.

在前面的章节中分别讨论了 U- 系统和 V- 系统的构造方法及与其相关的数学性质. 本章的重点将转移到算法的设计和实现上. 首先, 简要地介绍曲面的表达方法, 特别针对三角网格模型及几种常用的网格数据格式做进一步的说明. 因为三角网格模型是本章描述算法处理的主要对象. 这一章的主要内容是, 如何利用三角域上的 V- 系统对三角网格数据进行正交重构. 相关的算法及实现会在本章给出. 最后, 给出实验例子供读者参考.

本章的注意力主要集中在“如何实现”上而不是数学描述. 这里给出的实现方法只是为算法研究搭建实验平台, 并非描述完整的实用软件设计流程. 为了描述的简便, 除了特别声明以外, 在本章中提到 V- 系统时指的都是三角域上的线性 V- 系统. 当需要 U- 系统时, 实施的过程完全一致, 不另赘述.

8.1　三角网格模型

在几何学里, 三维空间中的曲面的参数形式写为

$$\begin{cases} x = x(u,v) \\ y = y(u,v) \\ z = z(u,v) \end{cases}$$

其中 u, v 在 (u, v) 平面内某个区域变动.

计算机图形学中大量的曲面是用参数形式给出的, 例如张量积形式的曲面造型方法已经成为现今 CAD 软件的标准造型工具[3]−[5],. 而在动画、游戏等产业, 细分曲面[6] 和三角网格[7] 是主要的曲面表达手段. 本章中所描述的算法都是以三角网格模型为处理对象.

三角网格模型是由一些独立的三角片组成. 一个比较自然的想法是用分片的线性函数来表示整个三角网格模型. 而模型中的所有三角片分别定义在函数定义域的不同子区域上. 根据这一想法, 需要定义这样的一个函数:

$$f:\Omega\to\mathcal{M}$$

在参数域 $\Omega\subset\mathbb{R}^2$ 和三角网格 $\mathcal{M}=f(\Omega)\subset\mathbb{R}^3$ 之间建立映射.

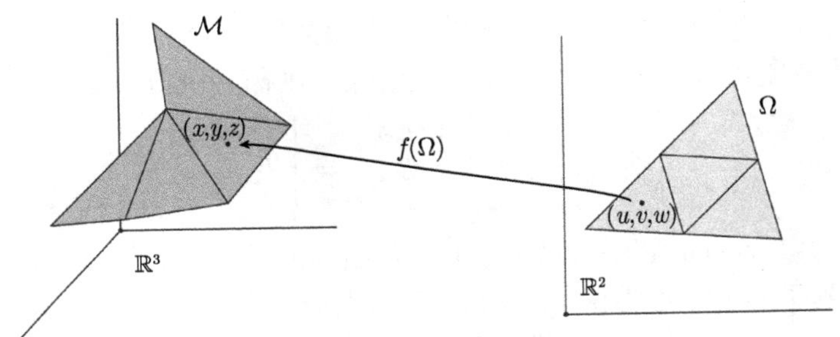

图 8.1.1 参数域 Ω 到网格的映射

现在来看一下最简单的情形, 也就是网格模型仅由一个三角面片组成. 此三角面片的顶点为 A,B,C, 从 1.10 节中面积坐标的内容得知, 参数域 Ω 的顶点 T_1,T_2,T_3 的面积坐标为

$$T_1=(1,0,0),\quad T_2=(0,1,0),\quad T_3=(0,0,1)$$

因此得到参数域 Ω 上网格模型的参数表达:

$$f(\Omega)=Au+Bv+Cw \tag{8.1.1}$$

为了算法实现的便利, 把式 (8.1.1) 写成矩阵的形式:

$$\begin{bmatrix}f_x(\Omega)\\f_y(\Omega)\\f_z(\Omega)\end{bmatrix}=\begin{bmatrix}A_x&B_x&C_x\\A_y&B_y&C_y\\A_z&B_z&C_z\end{bmatrix}\begin{bmatrix}u\\v\\w\end{bmatrix}$$

其中, $\{A_x,B_x,C_x\}$, $\{A_y,B_y,C_y\}$, $\{A_z,B_z,C_z\}$ 为三角面片的顶点 A,B,C 的直角坐标.

从面积坐标的内容知道, 三角网格模型的面片上任意一点 P 都可以用参数方程来表示, 其中

$$u+v+w=1,\quad u\geqslant 0,\quad v\geqslant 0,\quad w\geqslant 0$$

假设三角网格模型有 k 个三角面片. 这时候只需要把参数域 Ω 按照 1.11 节介绍的方式进行剖分, 剖分级数 j 与三角网格模型的面片数 k 有以下关系:

$$j=\lceil\log_4(k)\rceil$$

这样参数域 Ω 上就有了 4^j 个子区域. 接下来只需要把三角网格模型中的每一个三角面片, 对应到不同的子区域上. 例如, 子区域 Ω_k 的三个顶点面积坐标为

$$\begin{bmatrix} P_1 \\ P_2 \\ P_3 \end{bmatrix} = \begin{bmatrix} u_1 & v_1 & w_1 \\ u_2 & v_2 & w_2 \\ u_3 & v_3 & w_3 \end{bmatrix}$$

所求参数表达为

$$f_k(\Omega_k) = \alpha_{kn}u + \beta_{kn}v + \gamma_{kn}w, \quad n \in \{x, y, z\} \tag{8.1.2}$$

为了得到线性多项式 (8.1.2) 的系数 $\alpha_{kn}, \beta_{kn}, \gamma_{kn}$, 则需要解方程组

$$\begin{bmatrix} u_1 & v_1 & w_1 \\ u_2 & v_2 & w_2 \\ u_3 & v_3 & w_3 \end{bmatrix} \begin{bmatrix} \alpha_{kn} \\ \beta_{kn} \\ \gamma_{kn} \end{bmatrix} = \begin{bmatrix} T_{1n} \\ T_{2n} \\ T_{3n} \end{bmatrix}$$

其中 T_{1n}, T_{2n}, T_{3n} 为对应到子区域 Ω_k 上三角面片的顶点的直角坐标. 完成这一步骤之后, 就得到了用分片线性函数表示的三角网格模型. 其中函数分为 4^j 片, 每个函数定义在不同的子参数域上. 因为 $k \leqslant 4^j$, 所以令没有面片对应的子区域为 0. 另外, 也可以不解线性方程组而得到三角面片的参数表达, 具体方法在算法实现的相关章节给出.

以上介绍的三角网格模型的分片线性函数表示, 是应用在下一节将要介绍的 V- 系统分解算法中. 在此之前, 还要简单介绍在实际应用中模型文件的格式. 这里所谓的格式指的是, 三角网格模型文件中模型数据的组成和组织方式. 我们并不打算对现今流行的三维模型文件格式进行全面的介绍, 而是对这些格式中我们关心的数据组织方式进行简单的介绍.

一般模型的来源大概主要有两种, 对实际物体进行三维扫描然后重建得来或者使用建模软件构造得到. 因此, 不同的厂商的软件就会有不同的 3D 模型格式. 例如, 3ds Max, Maya 等商业软件, 这些软件使用非常广泛. 但由于这些档案格式并不是专为存储模型设计, 还要存储动画、材质等等信息, 所以造成这些文件格式非常复杂, 而且它们都是专有的文件格式. 这里概述三种专门为储存模型数据而设计的文件格式：OFF, PLY, OBJ . 这三种文件格式都非常简单, 而且在图形学中使用非常广泛, 并且容易自己编写出读取这些格式文件的程序. 流行的模型, 例如 bunny, dragon 等, 都有这三个格式的文件.

OFF 格式模型文件 (geomview object file format)[8] 是这三种文件格式中最简单的一种, 文件的后缀名为“. off”, 是一种 ASCII 文本文件, 可以使用一般的文字编辑器打开并编辑. 文件第一行以关键字“OFF”开始, 第二行为模型的顶点数量、面片数量和边的数量. 然后下面就是顶点列表和面片列表. 顶点列表按照 x y z 的格式给出. 面片列表按照 N V_1 V_2 $\mathrm{V}_3 \cdots$ V_N 的格式给出. 下面以一个包含 4 个三角面片的三角网格模型为例, 给出其 off 格式的文件. 模型如图 8.1.2 所示.

```
OFF    # 关键字 OFF
6 4 12    # 6 个顶点 4 个面片 12 条边
-1.138400 -0.253200 -1.189700    # 顶点坐标 x y z
-1.493400 0.035000 0.132700
0.061600 0.005000 -0.732300
-0.063400 -0.005000 0.597700
0.628000 -0.339800 -0.137400
-0.914700 -0.481800 0.956600
3 0 1 2    # 索引列表第一个 3 代表面片顶点的个数.
3 1 3 2    # 这个三角面片由顶点 1, 3, 2 组成.
3 2 4 3    # 注意顶点序号从 0 开始.
3 1 3 5
```

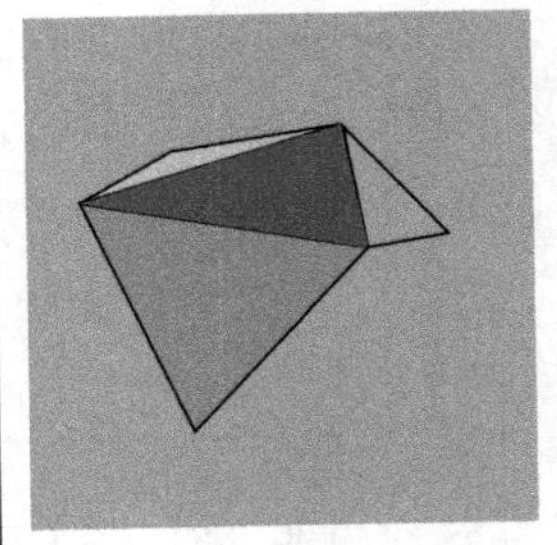

图 8.1.2 三角网格模型

文件中 # 后的注解是作者为了读者更容易了解文件的结构而添加的, 在实际文件中并不存在. 以上的例子就是一个最基本的 OFF 格式的文件. 当然, 除了顶点和索引信息外还可能有顶点法方向等信息, 但这并不是我们所关心的. 我们关心的是模型的几何和拓扑性质. 因此, 不对其他属性例如面片的法向等的数据组织方法进行讨论. 下面介绍其他格式的文件时也做如是处理.

Ply 文件格式 (polygon file format)[9] 是由 Stanford 大学开发的一套三维网格模型数据格式. 在计算机图形学领域许多著名的模型库都是采用这个文件格式. Ply 文件格式也是非常简单, 文件是由文件头和元素数据列表两大部分组成. 所谓元素就是描述模型属性的数据, 例如顶点、面片、法方向等.

```
ply    # 关键字 ply 开头
format ascii 1.0    # 文件类型: ascii 或 binary, 版本号
element vertex 6    # 定义: 顶点元素, 6 个顶点
property float x    # 顶点元素的 x 属性 float 类型
property float y    # 顶点元素的 y 属性 float 类型
property float z    # 顶点元素的 z 属性 float 类型
element face 4    # 定义: 面片元素, 4 个面片
property list uchar int vertex_index    # 面片索引的属性 int 类型
end_header    # 文件头结束标记
-1.138400 -0.253200 -1.189700    # 顶点元素列表
-1.493400 0.035000 0.132700
```

```
0.061600 0.005000 -0.732300
-0.063400 -0.005000 0.597700
0.628000 -0.339800 -0.137400
-0.914700 -0.481800 0.956600
3 0 1 2   # 面片索引元素列表
3 1 3 2
3 2 4 3
3 1 3 5
```

从这个文件的文件头可以看出, 文件中定义的模型有 6 个顶点元素和 4 个三角面片元素, 其中顶点元素包括 x, y, z 三个属性, 其在文件中均为 float 类型, 而面片元素则只有一个顶点索引列表的属性, 作为一个列表属性, 它包括两部分, 即列表元素的数量 (uchar 类型) 及各个列表元素 (int32 类型), 其中每个列表属性的数据包括 3 个列表元素, 分别表示每个三角面片的 3 个顶点的索引.

OBJ 文件格式 (Wavefront . obj file)[10] 是 Alias|Wavefront 公司开发的一种 3D 模型文件格式, 用于其公司的 3D 建模和动画软件上. 由于这种文件格式在 3D 模型之间互导方面的优越性, 致使很多流行的 3D 建模及动画软件例如 3d Max, Maya, Zbursh, LightWave 等都对 OBJ 文件格式提供支持. OBJ 文件也是文本文件, 由一行一行的文本组成. 因此用普通的文本编辑器就可以对其进行编辑. 由于 OBJ 文件为商业软件文件格式, 所以比上两个文件格式要复杂些. OBJ 文件不需要任何文件头, 但在实际应用中经常以几行注释作为文件头, 下面的例子中将看到这种情形. 在 OBJ 文件中注释行是以标志符 “#” 开始. 空行和空格可以随意的加入到文件中以增加文件的可读性. 除了注释行外, 其他的文字行均以关键字开头, 这些关键字说明后面所跟数据的性质. 表 8.1.1 列出了部分关键字及其代表的意思.

表 8.1.1 OBJ 文件的关键字

关键字	关键字所代表的性质
顶点数据	
v	顶点
vt	贴图坐标
vn	顶点法线
元素	
p	点
l	线
f	面
curv	曲线

续表

关键字	关键字所代表的性质
surf	曲面
编组	
g	组名称
s	光滑组
o	对象名称

看上去好像有点复杂了，下面来用一个具体的文件来说明. 文件中开始的注释部分说明了文件的来源，是由 3ds Max 软件导出的，并且还有导出时间及导出模型的名称. 然后下面就是模型的相关数据，文件中显示出模型有 6 个顶点和 12 个顶点法向，模型的 4 个三角面片元素编为一组，组名称为 3D_Object. 在面元素的部分使用了格式："f 顶点索引/贴图坐标索引/顶点法线索引"(索引间以/隔开). 由于文件中没有给出贴图坐标，因此文件中的面元素中贴图坐标的部分留空，但仍以/分隔.

```
# 3ds Max Wavefront OBJ Exporter v0.97b - (c)2007 guruware
# File Created: 14.09.2010 11:45:06


#
# object 3D_Object
#

v  -1.1384 -0.2532 -1.1897
v  -1.4934 0.0350 0.1327
v  0.0616 0.0050 -0.7323
v  -0.0634 -0.0050 0.5977
v  0.6280 -0.3398 -0.1374
v  -0.9147 -0.4818 0.9566
# 6 vertices

vn -0.1155 0.9636 -0.2410
vn -0.1155 0.9636 -0.2410
vn -0.1155 0.9636 -0.2410
vn 0.0248 0.9996 0.0098
vn 0.0248 0.9996 0.0098
```

```
vn 0.0248 0.9996 0.0098
vn -0.4791 -0.8762 -0.0516
vn -0.4791 -0.8762 -0.0516
vn -0.4791 -0.8762 -0.0516
vn 0.1764 -0.7733 -0.6090
vn 0.1764 -0.7733 -0.6090
vn 0.1764 -0.7733 -0.6090
# 12 vertex normals

g 3D_Object
s 1
f 1//1 2//2 3//3
f 2//4 4//5 3//6
f 3//7 5//8 4//9
f 2//10 4//11 6//12
# 4 faces
```

至此, 我们已经把三角网格模型相关的一些基本内容简略地介绍给读者. 读者通过对这些内容的了解, 可以从三角网格模型文件中抽取出相关的数据, 并且用分片线性函数的形式表达出来, 为后续的分解算法打下基础.

8.2　分解算法及其实现

从这一小节开始介绍完整的算法设计流程, 从算法框架的各个功能模块的设计到实际实现时的工程细节都将涉及. 这样做的目的是希望方便有兴趣的读者可以按照书中的描述自己动手实现相关算法. 当然下面给出的实现并不是唯一的, 读者也可以根据自己对相关内容的理解设计自己的版本.

8.2.1　分解算法框架

从实现的角度来看, 对三角网格模型进行正交分解的整个过程可以分为几个功能模块, 如图 8.2.1 所示. 图中带箭头的直线表示数据流, 图中的圆角方框表示处理数据的功能模块. 下面将对图中的各个模块的主要功能进行详细的说明.

图 8.2.2 中所示的模块主要完成提取三角网格模型文件中的相关数据, 为后续的数据预处理工作做准备. 此模块的输入为三角网格模型文件, 经过处理之后把文

件中的顶点、面片以及面片数的数据抽取出来并输出到后续功能模块作为输入.

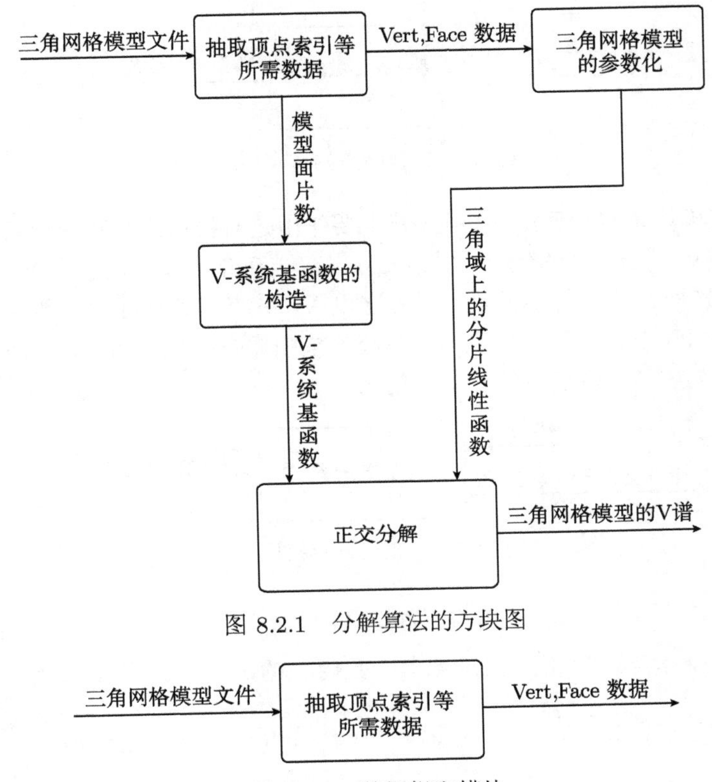

图 8.2.1 分解算法的方块图

图 8.2.2 数据提取模块

从数据提取模块输出的顶点和面片数据, 进入到三角网格模型参数化模块 (图 8.2.3), 其输出的结果是三角域上的分片线性函数. 原始的三角网格模型数据到了这里已经转换成正交分解所需的形式. 而如何把顶点和面片数据转换成分片线性函数的具体思路在前面中已经讨论过, 在此不赘述.

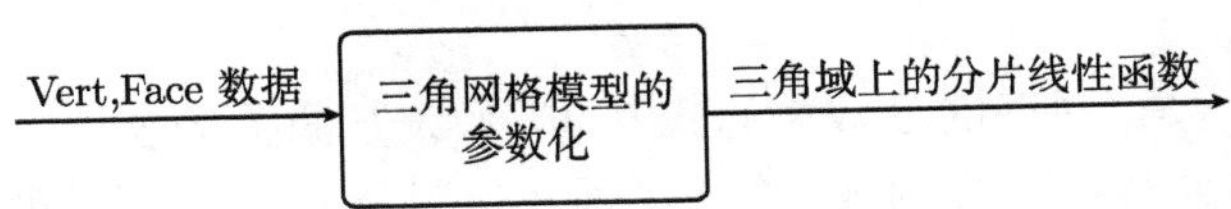

图 8.2.3 三角网格模型的参数化表示

从数据提取模块输出的另一数据 —— 三角网格模型面片数, 作为基函数构造模块的输入 (图 8.2.4). 模块根据模型的规模自动构造分解此模型所需的基函数. 例如, 如果模型由 4 个三角面片构成, 那么需要 V- 系统的前 12 个基函数 (基本函数加生成元). 如果由 16 个三角面片组成, 那就需要 V- 系统的前 48 个 (基本函数加

生成元和 $V_{1,3}^{i,j}, i=1,2,3,4, j=1,2,\cdots,9$), 以此类推.

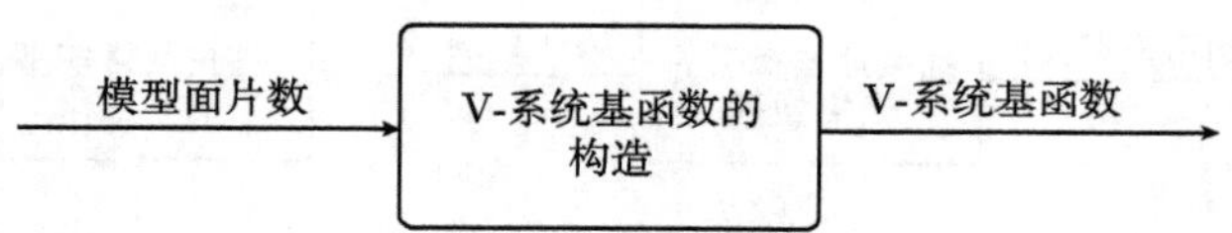

图 8.2.4　基函数构造模块

正交分解模块是整个算法的核心, 其主要作用是对模型进行正交分解从而得到模型的 V 谱 (V- 系统的分解系数)(图 8.2.5). 在详细介绍模块功能之前, 为了叙述上的便利, 首先做一些符号上的规定. 在这里 V- 系统中的基函数用符号 $V_i(\Omega)$ 来表示, 其中 $i \in \mathbb{N}$, 下标 i 表示其在 V- 系统中按顺序排列的位置, 其对应的分解系数为 $\mathfrak{V}_i$, 则函数在 V- 系统下的正交分解为

图 8.2.5　正交分解模块

$$\mathfrak{V}_i = \langle f(\Omega), V_i(\Omega) \rangle$$

其中 $f(\Omega)$ 为分解的模型. 根据三角域上函数内积的定义及式 (8.1.1) 有

$$\mathfrak{V}_i = \langle f(\Omega), V_i(\Omega) \rangle = \int_0^1 \int_0^{1-v} (Au + Bv + Cw)(\alpha u + \beta v + \gamma w) \mathrm{d}u\mathrm{d}v \tag{8.2.1}$$

其中

$$A = \begin{bmatrix} A_1 \\ A_2 \\ \vdots \\ A_i \end{bmatrix}, \quad B = \begin{bmatrix} B_1 \\ B_2 \\ \vdots \\ B_i \end{bmatrix}, \quad C = \begin{bmatrix} C_1 \\ C_2 \\ \vdots \\ C_i \end{bmatrix}, \quad \alpha = \begin{bmatrix} \alpha_1 \\ \alpha_2 \\ \vdots \\ \alpha_i \end{bmatrix}, \quad \beta = \begin{bmatrix} \beta_1 \\ \beta_2 \\ \vdots \\ \beta_i \end{bmatrix}, \quad \gamma = \begin{bmatrix} \gamma_1 \\ \gamma_2 \\ \vdots \\ \gamma_i \end{bmatrix}$$

$$i \in \mathbb{N}$$

这里要说明的一点是, 模型的参数表达式及 V- 系统基函数的表达式都是定义在三角参数域 Ω 上的分片线性多项式, 在不同的子区域上可能有不同的表达式. 如果参数域 Ω 剖分为 j 个子区域, 则式 (8.2.1) 可改写为

$$\begin{aligned} \mathfrak{V}_i &= \sum_{k=1}^{j} \langle f(\Omega_k), V_i(\Omega_k) \rangle \\ &= \sum_{k=1}^{j} \iint_{\Omega_k} (A_k u + B_k v + C_k w)(\alpha_k u + \beta_k v + \gamma_k w) \mathrm{d}u\mathrm{d}v \end{aligned}$$

Ω_k 为三角形参数域 Ω 的子区域. 具体应分为多少子区域就要视待分解模型的实际规模而定.

至此, 已经把整个分解算法的所有功能模块的输入、输出与数据处理细节都规划完毕. 读者已经能够根据以上的内容完成自己的实现. 至于使用哪一种程序语言来实现, 或者在那种平台 (软件系统、硬件系统) 上去实现完全可以根据自己的喜好或环境来选择.

8.2.2 分解算法实现中的问题

这一小节介绍实现上的一些具体问题, 例如, 数据结构方面及如何实现算法中模块的功能等. 在给出这一示例性的实现时, 本书作者根据自己的经验向读者推荐相关的工具. 当然, 读者完全可以忽略这些建议, 根据自己的情况作出选择.

整个算法的第一步是要从三角网格模型文件中抽取出需要的顶点和索引数据, 这是典型的文本处理问题. 解决这类问题, 几乎可以使用任何编程语言来完成. 但是我们建议使用类似 Perl, Python, awk 这类脚本语言进行编程, 因为这类语言最早就是为了处理此类问题而诞生的, 它们几乎都有强大的正则表达式匹配功能, 使文本处理工作变得更灵活和轻松. 关于正则表达式的内容, 已超出本书的范围, 有兴趣的读者可以参考相关的书籍[11].

接下来就是把顶点、索引数据转换成分段线性参数表达. 有两种实现方法, 第一个就是先计算所有剖分子区域 Ω_j 的三个顶点的面积坐标:

$$\begin{bmatrix} P_1 \\ P_2 \\ P_3 \end{bmatrix} = \begin{bmatrix} u_{1,j} & v_{1,j} & w_{1,j} \\ u_{2,j} & v_{2,j} & w_{2,j} \\ u_{3,j} & v_{3,j} & w_{3,j} \end{bmatrix}$$

然后再求每一个三角面片到参数域 Ω_j 的映射.

```
ParaMesh1(vert, face, faceNumber)
  for j ← 1 to faceNumber
      do P[j] ← SubRegionVerts(j)
         ParaFun[j] ← CalcuParaFun(P[j], vert[face[j]])
  return ParaFun
```

第二种方式就是把模型中的所有三角面片都映射到整个三角参数域上, 得到整个三角域上的参数表达. 然后再通过压缩、平移、旋转等变换到相应的子区域 Ω_j 上.

```
ParaMesh2(vert, face, faceNumber)
  for j ← 1 to faceNumber
```

```
      do iniMap ← MapToTriangDom(vert[face[j]])
          TranslaFactor ← CalcuTranslatFactor(j)
          ParaFun[j] ← CalcuParaFun(TranslaFactor, iniMap)
  return ParaFun
```

这两种方法的最终结果都是得到模型的分段线性函数表达, 共有三个分量每个分量分别为

$$f_k(\Omega)=\begin{cases}A_{k1}u+B_{k1}v+C_{k1}w, & (u,v,w)\in\Omega_1,\\ A_{k2}u+B_{k2}v+C_{k2}w, & (u,v,w)\in\Omega_2,\\ \quad\vdots & \quad\vdots\\ A_{kj}u+B_{kj}v+C_{kj}w, & (u,v,w)\in\Omega_j,\end{cases}\quad k\in x,y,z \tag{8.2.2}$$

因此, 只需要记录这个分段线性多项式的系数就可以了. 本书作者采用了 $j\times3\times3$ 的数组这样的数据结构来存储多项式系数. 这样的数据结构对后续的分解算法实现是有益的. 我们建议采用第二种方法, 因为第一种方法在求对应每一个子区域的线性函数的系数时需要解线性方程组, 会影响算法的整体效率. 而第二种方法可以用递归的方法求出所有子区域 Ω_i 的变换系数, 然后对每个面片应用其相应的变换矩阵. 其中提到的求子区域对应变换系数的过程, 是个预计算的步骤, 只需要计算一次, 其计算结果在生成基函数时还要用到.

除了三角网格模型的分片线性多项式表达以外, 还需要 V- 系统的基函数. 生成基函数的模块其实与实现上一个模块的第二种方法非常相似:

```
GenTriangV-Base(V1generator, faceNumber)
  for j ← 1 to faceNumber
      do TranslaFactor ← CalcuTranslatFactor(j)
          BaseFun[j] ← CalcuBaseFun(TranslaFactor, V1generator)
  return BaseFun
```

其中 *V1generator* 是三角域 V- 系统的生成元. 得到的基函数与模型的分片线性多项式具有相同的形式, 但只有一个分量:

$$V(\Omega)=\begin{cases}\alpha_1u+\beta_1v+\gamma_1w, & (u,v,w)\in\Omega_1\\ \alpha_2u+\beta_2v+\gamma_2w, & (u,v,w)\in\Omega_2\\ \quad\vdots & \quad\vdots\\ \alpha_ju+\beta_jv+\gamma_jw, & (u,v,w)\in\Omega_j\end{cases} \tag{8.2.3}$$

基函数矩阵为 $j\times3$ 的数组.

有了 V- 系统的基函数及模型的分片线性表达，就可以对模型进行分解，从而计算出模型的 V- 谱. 从式 (8.2.1) 中看到，最主要的计算量集中在计算每个子区域上基函数与模型线性表达的内积 (积分). 如果分解模型比较复杂，面片非常多的话，将要进行大量的积分运算. 即便模型只由 1024 片三角面片组成，还需要进行 3145738 次积分运算. 这样的计算非常耗时. 因此有必要对算法进行优化，使得能以比较合理的时间来计算大型的模型. 由于 V- 系统的基函数和模型的分片线性表达都是分段线性多项式，利用这一特点，可以简化内积运算. 在某一子区域 Ω_i 上的内积如下：

$$
\begin{aligned}
\langle f_k(\Omega_i)V_i(\Omega_i)\rangle &= \iint_{\Omega_i}(A_{ki}u+B_{ki}v+C_{ki}w)(\alpha_i u+\beta_i v+\gamma_i w)\mathrm{d}u\mathrm{d}v \\
&= \iint_{\Omega_i} A_{ki}\alpha_i u^2+B_{ki}\beta_i v^2+C_{ki}\gamma_i w^2+A_{ki}\beta_i uv+B_{ki}\alpha_i uv \\
&\quad +A_{ki}\gamma_i uw+C_{ki}\alpha_i uw+B_{ki}\gamma_i vw+C_{ki}\beta_i vw\mathrm{d}u\mathrm{d}v \qquad (8.2.4)
\end{aligned}
$$

从式 (8.2.4) 可以把内积分为下面 9 个积分之和：

$$
\begin{aligned}
&A_{ki}\alpha_i\iint_{\Omega_i}u^2\mathrm{d}u\mathrm{d}v, \quad B_{ki}\alpha_i\iint_{\Omega_i}uv\mathrm{d}u\mathrm{d}v, \quad C_{ki}\alpha_i\iint_{\Omega_i}uw\mathrm{d}u\mathrm{d}v \\
&A_{ki}\beta_i\iint_{\Omega_i}uv\mathrm{d}u\mathrm{d}v, \quad B_{ki}\beta_i\iint_{\Omega_i}v^2\mathrm{d}u\mathrm{d}v, \quad C_{ki}\beta_i\iint_{\Omega_i}vw\mathrm{d}u\mathrm{d}v \\
&A_{ki}\gamma_i\iint_{\Omega_i}uw\mathrm{d}u\mathrm{d}v, \quad B_{ki}\gamma_i\iint_{\Omega_i}vw\mathrm{d}u\mathrm{d}v, \quad C_{ki}\gamma_i\iint_{\Omega_i}w^2\mathrm{d}u\mathrm{d}v
\end{aligned}
$$

这 9 个积分运算中，除了模型的线性分段多项式表达系数与被分解模型有关之外，其他部分与被分解模型没有关系，也就是说，这部分可以提前进行计算. 而且计算只需进行一次. 实际我们需要预先计算的积分只有 6 个，如下：

$$
\begin{aligned}
&\iint_{\Omega_i}u^2\mathrm{d}u\mathrm{d}v, \quad \iint_{\Omega_i}v^2\mathrm{d}u\mathrm{d}v, \quad \iint_{\Omega_i}w^2\mathrm{d}u\mathrm{d}v \\
&\iint_{\Omega_i}uv\mathrm{d}u\mathrm{d}v, \quad \iint_{\Omega_i}uw\mathrm{d}u\mathrm{d}v, \quad \iint_{\Omega_i}vw\mathrm{d}u\mathrm{d}v
\end{aligned}
$$

把预先计算的结果存入 3×3 的数组中，则此内积可以写成矩阵乘法的形式：

$$
\begin{bmatrix}
\alpha_i\iint_{\Omega_i}u^2\mathrm{d}u\mathrm{d}v & \alpha_i\iint_{\Omega_i}uv\mathrm{d}u\mathrm{d}v & \alpha_i\iint_{\Omega_i}uw\mathrm{d}u\mathrm{d}v \\
\beta_i\iint_{\Omega_i}uv\mathrm{d}u\mathrm{d}v & \beta_i\iint_{\Omega_i}v^2\mathrm{d}u\mathrm{d}v & \beta_i\iint_{\Omega_i}vw\mathrm{d}u\mathrm{d}v \\
\gamma_i\iint_{\Omega_i}uw\mathrm{d}u\mathrm{d}v & \gamma_i\iint_{\Omega_i}vw\mathrm{d}u\mathrm{d}v & \gamma_i\iint_{\Omega_i}w^2\mathrm{d}u\mathrm{d}v
\end{bmatrix}
\begin{bmatrix} A_{ki} \\ B_{ki} \\ C_{ki} \end{bmatrix} = Ab = c \qquad (8.2.5)
$$

求向量 c 中所有元素之和就得到在这一子区间的分解系数, 计算所有的子区间, 然后将所有结果求和就得到模型对应的这个基函数的分解系数 (谱). 在式 (8.2.5) 中矩阵 A 可以预先计算出来, 因此, 在实际对模型进行分解时只需要进行矩阵乘法和对向量求范数的运算. 如果把所有子区域上的预计算结果按位置存储于一个数组中, 并且令系数数组与之对齐, 那么对模型的分解将变成两个大数组之间的对位乘法. 最后计算结果矩阵的所有元素的和. 这样有利于算法的并行化. 本书作者采用了 Fortran 语言实现了上述算法, 因为 Fortran 语言对数组运算提供了很好的支持和优化. 最终得到的 V- 谱形式为

$$\mathfrak{V} = [\mathfrak{V}_x \mathfrak{V}_y \mathfrak{V}_z]$$

其中

$$\mathfrak{V}_k = [\mathfrak{V}_{k1} \mathfrak{V}_{k2} \cdots \mathfrak{V}_{kj}], \quad k \in \{x, y, z\}$$

因此, 模型的 V- 谱可以用 $3 \times j$ 的数组存储, 其中 j 为谱的长度, 与模型的规模有关.

8.3　重构算法及其实现

重构算法比起分解算法来说相对简单, 而且有些函数与分解算法相同. 在这一节中不再给出.

重构算法的主要目的是, 利用模型的 V- 谱重构出原来的模型, 包括顶点、索引格式, 其各功能模块如图 8.3.1.

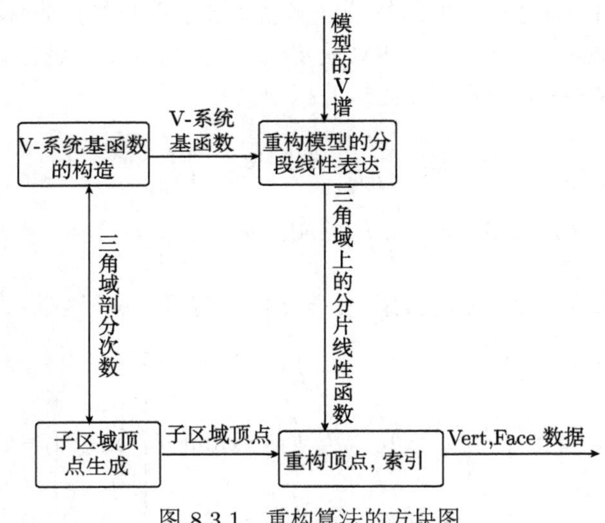

图 8.3.1　重构算法的方块图

重构的第一步是把模型的 V- 谱表达形式转换为三角形参数域上的参数表达，即分片线性多项式表达，如图 8.3.2 所示. 其输入为模型的 V- 谱，输出为三角形参数域上的分片线性多项式.

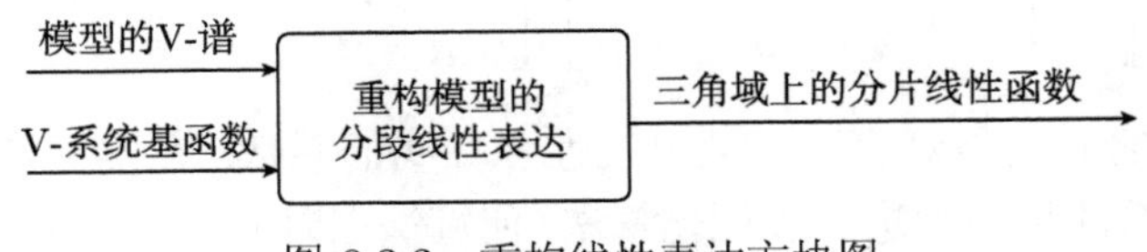

图 8.3.2 重构线性表达方块图

```
ReconParaFun(VSpectrum, VBaseFun)
  SpectrumLen ← Length(VSpectrum)
  SubRegionNum ← Length(VBaseFun)
  for i ← 1 to SubRegionNum
      do for j ← 1 to SpectrumLen
              do temp[j] ← GenFun(VSpectrum[j], VBaseFun[j][i])
          ParaFun[i] ← SumFun(temp)
  return ParaFun
```

VSpectrum 与 *VBaseFun* 分别为 $j\times 3$ 和 $j\times i\times 3$ 的数组. 其中 j 为谱系数的个数，i 为子区域的个数.

经过上一个模块的处理，得到形如式 (8.2.2) 的分片线性表达，但这并非最终的目的. 空间顶点、索引表达才是重构的最终结果. 这样才可以把模型重新绘制出来，这也正是这一模块的主要功能，其输入为三角网格模型的分片线性多项式和所有剖分子区域 Ω_i 的顶点面积坐标，输出为模型的空间顶点索引. 如图 8.3.3 所示.

图 8.3.3 重构顶点索引方块图

```
ReconVerts(ParaFun, SubReginVerts)
  FaceNum ← Length(ParaFun)
  for i = 1 to FaceNum
      do PatchVerts[i] ← GenPatch(ParaFun[i], SubReginVerts[i])
  return PatchVerts
```

这里最主要的是如何求取模型三角片的顶点坐标，设模型中第 i 个三角面片顶

点为 P_1, P_2, P_3, 则顶点与分片线性表达的关系为

$$P_n = \begin{bmatrix} x_n \\ y_n \\ z_n \end{bmatrix} = \begin{bmatrix} A_{xi} & B_{xi} & C_{xi} \\ A_{yi} & B_{yi} & C_{yi} \\ A_{zi} & B_{zi} & C_{zi} \end{bmatrix} \begin{bmatrix} u_{ni} \\ v_{ni} \\ w_{ni} \end{bmatrix} = Mb, \quad n \in \{1, 2, 3\}$$

其中矩阵 M 中的元素为对应子区域上线性多项式的系数. 在实际实现中, 可以利用 V- 系统基函数的局部性进一步优化算法, 使算法在时间和空间开销上有所节省. 理论上用 V- 系统对模型进行重构, 应该是精确的. 但在实际中由于计算机表达的精度和算法的累计误差等因素影响, 会产生一定的误差, 因此在实现算法中要特别注意.

通过对分解算法和重构算法的介绍, 会发现在算法中很多模块都可以归结为矩阵的运算. 因此, 选择一种对矩阵运算支持较好的编程语言可以使实现大大简化. Fortran 语言是一个不错的选择, 本书作者就是使用 Fortran95 完成以上算法的. 编译器采用了 GCC 的 GFortran.

8.4 实验检测

下面展示多种不同类型三角网格模型分解的例子, 并给出相关模型 V- 谱的图形. 通过这些例子希望可以使读者对 V- 系统分解三角网格模型的能力有大致的了解. 为了读者方便起见, 在例子中使用到的模型将给出详细的说明.

8.4.1 实验环境

这里的所有实验都是在表 8.4.1 和表 8.4.2 所示环境中完成.

表 8.4.1　硬件环境

CPU	RAM	HD
i7 965 3.2GHz	12G	SATA500G

表 8.4.2　软件环境

操作系统	编程语言	编译器/解释器
ubuntu10.04(64) STL	Fortran95, Perl	GCC 4.4(64), Perl(64)

8.4.2 经典模型

下面的三个例子均来 Stanford 大学的三维模型库 (the stanford 3D scanning repository)[12]. 称其为经典模型, 是因为这些模型在有关计算机图形学的文章和算法中经常作为标准测试模型出现.

Stanford Bunny 模型 Bunny 模型 (图 8.4.1) 由 69451 个三角面片组成, 共有 35947 个顶点. 模型的底部有 5 个空洞. 图 8.4.2 展示了 Stanford Bunny 模型的 V- 谱.

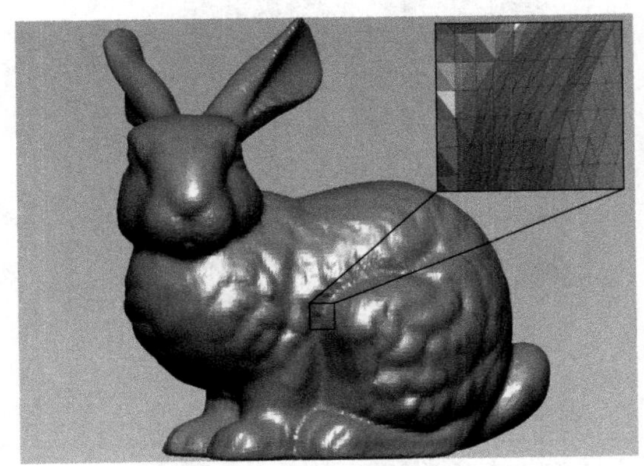

图 8.4.1 Stanford Bunny 模型

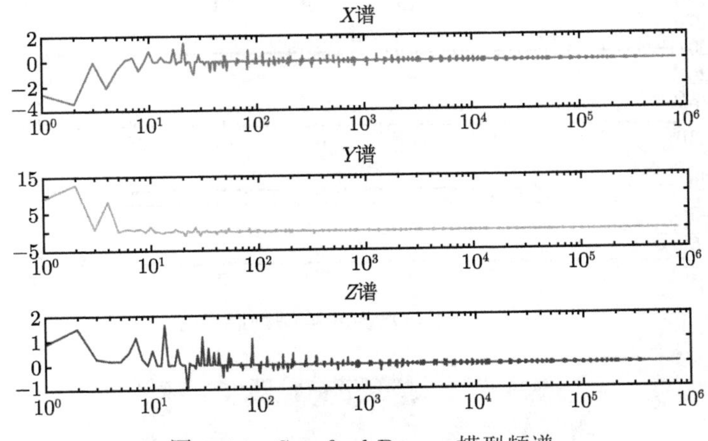

图 8.4.2 Stanford Bunny 模型频谱

Dragon 模型 Dragon 模型 (图 8.4.3) 由 871414 个三角面片组成, 共有 437645 个顶点. 模型中包含许多孔洞. 图 8.4.4 展示了 Dragon 模型的 V- 谱.

Happy Buddha 模型 Happy Buddha 模型 (图 8.4.5) 由 1087716 个三角面片组成, 共有 543652 个顶点. 整个模型不包含孔洞, 由于雕刻的原因三角面片有少量桥接的情况. 图 8.4.6 展示了 Happy Buddha 模型的 V- 谱.

从上面实验的结果看到, 此分解算法能很好地适应图形学领域中经常出现的经典模型, 并且模型的规模上也可达百万量级.

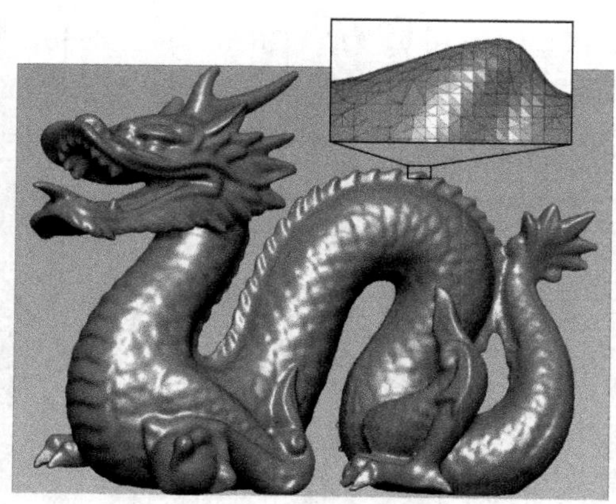

图 8.4.3　Dragon 模型

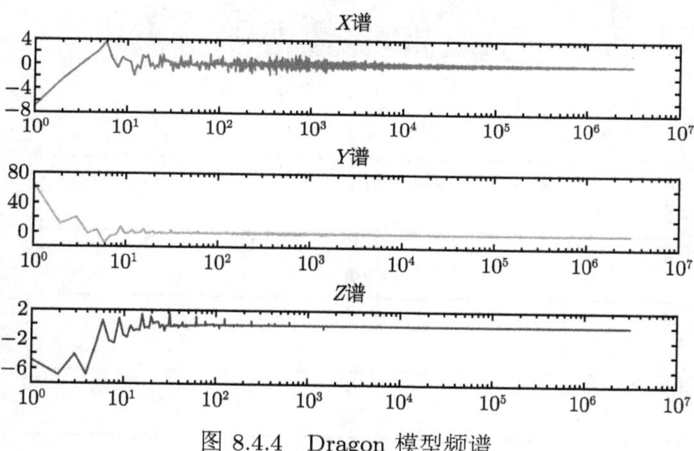

图 8.4.4　Dragon 模型频谱

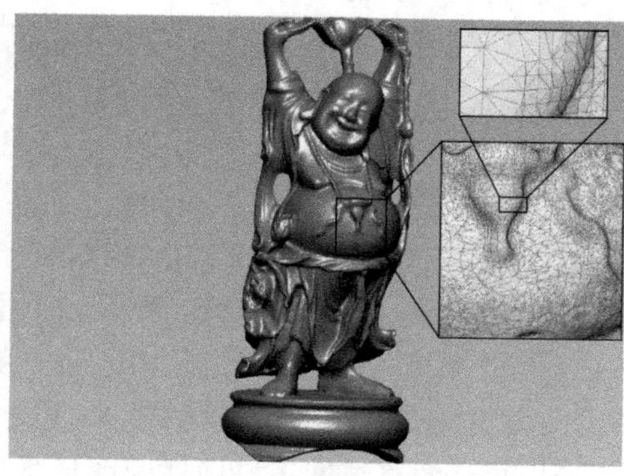

图 8.4.5　Happy Buddha 模型

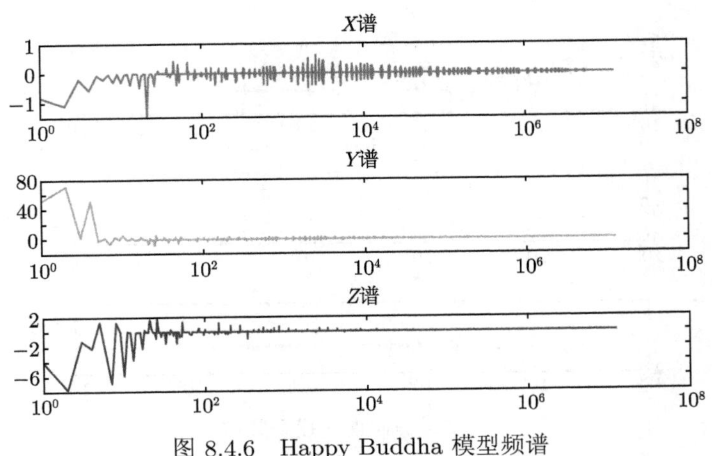

图 8.4.6 Happy Buddha 模型频谱

8.4.3 非经典模型

下面这组实验中的模型是本书作者自行设计的, 在一般图形学领域的相关文章比较少出现. 这类模型中包含很多强间断 (破洞、裂缝等). 这些特征在传统模型中被认为是缺陷或是错误, 应该尽量避免. 但是强间断对于 V- 系统表达来说并没带来障碍反而是 V- 系统的优势所在.

破碎曲面模型 破碎曲面球模型 (图 8.4.7) 由 6106 个三角面片组成, 共有 3792 个顶点. 整个模型的拓扑结构比较复杂并含有很多孔洞和分离的情形.

图 8.4.7 破碎曲面

图 8.4.8 展示了破碎曲面模型的 V- 谱.

怪异球模型 怪异球模型 (图 8.4.9) 由 49152 个三角面片组成, 共有 24578 个顶点. 这个模型的特点是含有互相交叉的三角面片, 并且部分三角面片间有裂缝.

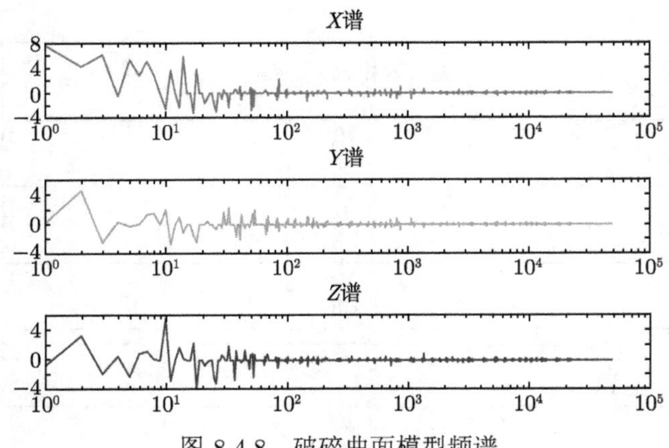

图 8.4.8　破碎曲面模型频谱

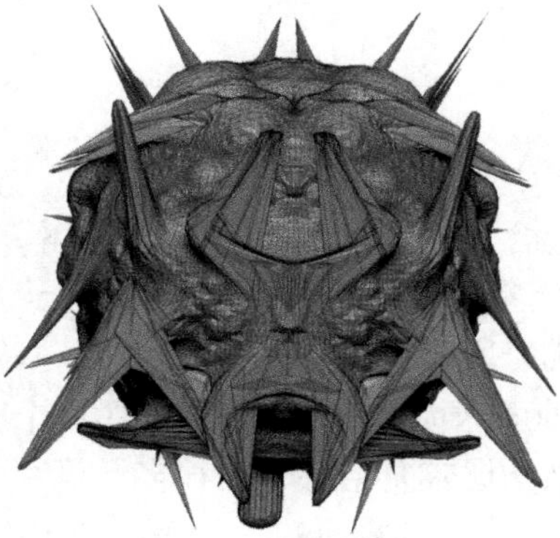

图 8.4.9　怪异球

图 8.4.10 展示了怪异球模型的 V- 谱.

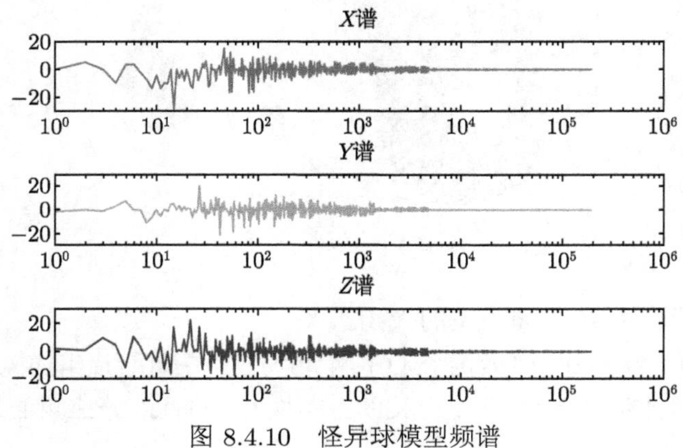

图 8.4.10　怪异球模型频谱

8.4.4 群组模型

这里所谓的群组模型是指由许多各自独立的模型组织在一起, 把它们视为一个整体, 用 V- 系统的频谱给出全局的统一表达.

散乱三角片群组 散乱三角片群组 (图 8.4.11) 是由 764 个三角面片组成, 这 764 个三角面片散乱的分布在三维空间中. 其中的三角面片也形式各异, 大小不一. 有些三角片相互交叉, 有的三角片重叠在一起, 还有些完全分离开. 总之在群组中的三角形, 完全是任意的组织在一起, 并不包含任何特意安排的结构. 这类的“模型”在传统图形学领域中很少出现, 也是一类非经典的模型.

图 8.4.11 散乱三角片群组

图 8.4.12 展示了散乱三角片群组的 V- 谱.

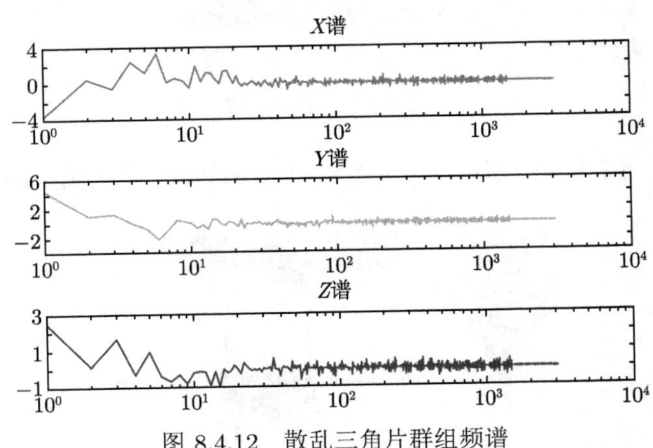

图 8.4.12 散乱三角片群组频谱

环群组 顾名思义, 环群组 (图 8.4.13) 是由多个相互独立的环模型嵌套在一起组成. 环之间有相交, 也有完全独立的. 整个群组由 4096 个三角面片组成.

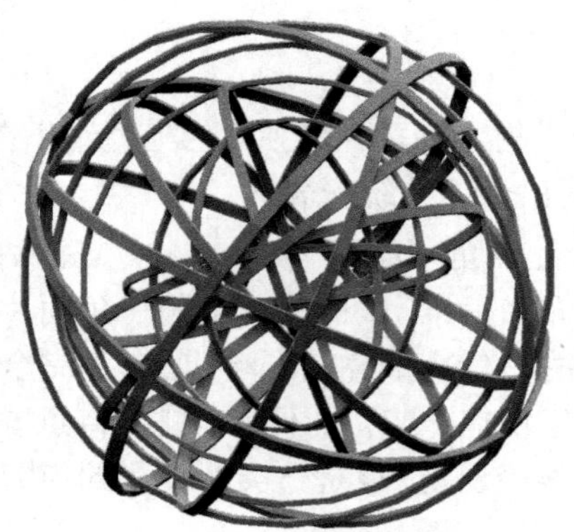

图 8.4.13　环群组

图 8.4.14 展示了环群组的 V- 谱.

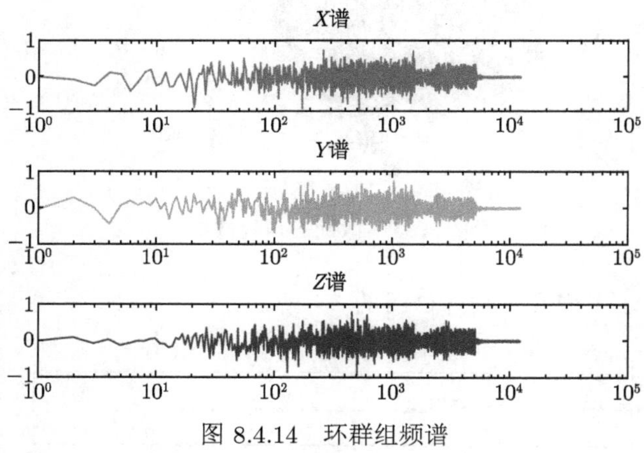

图 8.4.14　环群组频谱

飞机群组　飞机群组 (图 8.4.16、图 8.4.17) 由五架飞机模型组成, 共有 46375

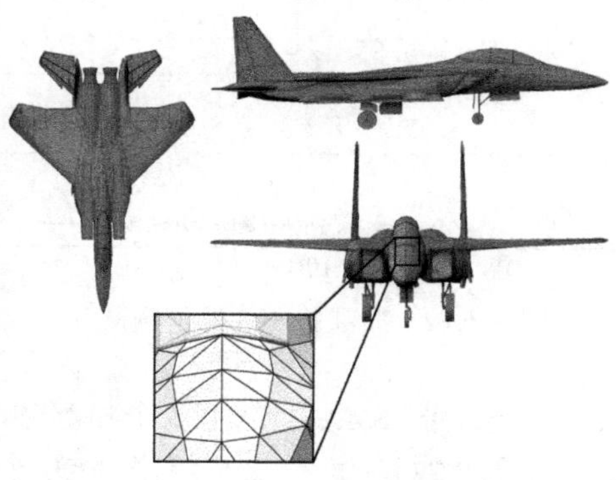

图 8.4.15　飞机网格结构

个三角面片. 图 8.4.15 是其中一架飞机的三视图及网格结构. 这五个独立的模型整体上组成的一个场景, 我们不只针对其中的一架飞机, 更关注这五个模型之间的相互位置发生化的整体态势. 要描述这样的变化就需要给出这五个模型的全局表达. V- 系统表达的优势也恰体现在这一方面.

图 8.4.16 飞机群组 (正视)

图 8.4.17 飞机群组 (俯视)

图 8.4.18 展示了飞机群组的 V- 谱.

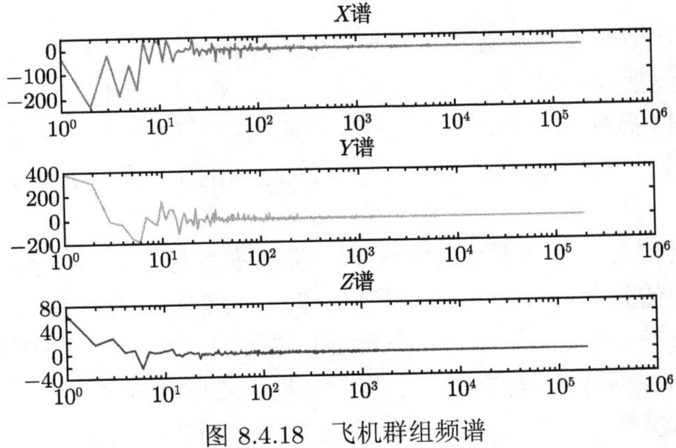

图 8.4.18 飞机群组频谱

算法的效率　从本章分解算法介绍部分可以看出, 分解算法复杂度只与待分解三角面片模型的规模有关, 与模型的其他属性没有关系. 分解算法分为两步, 第一步是顶点, 索引数据到分片线性参数表达的转换, 其时间复杂度为 $O(n)$. 第二步是分片线性表达与基函数做内积运算, 其时间复杂度也是 $O(n)$. 因此, 整个分解算法的时间复杂度为 $O(n)$. 这里不考虑基函数矩阵的生成这一步的时间效率, 因为基函数矩阵生成的程序只需要运行一次. 而空间效率方面, 模型的分片线性参数表达使用 $n \times 3 \times 3$ 的数组存储. 基函数矩阵使用 $n \times 3$ 的数组存储.

重构算法的复杂度只和模型频谱对应的子剖分区域个数有关, 与频谱的其他特征没有关系. 重构算法的第一步为重构模型的参数表达, 其时间复杂度为 $O(n^2)$. 第二步求模型的顶点索引的时间复杂度为 $O(n)$. 因此整个算法的时间复杂度为 $O(n^2)$, 而算法中存储模型频谱的为 $n \times 3$ 的数组. 存储基函数的为 $n \times i \times 3$ 的数组, 其中 i 为子区域的个数. 表 8.4.3 给出了部分实验模型的分解及重构时间.

表 8.4.3　算法运行时间

模型	Bunny	Dragon	Buddha	怪异球	飞机群组
模型规模	69451	871414	1087716	49152	46375
分解时间	0m2.856s	0m12.943s	6m40.478s	0m2.341s	0m0.723s
重构时间	0m5.652s	0m29.798s	1m58.919s	0m1.831s	0m1.633s

要特别说明的是, 表 8.4.3 中给出的分解和重构时间, 不是算法核心运行的时间, 而是包括数据 IO 和预处理等全部时间, 也就是说表中所显示的时间是运行程序的实际时间.

8.5　模型 V- 谱表达特点的探讨

8.5.1　对模型的滤波

可能会问, "到目前为止用 V- 系统的正交重构, 似乎只是换了个方式来表达模型, 那么这种表达带来什么好处?" 首先, 利用 V- 系统可以统一地表达由多个对象组成的群组. 另外, 我们知道在信号处理问题中频域方法应用得非常广泛和成功. 几何对象也是一类信号, 在频域上研究几何造型的某些问题, 应该是十分自然的事情.

频域滤波是信号处理中最常用的手段, 其基本思想是通过各类滤波器来抑制 (消除) 不感兴趣的某些频段的频谱, 相反是增强 (保留) 感兴趣的相关频段的频谱. 下面以低通滤波器、指数型滤波器、高斯滤波器为例, 对 3 维几何模型进行频域虑波. 通过观察滤波前后模型的变化揭示频谱与模型之间的关系.

刺球　刺球模型 (图 8.5.1) 由 1536 个三角面片组成的近似球体. 图 8.5.2 显示

的是经过低通滤波后的模型. 经过低通滤波后高频部分已经滤除, 重构的模型还保持了球大致形状, 但是原来连续的部分出现了间断. 指数型滤波 (增长、衰减) 作用在原始模型之后, 还是保持球形的形状但也是三角片之间出现分离和交叉等情形, 与低通类似. 如图 8.5.3 及图 8.5.4 所示. 最后是高斯型滤波, 滤波后的模型还可以粗糙地看作是球形 (图 8.5.5), 但是其中的三角面片排列得非常不规则.

图 8.5.1 原始曲面

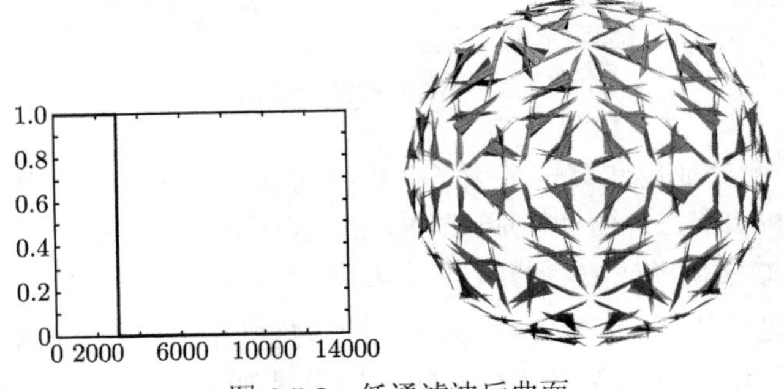

图 8.5.2 低通滤波后曲面

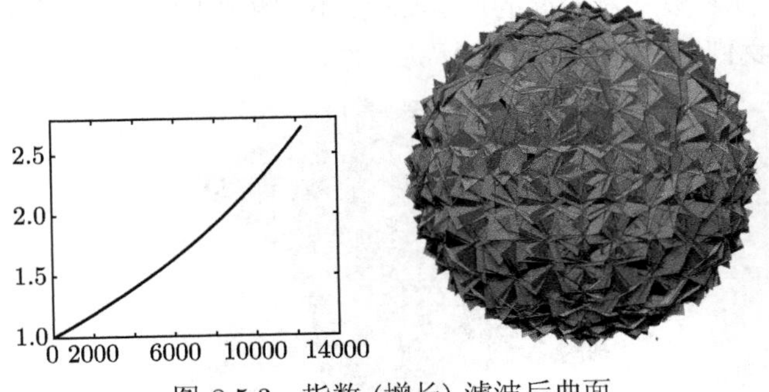

图 8.5.3 指数 (增长) 滤波后曲面

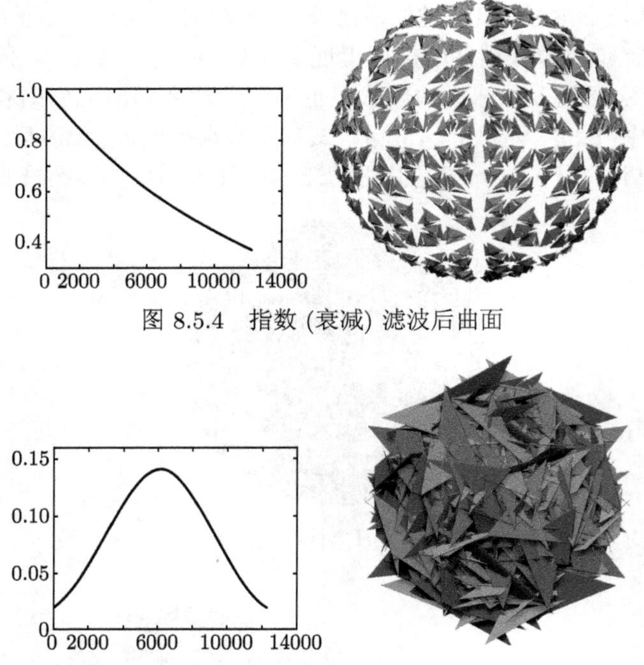

图 8.5.4　指数 (衰减) 滤波后曲面

图 8.5.5　高斯滤波后曲面

单值曲面　此处使用和第一个例子中相同的 4 个滤波器对模型进行处理. 这个模型是由 123008 个三角面片构成 (图 8.5.6), 表面含有丰富的细节. 图 8.5.7~ 图 8.5.10 给出了原始模型经滤波后的结果. 其结果大致与第一个试验相似.

从这两个试验可以看出, V- 谱低频部分的信息包含了模型的整体轮廓, 而高频部分是模型的细节. 这基本符合我们对频谱的习惯理解. 当然, 不能仅仅凭这两个简单的例子就断然给出一般的结论, 还需要更细致和全面地进行研究. 例如, 相同类型滤波器在不同参数下对模型的影响如何, 不同频段的频谱在模型中的具体作用为何等, 这也是我们以后将要继续进行的工作之一.

图 8.5.6　原始曲面

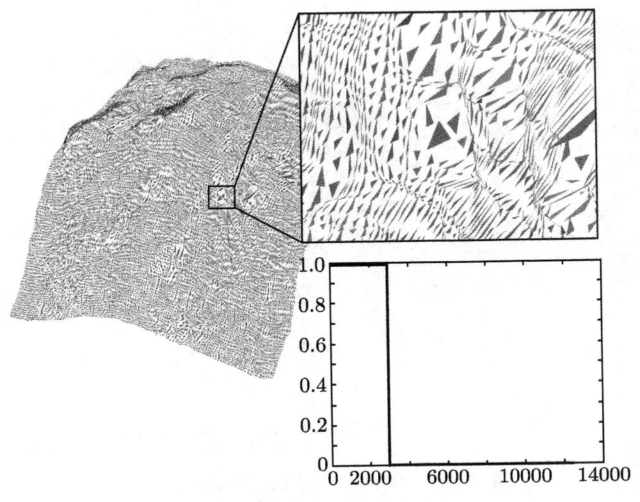

图 8.5.7 低通滤波后曲面

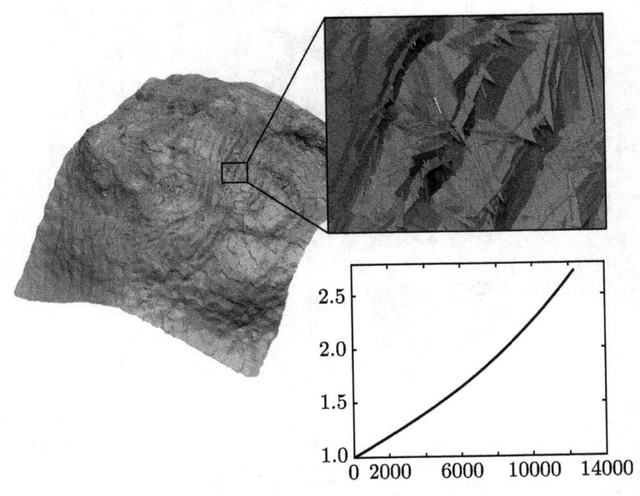

图 8.5.8 指数 (增长) 滤波后曲面

8.5.2 V- 谱的分区分层结构

V- 系统是一类多小波, 而小波的多分辨特性又是如何在频谱上体现出来的呢? 带着这个问题来看看下面的例子.

为了方便读者理解, 需要重新定义与 V- 系统基函数有关的一些术语. 如图 8.5.11 所示第一个下标仍然称作 V- 系统的次数. 第二个下标原本称为组号, 现改为层号. 所谓层号就是三角参数域剖分的层次. 例如, 第 0 层就是整个三角参数

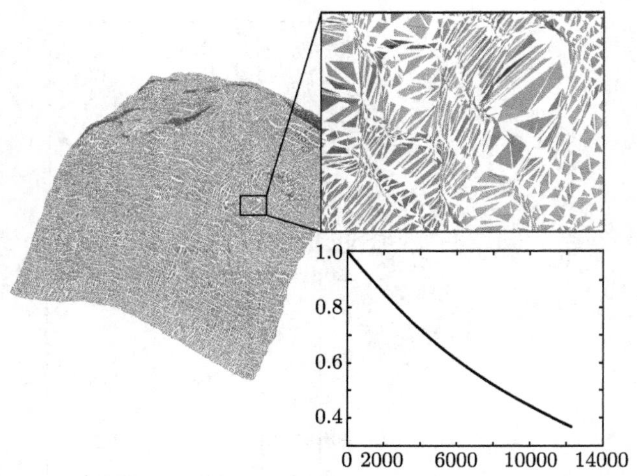

图 8.5.9　指数 (衰减) 滤波后曲面

图 8.5.10　高斯滤波后曲面

域, 第 1 层就是 4 剖分, 第 2 层就是 16 剖分, 以此类推. 第 1 个上标原本称作类号, 现改为区号. 所谓区号就是在某个剖分层次下每四个邻近的三角子区域组成一个稍大的区域. 而这一层的基函数定义在这些区域中. 第二个上标仍然叫做序号, 这个序号和生成元的序号相同, 其代表此基函数是由哪个生成元生成的. 因此, 基函数 $V_{1,5}^{62,7}$ 表明了这是 1 次 V- 系统的基函数, 位于第 5 层剖分的第 62 号子区域, 并且是第 7 个生成元生成的. 在这里层号所表现的是参数域剖分层次, 也就是基函数定义在哪一层剖分上. 区号表现的是基函数的非零区域在整个参数域中的相对位置. 从上面的分解算法得知, 3 维几何模型经过正交分解后得到的谱系数与基函数是一一对应的. 因此, 对某层次某区的频谱进行操作, 其影响也只局限于模型相对应的局部区域上, 而模型的其他部分不受影响.

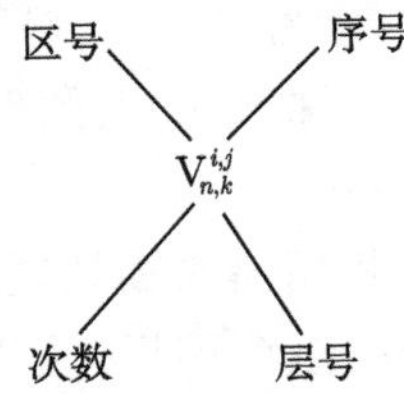

图 8.5.11 V- 系统分层分区的记号

在下面的例子中对 V- 谱的操作只是简单地把要处理的 V- 谱设为 0. 在不会产生混淆的情况下, 将这一操作也称之为滤波.

球模型 (图 8.5.12) 由 16384 个三角面片组成. 图 8.5.13 显示了只设定第 9 个谱系数为 0, 保持其他谱系数不变的情况下模型重构的结果. 可以看到重构结果是部分球面完全重构, 而另一部分不能重构. 回想一下 1 次三角域上 V- 系统的第 9 个基函数, 即第 6 个生成元. 这个基函数定义在对三角参数域 4 剖分的层次下, 并且只在其中两个子区域上有非零值. 组成这个模型的三角面片也被分为四个区域 (图 8.5.13), 整个模型只有两个子区域完全重构, 另外两个子区域出现间断情况. 此结果正体现了 V- 系统的间断、连续兼而有之的特点.

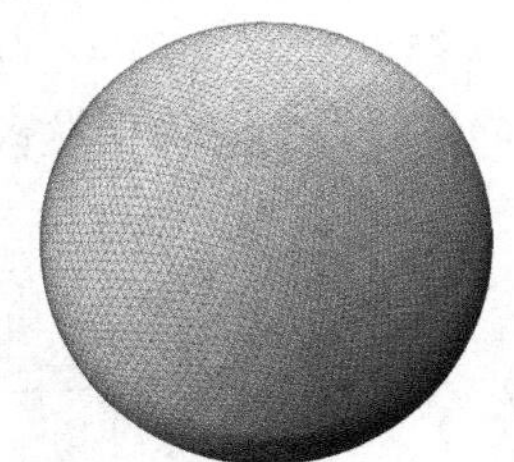

图 8.5.12 细分球模型

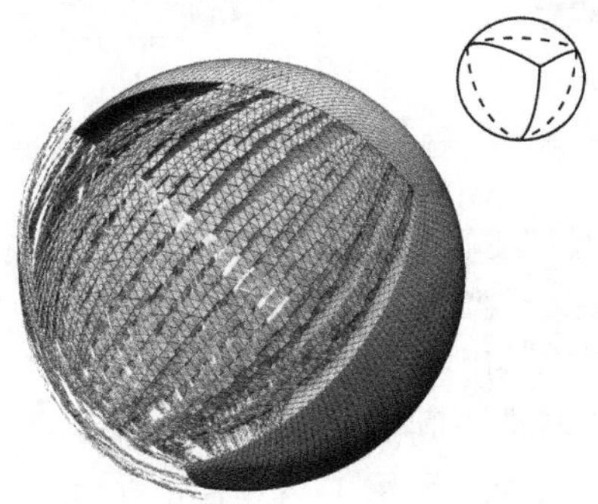

图 8.5.13 令 9 个谱系数为 0 时重构结果

下面对此模型的 V- 谱进行更为复杂的操作. 其步骤如下:

(1) 选择滤波针对的区域, 即给出层号、区号;

(2) 设定相应层号、区号的谱系数为 0;

(3) 设定与此层号、区号有关的更高频谱系数为 0;

(4) 用滤波后的谱系数重构模型.

图 8.5.14 中 (a) 是令 $\lambda_{1,2}^{3,1}$ 及与其相关的高频项为 0 得到的重构结果; (b) 是令 $\lambda_{1,2}^{4,1}$ 及与其相关的高频项为 0 得到的重构结果. 可以看出, 两段谱系数分别与模型的不同区域有关.

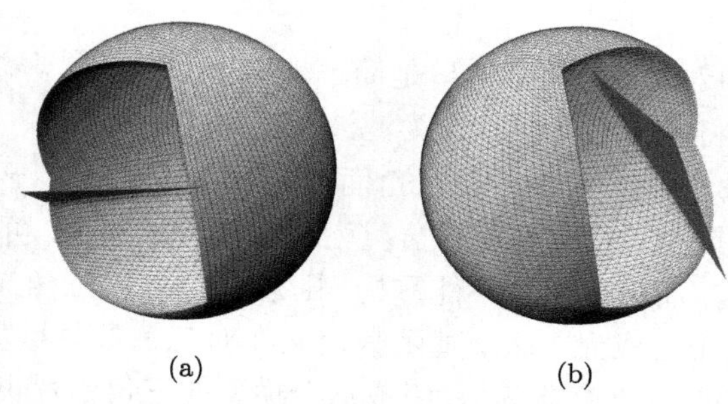

(a)　　　　(b)

图 8.5.14　选择相同层次下不同子区域的重构结果

图 8.5.15 中 (a) 是令 $\lambda_{1,4}^{15,1}$ 及与其相关的高频项为 0 得到的重构结果; (b) 是令 $\lambda_{1,6}^{15,1}$ 及与其相关的高频项为 0 得到的重构结果. 随着选择的剖分层次越高的谱系数, 在模型上反映出的就是其局部性越强. 说明这段谱只在这局部的一小片区域起作用.

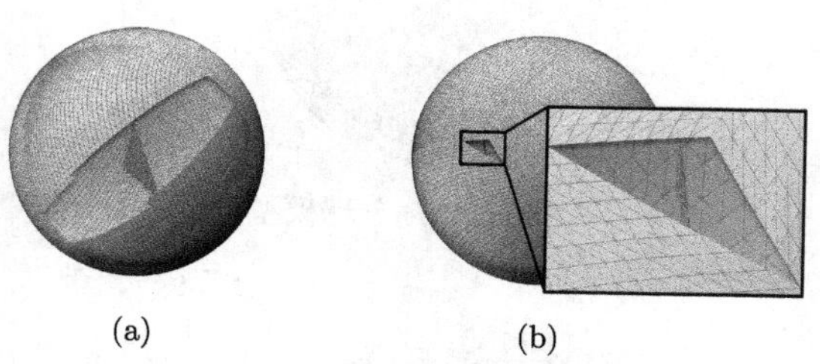

(a)　　　　(b)

图 8.5.15　选择不同层次下的重构结果

Loop 细分四面体模型　细心的读者可能发现图 8.5.15 中 (a) 中未重构的子区域并非为三角形. 引起这一现象的原因是与分解算法中三角网格模型的参数化过程有关. 在参数化过程中以何种顺序将模型中的三角面片映射到三角参数域的哪个子区域上, 其得到的频谱是不同的. 因此, 映射顺序是十分重要的. 下面例子中的模型是从一个正四面体出发, 利用 Loop 细分方法[13] 细分为由 4096 个三角面片组成的模型 (图 8.5.16). 称此模型为 Loop 细分四面体. 在对此模型进行分解时, 模型的三角面片到参数域上的映射, 与三角参数域的层次剖分结构保持一致. 也就是说模型中三角面片间的邻接关系与参数域上三角子区域之间的邻接关系保持一致.

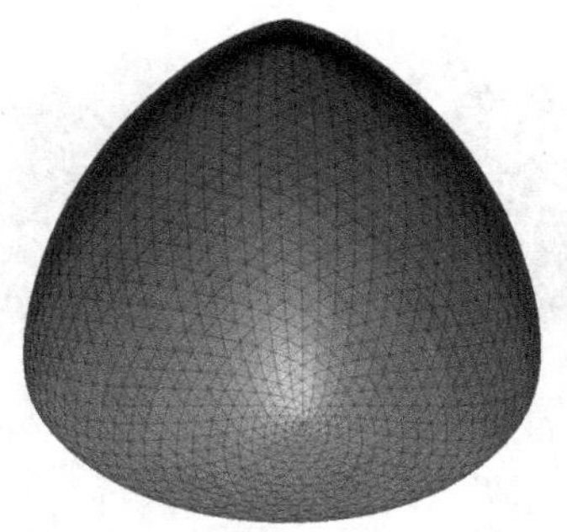

图 8.5.16 Loop 细分四面体模型

在模型的 V- 谱里前 12 个比较特别, 它们对整个模型都有影响. 图 8.5.17(a), (b) 为分别令第 2, 3 个 V- 谱为 0 的情况下重构的结果. 图 8.5.18(a)~(d) 显示的重构结果是令第 4, 5, 9 及第 11 个谱为 0.

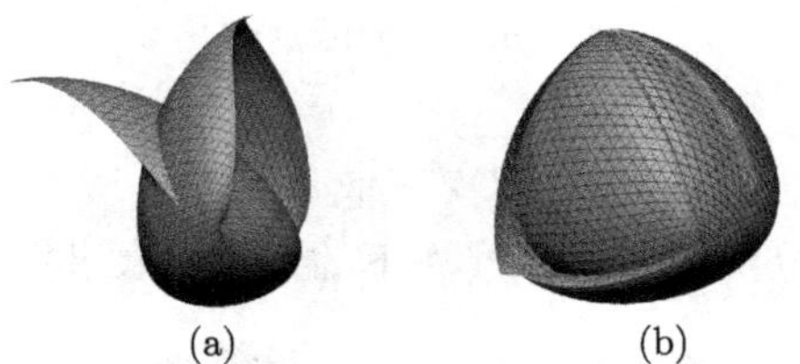

(a) (b)

图 8.5.17 令第 2, 3 个 V- 谱为 0 的重构结果

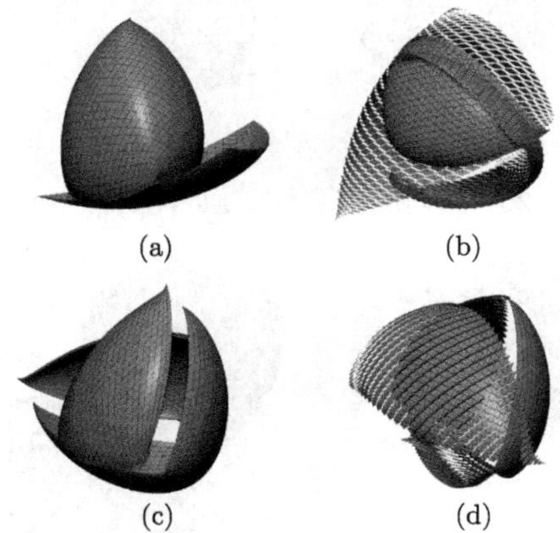

(a) (b)

(c) (d)

图 8.5.18 令第 4, 5, 9 及第 11 个 V- 谱为 0 的重构结果

图 8.5.19(a)~(d) 分别是令 $\lambda_{1,2}^{1,1}$, $\lambda_{1,2}^{2,1}$, $\lambda_{1,2}^{3,1}$, $\lambda_{1,2}^{4,1}$ 及其高频项为 0 得到的重构结果. 从例子的结果看到有选择性地去掉 4 分之 1 的频谱 (保留其对应的基本函数及生成元对应的谱), 其结果就是精确重构模型的某部分, 而忽略另一部分.

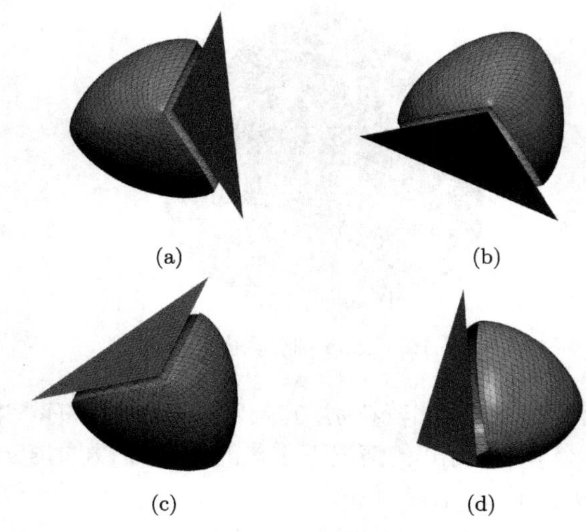

(a)　(b)　(c)　(d)

图 8.5.19　分区重构

图 8.5.20(a), (b) 为令同一剖分层次下但不同子区域的谱为 0 的重构结果; 图 8.5.21(a), (b) 为令不同分辨率的剖分层次下的谱为 0 的重构结果.

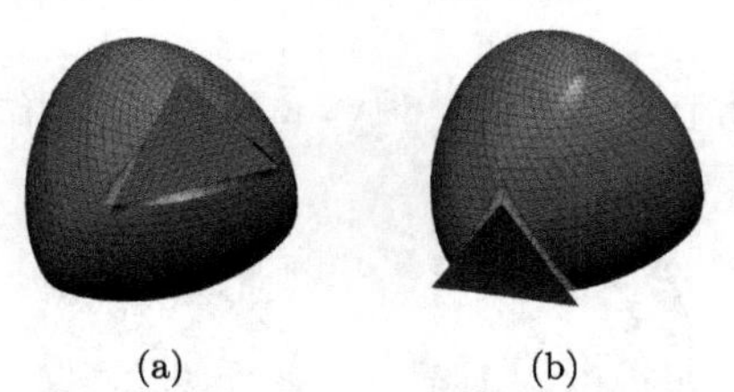

(a)　(b)

图 8.5.20　相同层次下不同子区域的重构结果

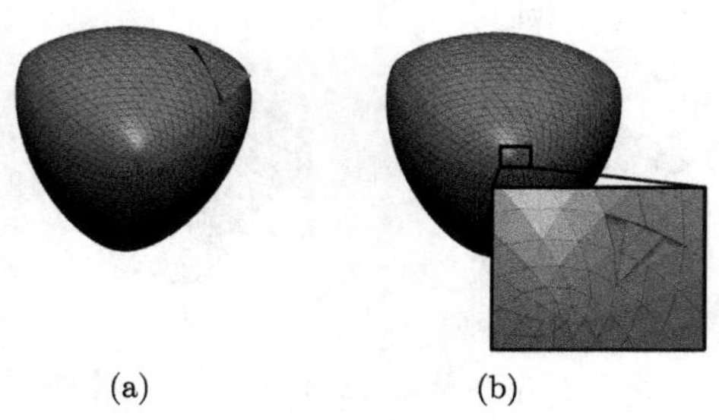

(a)　(b)

图 8.5.21　不同层次重构结果

飞机模型 (图 8.5.22) 由 3 架相互独立的飞机组成, 共 27527 个三角面片.

图 8.5.22 飞机群组模型

在之前的例子里, 是令对应某一区域的谱及其更高频项为 0, 然后进行重构. 下面将只令某单个谱为 0, 而保留其他的谱. 重构之后的模型产生特别的效果. 如图 8.5.23 所示. 图 8.5.23(a)~(d) 分别是令 $\lambda_{1,2}^{1,1}=0$, $\lambda_{1,3}^{1,1}=0$, $\lambda_{1,3}^{4,1}=0$, $\lambda_{1,3}^{6,1}=0$ 的重构结果. 图中的飞机重构模型产生了类似爆炸破碎的效果. 而且, 根据谱的不同层次和不同位置产生的效果也不相同. 通过这个例子的结果, 不免令人联想是否可以通过调整模型的部分频谱而在模型上产生特殊的效果, 而这些效果是传统几何模型变形中实现起来相对困难的.

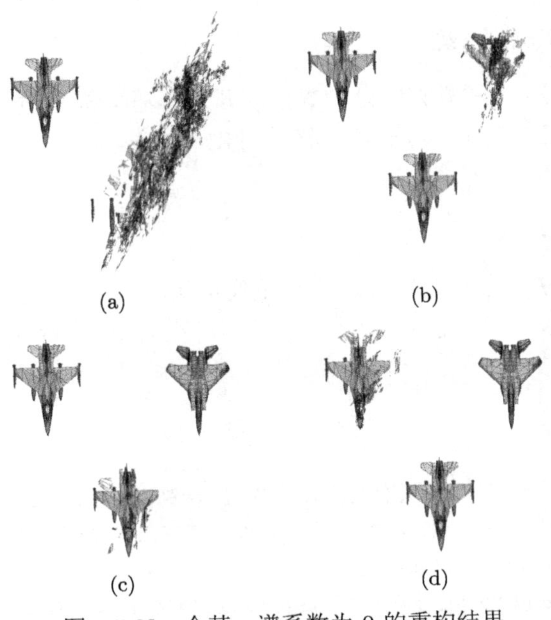

(a) (b) (c) (d)

图 8.5.23 令某一谱系数为 0 的重构结果

上述例子中对谱的操作只是简单地置为 0. 而进一步研究对谱进行更加复杂的变换是如何影响模型的几何特性是十分重要, 并且具有现实意义的.

小　结

用三角域上的线性 V- 系统对三角网格模型进行正交重构, 从而得到模型的频域表达, 这是几何对象表达形式的一种新尝试. 本章介绍作者为这种尝试而采用的具体算法实现过程, 并以较多的例子阐述其效率, 显示其可行性, 展现其特点, 以便进一步探索 V- 系统这一数学工具在实际应用中的潜在作用. 更多的实验及应用研究可参考文献 [14] – [16].

问题与讨论

1. 算法实现的环境

在算法实现中, 难免要考虑实际遇到的问题如数据结构、软硬件环境等. 为了得到令人满意的时间及空间效率, 这些问题都要仔细进行研究. 如何利用现有的先进软硬件技术如 GPU 等来提高算法效率也是非常重要的.

最终, 希望几何信息的 V- 系统表达能给几何信息的后续处理带来好处.

2. 关于高次 U、V- 系统

本章针对三角网格模型所讨论的算法实现, 其基本构思适用于高次 (一般为 $k=2,3$)U、V- 系统的情形. 与三角网格这种由平面片构成的几何群组相比, 高次情形也有其优势.

3. 与分形有密切联系

分形理论与方法在自然景物描述中有重要应用. U、V- 系统的结构, 以及谱的各个清晰层次, 有助表达非规则、细致、散乱的可视对象, 有深入探讨的余地.

参 考 文 献

[1] 胡事民, 杨永亮, 来煜坤. 数字几何处理研究进展, 计算机学报, 2009, 32(8): 1451–1469.

[2] 张三元, 查红彬, 鲍虎军, 叶修梓. 数字几何处理及其应用的最新进展. 计算机辅助设计与图形学学报, 2005: 17(6): 1129–1138.

[3] Farin G. *Curves and Surfaces for Computer Aided Geometric Design*. San Diego: Academic Press, 4 edition, 1997.

[4] Piegl L A, Tiller W. *The NURBS Book*. New York: Springer, 2 edition, 1997.

[5] Prautzsch H, Boehm W. *Bézier and B-Spline Techniques*. New York: Springer-Verlag, 2002.

[6] Zorin D, Schröder P. Subdivision for modeling and animation//*SIGGRAPH 2000 Course*. ACM, 2000. Course Notes.

[7] Botsch M, Pauly M, Kobbelt L, Alliez P, Lévy B, Bischoff S, Rössl C. Geometric modeling based on polygonal meshes//*SIGGRAPH 2007 Course*. CCM, 2007.

[8] Off Files (Geomview Object File Format). 2004-5-20. http://people.sc.fsu.edu/jburkardt/data/off/off.html.

[9] PLY-Polygon File Format. http://paulbourke.net/dataformats/ply/.

[10] Obj specification. http://www.martinreddy.net/gfx/3d/OBJ.spec.

[11] Jeffrey E. F. Friedl. *Mastering Regular Expressions*. O'Reilly Media, Inc., third edition, 2006.

[12] The Stanford 3D Scanning Repository. 2011-9-6. http://graphics.stanford.edu/data/3Dscanrep/.

[13] Loop C T. Smooth subdivision surfaces based on triangles. Master's thesis, University of Utah. Dept. of Mathematics, 1987.

[14] 邹建成, 邓欢军, 高国梅. 一种三角形网格模型数字水印算法. 计算机研究与发展, 2009, 46(z1).

[15] Liu Y J, Yao X L, Li Z M, Men X B. SHREC' 08 entry: 3d model retrieval based on the V system invariant moment//*Proceeding of IEEE International Conference on Shape Modeling and Applications*, 2008: 249–250.

[16] Li Zongmin, Xiuping Men, Yujie Liu, Hua Li. 3D model retrieval based on V-system rotation invariant moments//*Proceedings of the Third International Conference on Natural Computation-Volume 02*, 2007: 565–569.

第 9 章　图像数值逼近中的正交重构问题

本章针对 U、V- 系统在图像处理中的应用作一注记, 所论及的图像数值逼近, 指的是将基于像素的图像信息转化为数学表达形式, 从而给为数字图像处理与分析带来方便. 本书第 8 章针对曲线与曲面几何对象, 讨论了用张量积或三角域上的 U-系统及 V- 系统基函数表达给定的对象. 不论张量积或三角域的情形, 给定函数 (即处理的对象) 的定义域, 其剖分都是均匀的, 并且加细剖分过程及基函数的分组分类定义, 都是按照一定的自相似结构进行. 这类对区域的自相似均匀剖分, 对广泛的应用问题, 具有方便、简洁、通用的优点. 但是, 众所周知, 在数字图像处理的实际问题中, 这种均匀剖分没有针对对象的特殊性. 如果对给定的对象, 考虑自适应的区域剖分, 使之更好地适应对象的数据变化特点, 那么以自适应非均匀剖分所耗费代价, 可以获得处理结果的更好质量.

本章集中讨论的图像区域剖分及由此得到的图像矢量化表示, 最后的目的是数字图像的正交重构. 在讨论图像区域的非均匀剖分的内容里, 首先介绍“规则的”非均匀剖分, 再介绍“非规则的”非均匀剖分, 继而给出“非规则的、非均匀的三角剖分”.

图像区域的剖分有广泛的实际应用背景. 有关图像多尺度几何分析的研究成果, 在焦李成等的专著提供了丰富而系统的论述[1].

9.1　图像的规则非均匀剖分

把图像看作区域 G 上的二元函数 $z = F(x, y)$, $(x, y) \in G$, 视 G 为初始区域. 按自相似规则, 先将 G 剖分为 4 个子区域, 记为 G_0, G_1, G_2, G_3, 对每个子区域, 又进一步自相似地分割为 4 个更小的子区域, 这个过程可以一直进行下去.

将正整数 m 的 4 进制表示 $m = m_k 4^k + m_{k-1} 4^{k-1} + \cdots + m_1 4 + m_0$, 简记为

$$m = (m_k m_{k-1} \cdots m_1 m_0)_4, \quad m_j \in \{0, 1, 2, 3\}, \quad j = 0, 1, 2, \cdots, k$$

一般说来, 对图像而言, 区域 G 为矩形, 那么第一次剖分成 4 个小的矩形子域, 并且此后每矩形子域再分成 4 个更小的矩形子域; 如果将矩形区域 G 首先剖分成两个或多个三角形子域, 以其作为初始剖分, 然后对每个三角形子域作进一步的自相似的三角剖分. 把这两类剖分叫做规则的非均匀剖分.

以三角剖分为例, 其剖分过程及子区域编号示意如第 6 章问题与讨论中的图示.

对于给定的图像, 自适应非均匀剖分的过程如下：考虑在剖分的某一步, 取定一个子域 G_m(从初始剖分出发). 一般说来, G_m 上包含较多数量的像素, 记为 $\{Q_i\}$, 其相对应的灰度值 $\{\eta_i\}$ 为已知数据. 用 k 次二元多项式 $f_m(P)$ 对 $\{\eta_i\}$ 作最小二乘拟合, 当

$$e = \sum_t [f_m(Q_i) - \eta_i]^2 < \varepsilon$$

时, 我们认定得到了 $f_m(P)$, $P \in G_m$, 这里 $\varepsilon > 0$ 是预先选定的精度控制值. 对不满足 $e < \varepsilon$ 条件的三角形子区域 G_m, 逐个考察 G_{mn}, $n = 0, 1, 2, 3$, 记录满足 $e < \varepsilon$ 条件的 mn 及 $f_{mn}(P)$. 依此类推, 记录全部满足 $e < \varepsilon$ 条件的子区域 $G_{pqr\cdots}$ 的数据 $pqr\cdots$ 及 $f_{pqr\cdots}$. 显然, 经有限步即可得到满足 $e < \varepsilon$ 条件的剖分. 易知, $pqr\cdots$ 这个 4 进制码有 10 位已经适应足够大尺寸的数字图像了. 图 9.1.1 给出了自适应非均匀剖分结果, 左边两图针对 Lena 图像, 是矩形剖分; 右边两图针对 Pepper 图像, 是三角形剖分 (分别取 $\varepsilon = 10, 7$).

图 9.1.1 图像的自适应规则非均匀剖分

实际应用中, G_m 上的 $f_m(P)$ 取为双 1 次或双 2 次即可 (在图 9.1.1 中, $f_m(P)$ 取双一次二元多项式). 图像区域自适应剖分的过程, 也就是将数字图像矢量化的过程, 得到的结果是对数字图像具有一定精度的分片多项式逼近. 在完成这样的区域非均匀自相似剖分之后, 就可以用 U- 系统或 V- 系统对数字图像进行正交重构. 此外, 这种矢量化方法可以用在数字水印及图像信息隐藏与伪装方面, 详见文献 [2], [3] 等.

9.2 非均匀剖分下 V- 系统的构造

此前讨论的非连续正交函数系, 包括 Walsh 函数、Haar 函数、Franklin 函数, 以及 U- 系统、V- 系统, 都是将定义区间 [0,1] 均匀地剖分为 2^n 等分. 现在讨论将区间 [0,1] 非均匀剖分为 2^n 个区间的情形, 研究如何定义相应的 V- 系统 (U- 系统可类似得到, 不赘述). 本节内容取自文献 [4].

对于 k 次二进 V- 系统, 注意到 V_0 空间上的 V- 基是前 $k+1$ 个 Legendre 多项式, 当构造非均匀剖分下 V- 系统时, 这个出发点与二进 V- 系统相同.

0 次二进 V- 系统在 V_0 空间上的基记为 $V_{0,1}^1(x), 0 \leqslant x \leqslant 1$, 0 次二进 V- 系统函数生成元空间 W_0 中的基是以 $x = \frac{1}{2}$ 为剖分点的分片常数函数:

$$V_{0,2}^1(x) = \begin{cases} 1, & 0 \leqslant x < \frac{1}{2} \\ -1, & \frac{1}{2} \leqslant x \leqslant 1 \end{cases}$$

0 次二进 V- 系统的前两个基函数 $V_{0,1}^1$ 和 $V_{0,2}^1$ 支撑了 V_1 空间.

对区间 $[0,1]$ 非均匀剖分的情况, $V_{0,1}^1(x) = 1, W_0$ 中的基函数 $V_{0,2}^1(x)$ 是以 $x = p_0, p_0 \in (0,1)$ 为剖分点的分片常数函数, 令

$$V_{0,2}^1(x) = \begin{cases} a_0, & 0 \leqslant x < p_0, \\ -b_0, & p_0 \leqslant x \leqslant 1, \end{cases} \quad p_0 \in (0,1)$$

考虑到 $V_0 \perp W_0$, 因此有 $\langle V_{0,1}^1(x), V_{0,2}^1(x) \rangle = 0$, $\langle V_{0,2}^1(x), V_{0,2}^1(x) \rangle = 1$, 由此得到

$$a_0 = \frac{1}{2p_0}, \quad b_0 = \frac{-1}{2(1-p_0)}$$

因而

$$V_{0,2}^1(x) = \begin{cases} \dfrac{1}{2p_0}, & 0 \leqslant x < p_0, \\ \dfrac{1}{2(1-p_0)}, & p_0 \leqslant x \leqslant 1, \end{cases} \quad p_0 \in (0,1)$$

$V_{0,1}^1(x)$ 和 $V_{0,2}^1(x)$ 是 V_1 的规范正交基. 接着考虑下一个尺度的子空间 W_1 的基 $V_{0,3}^{1,1}(x)$ 和 $V_{0,3}^{1,2}(x)$, 它们是以 $x = p_0, p_{1,1}, p_{1,2}$ 为区间剖分点的分片常数函数, 其中 $p_{1,1} \in (0, p_0)$, $p_{1,2} \in (p_0, 1)$, 令

$$V_{0,3}^{1,1}(x) = \begin{cases} a_{1,1}, & 0 \leqslant x < p_{1,1}, \\ -b_{1,1}, & p_{1,1} \leqslant x \leqslant p_0, \\ 0, & p_0 < x \leqslant 1, \end{cases} \quad p_0 \in (0,1), p_{1,1} \in (0, p_0)$$

$$V_{0,3}^{1,2}(x) = \begin{cases} 0, & 0 \leqslant x < p_0, \\ a_{1,2}, & p_0 \leqslant x \leqslant p_{1,2}, \\ -b_{1,2}, & p_{1,2} < x \leqslant 1, \end{cases} \quad p_0 \in (0,1), p_{1,2} \in (p_0, 1)$$

由 $V_2 = V_0 \oplus W_0 \oplus W_1$ 及 $V_1 \perp W_1$, 得到

$$a_{1,1} = \frac{1}{4p_{1,1}}, \quad b_{1,1} = \frac{-1}{4(p_0 - p_{1,1})}$$

$$a_{1,2} = \frac{1}{(4p_{1,2} - p_0)}, \quad b_{1,2} = \frac{-1}{4(1 - p_0 - p_{1,2})}$$

将上述过程重复下去, 可以从区间的一系列剖分点的集合

$$\{p_0, p_{1,1}, p_{1,2}, \cdots, p_{j,1}, \cdots, p_{j,n}\}, \quad n = 1, 2, \cdots, 2^j - 1 \tag{9.2.1}$$

得到非均匀剖分之下后续的 0 次 V- 系统的基函数 $V_{0,j}^{i,n}$. 特别, 当剖分点 p_0, $p_{1,1}$, $p_{1,2}, \cdots$ 落在 $x = \dfrac{q}{2^r}$ 处 (r, q 均为整数) 时, 非均匀 V- 系统就是之前讨论的二进 V- 系统.

图 9.2.1 给出了一个 0 次非均匀 V- 系统的基函数示意图.

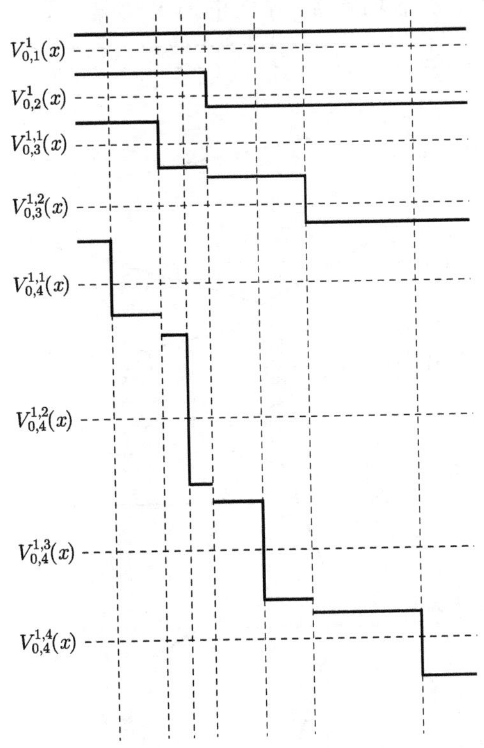

图 9.2.1　一个 0 次非均匀 V- 系统的前 8 个基函数

易见, 0 次非均匀 V- 系统是 Haar 函数向非均匀剖分情形的推广. 将上述对 0 次非均匀 V- 系统的构造方法推广到任意 k 次, 那么, k 次非均匀 V- 系统的构造过程可以归纳为:

(1) 选择区间 $[0,1]$ 上的前 $k+1$ 个 Legendre 多项式作为 V_0 上的基本函数 $\{V_{k,1}^{i}(x), i = 1, 2, \cdots, k+1\}$;

(2) 将点 p_0, $p_0 \in (0,1)$ 作为 W_0 中分片 k 次多项式的间断点, 根据正交条件, 用待定系数法得到以 p_0 为间断点的分片 k 次函数 $\{V_{k,2}^{i}(x), i = 1, 2, \cdots, k+1\}$;

(3) 在以 $p_0, p_0 \in (0,1)$ 为剖分点的两个子区间上分别有新的剖分点, 记为 $p_{1,1}$, $p_{1,2}$, 根据正交条件, 得到 W_1 上以 $p_0, p_{1,1}, p_{1,2}$ 为剖分点的基函数

$$\{V_{k,3}^{i,n}(x), i=1,2,\cdots,k+1, n=1,2,\cdots,2^{j-2}, j=3,4,\cdots\}$$

(4) 重复以上步骤: $(j+1 \to j)$, 在以点 $\{p_0, p_{1,1}, p_{1,2}, \cdots, p_{j,1}, p_{j,n}\}$ 为剖分点的 n 个子区间上分别有新的剖分点 $\{p_{j+1,1}, \cdots, p_{j+1,n}\}$ 插入, 根据正交条件, 得到下一组基函数.

图 9.2.2 给出一个 1 次非均匀 V- 系统的前 8 个基函数.

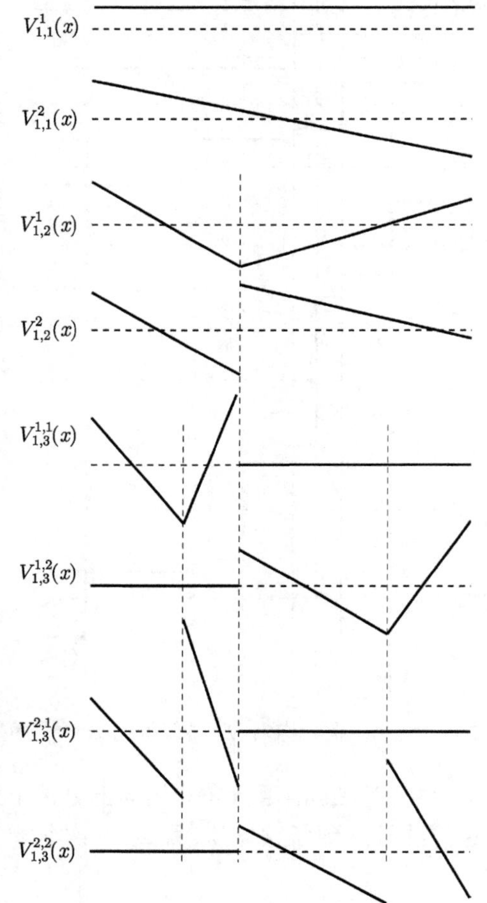

图 9.2.2　一个 1 次非均匀 V- 系统的前 8 个基函数

从非均匀 V- 系统的构造过程可知, 对于所有可能的划分情况, 非均匀 V- 系统形成了一个冗余的基集合, 通常称为字典. 这个字典里, 每个规范正交基里面含有

多个基向量, 可以允许有共同的基向量出现. 一个值得关心的问题是如何在这个冗余的字典里寻找最佳的基, 来获得最优的稀疏逼近.

9.3 自适应最佳基选择

所谓“自适应”是指基函数并不是事先构造出来再对信号进行分解, 而是当需要对信号进行分解时, 根据信号本身的特性而构造适应此信号的专门的基函数. 简单来说, 就是针对不同的信号构造它专属的基, 且这个过程完全由计算机完成. 当根据信号得到区间上的一组剖分点后, 实际上就给出了区间的一个划分. 在此非均匀剖分之下构造各种基函数来逼近信号, 在这些基函数中我们用穷举法搜索逼近效果最好的一组基函数. 这一过程称之为“最佳”基选择. 在梁延研的研究中[4],[5], 详细讨论了通过定义 Schur 凹花费函数来判别基的逼近性能, 从而设计出搜索最佳基的快速动态规划算法. 这里概述自适应地选择非均匀 V- 系统最佳基的途径及效果.

一个 k 次非均匀正交 V- 基由若干个多尺度下的基向量组成:

$$\{V_{k,1}^i, V_{k,2}^i, V_{k,j}^{i,n}\},\quad i=1,2,\cdots,k+1;\quad n=1,2,\cdots,2^{j-2};\quad j=3,4,5,\cdots$$

并有

$$\begin{aligned}&V_0=\mathrm{span}\{V_{k,1}^j\},\quad W_0=\mathrm{span}\{V_{k,2}^i\},\quad W_j=\mathrm{span}\{V_{k,j}^{i,n}\}\\&V_j=V_0\oplus W_0\oplus W_1\oplus W_2\oplus\cdots\oplus W_{j-1}\\&\quad j=3,4,5,\cdots,\quad \lg_2\left(\frac{N}{k+1}\right)-1,\quad n=1,2,\cdots,2^{j-2}-1\end{aligned}$$

每个子空间上共有 $2^j(k+1)$ 个基向量.

寻找最佳基从最大尺度的空间 W_0 开始, 考虑 W_0 上的最佳基向量 $\{V_{k,2}^i, i=1,2,\cdots,k+1\}$. 为方便起见, 假设区间 $[0,1]$ 上给定的信号 f 有 N 个离散采样点. 区间的剖分如图 9.2.1 所示. 计算所有可能的 $V_{k,2}^i$, 其计算量代价为 $O=N\lg_2\left(\dfrac{N}{k+1}\right)$.

我们用典型的信号“Skyline”[6] 说明这一寻找最佳基的过程. 图 9.3.1 左半部分为根据信号“Skyline”在 1 次 V- 系统字典中搜索得到的前 16 个最佳基向量, 右边为使用这些基向量的前 2 个、前 4 个、前 8 个与前 16 个对信号所做的逐次逼近.

作为比较, 图 9.3.2 显示了 1 次非均匀 V- 系统、1 次均匀 V- 系统及 db2 小波对分片线性信号“Skyline”的逼近. 其中, (a) 原始信号 Skyline; (b) 1 次非均匀 V- 系统 64 项的重构信号; (c) 1 次均匀 V- 系统 128 项的重构信号; (d) db2 小波 128 项的重构信号. 其中 1 次非均匀 V- 系统对原始信号精确重构, 误差为 0, 1 次二进 V- 系统的逼近误差为 0.4012×10^{-4}, db2 小波的逼近误差为 4.2074×10^{-4}.

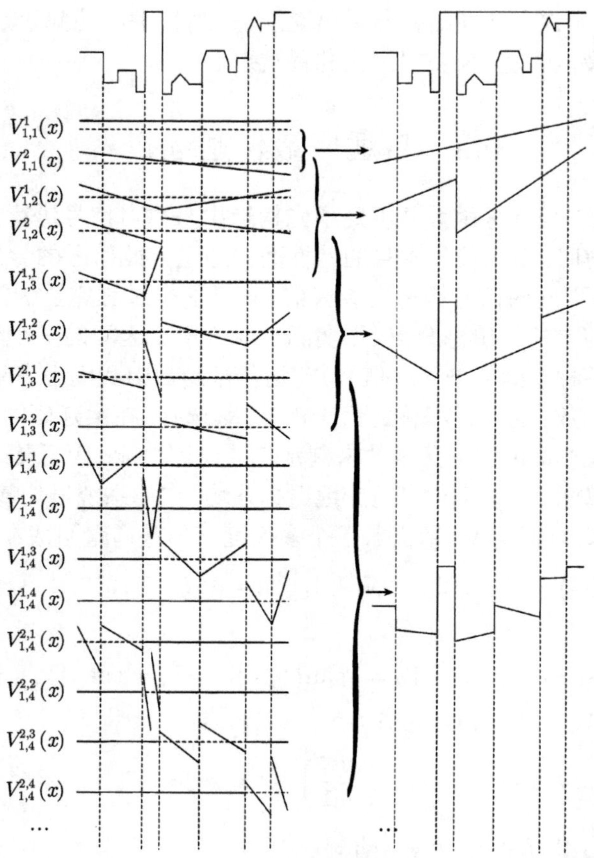

图 9.3.1　对信号得到的前 16 个最佳基向量及用它们对原信号的逼近

选取 Lena 图像 (512×512) 的第 128 行像素为逼近对象. 图 9.3.3 显示了分别用 1 次非均匀 V- 系统、1 次二进 V- 系统及 db2 小波的逼近结果. 1 次非均匀 V- 系统的逼近误差为 0.9434×10^{-3}, 1 次二进 V- 系统的逼近误差为 1.8636×10^{-3}, db2 小波的逼近误差为 1.4733×10^{-3}.

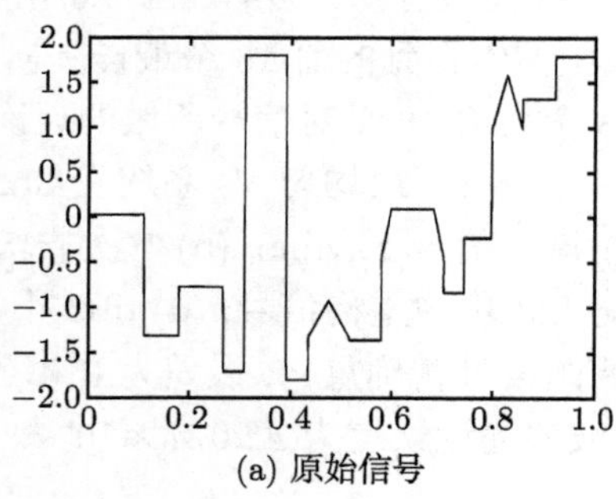

(a) 原始信号

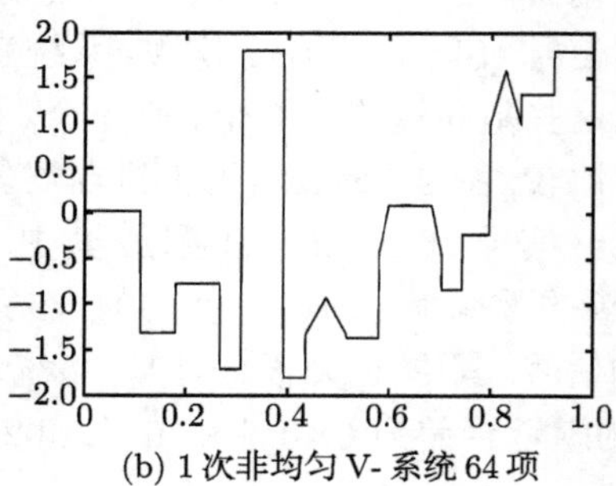

(b) 1 次非均匀 V- 系统 64 项

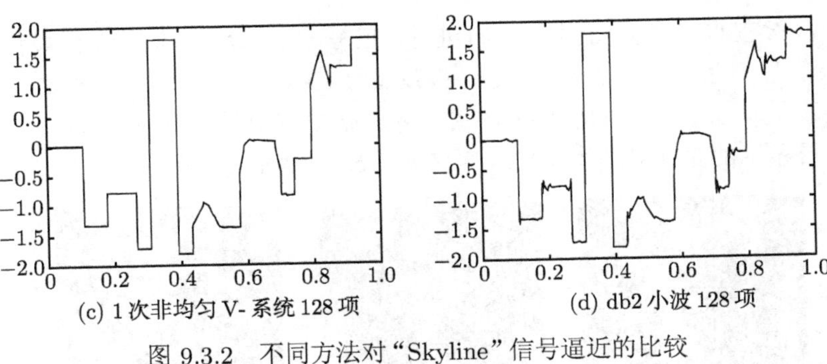

(c) 1 次非均匀 V- 系统 128 项 (d) db2 小波 128 项

图 9.3.2 不同方法对“Skyline”信号逼近的比较

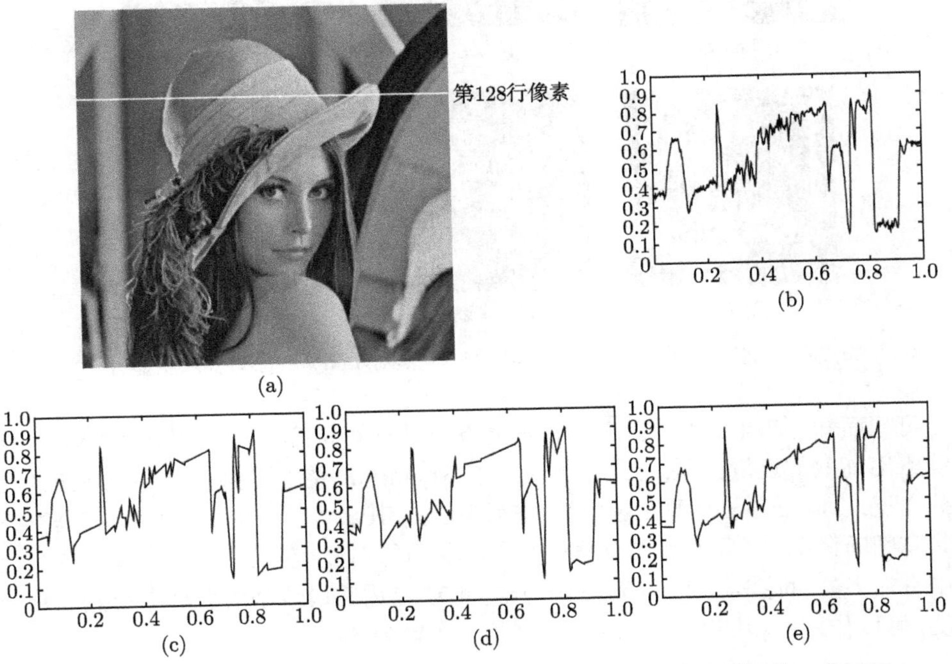

图 9.3.3 1 次非均匀 V- 系统、1 次二进 V- 系统与 db2 小波逼近的一个例子

其中 (a), (b) 分别为 Lena 图像及其第 128 行像素; (c) 为 64 个幅值最大的 1 次非均匀 V- 系统系数重构的逼近信号; (d) 为 64 个幅值最大的 1 次二进 V- 系统系数重构的逼近信号; (e) 64 个幅值最大的 db2 小波系数重构的逼近信号.

9.4 二维非均匀 V- 系统及图像的区域剖分

将上述单变量情形选择非均匀 V- 系统最佳基的方法类比到二维情形, 所做的区域剖分搜索在水平和垂直两个方向进行, 在每一个尺度下都要进行最佳基的搜索. 图 9.4.1 显示了这一过程与效果: (a) Lena 原图: 剖分子区域的个数记为 l. 图中分别显示 $l = 4, 16, 64, 256, 1024$ 的对 Lena 原图作出的自适应非均匀剖分网格. 网格的背景显示的是 1 次非均匀 V- 系统对 Lena 原图的重构.

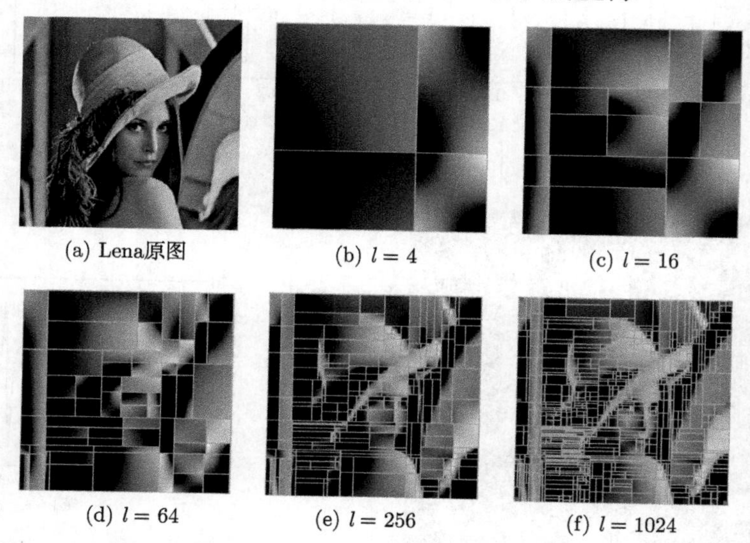

图 9.4.1 水平与垂直方向最佳非均匀 V- 基对 Lena 图像的多尺度逼近

可想而知, 如果图像只在水平和垂直方向具有间断情况, 上述非均匀 V- 系统基能给出高效的逼近结果. 图 9.4.2 给出了 Mondrian 类型图像的逼近和该图像的剖分情况. Mondrian 类型图像由简单矩形构成, 其最大特点是只在水平和垂直方向具有间断情况[7]. 只有水平或垂直方向的非均匀剖分, 在采用小波变换作图像处理中有较多的讨论[8]. 参考小波处理方法, 前述自适应最佳基的选择中得到的剖分算法, 可以作进一步的改进, 见图 9.4.3(详见文献 [4]).

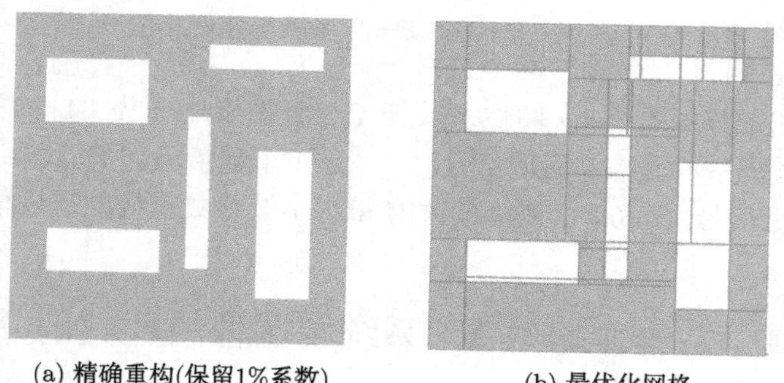

图 9.4.2 水平与垂直方向最佳非均匀 V- 基对 Mondrian 图像的重构

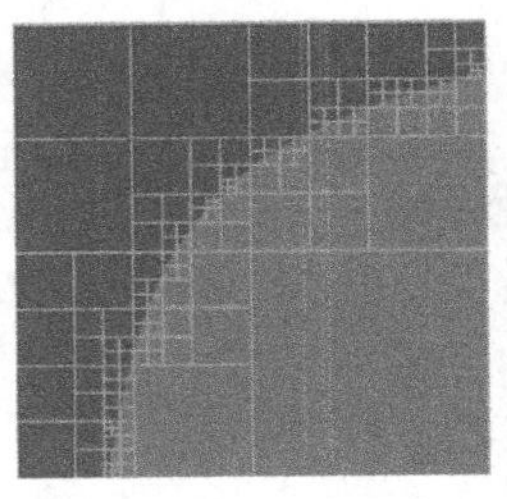

(a) 小波处理的自适应自相似规则剖分

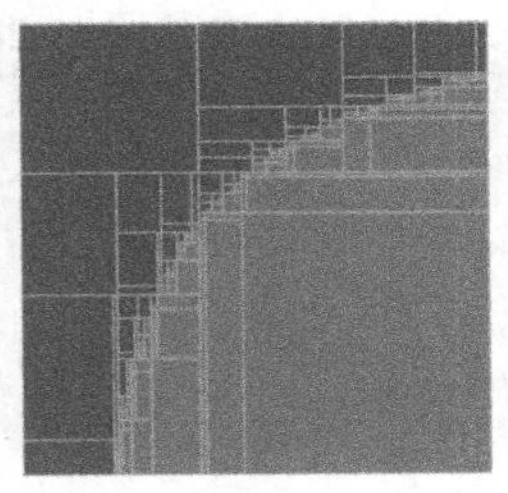

(b) 自适应非均匀剖分

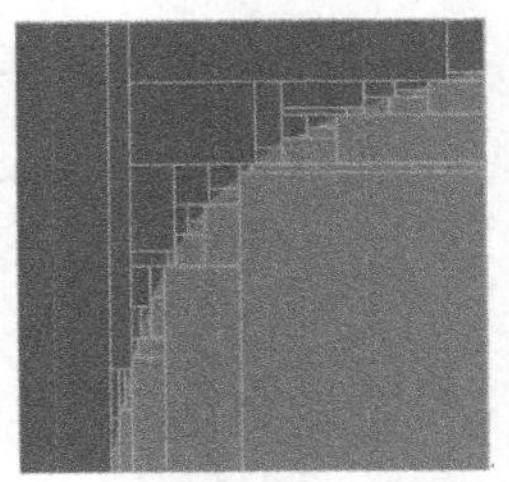

(c) 改善的自适应非均匀剖分

图 9.4.3 小波、自适应非均匀、改善自适应非均匀剖分对比

图 9.4.4 展示了利用改善自适应非均匀 1 次 V- 系统对 512×512 的 Lena 图像进行多尺度的逼近. 图 9.4.4(b) ~(h) 分别给出了用 8 到 16384 个非均匀 1 次 V- 系统基函数重构的图像, 并且在图像中标示了最佳剖分网格.

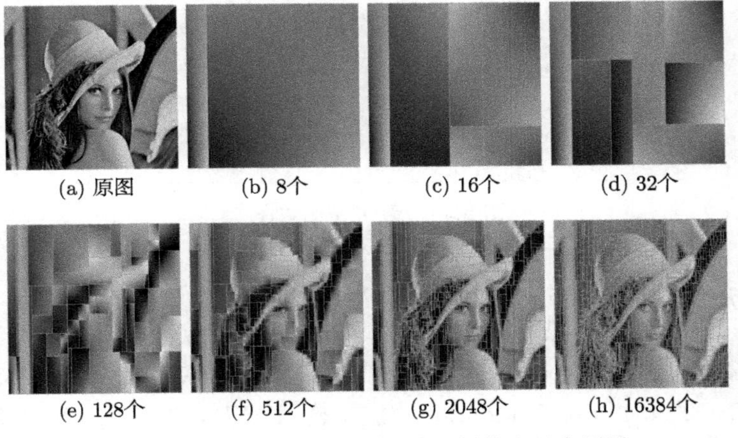

(a) 原图 (b) 8个 (c) 16个 (d) 32个

(e) 128个 (f) 512个 (g) 2048个 (h) 16384个

图 9.4.4 对 512×512 的 Lena 图像多尺度逼近

图 9.4.4(b) 由式 (9.4.1) 中的 8 个基函数线性组合表出, 分别由水平方向 4 个基函数, 垂直方向两个基函数 (图 9.4.5) 组合而成.

$$\begin{aligned}&V_{H1,1}^{1}V_{V1,1}^{1},\quad V_{H1,1}^{2}V_{V1,1}^{1},\quad V_{H1,1}^{1}V_{V1,1}^{2},\quad V_{H1,1}^{2}V_{V1,1}^{2}\\&V_{H1,2}^{1}V_{V1,1}^{1},\quad V_{H1,2}^{2}V_{V1,1}^{1},\quad V_{H1,2}^{1}V_{V1,1}^{2},\quad V_{H1,2}^{2}V_{V1,1}^{2}\end{aligned}\tag{9.4.1}$$

图 9.4.4(c) 由 16 个基函数重构, 是由式 (9.4.1) 中的 8 个基函数再加上式 (9.4.2) 的 8 个基函数线性组合表出, 这 8 个新增的基函数是由水平和垂直方向分别增加两个基函数组合而来, 如图 9.4.6 所示.

$$\begin{aligned}&V_{H1,3}^{1,2}V_{V1,1}^{1},\quad V_{H1,3}^{2,2}V_{V1,1}^{1},\quad V_{H1,3}^{1,2}V_{V1,1}^{2},\quad V_{H1,3}^{2,2}V_{V1,1}^{2}\\&V_{H1,3}^{1,2}V_{V1,2}^{1},\quad V_{H1,3}^{2,2}V_{V1,2}^{1},\quad V_{H1,3}^{1,2}V_{V1,2}^{2},\quad V_{H1,3}^{2,2}V_{V1,2}^{2}\end{aligned}\tag{9.4.2}$$

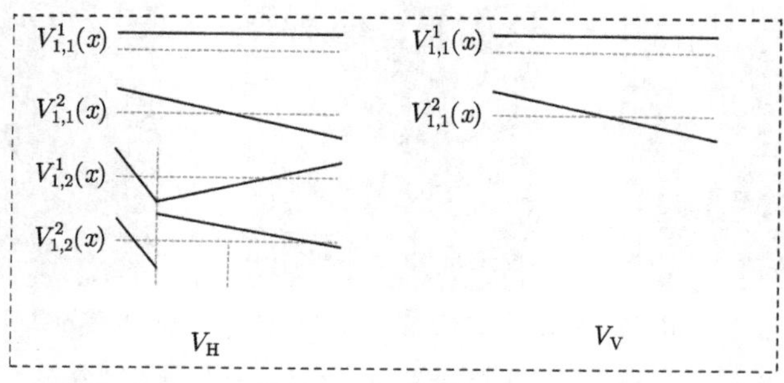

图 9.4.5 基函数图

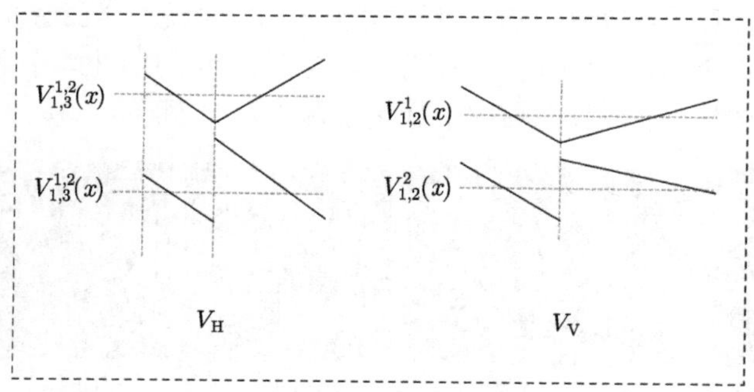

图 9.4.6 新增基函数图

对 Peppers 图像, sym4 小波重构, PSNR= 31.0522 db; 9-7 小波重构, PSNR = 31.3378 db; Contourlet 小波重构, PSNR= 30.4376 db; 改进的 1 次非均匀 V 重构, PSNR= 31.4688 db; 对 Baboon 图像, sym4 小波重构, PSNR= 27.3350 db; 9-7 小波重构, PSNR= 27.4349 db; Contourlet 小波重构, PSNR= 26.9337 db; 改进的 1 次非均匀 V 重构, PSNR= 27.6074 db. 多尺度逼近的效果只能有较少的改进 (参见图 9.4.7 和图 9.4.8).

(a) 重构图像

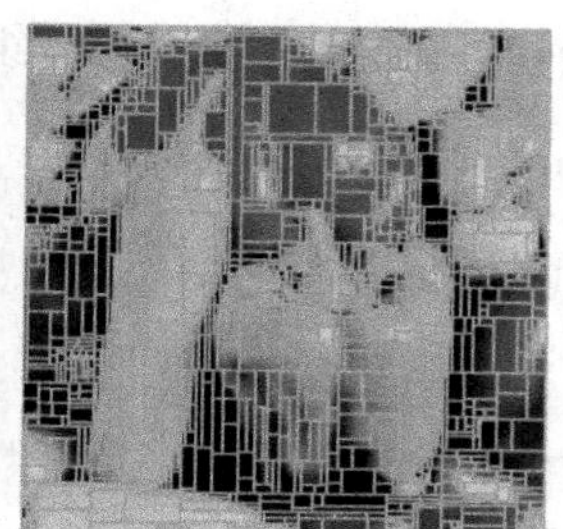

(b) 最佳剖分网格

图 9.4.7 对 Peppers 图像的重构, 保留 5% 系数

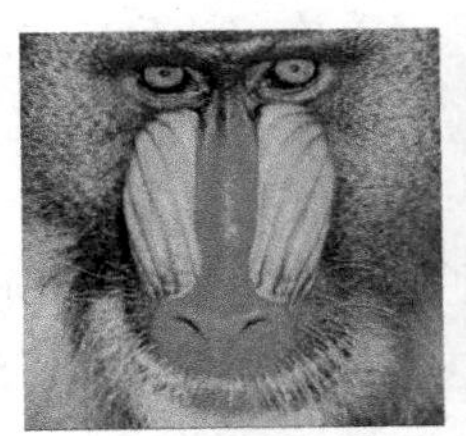

(a) 重构图像

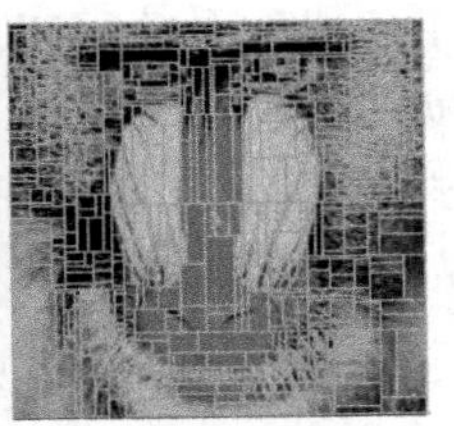

(b) 最佳剖分网格

图 9.4.8 对 Baboon 图像的重构, 保留 10% 系数

事实上, 简单把单变量的非均匀剖分方式推广到二维张量积形式, 对于一般的复杂图像的逼近并没有实质上改进. 虽然在水平和垂直方向上可以自由地适应图像的奇异性, 但是, 由于缺少其他方向, 使得在边缘处都产生了较大的失真.

9.5 图像的自适应非规则剖分

按灰度合并相邻像素点的方法, 可以得到图像的一种剖分, 其出发点是每个像素只与邻点相比较, 灰度相近则合并为一类 (以 ε 限定相近程度). 这种做法可以事先限定剖分子区域的数量 n, 并且子区域的边界为平面封闭曲线. 如图 9.5.1 所示.

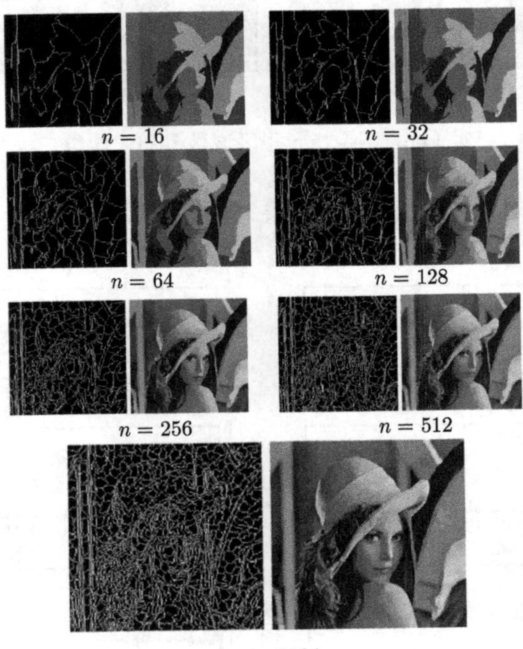

图 9.5.1 对 Lena 图像指定子区域数量的非均匀剖分

为了能方便地利用 U、V- 系统完成正交重构, 宜于在曲边子区域基础上进一步生成三角剖分, 过程如下：

(1) 对图像进行非规则剖分, 记录相邻子区域的公共顶点;

(2) 采用 Delaunay 剖分规则, 将非规则子区域进一步剖分为若干个三角形;

(3) 在每个三角形子区域上用多项式拟合灰度数据, 得到数字图像三角剖分下的分片多项式逼近表示.

矢量化的图像视为单值函数的曲面. 这样, 第 6 章处理曲面的方法可以直接用在这里, 得到原图像的近似图像的 V- 谱. 图 9.5.2 给出了在指定不同子区域数量下对 Lena 图像的非均匀三角剖分的结果.

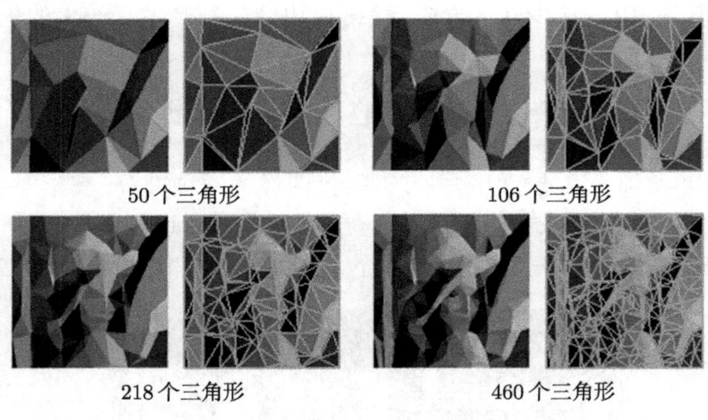

图 9.5.2　对 Lena 图像指定子区域数量的非均匀三角剖分

图 9.5.3 给出了对图 9.5.2 各剖分结果进行计算后得到的 V- 谱.

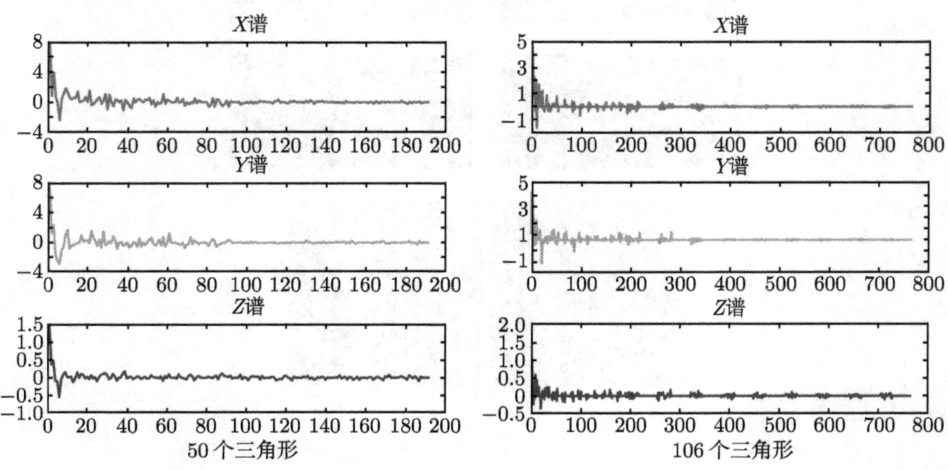

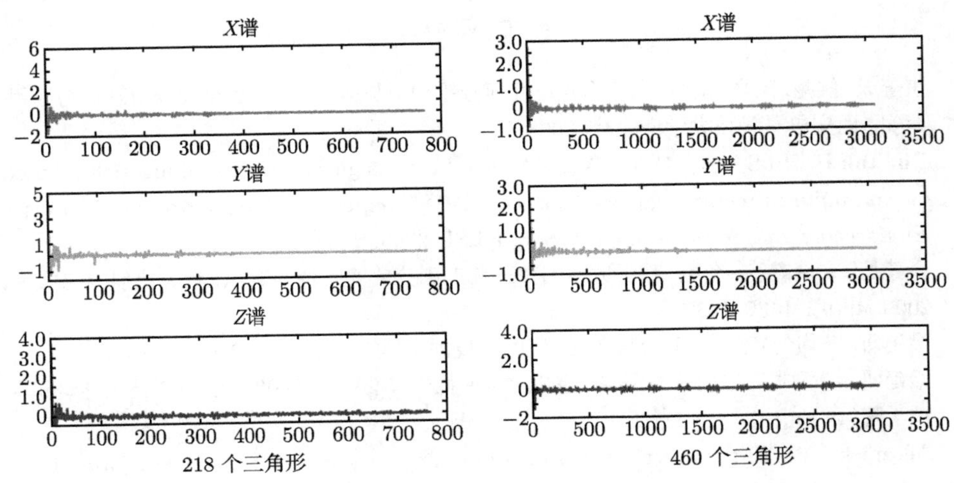

图 9.5.3 计算 Lena 图像非均匀三角剖分的 V- 谱

小 结

对数字图像, 用 U、V- 系统的张量积形式, 自然可以按通常正交变换的处理过程实现图像的正交重构. 本章讨论的非规则剖分针对给定图像自适应完成. 当得到了三角剖分之后, 便归结为几何问题的处理. 关于非均匀剖分下的 V- 系统, 鉴于基函数构造需依给定信号而逐次完成, 计算过程较复杂, 但可以用较少的数据表达最终重构结果. 与非均匀剖分相关的研究参见文献 [9], [10].

问题与讨论

1. U、V- 系统拥有图像处理的优势探索

在通常的规则均匀剖分之下, 类比数字图像 DCT 的处理过程, 采用 U、V- 系统代替三角函数系, 可以进行诸如压缩、消噪等问题的研究, 试探索 U、V- 系统在哪些问题、哪些方面具有较好的性能 (例如破损的图像).

2. T- 网格上的正交函数系

Sederberg 于 2003 年提出了 T- 样条概念, 2006 年陈发来、邓健松、冯玉瑜等研究了 T- 网格上的曲面造型理论. 对函数 (几何造型、图像) 的定义域 G 做 T- 网格剖分, 有其重要的应用前景. 可以结合图像矢量化及 U、V- 系统的结构, 探讨 T- 网格的潜在应用. 关于 T- 样条及 T- 网格的相关研究参见文献 [11]–[15].

参 考 文 献

[1] 焦李成, 侯彪, 王爽, 刘芳. 图像多尺度几何分析理论与应用 —— 后小波分析理论与应用. 西安：西安电子科技大学出版社, 2008.

[2] Kin Tak U, Hu S D, Qi D X, Tang Z S. A robust image watermarking algorithm based on non-uniform rectangular partition and SVD//*acific-Asia Conference on Knowledge Engineering and Software Engineering*, KESE 2009, 2009: 163–166.

[3] 余建德, 宋瑞霞, 齐东旭. 基于数字图像三角形剖分的信息伪装算法. 计算机研究与发展, 2009, 46(9): 1432–1437.

[4] 梁延研. 非均匀V变换: 理论与应用. 澳门科技大学博士学位论文, 2009.

[5] 梁延研. 图像非均匀剖分与图像矢量化. 研究报告 #2010–IT0001. 澳门科技大学资讯科技学院, 2010.

[6] Selesnick I W. The slantlet transform. *IEEE Transactions on Signal Processing*, 1999, 47(5): 1304–1313.

[7] Welsh R P, Joosten J M. *Piet Mondrian: Catalogue Raisonné*, volume 1. Harry N. Abranms, 1st edition, 1996.

[8] Mallat S G. 信号处理的小波导引 (第二版). 杨力华等译. 北京：机械工业出版社, 2002.

[9] Donoho D L, Huo X, Jermyn I, Jones P, Lerman G, Levi O, Natterer F. Beamlets and multiscale image analysis//*Multiscale and Multiresolution Methods*. Springer, 2001: 149–196.

[10] Friedrich F. *Complexity Penalized Segmentations in 2D*. PhD thesis. Thechnische Universitiät München, 2005.

[11] Sederberg T W. Zheng J, Bakenov A, Nasri A. T-splines and T-NURCCs. *ACM Trans.*, 2003, 22(3): 161–172.

[12] Sederberg T W, Cardon D L, Finnigan G T, North N S, Zheng J, Lyche T. T-spline simplification local refinement. *ACM Trans.*, 2004, 23(3): 276–283.

[13] Deng J S, Chen F L, Feng Y Y. Dimensions of spline spaces over T-meshes. *Journal of Computational and Applied Mathematics*, 2006, 194(2): 267–283.

[14] Deng J S, Chen F L, Li X, Hu C Q, Tong W T. Yang Z W, Feng Y Y. Polynomial splines over hierarchical T-meshes. *Graphical Models*, 2008, 74(4): 76–86.

[15] Li X, Deng J S, Chen F L. Surface modeling with polynomial splines over hierarchical T-meshes. *The Visual Computer*, 2007, 23(12): 1027–1033.

附录　2 次及 3 次三角域 V-系统

按照 6.5~6.7 节介绍的三角域上 U、V- 系统的构造原理, 只要把前两组基函数构造出来, 按照压缩复制的方法即可完成全部 U、V- 系统的构造, 并且 U、V- 系统的前两组基函数完全相同. 为此, 本书给出 2 次及 3 次三角域 U、V- 系统的前两组基函数的详细表达. 需要说明的是, 按照第 6 章介绍的方法构造的 U、V- 系统的基函数并不是唯一的, 这里仅是给出其中的一组而已.

A.1　2 次 U、V- 系统前两组基函数

第一组 (基本函数):

$$V_{2,1}^1(u,v)=\sqrt{2},\quad V_{2,1}^2(u,v)=-2+6u,\quad V_{2,1}^3(u,v)=2\sqrt{3}(-1+u+2v)$$

$$V_{2,1}^4(u,v)=\frac{3}{7}\sqrt{14}(1-4u-4v+20uv)$$

$$V_{2,1}^5(u,v)=\frac{1}{7}\sqrt{42}(5-34u-6v+30uv+35u^2)$$

$$V_{2,1}^6(u,v)=\sqrt{30}(1-2u-6v+6uv+u^2+6v^2)$$

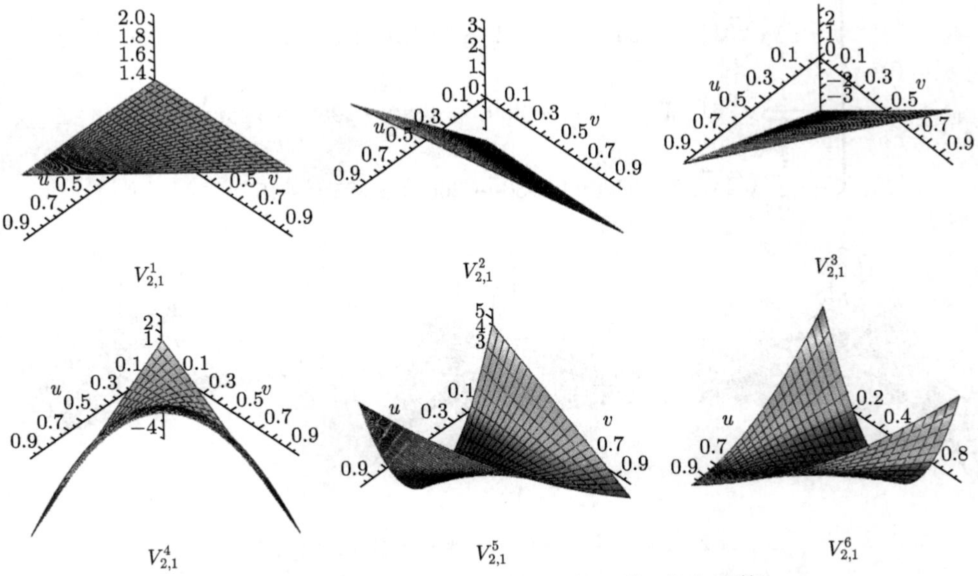

$V_{2,1}^1$　$V_{2,1}^2$　$V_{2,1}^3$

$V_{2,1}^4$　$V_{2,1}^5$　$V_{2,1}^6$

图 A.1.1　2 次 V- 系统的第一组基函数 (基本函数)

第二组 (生成元)：

$$V_{2,2}^{1}(u,v)=\begin{cases}\dfrac{1}{13}\sqrt{26}(17-30u^2), & (u,v)\in\triangle_{1,1}\\ \dfrac{1}{13}\sqrt{26}(1-30u^2), & (u,v)\in\triangle_{2,1}\\ \dfrac{1}{13}\sqrt{26}(1-30u^2), & (u,v)\in\triangle_{2,2}\\ \dfrac{1}{13}\sqrt{26}(1-30u^2), & (u,v)\in\triangle_{2,3}\end{cases}$$

$$V_{2,2}^{2}(u,v)=\begin{cases}-\dfrac{5}{91}\sqrt{273}(-1+u^2+13v^2), & (u,v)\in\triangle_{1,1}\\ -\dfrac{1}{91}\sqrt{273}(-37+5u^2+65v^2), & (u,v)\in\triangle_{2,1}\\ -\dfrac{1}{273}\sqrt{273}(-7+15u^2+195v^2), & (u,v)\in\triangle_{2,2}\\ -\dfrac{1}{273}\sqrt{273}(-7+15u^2+195v^2), & (u,v)\in\triangle_{2,3}\end{cases}$$

$$V_{2,2}^{3}(u,v)=\begin{cases}-\dfrac{5}{77}\sqrt{231}(11-24u-24v+24uv+13u^2+13v^2), & (u,v)\in\triangle_{1,1}\\ -\dfrac{5}{77}\sqrt{231}(11-24u-24v+24uv+13u^2+13v^2), & (u,v)\in\triangle_{2,1}\\ -\dfrac{1}{231}\sqrt{231}(173-360u-360v+360uv+195u^2+195v^2), & (u,v)\in\triangle_{2,2}\\ -\dfrac{1}{231}\sqrt{231}(77-360u-360v+360uv+195u^2+195v^2), & (u,v)\in\triangle_{2,3}\end{cases}$$

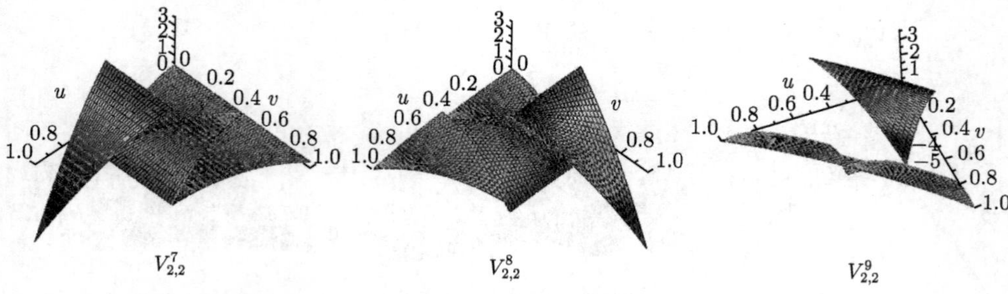

图 A.1.2　2 次 V- 系统的第二组基函数 (生成元 1-3)

$$V_{2,2}^4(u,v)=\begin{cases}-\dfrac{2}{8239}\sqrt{8239}(1837-5133u+180v-180uv\\ \qquad +3450u^2-180v^2), & (u,v)\in\triangle_{1,1}\\ -\dfrac{2}{8239}\sqrt{8239}(77-1437u+180v-180uv\\ \qquad +3450u^2-180v^2), & (u,v)\in\triangle_{2,1}\\ -\dfrac{2}{8239}\sqrt{8239}(77-1437u+180v-180uv\\ \qquad +3450u^2-180v^2), & (u,v)\in\triangle_{2,2}\\ -\dfrac{2}{8239}\sqrt{8239}(29-1437u+180v-180uv\\ \qquad +3450u^2-180v^2), & (u,v)\in\triangle_{2,3}\end{cases}$$

$$V_{2,2}^5(u,v)=\begin{cases}\dfrac{2}{390229}\sqrt{390229}(2833-6037u+2650v-10140uv\\ \qquad +3890u^2+560v^2), & (u,v)\in\triangle_{1,1}\\ \dfrac{2}{390229}\sqrt{390229}(-2867+10427u+2650v-10140uv\\ \qquad +3890u^2+560v^2), & (u,v)\in\triangle_{2,1}\\ \dfrac{2}{1170687}\sqrt{390229}(407-4671u+7950v-30420uv\\ \qquad +11670u^2+1680v^2), & (u,v)\in\triangle_{2,2}\\ \dfrac{2}{1170687}\sqrt{390229}(-469-4671u+7950v-30420uv\\ \qquad +11670u^2+1680v^2), & (u,v)\in\triangle_{2,3}\end{cases}$$

$$V_{2,2}^6(u,v)=\begin{cases}\dfrac{2}{113057}\sqrt{16151}(11297-35138u-4180v+11040uv\\ \qquad +25360u^2+1240v^2), & (u,v)\in\triangle_{1,1}\\ \dfrac{4}{113057}\sqrt{16151}(1459-8719u-2090v+5520uv\\ \qquad +12680u^2+620v^2), & (u,v)\in\triangle_{2,1}\\ \dfrac{2}{339171}\sqrt{16151}(15973-75654u-12540v+33120uv\\ \qquad +76080u^2+3720v^2), & (u,v)\in\triangle_{2,2}\\ \dfrac{4}{339171}\sqrt{16151}(653-9693u-6270v+16560uv\\ \qquad +38040u^2+1860v^2), & (u,v)\in\triangle_{2,3}\end{cases}$$

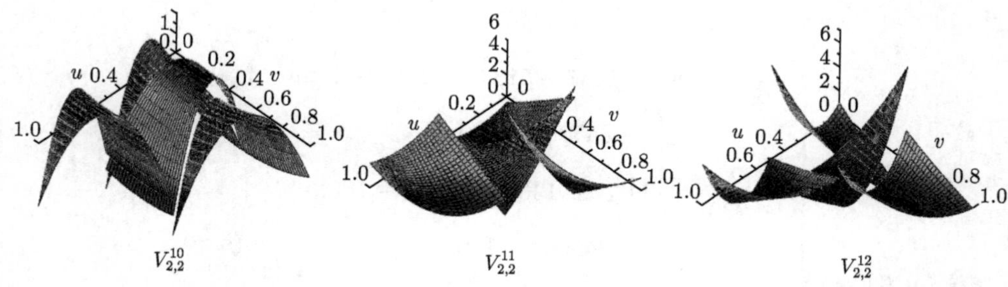

图 A.1.3　2 次 V- 系统的第二组基函数 (生成元 4-6)

$$V_{2,2}^{7}(u,v)=\begin{cases}-\dfrac{2}{403}\sqrt{403}(294-654u-588v+720uv+360u^2), & (u,v)\in\triangle_{1,1}\\ -\dfrac{2}{403}\sqrt{403}(69-586u-92v+720uv+360u^2), & (u,v)\in\triangle_{2,1}\\ -\dfrac{2}{403}\sqrt{403}(46-406u-92v+720uv+360u^2), & (u,v)\in\triangle_{2,2}\\ -\dfrac{2}{403}\sqrt{403}(23-226u-92v+720uv+360u^2), & (u,v)\in\triangle_{2,3}\end{cases}$$

$$V_{2,2}^{8}(u,v)=\begin{cases}\dfrac{36}{1001}\sqrt{143}(41-131u+48v+50uv+90u^2\\ \qquad -195v^2), & (u,v)\in\triangle_{1,1}\\ \dfrac{1}{1001}\sqrt{143}(-3669-2024u+10352v+1800uv+3240u^2\\ \qquad -7020v^2), & (u,v)\in\triangle_{2,1}\\ \dfrac{1}{1001}\sqrt{143}(401-3056u+2708v+1800uv+3240u^2\\ \qquad -7020v^2), & (u,v)\in\triangle_{2,2}\\ \dfrac{4}{1001}\sqrt{143}(-23-359u+677v+450uv+810u^2\\ \qquad -1755v^2), & (u,v)\in\triangle_{2,3}\end{cases}$$

$$V_{2,2}^{9}(u,v)=\begin{cases}\dfrac{12}{11}\sqrt{33}(7-17u-24v+30uv+10u^2+15v^2), & (u,v)\in\triangle_{1,1}\\ \dfrac{3}{11}\sqrt{33}(37-88u-96v+120uv+40u^2+60v^2), & (u,v)\in\triangle_{2,1}\\ \dfrac{1}{11}\sqrt{33}(89-224u-268v+360uv+120u^2+180v^2), & (u,v)\in\triangle_{2,2}\\ \dfrac{4}{11}\sqrt{33}(2-19u-23v+90uv+30u^2+45v^2), & (u,v)\in\triangle_{2,3}\end{cases}$$

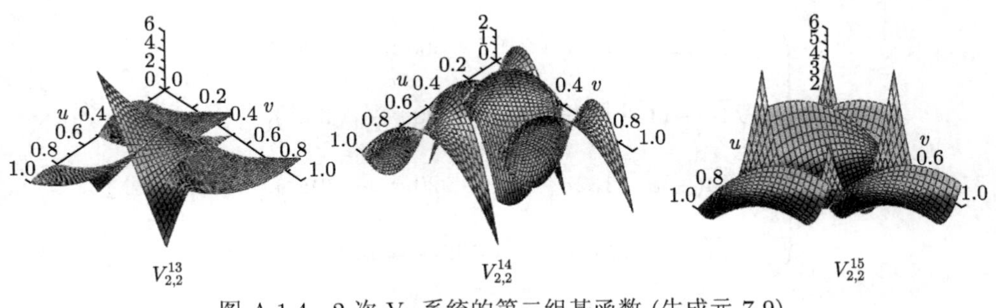

$V_{2,2}^{13}$ $V_{2,2}^{14}$ $V_{2,2}^{15}$

图 A.1.4 2 次 V- 系统的第二组基函数 (生成元 7-9)

$$V_{2,2}^{10}(u,v)=\begin{cases}\dfrac{1}{7}\sqrt{42}(15-24u-144v+240uv), & (u,v)\in\triangle_{1,1}\\ \dfrac{1}{7}\sqrt{42}(-5+48u+8v-80uv), & (u,v)\in\triangle_{2,1}\\ \dfrac{1}{7}\sqrt{42}(-13+32u+32v-80uv), & (u,v)\in\triangle_{2,2}\\ \dfrac{1}{7}\sqrt{42}(-1+8u+8v-80uv), & (u,v)\in\triangle_{2,3}\end{cases}$$

$$V_{2,2}^{11}(u,v)=\begin{cases}0, & (u,v)\in\triangle_{1,1}\\ \dfrac{2}{7}\sqrt{21}(10-96u-16v+160uv), & (u,v)\in\triangle_{2,1}\\ \dfrac{2}{7}\sqrt{21}(-13+32u+32v-80uv), & (u,v)\in\triangle_{2,2}\\ \dfrac{2}{7}\sqrt{21}(-1+8u+8v-80uv), & (u,v)\in\triangle_{2,3}\end{cases}$$

$$V_{2,2}^{12}(u,v)=\begin{cases}0, & (u,v)\in\triangle_{1,1}\\ 0, & (u,v)\in\triangle_{2,1}\\ \dfrac{6}{7}\sqrt{7}(-13+32u+32v-80uv), & (u,v)\in\triangle_{2,2}\\ \dfrac{6}{7}\sqrt{7}(1-8u-8v+80uv), & (u,v)\in\triangle_{2,3}\end{cases}$$

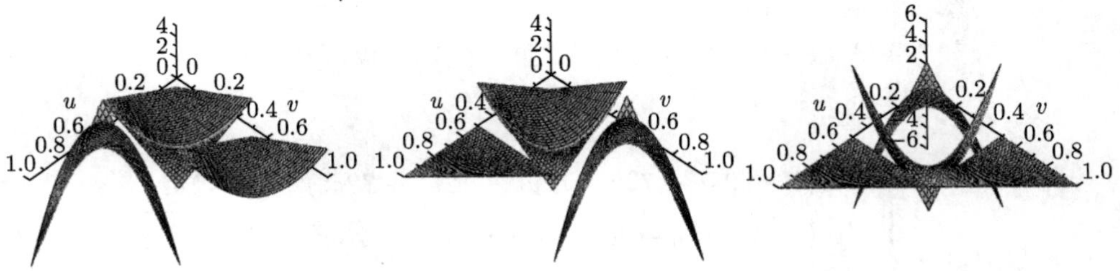

$V_{2,2}^{16}$ $V_{2,2}^{17}$ $V_{2,2}^{18}$

图 A.1.5 2 次 V- 系统的第二组基函数 (生成元 10-12)

$$V_{2,2}^{13}(u,v)=\begin{cases}\frac{1}{7}\sqrt{14}(222-624u-216v+360uv+420u^2), & (u,v)\in\triangle_{1,1}\\ \frac{1}{7}\sqrt{14}(-11+128u+12v-120uv-140u^2), & (u,v)\in\triangle_{2,1}\\ \frac{1}{7}\sqrt{14}(-30+132u+48v-120uv-140u^2), & (u,v)\in\triangle_{2,2}\\ \frac{1}{7}\sqrt{14}(-5+68u+12v-120uv-140u^2), & (u,v)\in\triangle_{2,3}\end{cases}$$

$$V_{2,2}^{14}(u,v)=\begin{cases}0, & (u,v)\in\triangle_{1,1}\\ \frac{2}{7}\sqrt{7}(22-256u-24v+240uv+280u^2), & (u,v)\in\triangle_{2,1}\\ \frac{2}{7}\sqrt{7}(-30+132u+48v-120uv-140u^2), & (u,v)\in\triangle_{2,2}\\ \frac{2}{7}\sqrt{7}(-5+68u+12v-120uv-140u^2), & (u,v)\in\triangle_{2,3}\end{cases}$$

$$V_{2,2}^{15}(u,v)=\begin{cases}0, & (u,v)\in\triangle_{1,1}\\ 0, & (u,v)\in\triangle_{2,1}\\ \frac{2}{7}\sqrt{21}(-30+132u+48v-120uv-140u^2), & (u,v)\in\triangle_{2,2}\\ \frac{2}{7}\sqrt{21}(5-68u-12v+120uv+140u^2), & (u,v)\in\triangle_{2,3}\end{cases}$$

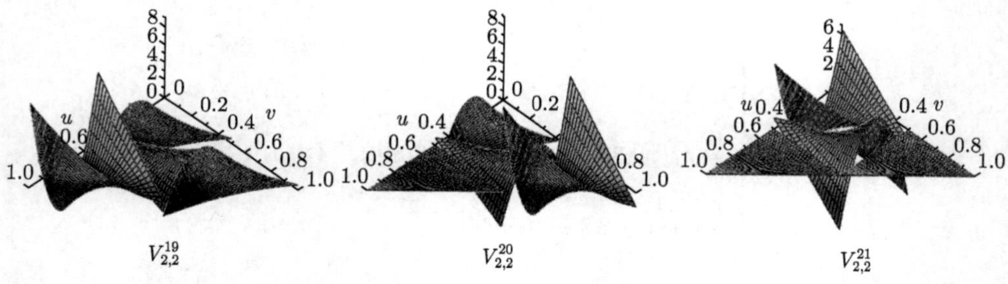

图 A.1.6　2 次 V- 系统的第二组基函数 (生成元 13-15)

$$V_{2,2}^{16}(u,v)=\begin{cases}\sqrt{10}(12-24u-72v+72uv+12u^2+72v^2), & (u,v)\in\triangle_{1,1}\\ \sqrt{10}(-13+16u+36v-24uv-4u^2-24v^2), & (u,v)\in\triangle_{2,1}\\ \sqrt{10}(-6+12u+24v-24uv-4u^2-24v^2), & (u,v)\in\triangle_{2,2}\\ \sqrt{10}(-1+4u+12v-24uv-4u^2-24v^2), & (u,v)\in\triangle_{2,3}\end{cases}$$

$$V_{2,2}^{17}(u,v)=\begin{cases}0, & (u,v)\in\triangle_{1,1}\\ 2\sqrt{5}(26-32u-72v+48uv+8u^2+48v^2), & (u,v)\in\triangle_{2,1}\\ 2\sqrt{5}(-6+12u+24v-24uv-4u^2-24v^2), & (u,v)\in\triangle_{2,2}\\ 2\sqrt{5}(-1+4u+12v-24uv-4u^2-24v^2), & (u,v)\in\triangle_{2,3}\end{cases}$$

$$V_{2,2}^{18}(u,v)=\begin{cases}0, & (u,v)\in\triangle_{1,1}\\ 0, & (u,v)\in\triangle_{2,1}\\ 2\sqrt{15}(-6+12u+24v-24uv-4u^2-24v^2), & (u,v)\in\triangle_{2,2}\\ 2\sqrt{15}(1-4u-12v+24uv+4u^2+24v^2), & (u,v)\in\triangle_{2,3}\end{cases}$$

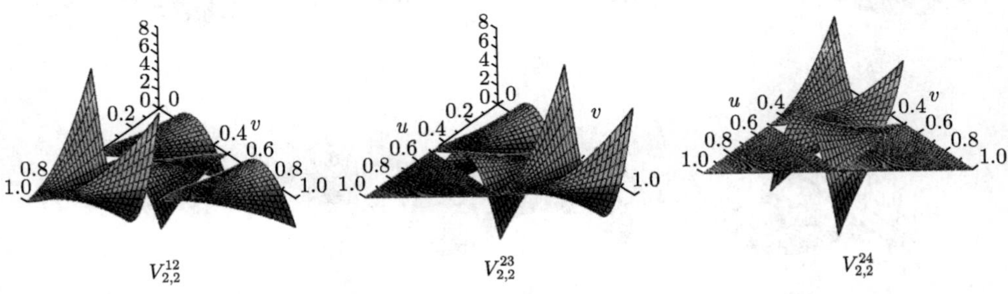

图 A.1.7 2 次 V- 系统的第二组基函数 (生成元 16-18)

A.2 3 次三角域 V- 系统前两组基函数

第一组 (基本函数):

$$V_{3,1}^{1}(u,v)=\sqrt{2},\quad V_{3,1}^{2}(u,v)=-2+6u,\quad V_{3,1}^{3}(u,v)=2\sqrt{3}(-1+u+2v)$$

$$V_{3,1}^{4}(u,v)=\sqrt{6}(1-8u+10u^2),\quad V_{3,1}^{5}(u,v)=-\sqrt{3}(-1-4u+12v+5u^2-15v^2)$$

$$V_{3,1}^{6}(u,v)=3\sqrt{5}(1-4u-4v+3u^2+3v^2+8uv)$$

$$V_{3,1}^{7}(u,v)=2\sqrt{2}(-1+15u-45u^2+35u^3)$$

$$V_{3,1}^{8}(u,v)=\frac{2}{3}\sqrt{30}(-1+3u+12v-9u^2-36v^2+7u^3+28v^3)$$

$$V_{3,1}^{9}(u,v)=\frac{2}{3}\sqrt{30}(-1+18u-3v-45u^2+18v^2-36uv+28u^3-14v^3+63u^2v)$$

$$V_{3,1}^{10}(u,v)=\frac{2}{3}\sqrt{210}(-1+6u+9v-9u^2-18v^2-36uv+4u^3+10v^3+27u^2v+36uv^2)$$

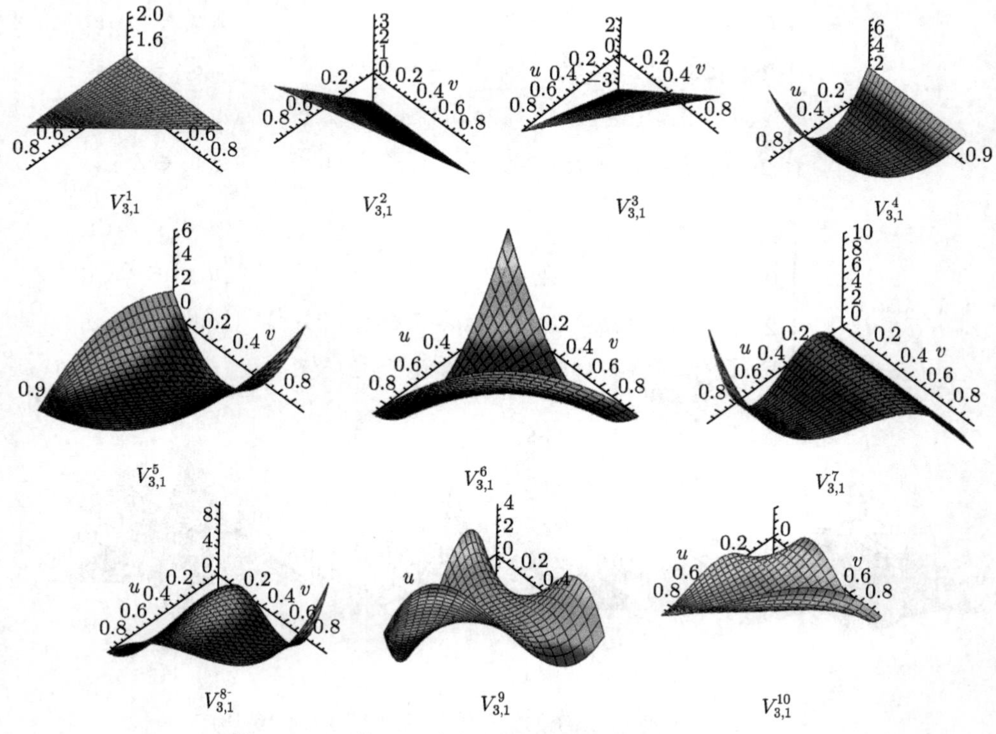

图 A.2.1 3 次 V- 系统的第一组基函数 (基本函数)

$$V_{3,2}^{1}(u,v)=\begin{cases}\frac{1}{3}\sqrt{2}(13+60u-210u^2+140u^3), & (u,v)\in\triangle_{1,1}\\ \frac{1}{3}\sqrt{2}(-3+60u-210u^2+140u^3), & (u,v)\in\triangle_{2,1}\\ \frac{1}{3}\sqrt{2}(-3+60u-210u^2+140u^3), & (u,v)\in\triangle_{2,2}\\ \frac{1}{3}\sqrt{2}(-3+60u-210u^2+140u^3), & (u,v)\in\triangle_{2,3}\end{cases}$$

$$V_{3,2}^{2}(u,v)=\begin{cases}\frac{1}{3}\sqrt{2}(-3+60v-210v^2+140v^3), & (u,v)\in\triangle_{1,1}\\ \frac{1}{3}\sqrt{2}(13+60v-210v^2+140v^3), & (u,v)\in\triangle_{2,1}\\ \frac{1}{3}\sqrt{2}(-3+60v-210v^2+140v^3), & (u,v)\in\triangle_{2,2}\\ \frac{1}{3}\sqrt{2}(-3+60v-210v^2+140v^3), & (u,v)\in\triangle_{2,3}\end{cases}$$

$$V_{3,2}^3(u,v)=\begin{cases}-\dfrac{1}{3}\sqrt{2}(13+60u+60v-210u^2-210v^2-420uv\\ \qquad +140u^3+140v^3+420u^2v+420uv^2),(u,v)\in\triangle_{1,1}\\ -\dfrac{1}{3}\sqrt{2}(13+60u+60v-210u^2-210v^2-420uv\\ \qquad +140u^3+140v^3+420u^2v+420uv^2),(u,v)\in\triangle_{2,1}\\ -\dfrac{1}{3}\sqrt{2}(13+60u+60v-210u^2-210v^2-420uv\\ \qquad +140u^3+140v^3+420u^2v+420uv^2),(u,v)\in\triangle_{2,2}\\ -\dfrac{1}{3}\sqrt{2}(-3+60u+60v-210u^2-210v^2-420uv\\ \qquad +140u^3+140v^3+420u^2v+420uv^2),(u,v)\in\triangle_{2,3}\end{cases}$$

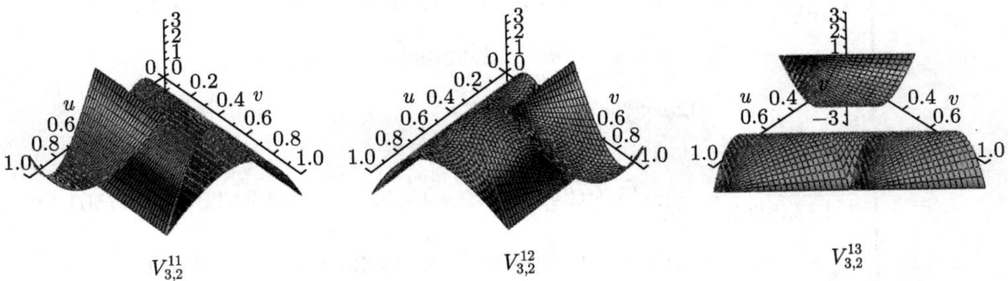

图 A.2.2　3 次 V- 系统的第二组基函数 (生成元 1-3)

$$V_{3,2}^4(u,v)=\begin{cases}-\dfrac{2}{99}\sqrt{33}(446-942u-105u^2+210uv+700u^3\\ \qquad -210u^2v-210uv^2), & (u,v)\in\triangle_{1,1}\\ -\dfrac{2}{99}\sqrt{33}(6-78u-105u^2+210uv+700u^3\\ \qquad -210u^2v-210uv^2), & (u,v)\in\triangle_{2,1}\\ -\dfrac{2}{99}\sqrt{33}(-2-78u-105u^2+210uv+700u^3\\ \qquad -210u^2v-210uv^2), & (u,v)\in\triangle_{2,2}\\ -\dfrac{2}{99}\sqrt{33}(6-78u-105u^2+210uv+700u^3\\ \qquad -210u^2v-210uv^2), & (u,v)\in\triangle_{2,3}\end{cases}$$

$$V_{3,2}^{5}(u,v)=\begin{cases}\dfrac{14}{1649439}\sqrt{549813}(1295-1410u-5544v-3165u^2+19404v^2+9102uv\\ \quad +3280u^3-11748v^3+1590u^2v-30486uv^2), \quad (u,v)\in\triangle_{1,1}\\ \dfrac{2}{1649439}\sqrt{549813}(-11439+58386u-38808v-22155u^2+135828v^2\\ \quad +63714uv+22960u^3-82236v^3+11130u^2v\\ \quad -213402uv^2), \quad (u,v)\in\triangle_{2,1}\\ \dfrac{2}{1649439}\sqrt{549813}(2185+1362u-38808v-22155u^2+135828v^2\\ \quad +63714uv+22960u^3-82236v^3+11130u^2v\\ \quad -213402uv^2), \quad (u,v)\in\triangle_{2,2}\\ \dfrac{2}{1649439}\sqrt{549813}(1761+1362u-38808v-22155u^2+135828v^2\\ \quad +63714uv+22960u^3-82236v^3+11130u^2v\\ \quad -213402uv^2), \quad (u,v)\in\triangle_{2,3}\end{cases}$$

$$V_{3,2}^{6}(u,v)=\begin{cases}-\dfrac{7}{1273686249387}\sqrt{849124166258}(-4586245+26582700u-1275018v\\ \quad -42790155u^2+15708738v^2-27493506uv+20793700u^3\\ \quad -12234296v^3+34129620u^2v+725868uv^2), \quad (u,v)\in\triangle_{1,1}\\ -\dfrac{7}{1273686249387}\sqrt{849124166258}(-2622469+22404396u-1275018v\\ \quad -42790155u^2+15708738v^2-27493506uv+20793700u^3\\ \quad -12234296v^3+34129620u^2v+725868uv^2), \quad (u,v)\in\triangle_{2,1}\\ -\dfrac{1}{1273686249387}\sqrt{849124166258}(-21900675+169421844u-8925126v\\ \quad -299531085u^2+109961166v^2-192454542uv+145555900u^3\\ \quad -85640072v^3+238907340u^2v+5081076uv^2), \quad (u,v)\in\triangle_{2,2}\\ -\dfrac{1}{1273686249387}\sqrt{849124166258}(-4610883+97446324u-8925126v\\ \quad -299531085u^2+109961166v^2-192454542uv+145555900u^3\\ \quad -85640072v^3+238907340u^2v+5081076uv^2), \quad (u,v)\in\triangle_{2,3}\end{cases}$$

$$V_{3,2}^{7}(u,v)=\begin{cases}-\dfrac{1}{489695069413}\sqrt{841443037772357 90}(49067-36768u-79626v\\ \quad-135639u^2-55524v^2-61614uv+123340u^3\\ \quad+37016v^3+265188u^2v+55524uv^2), \quad (u,v)\in\triangle_{1,1}\\ -\dfrac{1}{489695069413}\sqrt{841443037772357 90}(5115-10144u+15286v\\ \quad-135639u^2-55524v^2-61614uv+123340u^3\\ \quad+37016v^3+265188u^2v+55524uv^2), \quad (u,v)\in\triangle_{2,1}\\ -\dfrac{1}{489695069413}\sqrt{841443037772357 90}(1611+10688u+15286v\\ \quad-135639u^2-55524v^2-61614uv+123340u^3\\ \quad+37016v^3+265188u^2v+55524uv^2), \quad (u,v)\in\triangle_{2,2}\\ -\dfrac{1}{489695069413}\sqrt{841443037772357 90}(-1893+31520u+15286v\\ \quad-135639u^2-55524v^2-61614uv+123340u^3\\ \quad+37016v^3+265188u^2v+55524uv^2), \quad (u,v)\in\triangle_{2,3}\end{cases}$$

$$V_{3,2}^{8}(u,v)=\begin{cases}-\dfrac{14}{22076535152841565}\sqrt{22076535152841565}(-132578134+408485754u\\ \quad+39301941v-300511620u^2-294778785v^2-163753290uv\\ \quad+24604000u^3+981149300v^3-97260900u^2v\\ \quad+280077780uv^2), \quad (u,v)\in\triangle_{1,1}\\ -\dfrac{2}{22076535152841565}\sqrt{22076535152841565}(4081211772\\ \quad+675927662u-8083522397v-2103581340u^2-2063451495v^2\\ \quad-1146273030uv+172228000u^3+6868045100v^3-680826300u^2v\\ \quad+1960544460uv^2), \quad (u,v)\in\triangle_{2,1}\\ -\dfrac{2}{22076535152841565}\sqrt{22076535152841565}(-298762224+1775710382u\\ \quad-158585333v-2103581340u^2-2063451495v^2-1146273030uv\\ \quad+172228000u^3+6868045100v^3-680826300u^2v\\ \quad+1960544460uv^2), \quad (u,v)\in\triangle_{2,2}\\ -\dfrac{2}{22076535152841565}\sqrt{22076535152841565}(-21573138\\ \quad+913053062u-158585333v-2103581340u^2-2063451495v^2\\ \quad-1146273030uv+172228000u^3+6868045100v^3\\ \quad-680826300u^2v+1960544460uv^2), \quad (u,v)\in\triangle_{2,3}\end{cases}$$

$$V_{3,2}^{9}(u,v)=\begin{cases}-\frac{14}{324055467005}\sqrt{972166401015}(-1304506+4110036u+5293299v\\-4085730u^2-5843415v^2-10835010uv+1280200u^3\\+2112700v^3+5064300u^2v+5876820uv^2), \quad (u,v)\in\triangle_{1,1}\\-\frac{14}{324055467005}\sqrt{972166401015}(-1496536+4606764u+5227251v\\-4085730u^2-5843415v^2-10835010uv+1280200u^3\\+2112700v^3+5064300u^2v+5876820uv^2), \quad (u,v)\in\triangle_{2,1}\\-\frac{2}{324055467005}\sqrt{972166401015}(-9601776+30273028u+36119213v\\-28600110u^2-40903905v^2-75845070uv+8961400u^3\\+14788900v^3+35450100u^2v+41137740uv^2), \quad (u,v)\in\triangle_{2,2}\\-\frac{2}{324055467005}\sqrt{972166401015}(-1774002+15221708u+18582973v\\-28600110u^2-40903905v^2-75845070uv+8961400u^3\\+14788900v^3+35450100u^2v+41137740uv^2), \quad (u,v)\in\triangle_{2,3}\end{cases}$$

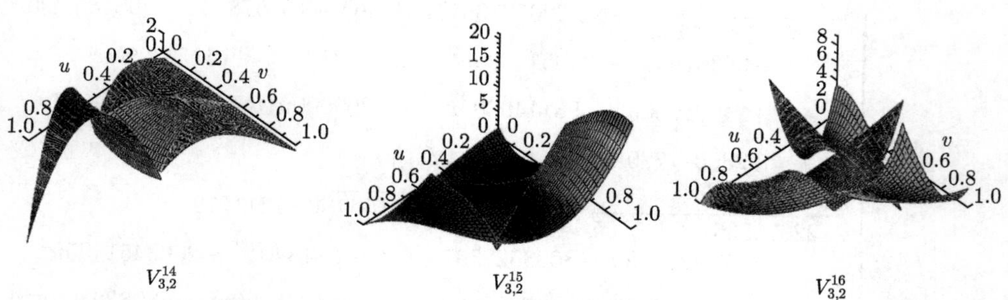

图 A.2.3　3 次 V- 系统的第二组基函数 (生成元 4-6)

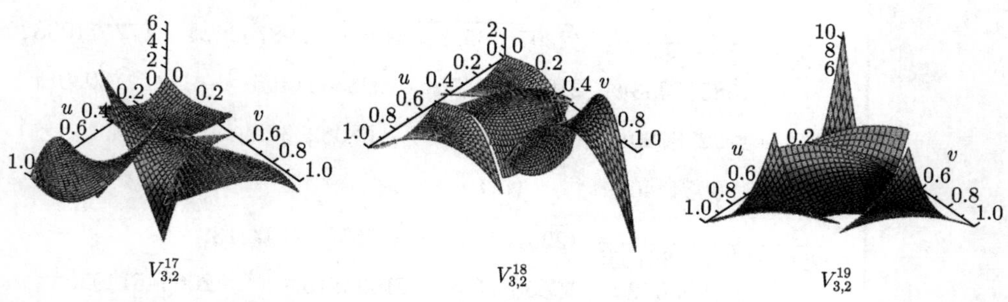

图 A.2.4　3 次 V- 系统的第二组基函数 (生成元 7-9)

$$V_{3,2}^{10}(u,v)=\begin{cases}\dfrac{1}{184277118753}\sqrt{122851412502}(29287057-74066376u-120765072v\\ \quad +35762160u^2-24097920v^2+304559280uv+9904160u^3\\ \quad +17239040v^3-162308160u^2v+19696320uv^2), \quad (u,v)\in\triangle_{1,1}\\ \dfrac{1}{184277118753}\sqrt{122851412502}(86287+2428056u+5885592v\\ \quad +35762160u^2-24097920v^2+20718960uv+9904160u^3\\ \quad +17239040v^3-162308160u^2v+19696320uv^2), \quad (u,v)\in\triangle_{2,1}\\ \dfrac{1}{184277118753}\sqrt{122851412502}(-8068159+1873056u+23455008v\\ \quad +35762160u^2-24097920v^2+20718960uv+9904160u^3\\ \quad +17239040v^3-162308160u^2v+19696320uv^2), \quad (u,v)\in\triangle_{2,2}\\ \dfrac{1}{184277118753}\sqrt{122851412502}(295667-12780384u+7030008v\\ \quad +35762160u^2-24097920v^2+20718960uv+9904160u^3\\ \quad +17239040v^3-162308160u^2v+19696320uv^2), \quad (u,v)\in\triangle_{2,3}\end{cases}$$

$$V_{3,2}^{11}(u,v)=\begin{cases}\dfrac{2}{53762953947885}\sqrt{17920984649295}(-192933887+572018892u\\ \quad +833915778v-569041620u^2+652427580v^2-1733254920uv\\ \quad +171857000u^3+22185800v^3+1347181920u^2v\\ \quad -2366693280uv^2), \quad (u,v)\in\triangle_{1,1}\\ \dfrac{2}{53762953947885}\sqrt{17920984649295}(402919663-1679889942u\\ \quad -1059433428v-569041620u^2+652427580v^2+4058621880uv\\ \quad +171857000u^3+22185800v^3+1347181920u^2v\\ \quad -2366693280uv^2), \quad (u,v)\in\triangle_{2,1}\\ \dfrac{1}{53762953947885}\sqrt{17920984649295}(4227361+363130476u\\ \quad -445347684v-1138083240u^2+1304855160v^2+296233680uv\\ \quad +343714000u^3+44371600v^3+2694363840u^2v\\ \quad -4733386560uv^2), \quad (u,v)\in\triangle_{2,2}\\ \dfrac{1}{53762953947885}\sqrt{17920984649295}(-115356197+621455136u\\ \quad -259321824v-1138083240u^2+1304855160v^2+296233680uv\\ \quad +343714000u^3+44371600v^3+2694363840u^2v\\ \quad -4733386560uv^2), \quad (u,v)\in\triangle_{2,3}\end{cases}$$

$$V_{3,2}^{12}(u,v)=\begin{cases}\dfrac{6}{27845338465}\sqrt{52154318944945}(-8747+29412u+30858v\\ \quad -25620u^2-25620v^2-109320uv+4200u^3\\ \quad +4200v^3+73920u^2v+73920uv^2), \quad (u,v)\in\triangle_{1,1}\\ \dfrac{6}{27845338465}\sqrt{52154318944945}(-8747+30858u+29412v\\ \quad -25620u^2-25620v^2-109320uv+4200u^3\\ \quad +4200v^3+73920u^2v+73920uv^2), \quad (u,v)\in\triangle_{2,1}\\ \dfrac{3}{27845338465}\sqrt{52154318944945}(-44017+130336u+130336v\\ \quad -51240u^2-51240v^2-403120uv+8400u^3\\ \quad +8400v^3+147840u^2v+147840uv^2), \quad (u,v)\in\triangle_{2,2}\\ \dfrac{3}{3977905495}\sqrt{52154318944945}(-17+548u+548v\\ \quad -7320u^2-7320v^2+11440uv+1200u^3\\ \quad +1200v^3+21120u^2v+21120uv^2), \quad (u,v)\in\triangle_{2,3}\end{cases}$$

$$V_{3,2}^{13}(u,v)=\begin{cases}-\dfrac{2}{27902910085323}\sqrt{279029100853230}(-226407133+939751704u\\ \quad +37235412v-1277232390u^2+36905568v^2-56378940uv\\ \quad +569273152u^3-10429888v^3+12020736u^2v\\ \quad -90057408uv^2), \quad (u,v)\in\triangle_{1,1}\\ -\dfrac{1}{27902910085323}\sqrt{279029100853230}(14050905+79939296u\\ \quad -68994180v-784165116u^2+73811136v^2+205628712uv\\ \quad +1138546304u^3-20859776v^3+24041472u^2v\\ \quad -180114816uv^2), \quad (u,v)\in\triangle_{2,1}\\ -\dfrac{2}{27902910085323}\sqrt{279029100853230}(15472853+23386218u\\ \quad -53290536v-392082558u^2+36905568v^2+133215252uv\\ \quad +569273152u^3-10429888v^3+12020736u^2v\\ \quad -90057408uv^2), \quad (u,v)\in\triangle_{2,2}\\ -\dfrac{1}{27902910085323}\sqrt{279029100853230}(-3912697+140881620u\\ \quad -24995364v-784165116u^2+73811136v^2+42030120uv\\ \quad +1138546304u^3-20859776v^3+24041472u^2v\\ \quad -180114816uv^2), \quad (u,v)\in\triangle_{2,3}\end{cases}$$

$$V_{3,2}^{14}(u,v)=\begin{cases}\dfrac{8}{462646886793}\sqrt{2313234433965}(-1013497+4673430u-6918750v\\ \quad -7503930u^2+1184064v^2+24205044uv+4011364u^3\\ \quad +245504v^3-18907980u^2v-5064864uv^2), \quad (u,v)\in\triangle_{1,1}\\ \dfrac{8}{462646886793}\sqrt{2313234433965}(1404168-11261493u-2885913v\\ \quad +14565684u^2+1184064v^2+18504156uv+4011364u^3\\ \quad +245504v^3-18907980u^2v-5064864uv^2), \quad (u,v)\in\triangle_{2,1}\\ \dfrac{4}{462646886793}\sqrt{2313234433965}(-508769+630678u-1962948v\\ \quad -2644194u^2+2368128v^2+22652580uv+8022728u^3\\ \quad +491008v^3-37815960u^2v-10129728uv^2), \quad (u,v)\in\triangle_{2,2}\\ \dfrac{2}{462646886793}\sqrt{2313234433965}(179941-476328u-3149544v\\ \quad -5288388u^2+4736256v^2+30435864uv+16045456u^3\\ \quad +982016v^3-75631920u^2v-20259456uv^2), \quad (u,v)\in\triangle_{2,3}\end{cases}$$

$$V_{3,2}^{15}(u,v)=\begin{cases}\dfrac{8}{1830258409}\sqrt{27453876135}(-477339-62832v^2+848310v+9184v^3\\ \quad +2018134u+1219092u^3-2753076uv+185472uv^2\\ \quad +2138220u^2v-2756894u^2), \quad (u,v)\in\triangle_{1,1}\\ \dfrac{4}{1830258409}\sqrt{27453876135}(-89429-125664v^2+203502v+18368v^3\\ \quad +1163990u+2438184u^3-1758576uv+370944uv^2\\ \quad +4276440u^2v-4021052u^2), \quad (u,v)\in\triangle_{2,1}\\ \dfrac{4}{1830258409}\sqrt{27453876135}(-311159-125664v^2+650628v+18368v^3\\ \quad +2063298u+2438184u^3-3450084uv+370944uv^2\\ \quad +4276440u^2v-4123966u^2), \quad (u,v)\in\triangle_{2,2}\\ \dfrac{2}{1830258409}\sqrt{27453876135}(-20927-251328v^2+174864v+36736v^3\\ \quad +560536u+4876368u^3-2471208uv+741888uv^2\\ \quad +8552880u^2v-3355828u^2), \quad (u,v)\in\triangle_{2,3}\end{cases}$$

$$V_{3,2}^{16}(u,v)=\begin{cases}-\dfrac{4}{2419}\sqrt{72570}(-187-1122v^2+1122v+598u+224u^3\\ \quad -2466uv+1344uv^2+1344u^2v-635u^2), \quad (u,v)\in\triangle_{1,1}\\ -\dfrac{1}{2419}\sqrt{72570}(-299-552v^2+828v+3280u+896u^3\\ \quad -8616uv+5376uv^2+5376u^2v-3676u^2), \quad (u,v)\in\triangle_{2,1}\\ -\dfrac{2}{2419}\sqrt{72570}(-69-276v^2+276v+810u+448u^3\\ \quad -2964uv+2688uv^2+2688u^2v-1390u^2), \quad (u,v)\in\triangle_{2,2}\\ -\dfrac{1}{2419}\sqrt{72570}(-23-552v^2+276v+316u+896u^3\\ \quad -3240uv+5376uv^2+5376u^2v-988u^2), \quad (u,v)\in\triangle_{2,3}\end{cases}$$

$$V_{3,2}^{17}(u,v)=\begin{cases}\dfrac{16}{142131}\sqrt{710655}(-1047+3630v^2+3804v-8260v^3+4236u+2142u^3\\ \quad -14178uv+2940uv^2+10374u^2v-5331u^2), \quad (u,v)\in\triangle_{1,1}\\ \dfrac{8}{142131}\sqrt{710655}(5962+36168v^2-25755v-16520v^3+5505u\\ \quad +4284u^3-12300uv+5880uv^2+20748u^2v\\ \quad -14412u^2), \quad (u,v)\in\triangle_{2,1}\\ \dfrac{4}{142131}\sqrt{710655}(-3097+20652v^2+4128v-33040v^3+17394u\\ \quad +8568u^3-40668uv+11760uv^2+41496u^2v\\ \quad -25566u^2), \quad (u,v)\in\triangle_{2,2}\\ \dfrac{2}{142131}\sqrt{710655}(69+41304v^2-5784v-66080v^3+4008u+17136u^3\\ \quad -29928uv+23520uv^2+82992u^2v-16860u^2), \quad (u,v)\in\triangle_{2,3}\end{cases}$$

$$V_{3,2}^{18}(u,v)=\begin{cases}\dfrac{16}{33}\sqrt{165}(-27-330v^2+204v+140v^3+96u+42u^3\\ \quad -498uv+420uv^2+294u^2v-111u^2), \quad (u,v)\in\triangle_{1,1}\\ \dfrac{4}{33}\sqrt{165}(-253-1320v^2+1014v+560v^3+894u+168u^3\\ \quad -2496uv+1680uv^2+1176u^2v-780u^2), \quad (u,v)\in\triangle_{2,1}\\ \dfrac{4}{33}\sqrt{165}(-169-1236v^2+816v+560v^3+618u+168u^3\\ \quad -2076uv+1680uv^2+1176u^2v-654u^2), \quad (u,v)\in\triangle_{2,2}\\ \dfrac{2}{33}\sqrt{165}(-9-888v^2+192v+1120v^3+120u+336u^3\\ \quad -1560uv+3360uv^2+2352u^2v-372u^2), \quad (u,v)\in\triangle_{2,3}\end{cases}$$

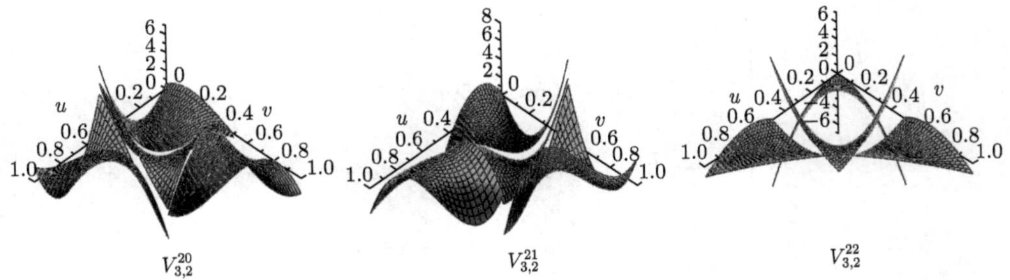

$V_{3,2}^{20}$　　$V_{3,2}^{21}$　　$V_{3,2}^{22}$

图 A.2.5　3 次 V- 系统的第二组基函数 (生成元 10-12)

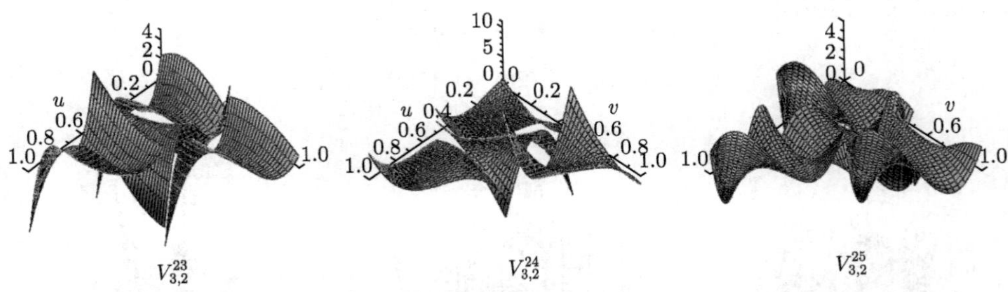

$V_{3,2}^{23}$　　$V_{3,2}^{24}$　　$V_{3,2}^{25}$

图 A.2.6　3 次 V- 系统的第二组基函数 (生成元 13-15)

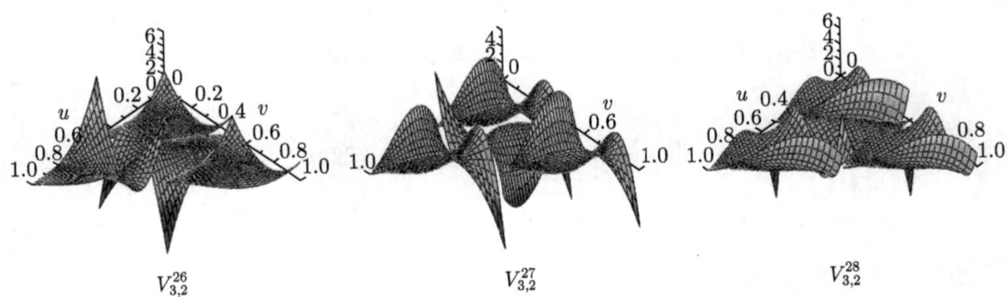

$V_{3,2}^{26}$　　$V_{3,2}^{27}$　　$V_{3,2}^{28}$

图 A.2.7　3 次 V- 系统的第二组基函数 (生成元 16-18)

$$V_{3,2}^{19}(u,v)=\begin{cases}2\sqrt{6}(-1+30v-180v^2+280v^3), & (u,v)\in\triangle_{1,1}\\ -\dfrac{8}{3}\sqrt{6}(-24+105v-150v^2+70v^3), & (u,v)\in\triangle_{2,1}\\ -\dfrac{8}{3}\sqrt{6}(-1+15v-60v^2+70v^3), & (u,v)\in\triangle_{2,2}\\ -\dfrac{2}{3}\sqrt{6}(-1+30v-180v^2+280v^3), & (u,v)\in\triangle_{2,3}\end{cases}$$

$$
V_{3,2}^{20}(u,v)=\begin{cases}0, & (u,v)\in\triangle_{1,1}\\ \dfrac{32}{3}\sqrt{3}(-24+105v-150v^2+70v^3), & (u,v)\in\triangle_{2,1}\\ -\dfrac{16}{3}\sqrt{3}(-1+15v-60v^2+70v^3), & (u,v)\in\triangle_{2,2}\\ -\dfrac{4}{3}\sqrt{3}(-1+30v-180v^2+280v^3), & (u,v)\in\triangle_{2,3}\end{cases}
$$

$$
V_{3,2}^{21}(u,v)=\begin{cases}0, & (u,v)\in\triangle_{1,1}\\ 0, & (u,v)\in\triangle_{2,1}\\ 16-240v+960v^2-1120v^3, & (u,v)\in\triangle_{2,2}\\ -4+120v-720v^2+1120v^3, & (u,v)\in\triangle_{2,3}\end{cases}
$$

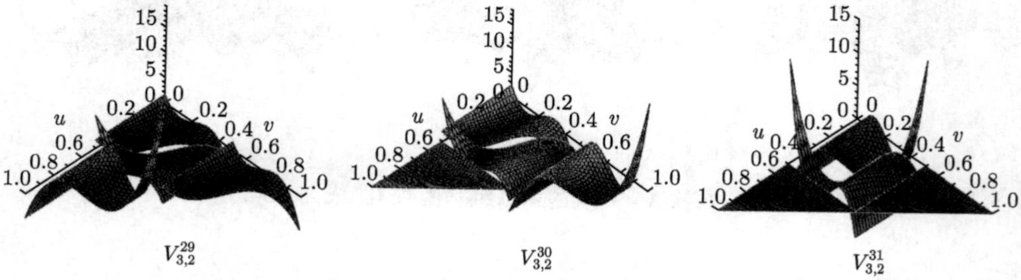

$V_{3,2}^{29}$　　$V_{3,2}^{30}$　　$V_{3,2}^{31}$

图 A.2.8　3 次 V- 系统的第二组基函数 (生成元 19-21)

$$
V_{3,2}^{22}(u,v)=\begin{cases}2\sqrt{10}(-77+336u+6v-480u^2-36v^2+224u^3+56v^3), & (u,v)\in\triangle_{1,1}\\ -\dfrac{8}{3}\sqrt{10}(-5+6u+21v-36u^2-30v^2+56u^3+14v^3), & (u,v)\in\triangle_{2,1}\\ -\dfrac{8}{3}\sqrt{10}(-1+12u+3v-48u^2-12v^2+56u^3+14v^3), & (u,v)\in\triangle_{2,2}\\ -\dfrac{2}{3}\sqrt{10}(-1+24u+6v-144u^2-36v^2+224u^3+56v^3), & (u,v)\in\triangle_{2,3}\end{cases}
$$

$$
V_{3,2}^{23}(u,v)=\begin{cases}0, & (u,v)\in\triangle_{1,1}\\ \dfrac{32}{3}\sqrt{5}(-5+6u+21v-36u^2-30v^2+56u^3+14v^3), & (u,v)\in\triangle_{2,1}\\ -\dfrac{16}{3}\sqrt{5}(-1+12u+3v-48u^2-12v^2+56u^3+14v^3), & (u,v)\in\triangle_{2,2}\\ -\dfrac{4}{3}\sqrt{5}(-1+24u+6v-144u^2-36v^2+224u^3+56v^3), & (u,v)\in\triangle_{2,3}\end{cases}
$$

$$V_{3,2}^{24}(u,v)=\begin{cases}0, & (u,v)\in\triangle_{1,1}\\ 0, & (u,v)\in\triangle_{2,1}\\ -\dfrac{16}{3}\sqrt{15}(-1+12u+3v-48u^2-12v^2+56u^3+14v^3), & (u,v)\in\triangle_{2,2}\\ \dfrac{4}{3}\sqrt{15}(-1+24u+6v-144u^2-36v^2+224u^3+56v^3), & (u,v)\in\triangle_{2,3}\end{cases}$$

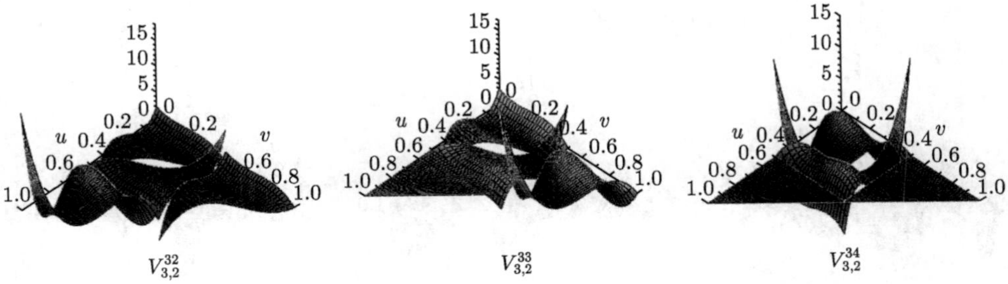

$V_{3,2}^{32}$　　$V_{3,2}^{33}$　　$V_{3,2}^{34}$

图 A.2.9　3 次 V- 系统的第二组基函数 (生成元 22-24)

$$V_{3,2}^{25}(u,v)=\begin{cases}8\sqrt{10}(-23+18v^2+48v-28v^3+96u+56u^3-162uv\\ \qquad +126u^2v-129u^2), & (u,v)\in\triangle_{1,1}\\ -\dfrac{4}{3}\sqrt{10}(17+120v^2-81v-56v^3+54u+112u^3-72uv\\ \qquad +252u^2v-216u^2), & (u,v)\in\triangle_{2,1}\\ -\dfrac{8}{3}\sqrt{10}(-7+24v^2+9v-28v^3+51u+56u^3-90uv\\ \qquad +126u^2v-102u^2), & (u,v)\in\triangle_{2,2}\\ -\dfrac{2}{3}\sqrt{10}(-1+72v^2-6v-112v^3+36u+224u^3-144uv\\ \qquad +504u^2v-180u^2), & (u,v)\in\triangle_{2,3}\end{cases}$$

$$V_{3,2}^{26}(u,v)=\begin{cases}0, & (u,v)\in\triangle_{1,1}\\ \dfrac{16}{3}\sqrt{5}(17+120v^2-81v-56v^3+54u+112u^3-72uv\\ \qquad +252u^2v-216u^2), & (u,v)\in\triangle_{2,1}\\ -\dfrac{16}{3}\sqrt{5}(-7+24v^2+9v-28v^3+51u+56u^3\\ \qquad -90uv+126u^2v-102u^2), & (u,v)\in\triangle_{2,2}\\ -\dfrac{4}{3}\sqrt{5}(-1+72v^2-6v-112v^3+36u+224u^3\\ \qquad -144uv+504u^2v-180u^2), & (u,v)\in\triangle_{2,3}\end{cases}$$

$$V_{3,2}^{27}(u,v)=\begin{cases}0, & (u,v)\in\triangle_{1,1}\\ 0, & (u,v)\in\triangle_{2,1}\\ -\dfrac{16}{3}\sqrt{15}(-7+24v^2+9v-28v^3+51u+56u^3-90uv\\ \qquad +126u^2v-102u^2), & (u,v)\in\triangle_{2,2}\\ \dfrac{4}{3}\sqrt{15}(-1+72v^2-6v-112v^3+36u+224u^3-144uv\\ \qquad +504u^2v-180u^2), & (u,v)\in\triangle_{2,3}\end{cases}$$

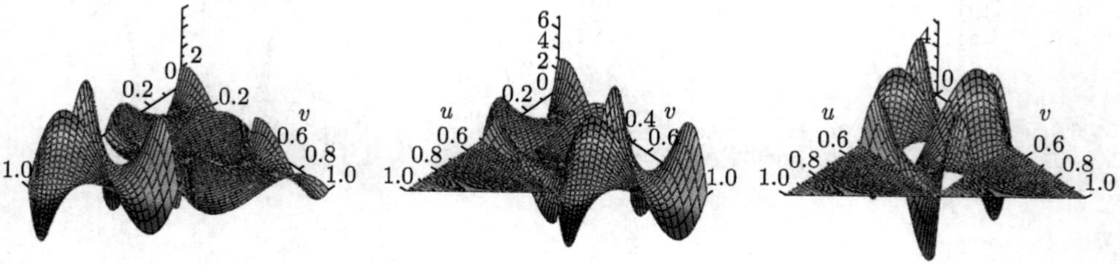

$V_{3,2}^{35}$ $V_{3,2}^{36}$ $V_{3,2}^{37}$

图 A.2.10 3 次 V- 系统的第二组基函数 (生成元 25-27)

$$V_{3,2}^{28}(u,v)=\begin{cases}8\sqrt{70}(-5-54v^2+36v+20v^3+18u+8u^3-90uv\\ \qquad +72uv^2+54u^2v-21u^2), & (u,v)\in\triangle_{1,1}\\ -\dfrac{4}{3}\sqrt{70}(-19-96v^2+75v+40v^3+78u+16u^3\\ \qquad -216uv+144uv^2+108u^2v-72u^2), & (u,v)\in\triangle_{2,1}\\ -\dfrac{8}{3}\sqrt{70}(-7-48v^2+33v+20v^3+27u+8u^3\\ \qquad -90uv+72uv^2+54u^2v-30u^2), & (u,v)\in\triangle_{2,2}\\ -\dfrac{2}{3}\sqrt{70}(-1-72v^2+18v+80v^3+12u+32u^3\\ \qquad -144uv+288uv^2+216u^2v-36u^2), & (u,v)\in\triangle_{2,3}\end{cases}$$

$$V_{3,2}^{29}(u,v)=\begin{cases}0, & (u,v)\in\triangle_{1,1}\\ \dfrac{16}{3}\sqrt{35}(-19-96v^2+75v+40v^3+78u+16u^3\\ \qquad -216uv+144uv^2+108u^2v-72u^2), & (u,v)\in\triangle_{2,1}\\ -\dfrac{16}{3}\sqrt{35}(-7-48v^2+33v+20v^3+27u+8u^3\\ \qquad -90uv+72uv^2+54u^2v-30u^2), & (u,v)\in\triangle_{2,2}\\ -\dfrac{4}{3}\sqrt{35}(-1-72v^2+18v+80v^3+12u+32u^3\\ \qquad -144uv+288uv^2+216u^2v-36u^2), & (u,v)\in\triangle_{2,3}\end{cases}$$

$$V_{3,2}^{30}(u,v)=\begin{cases}0, & (u,v)\in\triangle_{1,1}\\ 0, & (u,v)\in\triangle_{2,1}\\ -\dfrac{16}{3}\sqrt{105}(-7-48v^2+33v+20v^3+27u+8u^3 & \\ \qquad -90uv+72uv^2+54u^2v-30u^2), & (u,v)\in\triangle_{2,2}\\ \dfrac{4}{3}\sqrt{105}(-1-72v^2+18v+80v^3+12u+32u^3 & \\ \qquad -144uv+288uv^2+216u^2v-36u^2), & (u,v)\in\triangle_{2,3}\end{cases}$$

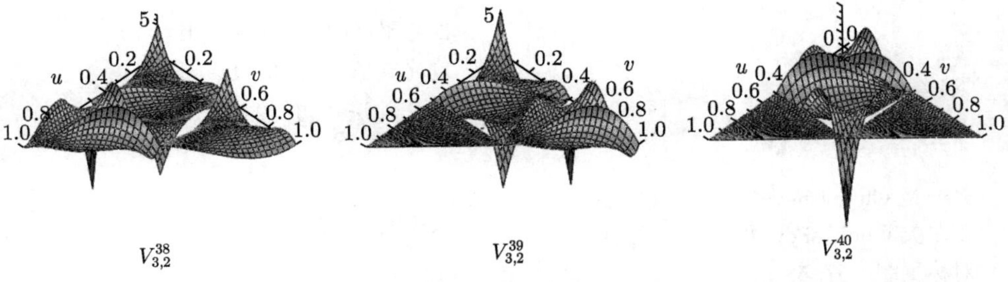

图 A.2.11 3 次 V- 系统的第二组基函数 (生成元 28-30)

索　引

《数学与现代科学技术丛书》已出版书目

1. 量子纠错码　冯克勤　陈　豪　著　2010年3月
2. 生物计算——生物序列的分析方法与应用　杨　晶　胡　刚　王　奎　沈世镒　编著　2010年3月
3. Theory and Applications of Higher-Dimensional Hadamard Matrices (高维哈达玛矩阵理论与应用)　Yixian Yang, Xinxin Niu and Chengqing Xu　2010年4月
4. 信息动力学与生物信息学——蛋白质与蛋白质组的结构分析　沈世镒　胡　刚　王　奎　高建召　著　2011年7月
5. 非连续正交函数——U-系统、V-系统、多小波及其应用　齐东旭　宋瑞霞　李　坚　著　2011年11月